PVC-FRP 管钢筋混凝土柱
基本性能与计算方法

于 峰 牛荻涛 著

科学出版社

北京

内 容 简 介

本书提出 PVC-FRP 管混凝土结构体系，系统介绍 PVC-FRP 管钢筋混凝土柱的轴压性能、偏压性能、抗震性能和耐久性能等方面的试验研究、理论分析与数值模拟，建立 PVC-FRP 管钢筋混凝土柱的相关计算理论、方法和分析模型，旨在帮助读者具体地理解这种新型结构形式的发展、特点和可能形式。

本书可供高等院校土木工程及相关专业的本科生、研究生，以及从事相关领域学术研究的科研人员参考。

图书在版编目(CIP)数据

PVC-FRP 管钢筋混凝土柱基本性能与计算方法 / 于峰，牛荻涛著. —北京：科学出版社，2019.11

ISBN 978-7-03-056146-6

Ⅰ. ①P⋯ Ⅱ. ①于⋯ ②牛⋯ Ⅲ. ①钢筋混凝土柱-性能 ②钢筋混凝土柱-计算方法 Ⅳ. ①TU375.3

中国版本图书馆 CIP 数据核字（2017）第 317796 号

责任编辑：任加林 / 责任校对：王万红
责任印制：吕春珉 / 封面设计：东方人华平面设计部

科学出版社 出版
北京东黄城根北街 16 号
邮政编码：100717
http://www.sciencep.com
三河市骏杰印刷有限公司印刷
科学出版社发行　各地新华书店经销
*

2019 年 11 月第 一 版　　开本：B5（720×1000）
2019 年 11 月第一次印刷　　印张：18 1/2
字数：361 000

定价：148.00 元
（如有印装质量问题，我社负责调换〈骏杰〉）
销售部电话 010-62136230　编辑部电话 010-62137026（BA08）

前　　言

21 世纪的各类工程建设，从高层建筑到大跨结构，从现代桥梁到地下工程，不仅规模宏伟、投资力度巨大，而且关键技术越来越复杂。确保这些工程结构的先进性、安全性和耐久性，是结构工程工作者的基本使命和首要任务。当前大规模、全方位的各类大型工程建设为结构工程的研究与发展提供了良好的机遇，同时也提出了严峻的挑战。由于现代工程结构的大型化、复杂化和新颖化，传统的结构材料和结构体系已不能完全满足工程需要，因此，将高新技术材料应用于土木工程领域，探索多种结构材料的优化组合与新型结构体系创新是结构工程界的重要课题。

工程实践表明，纤维增强复合材料（fiber reinforced polymer，FRP）能够适应现代工程结构向大跨、高耸、重载、高强、轻质及耐受恶劣条件的发展需要，符合现代施工技术的工业化要求，因此被越来越广泛地应用于桥梁工程、民用建筑工程、海洋和近海工程、地下工程等结构中。

聚氯乙烯（polyvinyl chloride，PVC）管具有质轻、耐化学腐蚀性能（耐酸、耐碱）与抗环境腐蚀性能好、机械强度大、施工方便、使用寿命长、经济实用等优点，已在化工、海洋工程等领域得到广泛的应用。

为了发挥现代结构材料的优势，降低工程造价，充分利用 PVC 管、FRP 和钢筋混凝土各自的优点，作者及其课题组成员提出 PVC-FRP 管钢筋混凝土结构体系，它是将一定宽度 FRP 条带沿环向等间距缠绕在 PVC 管表面，形成 PVC-FRP 管，并在管内配置钢筋，最后在其内浇注混凝土而形成的组合结构。本书主要对 PVC-FRP 管钢筋混凝土的如下关键问题进行探索和研究。

第 1 章：根据组合结构创新与发展的历程，论述了 PVC-FRP 管混凝土结构研究意义。重点分析 FRP-混凝土组合柱抗震性能的国内外研究现状、PVC 管混凝土柱和 PVC-FRP 管混凝土柱的国内外研究现状。

第 2 章：开展轴心受压 PVC-FRP 管混凝土柱试验研究，分析了环箍间距、轴向配筋、长细比等因素对试件轴压性能的影响，提出了无筋 PVC-FRP 管混凝土柱、配筋 PVC-FRP 管混凝土柱及 PVC-FRP 管混凝土中长柱的极限承载力和极限应变的计算公式，建立了无筋 PVC-FRP 管混凝土柱和配筋 PVC-FRP 管混凝土柱的应力-应变模型。

第 3 章：开展偏心受压 PVC-FRP 管混凝土柱试验研究，分析了环箍间距、偏心距等因素对试件偏压性能的影响，得出偏心受压构件破坏性质和破坏的极限状态，引入偏心距增大系数，提出了偏心受压 PVC-FRP 管混凝土柱的承载力计算公式,推导了 PVC-FRP 管混凝土柱轴压比限值的计算公式,建立了偏心受压构件的应力-应变模型、弯矩-曲率模型和荷载-挠度模型。

第 4 章:开展低周往复荷载作用下 PVC-FRP 管钢筋混凝土柱抗震性能试验研究,分析轴压比和碳纤维增强复合材料(carbon fiber reinforced polymer,CFRP)条带的环箍间距对试件抗震性能的影响,揭示 PVC-FRP 管钢筋混凝土柱的破坏形态和破坏机理,提出低周往复荷载作用下 PVC-FRP 管钢筋混凝土柱抗弯承载力计算公式,给出 PVC-FRP 管钢筋混凝土柱抗震设计步骤,给出低周往复荷载作用下 PVC-FRP 管钢筋混凝土柱加卸载规则,建立 PVC-FRP 管钢筋混凝土柱恢复力模型。

第 5 章:开展低周反复荷载作用下 PVC-FRP 管钢筋混凝土柱抗震抗剪性能的试验研究,分析轴压比、剪跨比及 CFRP 条带的环箍间距对试件抗震抗剪性能的影响,利用桁架-拱模型对 PVC-FRP 管钢筋混凝土柱的抗剪机理进行分析,建立 PVC-FRP 管钢筋混凝土柱抗剪承载力计算模型,得到 PVC-FRP 管钢筋混凝土柱荷载-位移曲线和弯矩-曲率曲线,提出 PVC-FRP 管钢筋混凝土柱滞回规则,建立 PVC-FRP 管钢筋混凝土柱恢复力模型。

第 6 章:开展 PVC-FRP 管混凝土柱耐久性试验研究,通过 CFRP 和 PVC-FRP 管混凝土柱在碱环境和氯离子环境中的耐久性试验,分析了碱环境和氯离子环境对 CFRP 材料和 PVC-FRP 管混凝土柱力学性能的影响规律。

本书内容反映的研究工作先后得到国家自然科学基金面上项目(51878002、51590914、51578001、51008001、51608003)、国家重点研发计划(2016YFC0701304)、安徽省皖江学者特聘教授项目、安徽省教育厅重大科学研究项目(KJ2015ZD10)、安徽省重点研究与开发计划(1704a0802131)、安徽省高校优秀青年人才支持计划重点项目(gxyqZD2016072)、安徽省协同创新项目课题(GXXT-2019-005)、住房和城乡建设部科学技术计划项目(K4201222)、西部建筑科技国家重点实验室开放基金(10KF03)等的资助。对上述机构和单位,作者表示衷心的感谢。

参加相关项目研究工作的主要人员有王庆霖、王忠文、齐淑莲、吴川、尹吉明。在本书编写过程中,博士研究生方圆,硕士研究生黎德光、徐国士、程安春、王旭良、徐琳、郭生全、周浩、朱德丰、刘奇奇等协助本书作者完成了大量计算或试验工作,均对本书做出了重要的贡献。特别感谢恩师牛荻涛教授在作者从事 PVC-FRP 管混凝土结构的研究过程中对作者的关注和支持,并与作者共同完成了本书的撰写工作,使作者终身受益。

目前 PVC-FRP 管混凝土结构研究处于起步阶段,还有许多问题需要进一步完善。限作者水平,书中难免存在不妥之处,恳请读者批评指正。

于 峰

2019 年 9 月

目　　录

第1章 绪 论

1.1 研究背景和意义

在过去的几十年中，混凝土结构性能退化已成为许多国家关注的问题。这是因为建筑物在长期使用过程中，随着时间的推移，在内部的、外部的、人为的或自然界的因素作用下材料发生老化与结构损伤，这种损伤的累积导致结构性能劣化、承载力下降、耐久性能降低。

21世纪的中国各类工程建设，从高层建筑到大跨结构，从现代桥梁到地下工程，不仅规模宏伟、投资力度巨大，而且建设势头迅猛、关键技术越来越复杂。确保这些工程结构的先进性、安全性和耐久性，无疑是我国结构工程科技工作者的基本使命和首要任务。现代结构工程正在向大型、复杂、轻质方向发展，对技术含量的要求也越来越高。因此，结构工程的发展对结构体系的创新提出了迫切的需求。

钢管混凝土结构是组合结构的主要形式之一，钢管混凝土结构主要通过钢管对混凝土的约束作用提高其承载力和延性，国内外学者对钢管混凝土结构开展了大量的研究。在钢管混凝土结构统一理论方面，哈尔滨工业大学的科研人员经过多年的研究率先提出把两种材料组成的构件作为统一体来研究其综合性能的统一理论[1,2]。在钢管混凝土静力性能研究方面，国内外学者也开展了大量的试验研究和理论分析[3-5]，取得的丰硕的成果也已经反映在各国的规范中。在钢管混凝土结构长期性能方面，研究成果表明：对于轴心受压短柱或偏心受压短柱，无论荷载比的高低，徐变对构件的性能基本上没有影响[6,7]。在钢管混凝土结构动力性能方面，目前只限于试验研究[8-10]，尚未提供可供规范使用的计算理论和设计公式。在钢管混凝土结构耐火性能研究方面，研究结果表明：钢管混凝土结构比钢结构的耐火性能好[11,12]，并依此形成了一套适用的耐火设计方法。另外，在钢管混凝土结构的黏结性能[13,14]、钢管高强高性能混凝土研究[15-17]和钢管混凝土节点研究方面[18,19]国内外学者也取得一定研究成果。但是钢材在大气环境和腐蚀环境中容易发生锈蚀，从而导致钢管混凝土结构性能的下降，增加维修和加固费用。由纤维增强塑料增强混凝土构件的新技术，目前在国际上深受重视并已获得较多的应用和发展。FRP因具有耐腐蚀、轻质、高强等极其优越的性能正逐步代替钢材成为混凝土结构的承力部件（或辅助的承力部件）和主要的加固增强部件，并有望提供一个解决上述问题的有效途径。

工程实践表明，FRP 能够适应现代工程结构向大跨、高耸、重载、高强和轻质发展，以及承受恶劣条件的需要，符合现代施工技术的工业化要求，其正被越来越广泛地应用于桥梁、各类民用建筑、海洋工程、地下工程等结构中[20-23]。应用的方式有两种：一是用于旧有结构的维修加固；二是直接应用于新建结构中。国内外学者对 FRP 的研究大多集中在建筑物的加固和修复上。研究结果表明，采用 FRP 加固混凝土可以有效提高其承载力和延性，延长混凝土结构的使用寿命和耐久性[24-29]。

根据国内外研究的成果，有两种新的 FRP 约束方法在新型结构体系中得到应用，即 FRP 管约束混凝土和 FRP 筋约束混凝土。1997 年 Mirmiran 等首先提出了 FRP 管混凝土结构，并进行了一系列试验研究和理论分析[30-32]。结果表明，FRP 套管作为混凝土柱浇注的模板，显著提高了混凝土柱的轴心抗压强度、极限应变和刚度。虽然 FRP 管在试验中得到理想的结果，但在工程结构中没有得到广泛的应用，其主要原因是 FRP 管的造价高、性能不稳定（包括长期的耐久性和维修）。

为减少纤维材料的造价，Shitindi 提出用 FRP 箍筋代替 FRP 管或布来约束混凝土，FRP 箍筋的间距一般为 30～120mm，其试验研究发现，FRP 箍筋约束混凝土的应力-应变曲线和钢筋约束混凝土的应力-应变曲线相似，都有上升段和下降段。FRP 箍筋对混凝土柱承载力的提高效果不明显[33]。

为克服钢筋混凝土结构自重大、施工不方便、承载力低，钢管混凝土结构耐久性差，FRP 管混凝土结构造价高等方面的缺点，Saafi 提出了刻槽的 PVC-FRP 管混凝土结构，即将 FRP 缠绕在刻槽的 PVC 管上，由 PVC-FRP 管对混凝土提供约束。试验结果表明，PVC-FRP 管显著地提高了混凝土柱的承载力和延性[34]。但是，刻槽的 PVC 管施工不方便，而且在刻槽的部位成为构件的薄弱环节，容易引起应力集中，导致构件提前发生破坏。

本书以无刻槽 PVC-FRP 管混凝土柱的性能进行对比研究。无刻槽 PVC-FRP 管混凝土指将 FRP 布直接缠绕在 PVC 管外面，与刻槽 PVC-FRP 管混凝土柱相比，它克服现有结构形式的缺点，具有承载力高、延性和耐久性好、施工方便、质量轻等优点，具有广阔的应用前景和发展空间。这种新的结构形式将为新型结构体系创新和现代结构向高强、质轻、安全、耐久性好等方面发展奠定基础。

1.2　研　究　现　状

20 世纪 80 年代，FRP 开始应用于结构加固领域。FRP 约束混凝土柱包括 FRP 布约束混凝土柱和 FRP 管约束混凝土柱。通过 FRP 和混凝土的优化组合而形成的 FRP 约束混凝土柱，不仅充分发挥 FRP 对核心混凝土的约束作用，提高核心混凝土的承载力和延性，而且避免 FRP 的局部屈曲。

1.2.1　FRP 布约束混凝土柱

1987 年 Kutsumata 等[35]首次对环向包裹 CFRP 布的 5 个混凝土圆柱和 10 个混凝土方柱进行抗震性能试验研究。结果表明，FRP 可以显著提高混凝土柱的耗能能力。随后，Mufti 等[36]和 Kasei 等[37]将 FRP 约束混凝土柱成功应用于桥墩加固工程。

1992 年 Priestley 等[38]对 7 个圆形截面 FRP 约束钢筋混凝土柱进行拟静力试验研究。结果表明，钢筋混凝土柱在 FRP 约束作用下由脆性剪切破坏转变为延性弯曲破坏，表现出较好的抗震抗剪性能。

Xiao 等[39,40]对 6 个圆形 GFRP（glass FRP，玻璃纤维增强复合材料）布约束混凝土柱进行抗震性能试验研究，分析预先震损、GFRP 布的层数及高度变化对加固效果的影响。结果表明，普通钢筋混凝土柱均发生剪切破坏，而 GFRP 布约束钢筋混凝土柱则发生弯曲破坏，延性明显提高。

2000 年 Ma 等[41]采用 CFRP 约束 1 个存在搭接、抗剪及延性不足的足尺缺陷柱，并对其进行试验研究。结果表明，FRP 约束后的混凝土柱具有良好的滞回性能和延性。

2003 年 Li 等[42]对 1 个发生脆性剪切破坏的圆柱进行修复和 FRP 加固。结果表明，合理的修复与加固可以转变混凝土柱的破坏模式，提高其抗震性能。

2005 年 Haroun 等[43]对 14 根 FRP 约束钢筋混凝土圆柱和方柱进行抗震性能试验研究。结果表明，未约束柱呈脆性剪切破坏，而 FRP 约束柱则呈延性较好的弯曲破坏，且侧向变形能力显著提高。

Mo 等[44-47]对抗剪能力不足的空心矩形和圆形桥墩进行 FRP 加固试验研究，并在试验研究的基础上采用不同的公式对 FRP 加固桥墩的抗剪承载力进行对比分析。结果表明，由于 FRP 的约束，桥墩的破坏模式由脆性剪切破坏转变为延性的弯曲破坏。

赵树红等[48]对 7 根 CFRP 约束混凝土柱进行抗剪试验研究。结果表明，由于 CFRP 的约束作用，约束混凝土柱的抗剪承载力明显提高，其延性也得到显著改善；CFRP 约束量越大，其延性越好。

张轲等[49,50]开展 FRP 约束混凝土柱抗震性能研究，分析 CFRP 层数对约束倒 T 形柱抗震性能的影响。结果表明，与未约束柱相比，CFRP 约束限制混凝土斜裂缝的开展，提高构件抗剪承载力。随着 CFRP 层数的增加，构件由压剪脆性破坏形态转变为延性较好的压弯破坏形态。在试验研究基础上，张轲等提出目标延性系数的计算公式。

赵彤等[51]开展 CFRP 布约束方钢筋混凝土柱抗震性能试验研究，分析混凝土强度等级、CFRP 层数、轴压比、剪跨比、加载角度等对其抗震性能的影响。结果表明，CFRP 布约束能够提高混凝土柱的延性，随着混凝土强度等级的提高和剪跨比的减小，CFRP 布约束钢筋混凝土柱的延性显著提高，随着轴压比的增大，其延性系数逐渐降低，横向包裹 CFRP 布约束效果显著，CFRP 层数越少，使用效率越高。

吴刚等[52,53]对 CFRP 约束钢筋混凝土柱进行试验研究，分析轴压比、配箍率、CFRP 粘贴方式和 CFRP 层数对钢筋混凝土柱抗震性能的影响。结果表明，与未约束试件相比，CFRP 约束可以提高钢筋混凝土柱的抗剪承载力和延性，改善其抗震性能；轴压比和配箍率对 CFRP 约束效果影响很大，在相同的 FRP 约束量下，轴压比越大，柱延性系数的提高比例就越小；CFRP 的粘贴方式取决于补强的目的是抗剪补强还是延性补强；CFRP 的粘贴层数对构件的抗剪承载力影响不大，但对构件延性的影响却很大。

许成祥等[54]分析加载顺序对 FRP 约束钢筋混凝土短柱抗震性能的影响。结果表明，二次加载对其抗震性能有一定的影响；对混凝土柱先施加恒定轴力，然后再采用 FRP 约束，其约束作用明显降低，延性也随之降低。

潘景龙[55]分析高轴压比对（设计轴压比 0.7 以上）FRP 约束混凝土短柱抗震性能的影响。结果表明，对于 FRP 充分约束的小剪跨比的短柱，在高轴压比下也能满足要求的变形能力，但其斜压破坏的特征仍然很明显，滞回曲线呈反 S 形；在相同的配箍、配纤特征值下，外包 FRP 与普通箍筋对抗剪承载力的贡献基本相同。

周晓洁等[56]分析剪跨比、轴压比、CFRP 强度、包裹层数、混凝土强度等因素对 CFRP 约束钢筋混凝土柱抗震性能的影响，并提出 CFRP 约束钢筋混凝土短柱抗剪承载力计算公式。结果表明，CFRP 约束能够有效提高钢筋混凝土短柱的抗剪承载力，改善短柱的变形性能和延性。

顾冬生等[57]对大比例尺寸 FRP 约束钢筋混凝土圆柱开展试验研究，分析轴压比、剪跨比、FRP 种类及 FRP 约束量对其抗震性能的影响。结果表明，FRP 约束可显著提高钢筋混凝土圆柱抗震性能，随着 FRP 约束量的增加，试件破坏模式由脆性剪切破坏逐步过渡到延性很好的弯曲破坏，具有良好的耗能性能。在此基础上，顾冬生等提出 FRP 约束钢筋混凝土圆柱抗剪承载力的计算方法，建立抗剪承载力和侧向位移的定量关系。

王苏岩等[58]和杜修力等[59]对 FRP 约束钢筋混凝土柱在低周往复荷载作用下的抗剪性能进行试验研究。在此基础上，考虑截面形式、轴压比等参数，提出 FRP 约束钢筋混凝土柱的抗剪承载力计算公式。

卢亦焱等[60,61]对外包角钢与 CFRP 复合约束钢筋混凝土柱进行抗剪试验研究，分析轴压比、剪跨比及外包钢缀板加固量等对其抗剪性能的影响，并在试验研究基础上提出外包角钢与 CFRP 复合约束钢筋混凝土柱的抗剪承载力计算公式。结果表明，由于 CFRP 与角钢的复合约束限制混凝土的横向变形，使其抗剪承载力和延性显著提高；当轴压比在较低的范围内，试件的抗剪承载力随轴压比的增大而增大，但其延性降低；随着剪跨比的增大，其抗剪承载力逐渐降低。

1.2.2 FRP 管约束混凝土柱

Nanni 等[62]对 GFRP-AFRP 混合 FRP 薄壳约束混凝土方柱和圆柱进行试验研究。结果表明，未约束构件均发生剪切破坏，而约束构件则发生弯曲破坏，圆形截面的构件约束效果优于方形截面的构件。

Shao 等[63]对 8 根 GFRP 管混凝土柱进行试验研究，分析 GFRP 管缠绕方式和 GFRP 管壁厚对其抗震性能的影响。结果表明，GFRP 管混凝土柱抗震性能明显优于普通钢筋混凝土柱，配置适量钢筋能显著改善 GFRP 管混凝土柱抗震性能，配筋率决定滞回曲线的捏拢程度。

Zhu 等[64]对 4 根 FRP 管钢筋混凝土柱进行抗震性能试验研究。结果表明，与钢筋混凝土柱相比，由于 FRP 管的约束作用，钢筋混凝土柱的承载力、延性和整体耗能能力显著提高。

Ozbakkaloglu 等[65]对 4 根 FRP 管混凝土柱进行抗震试验，分析轴压比、剪跨比、混凝土强度等级和 FRP 管厚度对其抗震性能的影响。结果表明，与普通高强钢筋混凝土相比，FRP 管高强钢筋混凝土柱的延性显著提高，但其变形能力随轴压比和混凝土强度等级的提高而降低。

Shi 等[66]对 4 根 FRP 管混凝土柱和 1 根普通钢筋混凝土柱进行抗震试验，分析配筋率、FRP 管纤维缠绕角度对其抗震性能的影响。结果表明，FRP 管的纵向抗拉强度决定 FRP 管钢筋混凝土柱的抗弯承载力，而 FRP 管厚度和纵向拉伸弹性模量对 FRP 管混凝土柱初始刚度影响较大。

卓卫东等[67]对 GFRP 管钢筋混凝土桥墩开展抗震性能试验研究。结果表明，与素混凝土桥墩相比，由于 GFRP 管的约束作用，混凝土桥墩的延性明显改善，其抗震性能显著提高。

杨刻亚等[68]对 4 根 GFRP 管混凝土柱开展抗震性能试验研究。结果表明，GFRP 管的约束能够有效改善混凝土柱抗震性能，与素混凝土柱相比，GFRP 管混凝土柱具有良好的耗能能力和延性。

王清湘等[69]对 4 根 GFRP 管混凝土柱开展试验研究，分析轴压比、混凝土强度等级等因素对其延性的影响。结果表明，由于 GFRP 管的约束作用，试件的破坏模式发生转变，其延性和耗能能力显著提高，随着混凝土强度等级提高试件延性逐渐降低，而随着轴压比的增大，其承载力逐渐提高。

肖建庄等[70]对 6 根 GFRP 管再生混凝土柱开展抗震性能试验研究。结果表明，混凝土强度等级、再生粗骨料取代率和黏结滑移效应对 GFRP 管再生混凝土柱的抗震性能影响不大，而混凝土强度对 GFRP 管约束再生混凝土柱的极限承载力影响不明显。

1.2.3 FRP-钢管混凝土柱

FRP-钢管混凝土柱是在钢管表面缠绕 FRP，然后在其内浇注混凝土而形成的一种组合柱。FRP-钢管混凝土柱兼具 FRP 约束混凝土柱和钢管混凝土柱的优点，具有较好的延性和承载力。目前，国内外关于这种新型组合结构的抗震性能研究相对较少。

Xiao 等[71]和 Hu[72]分析钢管壁厚、加载方式、FRP 刚度等对 FRP-钢管混凝土柱抗震性能的影响。结果表明，由于 FRP 约束作用有效抑制钢管的局部屈曲，钢管混凝土柱的延性和耗能能力显著提高，随着钢管壁厚的增大，FRP 约束对构件抗震性能的影响逐渐减弱，构件在定轴力单向荷载作用下的整体性能优于定轴力反复荷载作用下的整体性能。

庄金平[73]对 4 根火灾后 CFRP-钢管混凝土柱的滞回性能进行研究，分析 FRP 层数和轴压比等对其抗震性能的影响。结果表明，随着 FRP 层数的增加，构件的承载力、延性和耗能能力均有所提高，随着轴压比的增大，构件的延性和极限位移逐渐降低。在此基础上，他采用数值方法建立火灾后 CFRP 加固钢管混凝土柱的荷载-位移和弯矩-曲率滞回模型。

闫昕[74]分析 FRP 管厚度和轴压比对 FRP-钢管混凝土柱抗震性能的影响。结果表明，与 FRP 管混凝土柱相比，FRP-钢管混凝土柱的承载力、延性和耗能能力显著提高；随着轴压比的增大，FRP 钢管混凝土的耗能能力逐渐降低。

车媛等[75]对 12 根圆 CFRP-钢管混凝土压弯构件进行研究，分析轴压比和CFRP 增强系数对其滞回性能的影响。结果表明，由于 CFRP 的约束增强作用延缓了钢管的局部屈曲，试件均表现出良好的滞回性能。随着轴压比和纵向 CFRP增强系数的增大，试件刚度退化明显减缓，延性和耗能能力呈降低趋势，但轴压比在一定范围内对试件抗震是有利的。

朱春阳[76]分析 FRP 种类和包裹方式对 FRP-钢管混凝土柱抗震性能的影响。结果表明，与普通钢管混凝土柱相比，FRP 钢管混凝土柱的耗能能力明显提高，刚度退化明显减缓，GFRP 钢管混凝土柱的刚度退化缓于 CFRP 钢管混凝土柱的，双向包裹 FRP 对钢管混凝土柱抗震性能提高优于环向包裹和纵向包裹。

1.2.4 PVC 管混凝土柱

Kurt[77]将混凝土填充在 PVC 管或 ABS 管内,形成一种新型组合构件——PVC 管混凝土柱,并开展其力学性能试验研究。结果表明,PVC 管对提高混凝土的承载力效果不明显,但改善了混凝土的脆性。

王俊颜等[78]对 PVC 管混凝土柱的力学性能进行试验研究,主要探讨 PVC 管厚度和混凝土强度等因素对其力学性能的影响。结果表明,核心混凝土强度对 PVC 管混凝土柱的极限强度有影响,PVC 管厚度决定 PVC 管应力-应变曲线下降段的斜率;由于 PVC 管的约束作用,显著改善核心混凝土脆性,大幅度提高 PVC 管混凝土柱的应变能;随着核心混凝土强度等级及 PVC 管厚度的增大,PVC 管混凝土抗压强度逐渐增大。

杨洋[79]对轴轴心受压 PVC 管约束混凝土柱进行试验研究。结果表明,与素混凝土柱相比,其极限承载力明显提高,但其延性较差,呈脆性破坏。

韩雯[80]对 6 根轴同心受压 PVC 管膨胀混凝土中长柱进行研究,分析不同膨胀剂掺量对承载力和变形的影响。结果表明,PVC 管延缓混凝土的开裂,提高混凝土的抗压强度,随着膨胀剂掺量的增加,其承载力逐渐减小。

1.2.5 PVC-FRP 管混凝土柱

国内外学者对 PVC-FRP 管混凝土柱性能研究极为少见,仅有美国的 Saafi[34] 在 2001 年对刻槽 PVC-FRP 管混凝土短柱的力学性能进行了研究,试验主要考虑了 FRP 的种类[包括 CFRP、GFRP、AFRP(aramid fiber reinforced polymer,芳纶纤维增强聚合物)]、环箍间距及轴向配筋等因素影响。在试验研究基础上,Saafi 提出了 PVC-FRP 管混凝土柱的承载力和应力-应变的计算模型。

在高腐蚀的环境下,PVC-FRP 管约束混凝土环境性能和其他传统结构材料相比具有良好的耐久性[81-83]。PVC-FRP 管约束混凝土耐久性主要受 PVC 管和 FRP 材料的影响。PVC 是一种较理想的材料,它不但经济而且有较好的耐久性。Illinois 大学的学者[84]根据国外对 PVC 管长达 30 年耐久性的研究发现,在冷热循环作用下 PVC 管的性能没有任何的退化,它的性能仍然满足美国国家卫生基金会(National Sanitation Foundation,NSF)标准的要求。Ranney 等[85]研究 PVC 管和 GFRP 在经受氯离子、盐类、冻融和化学条件下的性能。结果表明,PVC 管的性能不但没有降低,而且表现出比 GFRP 更高的化学抵抗能力。关于 FRP 的耐久性,国外主要研究了 FRP 加固混凝土在恶劣环境条件下的性能(如低温、冻融循环、海水等)。结果表明,CFRP 和 AFRP 加固混凝土的强度没有明显的降低,而 GFRP 加固混凝土的强度降低较明显[86]。

1.3　　新型 PVC-FRP 管混凝土柱

刻槽 PVC-FRP 管的制作相当复杂。首先，在 PVC 管外面按一定间距刻槽，这不仅加大了施工难度和加工费用，而且在刻槽的部位容易引起应力集中，使 PVC 管的受力不均匀，导致构件在刻槽处提前发生破坏。其次，缠绕 FRP 层数太多，不利于施工及 FRP 各层之间的黏结，同时增加工程造价。因此，本书作者提出了无刻槽的 PVC-FRP 管混凝土柱，将 FRP 布按照一定的间距直接缠绕在 PVC 管外面。这样不仅施工方便，而且节省材料成本。

在提出的新型 PVC-FRP 管混凝土柱中，PVC-FRP 管对混凝土柱提供环向约束应力，FRP 条带施加约束应力是通过 PVC 管均匀地传递到柱子上，在 FRP 条带发挥作用之前，PVC 管有足够的刚度抵抗核心混凝土的开裂和变形。PVC 管可作为模板，并且对核心混凝土有保护作用，使其免受各种环境的侵蚀。FRP 环箍间距和纤维用量根据组合柱所要达到的强度和性能来确定，如果需要附加约束，可以在混凝土柱中加配轴向的受力钢筋。

1.4　　主　要　内　容

本书主要对 PVC-FRP 管混凝土柱的轴压性能、偏压性能、抗震性能和耐久性能进行研究。主要内容包括以下几个方面。

（1）绪论

回顾约束混凝土柱的发展过程，重点介绍 FRP 混凝土组合柱抗震性能国内外研究现状、PVC 管混凝土柱和 FRP 管混凝土柱的国内外研究现状。

（2）轴心受压 PVC-FRP 管混凝土柱的力学性能研究

1）轴心受压 PVC-FRP 管混凝土柱的试验研究。通过轴心受压 PVC-FRP 管混凝土柱的试验，主要研究了环箍间距、轴向配筋和长细比对 PVC-FRP 管混凝土柱破坏形式、承载力、变形和应力-应变关系的影响。

2）轴心受压 PVC-FRP 管混凝土柱的计算模型。根据试验研究的成果，提出 PVC-FRP 管混凝土柱的极限承载力和极限应变的计算公式，并建立 PVC-FRP 管混凝土柱的应力-应变模型。

3）根据各组成材料的应力-应变关系，建立轴心受压 PVC-FRP 管混凝土柱的有限元分析模型。在有限元模型基础上，分析各因素对其力学性能的影响规律，揭示轴心受压 PVC-FRP 管钢筋混凝土柱的工作机理。

（3）偏心受压 PVC-FRP 管混凝土柱的力学性能研究

1）偏心受压 PVC-FRP 管混凝土柱的试验研究。通过偏心受压 PVC-FRP 管混凝土柱的试验，主要研究了偏心距和环箍间距对 PVC-FRP 管混凝土柱的破坏形态、承载力、变形、荷载-挠度关系和荷载-弯矩关系的影响。

2）偏心受压 PVC-FRP 管混凝土柱的力学性能理论研究。在试验研究的基础上，建立偏心受压 PVC-FRP 管混凝土柱的承载力模型、荷载-挠度模型和弯矩-曲率模型，并对偏心受压构件的轴压比限值进行研究。

3）根据各组成材料的应力-应变关系，建立偏心受压 PVC-FRP 管混凝土柱有限元分析模型。在有限元模型基础上，分析各因素对其力学性能的影响规律，揭示偏心受压 PVC-FRP 管钢筋混凝土柱的工作机理。

（4）PVC-FRP 管钢筋混凝土柱抗震性能研究

1）PVC-FRP 管钢筋混凝土柱抗震抗弯性能试验方案。主要介绍试验基本概况、试件设计与制作及试验加载和量测方案的相关内容，为进行下一步抗震性能试验分析奠定基础。

2）PVC-FRP 管钢筋混凝土柱抗震抗弯性能试验结果分析。通过 PVC-FRP 管钢筋混凝土柱和 PVC 管钢筋混凝土柱抗震试验研究，分析轴压比和 CFRP 条带的环箍间距对 PVC-FRP 管钢筋混凝土柱的滞回曲线、骨架曲线、承载力、延性、耗能能力和刚度退化的影响，揭示试件的破坏形态和受力机理。

3）PVC-FRP 管钢筋混凝土柱抗震抗弯承载力计算。基于 PVC-FRP 管混凝土本构关系，推导 PVC-FRP 管钢筋混凝土柱抗弯承载力计算方法，并在此基础上，提出试件屈服承载力、极限承载力、屈服曲率、极限曲率及水平位移等计算公式，给出 PVC-FRP 管钢筋混凝土柱的抗震设计步骤。

4）PVC-FRP 管钢筋混凝土柱恢复力模型研究。采用纤维模型法，编制非线性分析程序，计算得出 PVC-FRP 管钢筋混凝土柱骨架曲线，并在此基础上，建立 PVC-FRP 管钢筋混凝土柱恢复力模型。

5）PVC-FRP 管钢筋混凝土柱抗震抗弯性能数值模拟。选取混凝土、钢筋、CFRP 及 PVC 管合理本构关系，建立 PVC-FRP 管钢筋混凝土柱有限元模型，验证有限元分析模型的正确性；并在此基础上，分析混凝土强度等级、纵筋配筋率、CFRP 层数等参数对 PVC-FRP 管钢筋混凝土柱抗震性能的影响，揭示 PVC-FRP 管钢筋混凝土柱的受力工作机理。

（5）PVC-FRP 管钢筋混凝土柱抗震抗剪性能研究

1）PVC-FRP 管钢筋混凝土柱抗震抗剪性能试验方案。根据试验目的，制定 PVC-FRP 两管钢筋混凝土柱抗震抗剪性能试验方案，主要包括试件的设计与制作、材料力学性能、加载方案和测量方案。

2）PVC-FRP 管钢筋混凝土柱抗震抗剪性能试验研究。通过 2 根 PVC 管钢筋混凝土柱和 8 根 PVC-FRP 管钢筋混凝土柱的低周反复加载试验，分析轴压比、剪跨比和 CFRP 条带的环箍间距对管钢筋混凝土柱滞回性能、刚度退化、耗能能力、承载力、延性等抗震抗剪性能的影响，揭示 PVC-FRP 管钢筋混凝土柱的破坏特征和破坏机理。

3）PVC-FRP 管钢筋混凝土柱抗剪承载力理论分析。在试验研究基础上，基于 PVC-FRP 管混凝土和钢材的本构关系，采用桁架拱模型建立 PVC-FRP 管钢筋混凝土柱抗剪承载力计算模型。考虑低周反复荷载作用对抗剪承载力的影响，引入位移延性系数，提出 PVC-FRP 管钢筋混凝土柱抗剪承载力简化设计公式。

4）PVC-FRP 管钢筋混凝土柱恢复力模型。基于材料的本构模型，分别采用试验拟合法和理论计算法得到 PVC-FRP 管钢筋混凝土柱的荷载-位移骨架曲线和弯矩-曲率骨架曲线。在试验研究基础上，提出 PVC-FRP 管钢筋混凝土柱滞回规则，建立 PVC-FRP 管钢筋混凝土柱荷载位移恢复力模型。

5）PVC-FRP 管钢筋混凝土柱抗震抗剪性能有限元分析。选取钢筋、混凝土、PVC 管、CFRP 条带合理的本构模型，建立低周反复荷载作用下 PVC-FRP 管钢筋混凝土柱有限元分析模型。在此基础上，利用该模型分析低周反复荷载作用下 PVC-FRP 管钢筋混凝土柱的受力性能，揭示低周反复荷载作用下 PVC-FRP 管钢筋混凝土柱的受力机理。

（6）PVC-FRP 管混凝土柱耐久性试验研究

通过 PVC-FRP 管混凝土柱的耐久性试验，本书分析碱环境和氯离子环境对 PVC-FRP 管混凝土柱的承载力、变形和应力-应变关系的影响，并与普通环境下 PVC-FRP 管混凝土柱的性能进行比较。

第2章 轴心受压 PVC-FRP 管混凝土柱的力学性能研究

2.1 轴心受压 PVC-FRP 管混凝土柱的试验研究

2.1.1 试验介绍

1. PVC-FRP 管制作

PVC-FRP 管是由碳纤维增强复合材料（CFRP）缠绕在 PVC 管外面形成的。本章试验所选的碳纤维环箍间距分别为 20mm、30mm、40mm、50mm 和 60mm，条带宽度均为 20mm。本试验采用标准的 PVC 管，外径为 200mm，壁厚为 7.8mm。整个缠绕过程均为手工完成，PVC-FRP 管的具体制作过程如下。

（1）PVC 管表面处理

用丙酮溶液对 PVC 管表面进行清洗，除去表面的灰尘和杂物，并使表面充分干燥。

（2）涂底层涂料

把底层涂料的环氧树脂胶黏剂和固化剂按照质量比 3∶1 准确称量后放入容器内，用搅拌器搅拌均匀。用滚筒均匀地将涂料刷于 PVC 管表面，然后才能进行下道工序的施工。

（3）粘贴 CFRP

将 CFRP 材料充分浸透，根据设计的环箍间距缠绕，缠绕过程中不断挤压 CFRP，以保证 CFRP 和 PVC 管之间结合紧密，不允许有气泡。整个缠绕过程重复进行，直到达到所需要的纤维层数，碳纤维增强复合材料（CFRP）缠绕 3 层，在每根管的两端缠绕 4 层 CFRP，以防止试件的端头提前发生破坏。CFRP 布包裹好后，要在最外层刷一遍环氧树脂，以加强 CFRP 布和 PVC 管的整体性。PVC-FRP 管在室温下养护，直到环氧树脂硬化，图 2-1 为制作完成的部分 PVC-FRP 管。

2. 试件设计

本章共进行了 23 根轴心受压 PVC-FRP 管混凝土柱试验。试验分为三组，第一组主要考虑环箍间距和 CFRP 体积含量的影响，共有 12 根试件，其中 10 根为 PVC-FRP 管混凝土短柱，2 根为对比的 PVC 管混凝土柱；第二组主要考虑轴向配筋对 PVC-FRP 管混凝土短柱性能的影响，共有 5 根试件，试件的轴向配筋率 ρ_s 为

1.8%，每根试件配置8根直径为10mm钢筋；第三组主要考虑长细比对PVC-FRP管混凝土柱性能的影响，共有6根试件，试件长细比分别为2.5、4、6和8。所有试件的直径均为200 mm，CFRP厚度为0.33mm，试验试件的具体参数见表2-1。

图 2-1　制作完成的 PVC-FRP 管

表 2-1　轴心受压 PVC-FRP 管混凝土柱试验参数

试件编号		数量/根	环箍间距/mm	长细比	ρ_s /%
第一组	A-PVC	2	—	2.5	—
	A-Cs20	2	20	2.5	—
	A-Cs30	2	30	2.5	—
	A-Cs40	2	40	2.5	—
	A-Cs50	2	50	2.5	—
	A-Cs60	2	60	2.5	—
第二组	AR-Cs20	1	20	2.5	1.8
	AR-Cs30	1	30	2.5	1.8
	AR-Cs40	1	40	2.5	1.8
	AR-Cs50	1	50	2.5	1.8
	AR-Cs60	1	60	2.5	1.8
第三组	L4-Cs30	2	30	4	
	L6-Cs30	2	30	6	
	L8-Cs30	2	30	8	

注：试件编号中 A 表示轴心受压；Cs 表示 CFRP 环箍间距；AR 表示轴向配筋；L 表示长细比。

3. 试验材料力学性能

（1）CFRP 拉伸性能试验

1）试样形状和尺寸。本章参考日本关于 CFRP 片材拉伸试验的相关规定和我国《定向纤维增强聚合物基复合材料拉伸性能试验方法》（GB/T 3354—2014）中介绍的试样形状和尺寸，并根据几种纤维片材每股的实际宽度，分别确定了碳纤维片材的试样形状和尺寸，试样各部分示意图如图 2-2 所示。

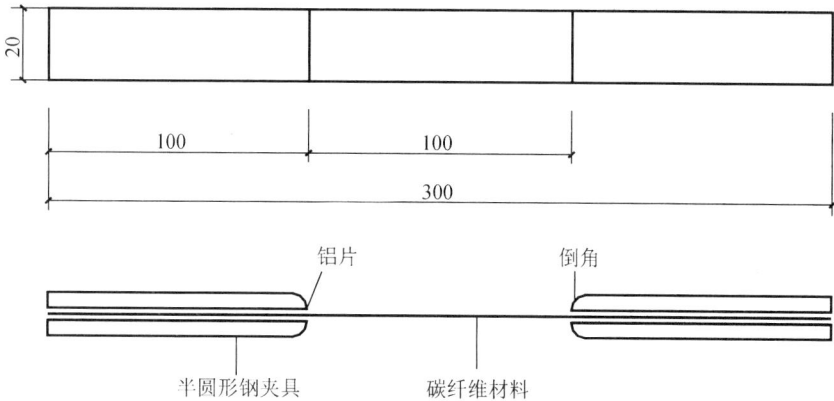

图 2-2　CFRP 拉伸试验试样形状及尺寸图（单位：mm）

2）试样的制作。碳纤维片材的试样数量为 5 个，具体制作步骤如下。

① 选择一个平整台面，并在上面铺一层塑料布（环氧树脂与塑料布不黏结），将拟进行抗拉强度试验的碳纤维片材裁剪成长度为 300mm 的整块，平整放在台面上。

② 将配好的环氧树脂胶黏剂用刷子均匀涂在碳纤维片材上，在涂刷时只能单方向涂刷，不能来回涂刷。在一个面上涂抹完毕之后，将碳纤维片材翻过来再涂抹另外一个面，使胶黏剂充分渗入碳纤维片材的缝隙，涂完胶黏剂之后在空气中固化一段时间，以黏结剂不粘手为准。

③ 将试样编号、划线并测量工作段内任意三点的厚度和宽度，取算术平均值。

④ 为防止局部受力引起试样的提前破坏，在试样的两端各加两片铝片作为垫片（图 2-2），垫片与试样用胶黏剂粘贴在一起，并把加过垫片的试样的端部粘在已经倒角处理的夹具上，然后用细铁丝将钢夹具紧紧固定，放在室内固化，这样就完成整个试样的制作。

3）试样测试的主要包括如下内容。

① 纤维材料破坏的极限抗拉强度。

② 纤维材料破坏的极限应变和弹性模量。

③ 纤维材料的应力-应变关系。

4）加载方案。将制作的试样固定在 MTS 试验机上，如图 2-3 所示。试验中，试样的拉力通过拉力传感器直接获得，试样的应变通过粘贴在试样上引伸计读出。整个试验过程的数据由计算机系统自动采集，典型的 CFRP 应力-应变曲线呈线性关系。

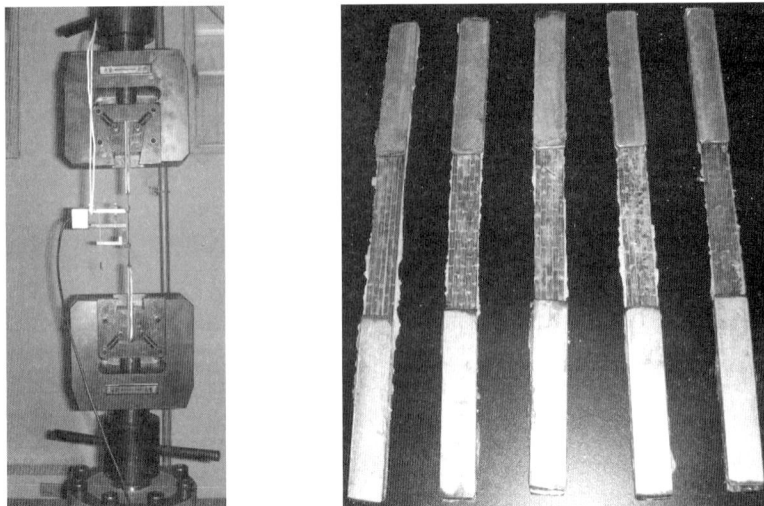

图 2-3　CFRP 拉伸试验装置和试件

　　试样采用逐级加载，首先对试样进行预加载（约为破坏荷载的 5%），检查并调整试样及应变测量系统，使其处于正常工作状态；然后进入正式加载阶段，每级加载为破坏荷载的 1/10，直至试样破坏。试样典型的破坏形式如图 2-4 所示。表 2-2 为 CFRP 实测力学性能。

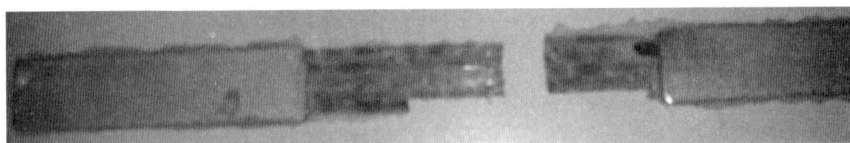

图 2-4　CFRP 典型破坏形式

表 2-2　CFRP 实测力学性能

试件编号	破坏荷载/kN	CFRP 抗拉强度/MPa		CFRP 弹性模量/（10^5MPa）		CFRP 极限应变	
		实测值	平均值	实测值	平均值	实测值	平均值
C-1	7.47	3395		2.25		0.0151	
C-2	8.68	3946		2.40		0.0164	
C-3	8.05	3659	3614	2.30	2.24	0.0159	0.0161
C-4	7.60	3456		2.15		0.0161	
C-5	7.95	3612		2.10		0.0172	

（2）混凝土性能

本次试验采用 C30 的商品混凝土，混凝土实际力学性能根据同时浇筑的 150mm×150mm×150mm 混凝土立方体试块确定，试验结果见表 2-3。

表 2-3　混凝土（弹性模量 $2.55×10^4$MPa）实测力学性能

试件编号	立方体抗压强度/MPa	轴心抗压强度/MPa	
		试验值	平均值
C1	41.3	27.7	
C2	45.4	30.4	
C3	40.8	27.3	28.6
C4	42.8	28.7	
C5	44.3	29.7	
C6	41.2	27.6	

（3）钢筋力学性能

钢筋的屈服强度、极限抗拉强度和弹性模量根据钢筋拉伸试验确定，试验结果见表 2-4。

表 2-4　钢筋实测力学性能

试件编号	屈服强度/MPa		极限抗拉强度/MPa		弹性模量/（10^5MPa）	
	试验值	平均值	试验值	平均值	试验值	平均值
S1	356		480		1.98	
S2	344	344	465	476	2.14	2.11
S3	332		485		2.21	

（4）PVC 管的力学性能

对长度为 500mm、外径为 200mm 的 PVC 管进行了轴压试验。图 2-5 为试验得到的 PVC 管的应力-应变曲线。从图中可以看出，在开始加载阶段，PVC 管的应力-应变曲线基本呈线性关系，在轴向压应力达到 60MPa 时，PVC-FRP 管的应力-应变曲线偏离原来直线。随着荷载的增加，PVC 管经历了较大的塑性变形，最后发生破坏，PVC 管的破坏形态如图 2-6 所示。图 2-7 为整个加载过程中 PVC 管的环向应变与轴向应变的关系，由此可知 PVC 管的泊松比为 0.32。

本章对 PVC 条的抗拉性能进行了试验研究，试验结果见表 2-5。PVC 条在破坏以前，有较大的塑性变形，试件破坏时有明显的颈缩现象。PVC 条的典型破坏形态如图 2-8 所示。

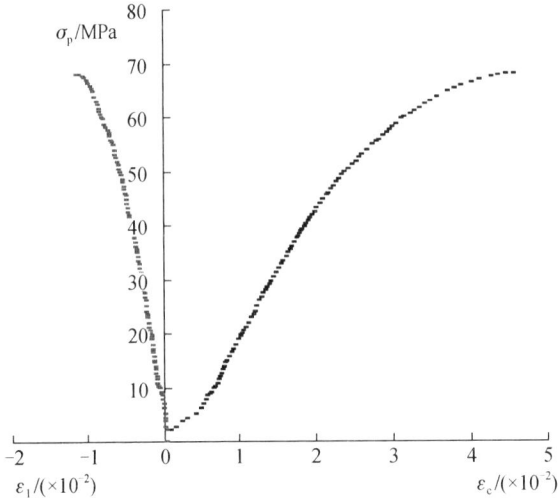

图 2-5　PVC 管的应力-应变曲线

图 2-6　PVC 管的典型破坏形态

表 2-5　PVC 条实测力学性能

试件编号	抗拉强度/MPa		弹性模量/（10^3MPa）	
	试验值	平均值	试验值	平均值
PVC-1	60.84		2.53	
PVC-2	61.23	62	2.48	2.56
PVC-3	63.96		2.69	

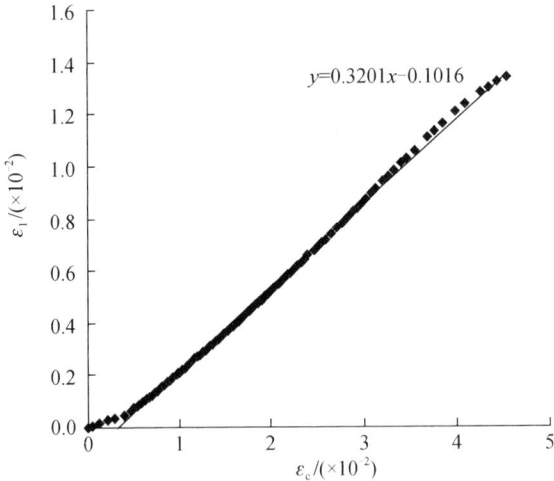

$y=0.3201x-0.1016$

图 2-7　PVC 管环向应变和轴向应变关系

图 2-8　PVC 条的破坏形态

4. 轴心受压 PVC-FRP 管混凝土柱的试验装置与测点布置

（1）加载方案

试验的加载方式采用轴心加载，加载装置为竖向压力试验机。加载时，在试件表面放置钢垫片，防止试件被局部压坏。先对试件进行几何对中，将试件的轴线对准作用力的中心线。然后进行物理对中，即加载达 20%～40% 的试验荷载时，测量试件中央截面两侧或四个面的应变，并调整作用力的轴线，以达到各点应变均匀为止。

试件的加载制度采用逐级加载，每级加载为极限承载力的 1/10。在每级加载后，记录仪表读数，各级加载的稳压时间为 2min，接近破坏时采用慢速连续加载，直到试件最后破坏。

（2）量测主要内容

1）量测各级荷载下试件所受的轴向承载力，量测仪器为压力传感器，采集方式为计算机数采。

2）量测各级荷载下试件的轴向变形，量测仪器为位移传感器和应变片，采集方式为计算机数采。

3）量测各级荷载下，在 PVC-FRP 管混凝土短柱的外侧，试件的中部的环向应变，用应变片测量。

4）量测各级荷载下，轴向配筋 PVC-FRP 管混凝土短柱中钢筋的应变，用应变片测量。

5）量测各级荷载下，PVC-FRP 管混凝土中长柱的 1/4、1/2 和 3/4 高度处的轴向应变和环向应变。

（3）量测仪器布置

在 PVC-FRP 管混凝土短柱的两侧各设置 1 个位移计，在 PVC-FRP 管混凝土短柱外侧和中部共布置 8 个应变片，其中 4 个用于量测构件的轴向应变，其余 4 个用于测定环向应变，位移计和应变片的布置如图 2-9 所示。另外，在构件对称位置的钢筋上各贴 1 个应变片。

PVC-FRP 管混凝土中长柱位移计的布置与短柱相同，在 PVC-FRP 管混凝土中长柱外侧，共布置 24 个应变片，在试件 1/4、1/2 和 3/4 高度处各布置 8 个应变片。在每一高度处布置 4 个应变片测量试件的轴向应变，在 CFRP 条带对称位置上布置 4 个应变片测定试件的环向应变。位移计和应变片的布置如图 2-10 所示。

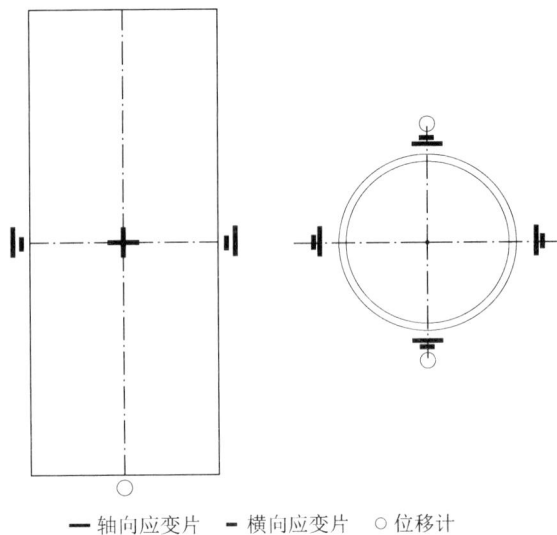

— 轴向应变片　— 横向应变片　○ 位移计

图 2-9　轴心受压 PVC-FRP 管混凝土中短柱量测仪器布置

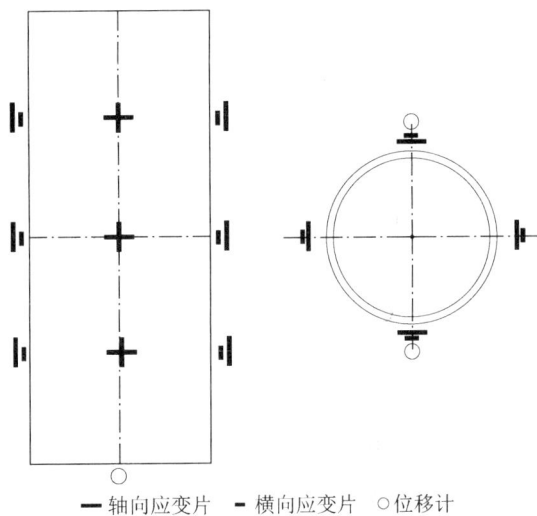

— 轴向应变片　— 横向应变片　○ 位移计

图 2-10　轴心受压 PVC-FRP 管混凝土中长柱量测仪器布置

2.1.2　试验结果分析

1. PVC-FRP 管混凝土柱破坏形态

（1）PVC-FRP 管混凝土短柱

从试验过程可以看出，PVC-FRP 管约束混凝土短柱的承载力和延性都有了很大的提高。试件的破坏形态如图 2-11 所示。

|（a）A-Cs20|（b）A-Cs30|（c）A-Cs40|

（d）A-Cs50　　　　　　　　（e）A-Cs60　　　　　　　　（f）A-PVC

图 2-11　轴心受压 PVC-FRP 管混凝土短柱的破坏形态

　　PVC 管混凝土短柱在轴向荷载作用下，加载初期外观没有太大的变化，在达到素混凝土柱极限抗压强度附近时，由于内部混凝土裂缝逐渐扩展，混凝土的体积膨胀，PVC 管混凝土短柱的中部环向变形迅速增大，在 PVC 管中部局部区域颜色变白。随着荷载的进一步增加，PVC 管混凝土柱发生破坏。破坏时，PVC 管没有开裂现象，PVC 管混凝土柱轴向压缩变形很大，破坏形态和钢管混凝土柱基本相同。

　　对环箍间距较小的 PVC-FRP 管混凝土短柱，在加载初期混凝土的横向变形很小，碳纤维条带的环向应变发展缓慢，所起的约束作用很小。当达到素混凝土柱的极限抗压强度时，碳纤维条带的环向应变开始逐渐增大，在达到 PVC-FRP 管混凝土短柱极限承载力的 85%～90%时，可以听到部分碳纤维条带清脆的断裂声，随着荷载的继续增大，可以断断续续地听到碳纤维条带断裂声音。当达到构件的极限承载力时，PVC-FRP 管混凝土短柱突然爆裂，构件随之破坏，破坏前有明显的预兆。

对于环箍间距较大的 PVC-FRP 管混凝土短柱,在加载初期外观没有大的变化,当应力达到素混凝土柱的极限抗压强度时,碳纤维条带的环向应变开始逐渐增大,在接近 PVC-FRP 管混凝土短柱的极限承载力时,可以听到碳纤维条带断裂的声音,碳纤维条带断裂与构件的破坏几乎同时发生。

(2)轴向配筋 PVC-FRP 管混凝土短柱

从试验过程可以看出,轴向配筋 PVC-FRP 管混凝土短柱的破坏以中部碳纤维条带断裂和轴向钢筋被压曲为标志。试件的破坏形态如图 2-12 所示。

(a) AR-Cs20   (b) AR-Cs30   (c) AR-Cs40

(d) AR-Cs50   (e) AR-Cs60

图 2-12 轴向配筋 PVC-FRP 管混凝土短柱的破坏形态

轴向配筋 PVC-FRP 管混凝土短柱的破坏过程与无筋 PVC-FRP 管混凝土短柱的破坏过程基本相似。在加载初期,钢筋的轴向变形和混凝土的横向变形很小,碳纤维条带的环向应变发展缓慢,对混凝土的约束作用很小。当达到钢筋混凝土柱的极限抗压强度时，碳纤维条带的环向应变和钢筋的轴向应变的增长速度加快，随着荷载的进一步增大，钢筋发生了屈服。在荷载达到配筋 PVC-FRP 管混凝土短柱极限承载力的 85%时，由于试件的环向应变增大，部分碳纤维条带发生断裂，随着荷载的继续增大，可以断断续续地听到碳纤维条带断裂的声音。当达到试件极限承载力时，配筋的 PVC-FRP 管混凝土短柱突然爆裂，轴向钢筋被压曲，在试件破坏前有明显的预兆。环箍间距对配筋 PVC-FRP 管混凝土短柱的破坏形态和过程没有影响。

（3）PVC-FRP 管混凝土中长柱

PVC-FRP 管混凝土中长柱的破坏形态如图 2-13 所示。从图中可以看出，大部分试件在 1/2～1/4 高度处发生破坏。加载初期 PVC-FRP 管混凝土中长柱处于弹性阶段，混凝土的横向变形很小，碳纤维条带的环向应变发展缓慢，所起的约束作用很小。当试件的抗压强度达到素混凝土柱的极限抗压强度时，碳纤维条带的环向应变开始逐渐增大，在达到 PVC-FRP 管混凝土中长柱极限承载力的 85%左右时，可以听到部分碳纤维条带清脆的断裂声。随着荷载的继续增大，可以断断续续地听到碳纤维条带断裂的声音。碳纤维条带断裂的条数较多，说明碳纤维条带的利用率比较高。当达到极限承载力时，PVC-FRP 管混凝土中长柱突然爆裂，试件随之破坏，在试件破坏前有明显的预兆。

　（a）L4　　　　　　　　　（b）L6　　　　　　　　　（c）L8

图 2-13　PVC-FRP 管混凝土中长柱的破坏形态

2. PVC-FRP 管混凝土柱的承载力和变形分析

（1）PVC-FRP 管混凝土短柱

试验研究发现，不同环箍间距的 PVC-FRP 管混凝土短柱的破坏形态基本相同，碳纤维环箍间距对试件破坏的极限承载力影响较大，随着碳纤维环箍间距增大，承载力逐渐降低。对于 PVC-FRP 管混凝土短柱来说，PVC-FRP 管混凝土短柱的极限抗压强度和轴向极限应变主要与 PVC-FRP 管对混凝土柱的约束作用有关，而 PVC-FRP 管对混凝土柱的极限约束作用主要与碳纤维的环箍间距有关。碳纤维的环箍间距 s 对 PVC-FRP 管混凝土短柱的极限抗压强度的提高系数 f_{cc}'/f_{co} 和轴向极限应变 $\varepsilon_{cc}'/\varepsilon_{co}'$ 的影响分别如图 2-14 和图 2-15 所示。从图中可以看出，PVC-FRP 管混凝土短柱的极限抗压强度和轴向极限应变随着环箍间距的增大而减小。

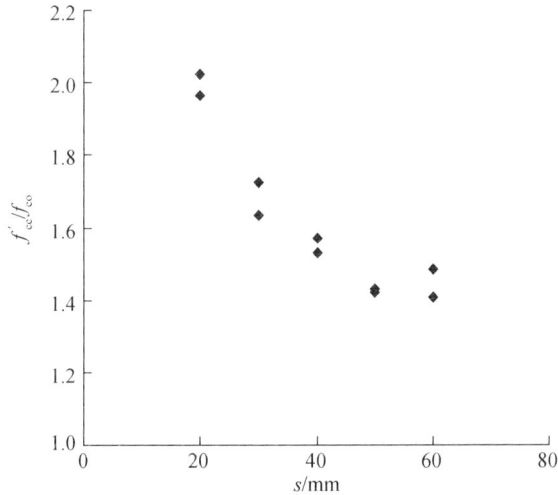

图 2-14　环箍间距对强度的提高效果

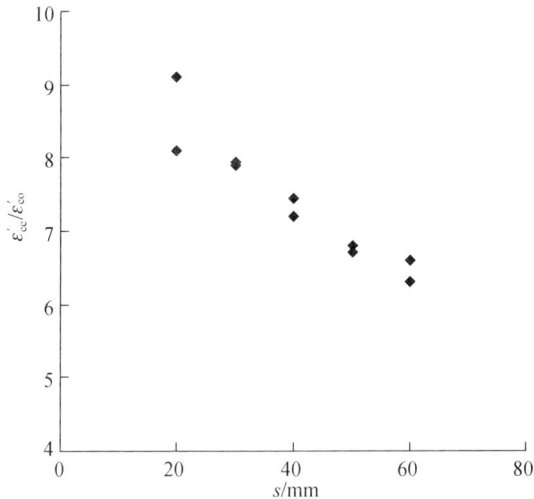

图 2-15　环箍间距对应变的提高效果

（2）轴向配筋 PVC-FRP 管混凝土短柱

与无筋的 PVC-FRP 管混凝土柱相比，轴向配筋 PVC-FRP 管混凝土短柱的极限承载力和极限应变均有一定程度的提高。配筋 PVC-FRP 管混凝土短柱的极限承载力提高程度与轴向钢筋的配筋率有关，同时，轴向配筋可以提高 PVC-FRP 管混凝土短柱的变形能力。

　　轴向配筋 PVC-FRP 管混凝土短柱的试验结果见表 2-6。试验结果表明，与无筋的 PVC-FRP 管混凝土短柱相比，轴向配筋 PVC-FRP 管混凝土短柱的极限承载力和轴向极限应变都有一定程度的提高。其中极限承载力提高 24%左右，轴向极限应变提高 16%左右。

表 2-6　轴向配筋 PVC-FRP 管混凝土短柱的试验结果

环箍间距 s/mm	试件编号	ρ_{com} /%	f'_{cc} /MPa	f'_{cc} / f_{co}	ε'_{ccR} /%	ε'_{ccR} / ε'_{co}	ε_c / $(\times 10^2)$
20	AR-Cs20	0.340	65.08	2.28	1.99	9.95	1.22
30	AR-Cs30	0.264	58.31	2.05	1.72	8.60	1.16
40	AR-Cs40	0.238	56.59	1.99	1.69	8.45	1.31
50	AR-Cs50	0.211	53.10	1.86	1.66	8.30	1.07
60	AR-Cs60	0.185	50.96	1.79	1.46	7.30	0.91

　　注：ρ_{com} 为 FRP 材料的体积含量；f'_{cc} 为无筋 PVC-FRP 管混凝土短柱的极限抗压强度；f_{co} 为素混凝土的轴心抗压强度；ε'_{co} 为普通环境下 PVC-FRP 管混凝土柱的轴向极限应变；ε'_{ccR} 为 PVC-FRP 管钢筋混凝土柱的轴向极限应变；ε_c 为素混凝土的轴向极限应变。

　　碳纤维环箍间距对轴向配筋的 PVC-FRP 管混凝土短柱的极限抗压强度和轴向极限应变的提高效果分别如图 2-16 和图 2-17 所示。从图中可以看出，轴向配筋的 PVC-FRP 管混凝土短柱的极限抗压强度和轴向极限应变提高程度随着碳纤维环箍间距的增大而逐渐减小。

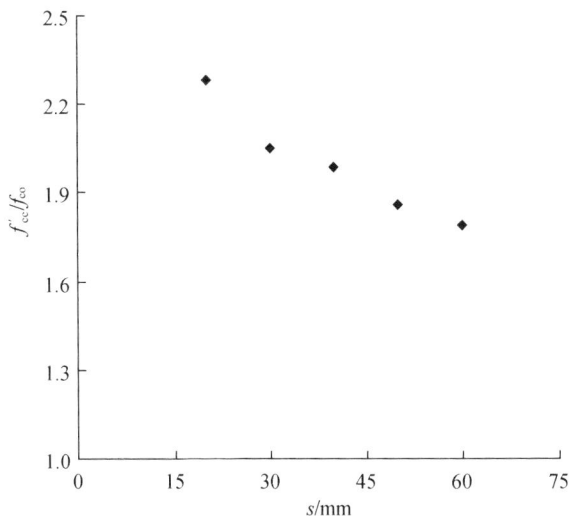

图 2-16　环箍间距对配筋构件强度的影响

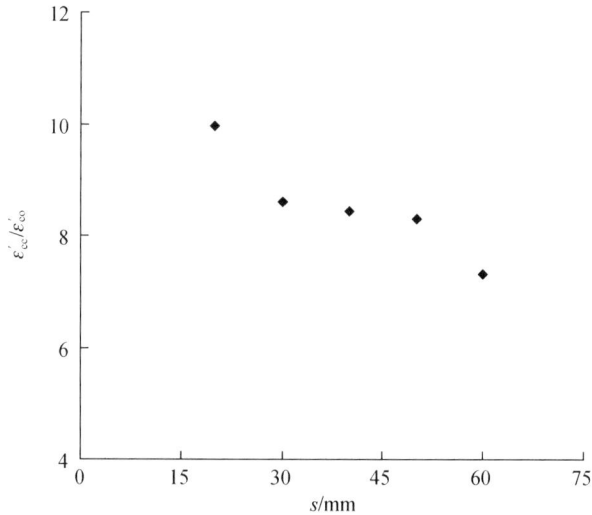

图 2-17　环箍间距对配筋构件应变的影响

轴向钢筋的极限承载力 N_s 的试验值和计算值为

$$N_s^e = N_{AR} - N_a \tag{2-1}$$

$$N_s^c = f_y' A_s \tag{2-2}$$

式中，N_s^e 和 N_s^c 分别为轴向钢筋的极限承载力的试验值和计算值，MPa；N_{AR} 和 N_a 分别为轴向配筋 PVC-FRP 管混凝土短柱和无筋 PVC-FRP 管混凝土短柱的极限承载力，kN；f_y' 为钢筋的抗压屈服强度，MPa；A_s 为钢筋的截面面积，mm^2。

轴向钢筋的极限承载力的试验值和计算值见表 2-7。从表 2-7 中可以看出，轴向钢筋的极限承载力的计算值小于试验值，这主要是因为 PVC-FRP 管和内部混凝土延缓了轴向钢筋的弯曲。从配筋 PVC-FRP 管混凝土短柱和无筋的 PVC-FRP 管混凝土短柱的试验数据可以看出，对于轴向配筋率为 1.8%，配筋 PVC-FRP 管混凝土柱和无筋的 PVC-FRP 管混凝土柱的极限承载力的比值约为 1.24。这个系数仅对本章试验数据适用，对于其他种类的纤维条带和不同配筋率构件是否适用有待进一步研究。

表 2-7　轴向钢筋极限承载力的试验值与计算值比较

环箍间距 s/mm	配筋试件		无筋试件		N_s^e	N_{AR}/N_a	N_s/kN
	试件类型	N_{AR}/kN	试件类型	N_a/kN			
20	AR-Cs20	2043.0	A-Cs20	1784.0	259.0	1.15	214
30	AR-Cs30	1831.0	A-Cs30	1508.0	323.0	1.21	214
40	AR-Cs40	1776.8	A-Cs40	1387.8	389.0	1.28	214
50	AR-Cs50	1655.0	A-Cs50	1276.1	378.9	1.30	214
60	AR-Cs60	1600.0	A-Cs60	1294.2	305.8	1.24	214

　　轴向配筋的 PVC-FRP 管混凝土短柱的轴向极限应变随着碳纤维的环箍间距的增加而减小（表 2-8）。构件破坏时的轴向极限应变 ε_c 为 0.0101～0.0118。从表中可以看出，相同环箍间距的配筋构件与无筋构件的轴向极限应变之差在 0.0022 左右，配筋构件和无筋构件的轴向极限应变比值在 1.16 左右。

表 2-8　配筋构件和无筋构件的轴向极限应变比较

环箍间距 s/mm	配筋试件		无筋试件		$\varepsilon'_{ccR} - \varepsilon'_{cc}$	$\dfrac{\varepsilon'_{ccR}}{\varepsilon'_{cc}}$	ε_c
	试件类型	ε'_{ccR}	试件类型	ε'_{cc}			
20	AR-Cs20	0.0199	A-Cs20	0.0162	0.0027	1.16	0.0118
30	AR-Cs30	0.0172	A-Cs30	0.0182	0.0014	1.09	0.0115
40	AR-Cs40	0.0169	A-Cs40	0.0158	0.0023	1.16	0.0111
50	AR-Cs50	0.0166	A-Cs50	0.0159	0.0031	1.23	0.0107
60	AR-Cs60	0.0146	A-Cs60	0.0144	0.0017	1.13	0.0101

（3）PVC-FRP 管混凝土中长柱

　　PVC-FRP 管混凝土中长柱的极限承载力和延性与素混凝土柱相比有了很大的提高，提高的幅度随着长细比的增加而减小；与 PVC-FRP 管混凝土短柱相比，PVC-FRP 混凝土中长柱的轴向承载力有一定程度的降低，为 5%～20%，轴向极限应变降低比较大，为 10%～40%。

　　图 2-18 和图 2-19 为试件环向极限应变和轴向极限应变分别在 1/4、1/2 和 3/4 高度的对比情况，图中 ε_l 为试件的环向极限应变，ε_c 为试件的轴向极限应变，h 为试件的高度。从图中可以看出，相同长细比的试件在三个高度处的轴向极限应变和环向极限应变基本相等。这说明试件处于较为理想的轴心受压状态，试件的变形比较均匀。随着长细比的增加，轴向极限应变和环向极限应变有减小的趋势。这说明对于长细比较大的试件，在轴向向荷载作用下，产生了一定的侧向挠度。

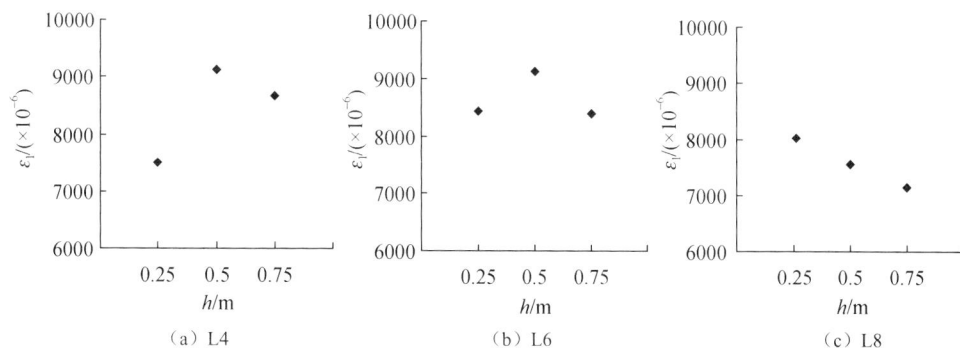

（a）L4　　　　　　　（b）L6　　　　　　　（c）L8

图 2-18　试件不同高度的环向应变的对比

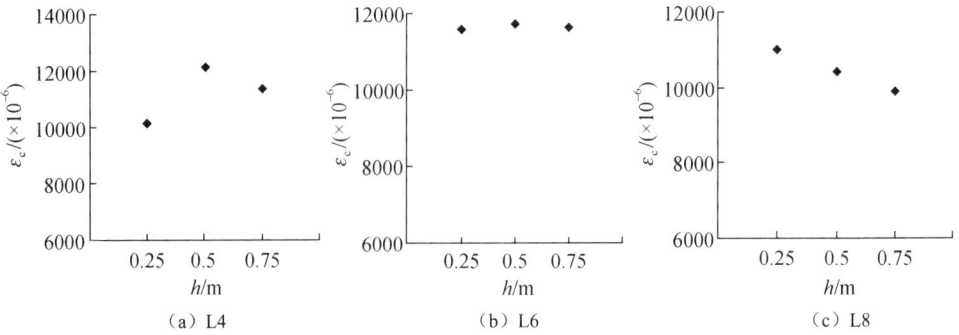

（a）L4　　　　　　　　（b）L6　　　　　　　　（c）L8

图 2-19　　试件不同高度的轴向应变的对比

3. PVC-FRP 管混凝土柱的应力-应变关系分析

（1）PVC-FRP 管混凝土短柱

环箍间距对 PVC-FRP 管混凝土短柱的应力-应变曲线的影响，如图 2-20 所示。从图中可以看出，在 PVC-FRP 管混凝土短柱的抗压强度达到素混凝土柱的 f_{co} 之前，碳纤维环箍间距对 PVC-FRP 管混凝土短柱的应力-应变曲线基本没有影响，即 PVC-FRP 管混凝土短柱的应力-应变曲线和素混凝土柱的应力-应变曲线相似；在 PVC-FRP 管混凝土短柱的抗压强度超过 f_{co} 之后，PVC-FRP 管混凝土短柱的横向和轴向变形迅速增大，PVC-FRP 管混凝土短柱的应力-应变曲线呈现出强化段趋势；环箍间距越小，强化段的斜率越大，极限抗压强度提高的幅度也就越大。当没有纤维条带约束时，PVC 管混凝土短柱的极限抗压强度与素混凝土柱的相比提高仅 10%，其环向和轴向极限应变与 PVC-FRP 管混凝土短柱的相比较大。

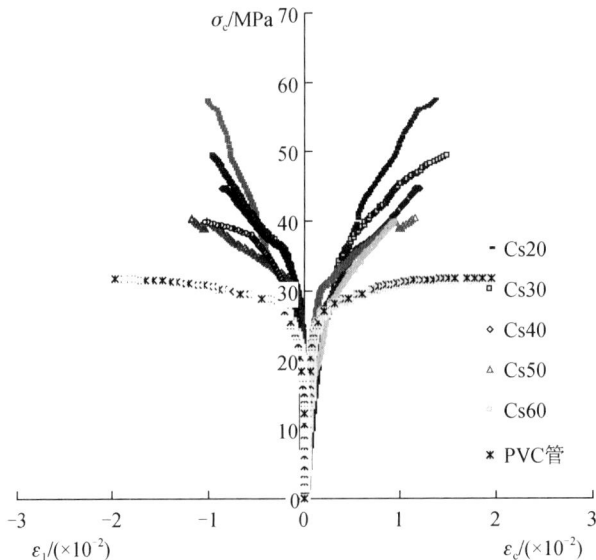

图 2-20　　环箍间距对 PVC-FRP 管混凝土短柱的应力-应变曲线的影响

（2）轴向配筋 PVC-FRP 管混凝土短柱

轴向配筋的 PVC-FRP 管混凝土短柱的应力-应变曲线和无筋 PVC-FRP 管混凝土短柱的应力-应变曲线比较如图 2-21 所示。从图中可以看出，与无筋 PVC-FRP 管混凝土短柱的应力-应变曲线相比，配筋 PVC-FRP 管混凝土短柱的应力-应变曲线呈现双线形，并且有一个过渡段。在第一阶段，配筋 PVC-FRP 管混凝土短柱的应力-应变曲线和素混凝土柱的应力-应变曲线相似；在配筋 PVC-FRP 管混凝土短柱的抗压强度超过 f_{co} 以后，由于轴向配筋，构件出现了明显的曲线过渡段；第三阶段是强化段，在构件破坏以前配筋 PVC-FRP 管混凝土短柱的应力和应变一直处于增加状态，且在相同的环箍间距下，与无筋构件相比，配筋构件的强化段斜率较大。

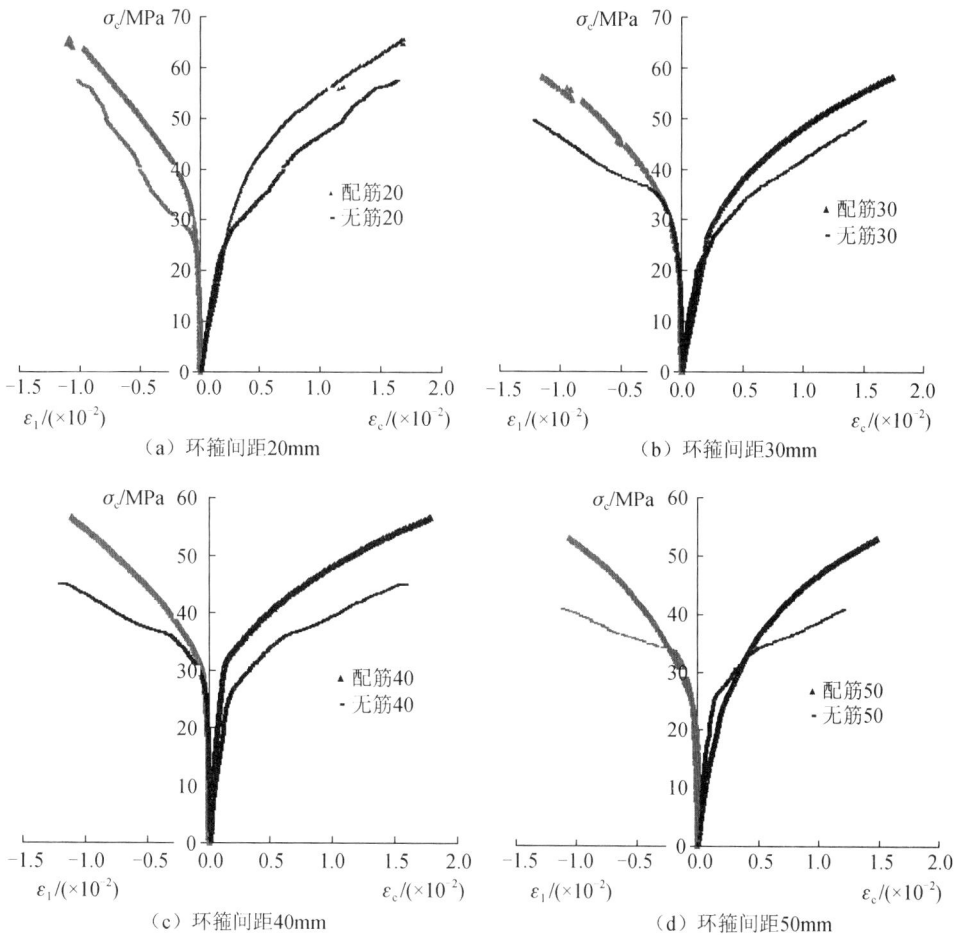

图 2-21　轴向配筋对构件应力-应变曲线的影响

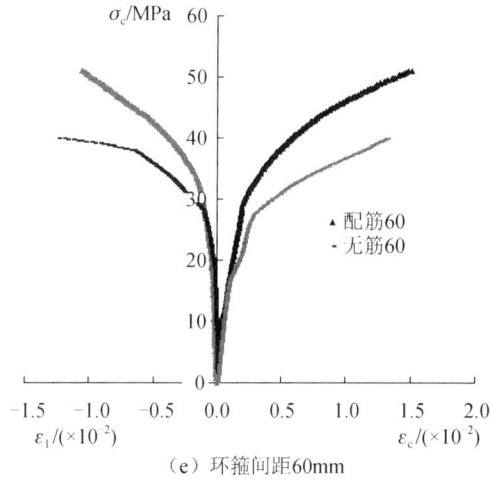

（e）环箍间距60mm

图 2-21（续）

（3）PVC-FRP 管混凝土中长柱

不同长细比的 PVC-FRP 管混凝土柱的应力-应变曲线，如图 2-22 所示。从图中可以看出，在 PVC-FRP 管混凝土中长柱的抗压强度达到素混凝土柱的极限抗压强度 f_{co} 之前，PVC-FRP 管混凝土中长柱的应力-应变曲线和 PVC-FRP 管混凝土短柱的应力-应变曲线基本重合，这主要是因为在达到 f_{co} 之前，混凝土柱的轴向和横向变形不大，PVC-FRP 管对混凝土柱的约束作用很小，构件的应力-应变曲线与素混凝土柱的相似。在 PVC-FRP 管混凝土柱的抗压强度超过 f_{co} 之后，混凝土柱的横向和轴向变形迅速增大，PVC-FRP 管对混凝土柱的约束作用也逐渐增大，PVC-FRP 管混凝土中长柱的应力-应变曲线呈现出强化段趋势，各种不同长细比的 PVC-FRP 管混凝土中长柱强化段的斜率基本相同。随着长细比的增大，PVC-FRP 管混凝土中长柱的极限抗压强度和轴向极限应变逐渐减小。

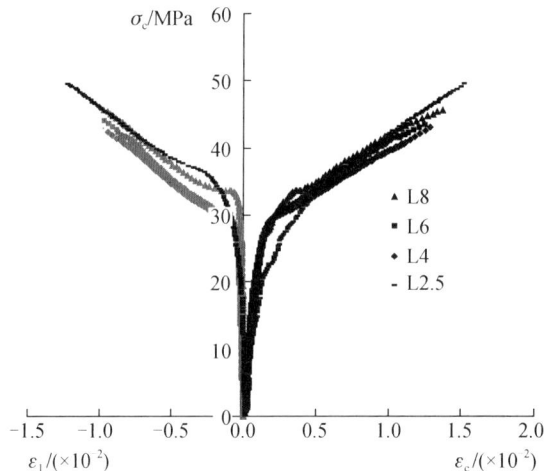

图 2-22　不同长细比 PVC-FRP 管混凝土柱的应力-应变曲线

2.1.3　与其他约束混凝土柱的比较

PVC-FRP 管混凝土柱由轻质、经济、高性能、耐久性好的材料组成。为了验证 PVC-FRP 管混凝土结构的优越性，本节将 PVC-FRP 管混凝土柱与钢筋混凝土柱、钢管混凝土柱、FRP 约束混凝土柱和 FRP 箍筋约束混凝土柱的性能进行比较。

1. 与钢筋混凝土柱性能比较

与传统的钢筋混凝土柱相比，本书提出的 PVC-FRP 管混凝土结构有以下优点。

（1）结构面积减少，有效使用面积增加

在建筑工程中 PVC-FRP 管混凝土通常作为柱子，由于 PVC-FRP 管的约束作用，混凝土柱截面面积可大大减少，使得有效使用面积增大，结构自重减轻。因此，地震作用和地基荷载均可减少，可以有效地解决我国建筑工程领域长期存在而未能解决的"胖柱"问题。

（2）节约原材料

在同等承载力要求下，PVC-FRP 管混凝土柱比普通钢筋混凝土柱节约混凝土，省去所有模板，且耗钢量较少。

（3）施工简单，可有效缩短工期

PVC-FRP 管混凝土柱和钢筋混凝土柱相比，免去支模、拆模等工序，省工省时，缩短工期，其综合经济效益较好。

（4）耐久性好

由于 PVC 管和 CFRP 材料具有良好的耐久性，同时 PVC 管对核心混凝土具有保护作用，在各种环境下 PVC-FRP 管混凝土柱均具有较好的耐久性。

2. 与钢管混凝土柱性能比较

（1）约束材料性能

钢材与 CFRP 材料性能的差别是钢材受力后有明显的屈服阶段，这期间应变增大但应力保持不变，混凝土可发展横向变形。由于钢材还具有强化段，从受力到破坏变形很大，从而对混凝土约束变形范围很大，组合构件塑性破坏。CFRP 材料塑性变形较小，在构件的抗压强度接近非约束混凝土柱的极限抗压强度时，PVC-FRP 管才发挥作用。由于混凝土横向膨胀作用，约束材料与混凝土之间的紧箍力不断增加，PVC-FRP 管对混凝土柱的约束作用也更强，组合构件整体的承载力在 CFRP 断裂后失效，其破坏有一定的可预见性。

（2）构件承载力

对于钢管混凝土柱，由于钢管在荷载的作用下也承担部分轴力，即整体承载力是由钢管和核心混凝土共同承担。对于 PVC-FRP 管混凝土，PVC-FRP 管承担一小部分荷载，其作用可不予考虑。

根据本章试验数据，PVC-FRP 管混凝土柱的极限承载力是素混凝土柱和 PVC-FRP 管的极限承载力之和的 1.4～2.1 倍，钢管混凝土柱的极限承载力仅为两部分极限承载力之和的 1.18 倍。PVC-FRP 管和钢管都可提高构件的延性。

对于 PVC-FRP 管混凝土柱的研究，国内外研究的还很少，PVC-FRP 管混凝土柱的承载力计算公式将在第 5 章中介绍。钢管混凝土轴心受压构件的计算方法很多，各国的规范各不相同，本章介绍钟善桐[87]提出的计算公式，即

$$N_0 \leqslant A_{sc}f_{sc} \tag{2-3}$$

式中，N_0 为钢管混凝土柱的轴心受压承载力；A_{sc} 为柱的截面面积；f_{sc} 为钢管混凝土轴心受压构件的组合抗压强度设计值，即

$$f_{sc} = \left(1.212 + B\varepsilon_0 + C\varepsilon_0^2\right)f_c \tag{2-4}$$

式中，B、C 为随截面形式变化而变化的系数；f_c 为混凝土的抗压强度设计值。

（3）应力-应变关系

众所周知，钢材和混凝土的工作性能都是依靠标准试件的试验结果来得到应力-应变曲线的。对于钢管混凝土结构来说，是由上述两种材料组成的。迄今为止，人们对它的研究大都采用分别研究钢材和混凝土的承载力，然后通过简单的叠加来获得构件的承载力。钟善桐[87]首先提出了用合成法来确定钢管混凝土基本性能的新方法。合成法的研究步骤是：分别选定钢材和核心混凝土在三向应力状态下的较为正确的本构关系（用数学表达式表述的应力-应变关系），运用平衡条件和变形协调条件将两者的本构关系合成构件的全过程曲线。

对于 PVC-FRP 管混凝土柱的应力-应变曲线，采用第 5 章提出的应力-应变模型曲线，该曲线具有明显的双线性，PVC-FRP 管混凝土柱的极限应变与钢管混凝土柱的相比较小。

（4）耐久性

在高腐蚀的环境下，PVC-FRP 管混凝土柱与其他传统结构材料相比具有良好的耐久性，PVC-FRP 管混凝土柱的耐久性主要受 PVC 管和 FRP 材料的影响。PVC 是一种较理想的材料，它不但经济而且有较好的耐久性。根据国外对 PVC 管长达 30 年的耐久性的研究发现，在冷热循环作用下，PVC 管的性能没有任何的退化，它的性能仍然满足 NSF 标准的要求。关于 FRP 的耐久性，国外主要研究了 FRP 加固混凝土在恶劣环境条件下的性能（如低温、冻融循环、海水等），结果显示 CFRP 加固混凝土的强度没有大的降低，CFRP 具有很好的耐久性。

3. 与 FRP 约束混凝土柱性能比较

本章将 PVC-FRP 管混凝土柱的性能分别与 FRP 管混凝土柱、FRP 布约束混

凝土柱和 FRP 条带约束混凝土柱的性能作了比较和分析。表 2-9 和图 2-23～图 2-25
表示了 PVC-FRP 管与 FRP 管、FRP 布和 FRP 条带约束混凝土柱性能的对比情况。
由于 PVC-FRP 管混凝土柱的应力-应变曲线与 FRP 管和 FRP 布约束混凝土柱的应
力-应变曲线形状相似，呈现出双线形的特点，因此本章从极限抗压强度的提高系
数 f'_{cc}/f_{co}，轴向应变的提高系数 $\varepsilon'_{cc}/\varepsilon'_{co}$ 和环向应变等方面对现有几种 FRP 约束
方法进行比较，f'_{cc} 和 f_{co} 分别表示 FRP 约束混凝土柱和非约束混凝土柱的极限抗
压强度，ε'_{cc} 和 ε'_{co} 分别表示 FRP 约束混凝土柱和非约束混凝土柱的轴向极限应变。

表 2-9　FRP 约束混凝土柱的试验结果

数据来源	约束类型	试件编号	ρ_{com} /%	f'_{cc}/f_{co}	$\varepsilon_1/\,(\times10^{-2})$	$\varepsilon'_{cc}/\varepsilon'_{co}$
文献[88]	CFRP 布	1	2.40	1.75	0.89	8.25
文献[89]		2	0.20	1.11	0.26	1.95
		3	0.39	2.03	1.18	10.25
		4	0.59	2.46	1.14	12.95
文献[28]		5	0.66	1.42	0.84	6.00
		6	1.32	1.91	0.91	8.25
		7	1.97	2.45	0.82	12.25
本章试验	PVC-FRP 管	8	0.34	2.03	1.22	7.80
		9	0.26	1.72	1.28	6.90
		10	0.24	1.53	1.24	6.95
		11	0.21	1.42	1.26	6.30
		12	0.18	1.48	1.15	5.80
文献[33]	CFRP 管	13	0.30	1.03	—	4.40
		14	0.61	1.94	—	6.40
		15	1.47	2.77	—	8.80
文献[90]	CFRP 条带	16	0.30	1.20	—	1.38
		17	0.50	1.32	—	1.50
		18	1.00	1.40	—	1.60

从图 2-23 中可以看出，尽管 PVC-FRP 管混凝土柱中 ρ_{com} 很小，但 PVC-FRP
管混凝土柱的极限抗压强度的提高系数与其他几种 ρ_{com} 含量较大的 FRP 约束混凝
土柱的极限抗压强度的提高系数相近，对于相同的 ρ_{com}，PVC-FRP 管混凝土柱的
强度提高系数远大于其他几种 FRP 约束混凝土柱。

从图 2-24 中可以看出，PVC-FRP 管混凝土柱轴向极限应变的提高系数与其
他几种 ρ_{com} 含量较大的 FRP 约束混凝土柱的轴向极限应变的提高系数相近。对于
相同的 ρ_{com}，PVC-FRP 管混凝土柱的轴向极限应变的提高系数远远大于 FRP 条带
约束混凝土柱。这主要是因为 FRP 约束混凝土柱条带之间的混凝土没有受到 FRP
的约束，在荷载作用下发生开裂和破坏，从而导致了 FRP 约束混凝土柱的强度和
应变提高较少。

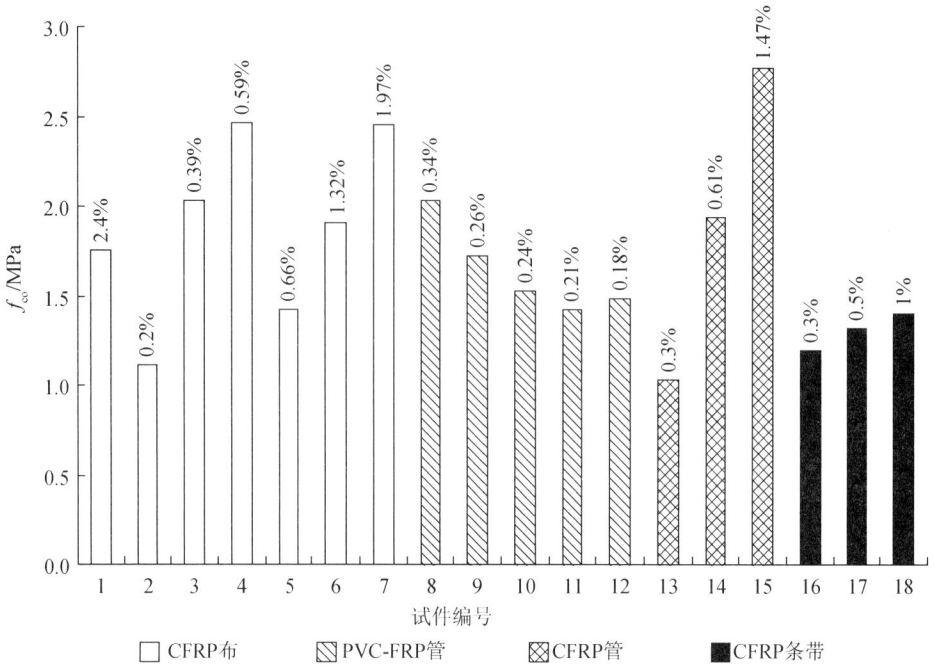

图 2-23 不同碳纤维的体积含量对约束混凝土柱极限抗压强度的影响

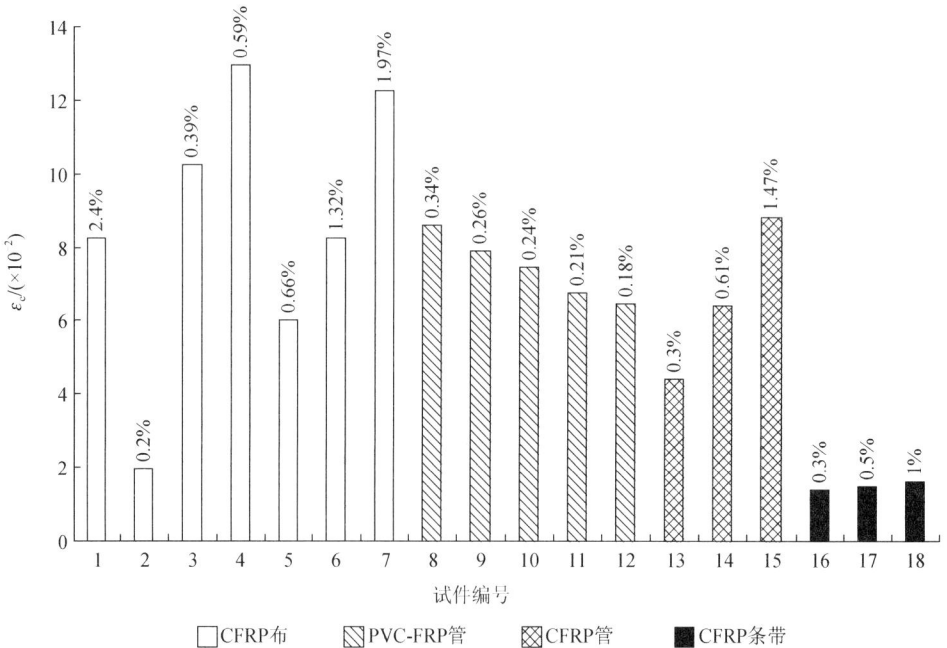

图 2-24 不同碳纤维的体积含量对约束混凝土柱轴向极限应变的影响

从图 2-25 中可以看出，PVC-FRP 管混凝土柱的极限环向应变均大于 FRP 布约束混凝土柱，这说明 PVC-FRP 管中 CFRP 的强度和应变得到了充分利用。碳纤维环箍间距对 PVC-FRP 管混凝土柱的环向应变的发展程度没有影响。

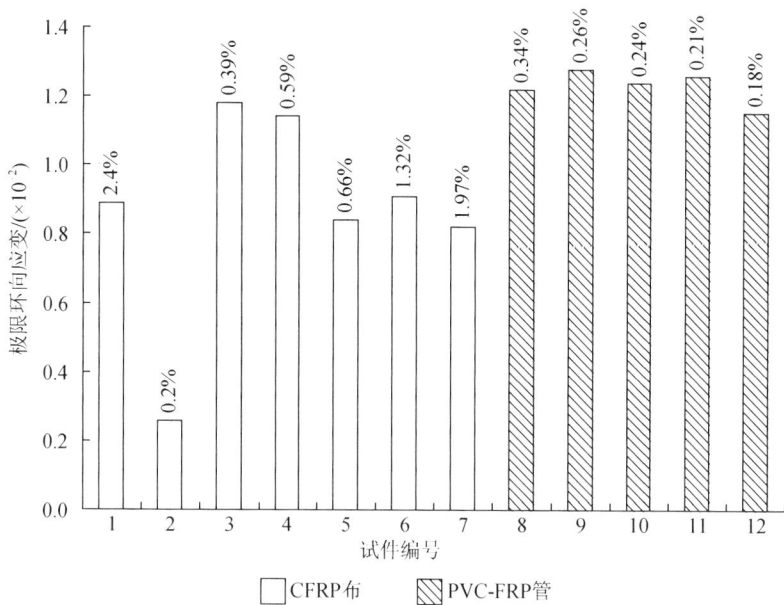

图 2-25   不同碳纤维的体积含量对约束混凝土柱的极限环向应变的影响

综上所述，对于相同 CFRP 体积含量的 FRP 约束混凝土柱来说，PVC-FRP 管混凝土柱的极限抗压强度和轴向极限应变的提高系数远大于其他 FRP 约束方式，且 PVC-FRP 管混凝土柱的极限环向应变大于 FRP 布约束混凝土柱的极限环向应变。主要原因有以下几点：第一，由于 PVC 管的存在，避免了碳纤维与混凝土表面的直接接触，减少了混凝土柱的不均匀横向膨胀而引起的碳纤维复合材料的局部应力集中，使碳纤维的强度和应变得到充分利用；第二，PVC 管具有一定的厚度和刚度，碳纤维对混凝土柱的约束应力可以通过 PVC 管比较均匀的传到混凝土柱上，避免了混凝土柱局部提前发生破坏；第三，PVC 管有一定环向抗拉强度，对碳纤维条带间的混凝土柱起到约束作用，避免了碳纤维条带间的混凝土提前发生破坏。另外，在混凝土柱的抗压强度达到 f_{co} 以前，PVC 管对混凝土柱有一定的约束作用。

4. 与 FRP 箍筋约束混凝土柱性能比较

为减少纤维材料的造价，Shitindi[33]提出用 FRP 箍筋代替 FRP 管或布来约束混凝土柱，FRP 箍筋的间距一般为 30～120mm，试验结果见表 2-10。试验研究发现，FRP 箍筋约束混凝土柱的应力-应变曲线和钢筋约束混凝土柱的应力-应变曲线相似，都有上升段和下降段。FRP 箍筋约束混凝土柱的极限抗压强度受碳纤维材料体积含量和纤维类型的影响很小，FRP 箍筋不能显著提高混凝土柱的承载力。这是因为 FRP 箍筋虽然抗拉强度高，但延性较差，在 FRP 箍筋约束混凝土柱时，FRP 箍筋拐角处应力集中现象比较严重。因此，在环向拉力很小的情况下，FRP 箍筋就发生破坏，一般在 FRP 箍筋混凝土柱的保护层开裂以后，FRP 箍筋约束混凝土柱丧失承载力。

表 2-10   FRP 箍筋约束混凝土柱试验结果

试件编号	材料类型	f_{co} / (N·mm^{-2})	ρ_{com} /%	s/mm	f'_{cc} / (N·mm^{-2})	ε'_{cc} / (×10^2)
40-L0			0	—	33.5	0.19
AP40-L1			0.8	122	37.6	0.21
AP40-L2			1.2	81	36.1	0.23
AP40-L3		33.5	1.6	61	38.6	0.24
AP40-L4			2.4	41	38.9	0.24
AP40-L5	芳纶纤维		3.2	30	45	0.29
60-L0	复合材料筋		0		49.9	0.17
AP60-L1			0.8	122	51	0.17
AP60-L2		49.9	1.2	81	53	0.19
AP60-L3			1.6	61	53.8	0.19
AP60-L4			2.4	41	55.3	0.21
CP40-L1			0.8	122	35.8	0.20
CP40-L2	碳纤维复	33.5	1.2	81	35.9	0.18
CP40-L3	合材料筋		1.6	61	36	0.23
CP40-L4			2.4	41	38.5	0.22
GP40-L1			0.8	122	34.6	0.22
GP40-L2	玻璃纤维	33.5	1.2	81	34.3	0.24
GP40-L3	复合材料筋		1.6	61	36.2	0.24
GP40-L4			2.4	41	37	0.31

注：试件长度 400mm，直径 150mm，无轴向配筋。

    根据文献[33]对 FRP 箍筋约束混凝土柱的 f'_{cu} / f_{co} 与轴向应变之间关系的分析可知，在达到极限抗压强度 f'_{cc} 之前，CFRP 箍筋约束混凝土柱的曲线一直处于上升状态；在达到极限抗压强度 f'_{cc} 后，曲线经历了下降段，极限强度 f'_{cu} 低于 f'_{cc}。而 PVC-FRP 管混凝土柱则表现出明显的双线性，在达到非约束混凝土柱的极限抗压强度 f_{co} 之前，构件应力-应变曲线与素混凝土柱的应力-应变曲线相似。随着荷载的增大，构件的应力-应变曲线呈现强化段，强化段的斜率保持为常数。这主要是由于 PVC-FRP 管对核心混凝土柱起到连续约束作用，在 PVC-FRP 管破坏之前，核心混凝土的应力和应变一直处于增加状态。

2.2 轴心受压 PVC-FRP 管混凝土柱的应力-应变模型

在试验研究的基础上，根据极限平衡理论和元件的屈服准则，考虑碳纤维的环箍间距、轴向配筋和长细比的影响，提出了 PVC-FRP 管混凝土柱的极限承载力计算模型；通过对试验数据的回归分析，提出了 PVC-FRP 管混凝土柱轴向极限应变的计算公式。在此基础上，建立 PVC-FRP 管混凝土柱的应力-应变模型，模型的计算结果和试验结果吻合较好。

2.2.1 PVC-FRP 管混凝土柱的极限承载力和轴向极限应变

1. PVC-FRP 管对混凝土柱的约束作用

对于钢筋约束混凝土柱，在钢筋屈服以后钢筋对混凝土柱的约束应力保持不变。在 PVC-FRP 管混凝土柱中，CFRP 条带对混凝土柱的约束作用通过 PVC 管比较均匀地传递到混凝土柱上。在开始加载阶段，混凝土柱横向变形很小，PVC-FRP 管对混凝土柱约束作用也小，在接近非约束混凝土柱的极限抗压强度 f_{co} 时，PVC-FRP 管对混凝土柱产生较大的约束作用。随着荷载的不断增大，PVC-FRP 对混凝土柱的约束作用不断增强，在 PVC-FRP 管破坏之前，PVC-FRP 管对混凝土柱的约束应力一直增加。

通过对试验数据进行分析，PVC-FRP 管混凝土柱的极限承载力和轴向极限应变主要与 PVC-FRP 管对混凝土柱的等效约束效应系数 ξ_{ef} 有关，定义等效约束效应系数为

$$\xi_{ef} = \frac{A_f f_f}{A_c f_{co}} k_g \qquad (2\text{-}5)$$

式中，f_f 为 CFRP 极限抗拉强度；A_f 为 CFRP 面积；A_c 为混凝土柱截面面积；k_g 为 CFRP 条带的约束影响系数，可表示为

$$k_g = \frac{s_f}{s'} \qquad (2\text{-}6)$$

式中，s_f 为 CFRP 条带宽度；s' 为 CFRP 条带间距，且 $s' \geqslant s_f$。

2. PVC-FRP 管混凝土柱的极限承载力

（1）PVC-FRP 管混凝土短柱的极限承载力

通过对试验数据的分析，我们认为 PVC-FRP 管混凝土柱的极限承载力主要与 PVC-FRP 管对混凝土柱的等效约束效应系数 ξ_{ef}、轴向配筋和长细比等因素有关。根据弹性理论，将 PVC-FRP 管等效为双向复合材料管，单向 CFRP 的抗压强度可以近似为 0，因此 PVC-FRP 管的轴心抗压强度为 PVC 管的抗压强度 f_p。PVC 管

的抗拉强度与 CFRP 的抗拉强度相比很小，可以忽略不计。PVC-FRP 管的环向抗拉强度即为 CFRP 的极限抗拉强度 f_f。

根据提出的约束混凝土柱统一承载力公式，对于 PVC-FRP 管混凝土柱 $X = f_p$，$Y = f_p$。X/Y 为 PVC 管的抗压强度与 CFRP 的抗拉强度的比值，X/Y 约为 0.02。考虑 CFRP 条带间距对 PVC-FRP 管混凝土短柱的极限承载力的影响，引入 CFRP 条带的约束影响系数 k_g，则 PVC-FRP 管混凝土短柱的极限承载力可表示为

$$N_a = A_c f_{co}(1 + 1.31\xi_{ef}) \tag{2-7}$$

式中，N_a 为无筋 PVC-FRP 管混凝土短柱的极限承载力。

对于轴向配筋的 PVC-FRP 管混凝土短柱，其承载力为

$$N_{AR} = k_b N_a \tag{2-8}$$

式中，N_{AR} 为轴向配筋 PVC-FRP 管混凝土短柱的极限承载力；k_b 为配筋 PVC-FRP 管混凝土柱的极限承载力的提高系数，$k_b = 1.24$。

利用式（2-7）和式（2-8）对试验结果进行验算，极限承载力计算值 N_a^c 列于表 2-11 中。从表中可以看出，试验值和计算值比值 N_a^e / N_a^c 的平均值 1.02，均方差为 0.002，可见本章提出的极限承载力计算公式具有很高的计算精度。

表 2-11　PVC-FRP 管混凝土短柱的极限承载力的试验值和计算值的比较

试件编号	配筋率 /%	环箍间距 /mm	f_f /MPa	f_{co} /MPa	t_f /mm	N_a^e /kN	N_a^c /kN	N_a^e / N_a^c
A-Cs20-1	—	20				1812.4	1872.2	0.97
A-Cs20-2	—	20				1756.8	1872.2	0.94
A-Cs30-1	—	30				1464.2	1546.5	0.95
A-Cs30-2	—	30				1552.0	1546.5	1.00
A-Cs40-1	—	40				1406.7	1383.6	1.02
A-Cs40-2	—	40				1368.8	1383.6	0.99
A-Cs50-1	—	50				1272.6	1285.1	0.99
A-Cs50-2	—	50	3612	28.5	0.33	1279.5	1285.1	1.00
A-Cs60-1	—	60				1261.1	1220.0	1.03
A-Cs60-2	—	60				1327.2	1220.0	1.09
AR-Cs20-1	1.8	20				2043.0	2212.2	0.92
AR-Cs30-1	1.8	30				1831.0	1869.9	0.98
AR-Cs40-1	1.8	40				1776.8	1720.9	1.03
AR-Cs50-1	1.8	50				1655.0	1582.4	1.05
AR-Cs60-1	1.8	60				1600.0	1604.8	1.00

（2）PVC-FRP 管混凝土中长柱的极限承载力

对于 PVC-FRP 管混凝土中长柱来说,构件的极限承载力和轴向极限应变主要与 PVC-FRP 管对混凝土柱的约束作用和构件的长细比有关。

试验研究发现,长细比对试件破坏时的极限承载力影响较大,随着长细比增大,极限承载力逐渐降低,长细比对 PVC-FRP 管混凝土中长柱的极限承载力的影响如图 2-26 所示,图中 φ_b 表示承载力的稳定系数, L/d 表示构件的长细比。PVC-FRP 管混凝土中长柱的极限承载力为

$$N_1 = \varphi_b N_a \qquad (2\text{-}9)$$

式中, N_1 和 N_a 分别表示 PVC-FRP 管混凝土中长柱和短柱的极限承载力,通过对试验结果进行回归分析可得

$$\varphi_b = 0.0031\left(\frac{L}{d}\right)^2 - 0.0616\left(\frac{L}{d}\right) + 1.13 \qquad (2\text{-}10)$$

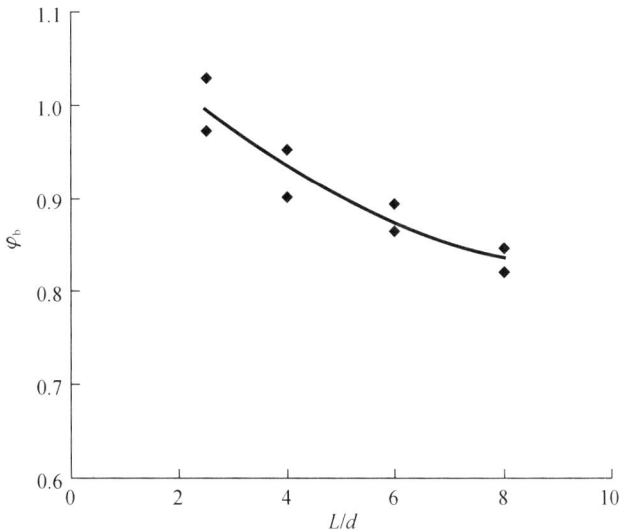

图 2-26　长细比对 PVC-FRP 管混凝土中长柱的极限承载力的影响

PVC-FRP 管混凝土中长柱的极限承载力回归公式的相关系数为 0.955,试验值和计算值的比较见表 2-12。构件的极限承载力的试验值与计算值比 N_1^e / N_1^c 的平均值为 0.98,均方差为 0.006,可见本章提出的 PVC-FRP 管混凝土中长柱的极限承载力的计算公式具有很高的计算精度。

表 2-12　PVC-FRP 管混凝土中长柱的极限承载力和轴向极限应变的试验值和计算值比较

试件编号	N_1^e /kN	N_1^c /kN	N_1^e / N_1^c	$\varepsilon_{ccl}^{\prime e}$	$\varepsilon_{ccl}^{\prime c}$	$\varepsilon_{ccl}^{\prime e} / \varepsilon_{ccl}^{\prime c}$
L2.5-Cs30-1	1551	1539.35	1.01	0.0158	0.02	1.04
L2.5-Cs30-2	1465	1539.35	0.95	0.0159	0.02	1.05
L4-Cs30-1	1435	1443.19	0.99	0.0138	0.01	1.01
L4-Cs30-2	1358	1443.19	0.94	0.0131	0.01	0.96
L6-Cs30-1	1305	1348.55	0.97	0.0128	0.01	1.07
L6-Cs30-2	1347	1348.55	1.00	0.0127	0.01	1.06
L8-Cs30-1	1275	1292.26	0.99	0.0111	0.01	1.04
L8-Cs30-2	1237	1292.26	0.96	0.0106	0.01	0.99

3. PVC-FRP 管混凝土柱的轴向极限应变

（1）PVC-FRP 管混凝土短柱的轴向极限应变

轴向极限应变是衡量 PVC-FRP 管混凝土柱延性的重要指标。为了给出 PVC-FRP 管混凝土短柱的轴向极限应变的表达式，通过对本章试验数据的回归分析 $\varepsilon_{ccl}^{\prime e}$、$\varepsilon_{ccl}^{\prime c}$ 为 PVC 管混凝土中长柱的极限应变的试验值和计算值（图 2-27），提出了 PVC-FRP 管混凝土短柱的轴向极限应变的计算公式，即

$$\varepsilon_{cc}^{\prime} = 0.00111 + 0.0077\xi_{ef} \tag{2-11}$$

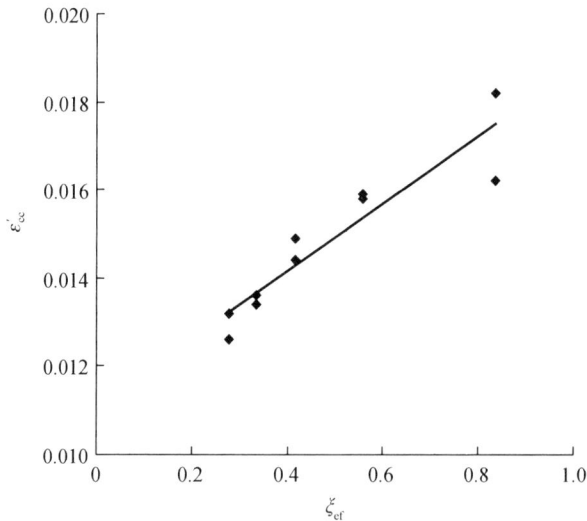

图 2-27　$\varepsilon_{cc}^{\prime}$ 与 ξ_{ef} 的关系

对于轴向配筋的 PVC-FRP 管混凝土短柱，其轴向极限应变可以计算为

$$\varepsilon_{ccR}^{\prime} = k_a \varepsilon_{cc}^{\prime} \tag{2-12}$$

式中，$\varepsilon_{ccR}^{\prime}$ 为轴向配筋 PVC-FRP 管混凝土短柱的轴向极限应变；k_a 为配筋构件的

轴向极限应变的提高系数，$k_a = 1.16$。

PVC-FRP 管混凝土短柱的轴向极限应变回归公式的相关系数为 0.935，试验值和计算值比较见表 2-13，试验值和计算值的比值 $\varepsilon_{cc}^{re} / \varepsilon_{cc}^{tc}$ 的平均值为 1.002，均方差为 0.002。

表 2-13　PVC-FRP 管混凝土短柱的轴向极限应变试验值和计算值的比较

试件编号	配筋率 /%	环箍间距 /mm	f_f /MPa	f_{co} /MPa	t /mm	ε_{cc}^{re} /kN	ε_{cc}^{tc} /kN	$\varepsilon_{cc}^{re} / \varepsilon_{cc}^{tc}$
A-Cs20-1	—	20				0.0162	0.0175	1.08
A-Cs20-2	—	20				0.0182	0.0175	0.96
A-Cs30-1	—	30				0.0158	0.0154	0.97
A-Cs30-2	—	30				0.0159	0.0154	0.97
A-Cs40-1	—	40				0.0144	0.0143	0.99
A-Cs40-2	—	40				0.0149	0.0143	0.96
A-Cs50-1	—	50				0.0136	0.0137	1.01
A-Cs50-2	—	50	3612	28.5	0.33	0.0134	0.0137	1.02
A-Cs60-1	—	60				0.0132	0.0132	1.00
A-Cs60-2	—	60				0.0126	0.0132	1.05
AR-Cs20-1	1.8	20				0.0199	0.0198	1.01
AR-Cs30-1	1.8	30				0.0172	0.0182	0.95
AR-Cs40-1	1.8	40				0.0169	0.0168	1.01
AR-Cs50-1	1.8	50				0.0166	0.0155	1.07
AR-Cs60-1	1.8	60				0.0146	0.0148	0.98

（2）PVC-FRP 管混凝土中长柱轴向极限应变

试验研究发现，随着长细比增大，轴向极限应变有逐渐降低趋势，降低的幅度比极限承载力的大。各种不同长细比的 PVC-FRP 管混凝土中长柱的破坏形态基本相同。长细比对 PVC-FRP 管混凝土中长柱的轴向极限应变的影响如图 2-28 所示，图中 φ_s 表示轴向极限应变的稳定系数。PVC-FRP 管混凝土中长柱的轴向极限应变可表示为

$$\varepsilon_{cc1}' = \varphi_s \varepsilon_{cc}' \tag{2-13}$$

式中，ε_{cc1}' 和 ε_{cc}' 分别表示 PVC-FRP 管混凝土中长柱的轴向极限应变和 PVC-FRP 管混凝土短柱的轴向极限应变，ε_{cc}' 表达式如式（2-11）所示。φ_s 的表达式为数据回归分析可得

$$\varphi_s = 0.0037 \left(\frac{L}{d} \right)^2 - 0.0914 \left(\frac{L}{d} \right) + 1.19 \tag{2-14}$$

PVC-FRP 管混凝土中长柱的轴向极限应变回归公式的相关系数为 0.976，试验值和计算值的比较见表 2-12。构件试验值与计算值的比值 $\varepsilon_{cc1}^{re} / \varepsilon_{cc1}^{tc}$ 的平均值为 1.03，均方差为 0.001。可见本章提出的 PVC-FRP 管混凝土中长柱的轴向极限应变的计算公式具有很高的计算精度。

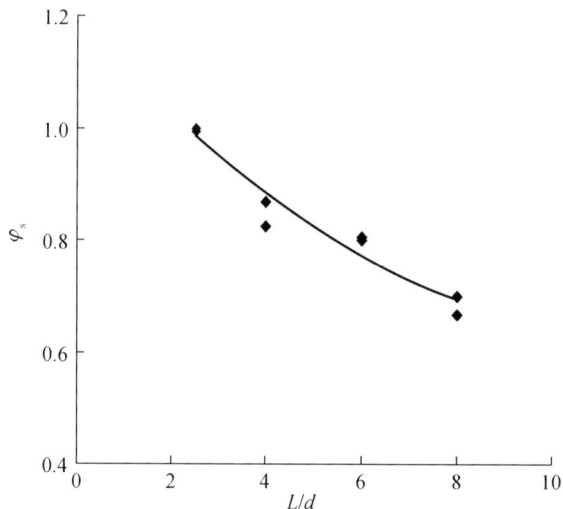

图 2-28　长细比对轴向极限应变的影响

2.2.2　PVC-FRP 管混凝土柱的应力-应变模型

1. 无筋 PVC-FRP 管混凝土短柱的应力-应变模型

典型的 FRP 约束混凝土柱的应力-应变曲线可以分为三个阶段。在第一阶段，约束混凝土柱的应力-应变曲线和非约束混凝土柱的相似，因为此阶段 FRP 对混凝土的约束作用不大。在第二阶段，约束混凝土柱的抗压强度在 f_{co} 附近时，由于混凝土柱内部裂缝不断发展，体积迅速膨胀，FRP 对混凝土柱的约束作用增强。第三阶段是 FRP 约束混凝土柱的强化段，随着横向应变的发展，FRP 对混凝土柱的约束作用呈线性增长趋势，直到 FRP 发生破坏。Nanni 等[91]通过玻璃纤维复合材料（GFRP）、碳纤维复合材料（CFRP）和芳纶纤维复合材料（AFRP）约束混凝土柱的试验研究，验证了线弹性材料约束混凝土柱的应力-应变曲线的正确性。

对本章的试验数据分析后认为，PVC-FRP 管混凝土短柱的轴向应力 σ_c-轴向应变 ε_c 曲线可分为两个阶段（图 2-29）。

第一阶段为无约束混凝土的抛物线部分，在 $\varepsilon_c = 0$ 时，抛物线斜率与无约束混凝土柱的弹性模量 E_c 相等，该曲线在一定程度上受 PVC-FRP 管的影响，可以表示为

$$\sigma_c = E_c\varepsilon_c - \frac{(E_c - E_2)^2}{4f_o}\varepsilon_c^2 \quad (0 \leqslant \varepsilon_c \leqslant \varepsilon_t) \quad (2\text{-}15)$$

式中，E_c 为混凝土弹性的模量，$E_c = 4773\sqrt{f_{co}}$；E_2 为强化段直线的斜率，可以用表示为

$$E_2 = \frac{f_{cc}' - f_o}{\varepsilon_{cc}'} \quad (2\text{-}16)$$

ε_t 为第一阶段抛物线和第二阶段强化段直线的交点，ε_t 可以表示为

$$\varepsilon_t = \frac{2f_o}{(E_c - E_2)} \tag{2-17}$$

式中，f_o 为强化段直线的截距。对本章试验数据进行回归分析（如图 2-30 所示，相关系数为 0.90）可得

$$f_o = 24.734(\xi_{ef})^{-0.0692} \tag{2-18}$$

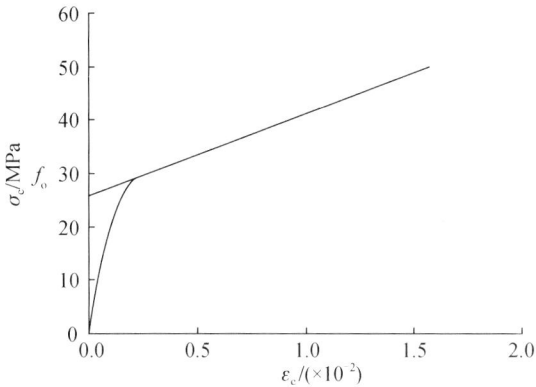

图 2-29　典型 PVC-FRP 管混凝土柱轴向应力-轴向应变曲线

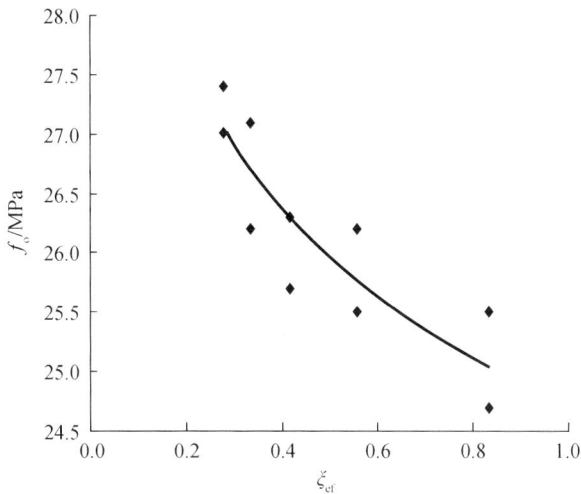

图 2-30　f_o - ξ_{ef} 曲线

第二阶段为 PVC-FRP 管混凝土柱的应力强化段，随外荷载增加，PVC-FRP 管对混凝土柱的约束应力不断增加，其应力-应变曲线近似为一直线段，该直线段表达式为

$$\sigma_c = f_o + E_2 \varepsilon_c \tag{2-19}$$

该直线段的终点对应的应力和应变分别为 PVC-FRP 管混凝土短柱的极限抗压强度 f'_{cc} 和轴向极限应变 ε'_{cc}，分别采用式（2-7）和式（2-11）进行计算。

PVC-FRP 管混凝土短柱的轴向应力 σ_{c1}-横向应变 ε_1 模型如下：

$$\sigma_c = E_{c1} \varepsilon_1 - \frac{(E_{c1} - E_{21})}{4 f_o} \varepsilon_1^2 \quad (0 \leqslant \varepsilon_1 \leqslant \varepsilon_{t1}) \tag{2-20}$$

$$\sigma_c = f_o + E_{21} \varepsilon_1 \quad (\varepsilon_{t1} \leqslant \varepsilon_1 \leqslant \varepsilon_{c1}) \tag{2-21}$$

式中，$E_{c1} = E_c / \upsilon_c$，$\upsilon_c$ 为混凝土的泊松比，$\upsilon_c = 0.2$；ε_{t1} 为第一阶段抛物线和第二阶段强化段直线的交点，即

$$\varepsilon_{t1} = \frac{2 f_o}{(E_{c1} - E_{21})} \tag{2-22}$$

式中，E_{21} 为强化段直线的斜率，$E_{21} = E_2 / \upsilon_p$，$\upsilon_p$ 为 PVC FRP 混凝土柱的泊松比对本章试验数据进行回归分析（如图 2-31 所示，相关系数为 0.96）可得

$$\upsilon_p = 0.6822 (\xi_{ef})^{-0.2257} \tag{2-23}$$

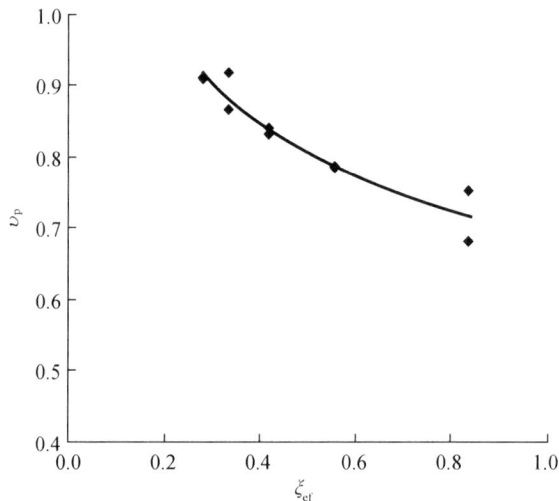

图 2-31　υ_p 与 ξ_{ef} 关系

从以上两个阶段模型的计算值和试验值的比较（图 2-32）可以看出，2.2.2 节提出的无筋 PVC-FRP 管混凝土短柱的应力-应变模型具有较高的计算精度。

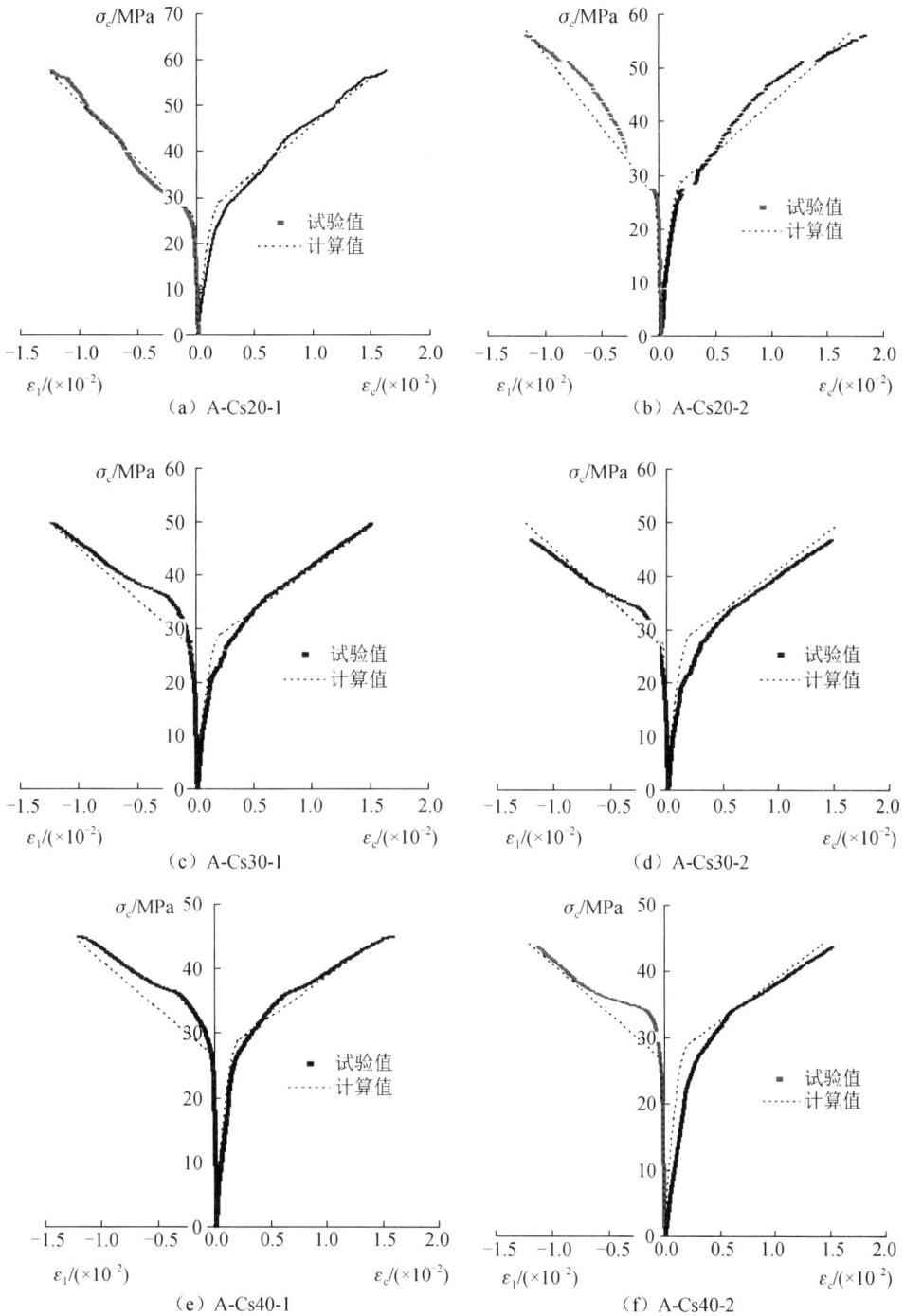

（a）A-Cs20-1

（b）A-Cs20-2

（c）A-Cs30-1

（d）A-Cs30-2

（e）A-Cs40-1

（f）A-Cs40-2

图 2-32 无筋 PVC-FRP 管混凝土短柱应力-应变模型计算值与试验值比较

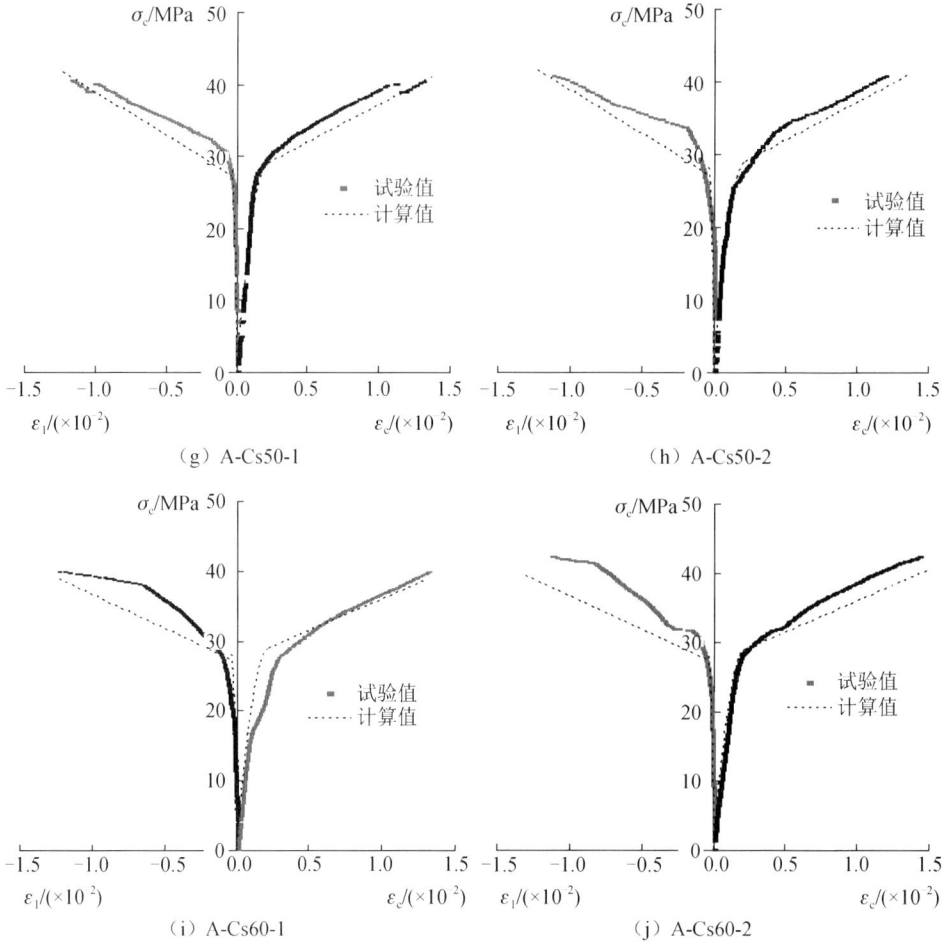

（g）A-Cs50-1　　　　　　　　　　　　（h）A-Cs50-2

（i）A-Cs60-1　　　　　　　　　　　　（j）A-Cs60-2

图 2-32（续）

2. 配筋 PVC-FRP 管混凝土短柱的应力-应变模型

配筋 PVC-FRP 管混凝土短柱的应力-应变模型与无筋 PVC-FRP 管混凝土短柱的应力-应变模型基本相似，呈现出双线形的特点。不同的是在第一阶段中，由于轴向配筋改善了无筋 PVC-FRP 管混凝土短柱的延性，曲线的过渡段比较长，在第一阶段末配筋 PVC-FRP 管混凝土短柱的变形明显大于无筋 PVC-FRP 管混凝土短柱的。根据此特点，本节提出了适合配筋 PVC-FRP 管混凝土短柱的应力-应变模型。

第一阶段为无约束混凝土柱的抛物线部分，在 $\varepsilon_c = 0$ 时，抛物线斜率与无约束混凝土柱的 E_c 相等。该曲线在一定程度上受 PVC-FRP 管和轴向配筋的影响，可以表示为

$$\sigma_c = 0.58 E_c \varepsilon_c - \frac{(E_c - E_2)^2}{12 f_{Ro}} \varepsilon_c^2 \quad (0 \leqslant \varepsilon_c \leqslant \varepsilon_t) \tag{2-24}$$

式中，E_2 为强化段直线的斜率，即

$$E_2 = \frac{f'_{ccR} - f_{Ro}}{\varepsilon'_{cc}} \tag{2-25}$$

ε_t 为第一阶段抛物线和第二阶段强化段直线的交点，可以表示为

$$\varepsilon_t = \frac{3 f_{Ro}}{(E_c - E_2)} \tag{2-26}$$

式中，f_{Ro} 为配筋 PVC-FRP 管混凝土短柱强化段直线的截距，f_{Ro} 的表达式为

$$f_{Ro} = f_o + k_a \frac{N_s}{A_c} \tag{2-27}$$

式中，f_o 为无筋 PVC-FRP 管混凝土短柱强化段直线的截距；N_s 为钢筋的承载力的计算值，$N_s = f'_y A_s$；A_c 为配筋 PVC-FRP 管混凝土短柱的截面面积。

第二阶段为配筋 PVC-FRP 管混凝土短柱的应力强化段。随着外荷载增加，PVC-FRP 管对混凝土柱的约束应力不断增加，其应力-应变曲线近似为一直线段，该直线段表达式为

$$\sigma_c = f_{Ro} + E_2 \varepsilon_c \tag{2-28}$$

该直线段的终点对应的应力和应变分别为配筋的 PVC-FRP 管混凝土短柱的极限抗压强度 f'_{ccR} 和轴向极限应变 ε'_{ccR}，分别采用式（2-8）和式（2-12）进行计算。

配筋 PVC-FRP 管混凝土短柱轴向应力 σ_c-横向应变 ε_l 模型如下，即

$$\sigma_c = 0.58 E_{c1} \varepsilon_l - \frac{(E_{c1} - E_{21})^2}{12 f_{Ro}} \varepsilon_l^2 \quad (0 \leqslant \varepsilon_l \leqslant \varepsilon_{t1}) \tag{2-29}$$

$$\sigma_c = f_{Ro} + E_{21} \varepsilon_l \qquad (\varepsilon_{t1} \leqslant \varepsilon_l \leqslant \varepsilon_{cl}) \tag{2-30}$$

式中，ε_{t1} 为第一阶段抛物线和第二阶段强化段直线的交点，ε_{t1} 可以表示为

$$\varepsilon_{t1} = \frac{3 f_{Ro}}{(E_{c1} - E_{21})} \tag{2-31}$$

式中，E_{21} 为强化段直线的斜率，$E_{21} = E_2 / \upsilon_R$，对本章试验数据进行回归分析（如图 2-33 所示，相关系数为 0.953）可得

$$\upsilon_R = 0.6051 (\xi_{ef})^{-0.2212} \tag{2-32}$$

以上两个阶段模型的计算值和试验值的比较图（2-34）可以看出，本节提出的配筋 PVC-FRP 管混凝土短柱的应力-应变模型具有较高的计算精度。

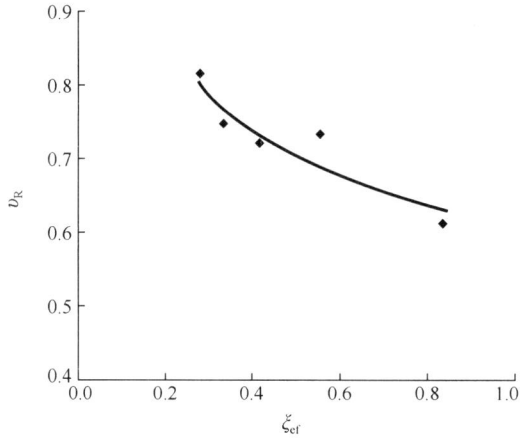

图 2-33　υ_R 与 ξ_{ef} 关系

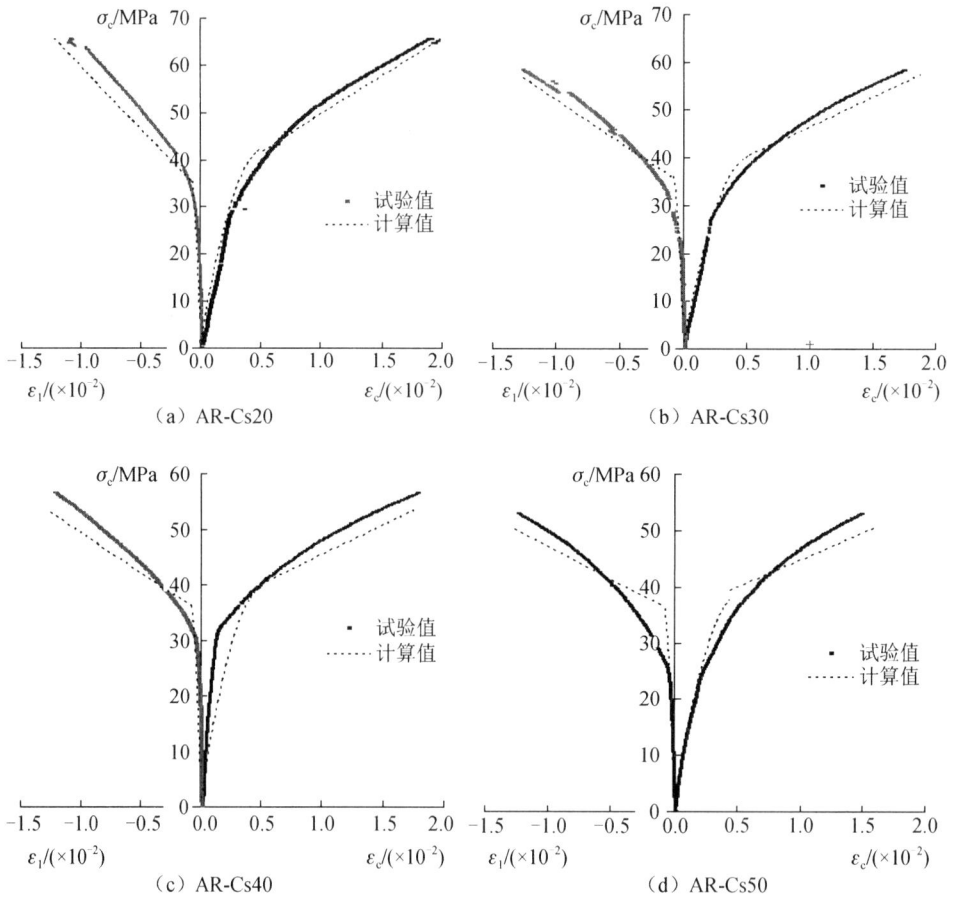

（a）AR-Cs20

（b）AR-Cs30

（c）AR-Cs40

（d）AR-Cs50

图 2-34　配筋 PVC-FRP 管混凝土短柱的应力-应变模型的计算值与试验值比较

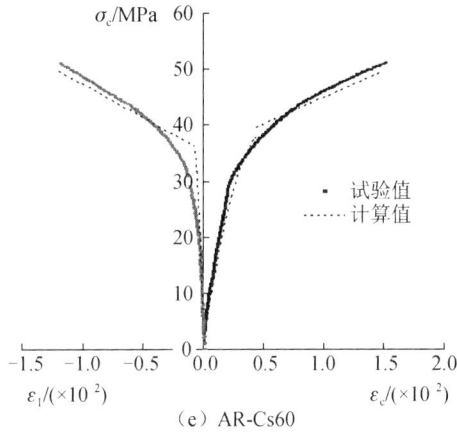

（e）AR-Cs60

图 2-34（续）

3. PVC-FRP 管混凝土中长柱的应力-应变模型

PVC-FRP 管混凝土中长柱的应力-应变模型采用 PVC-FRP 管混凝土短柱模型，计算值和试验值的比较如图 2-35 所示。从图中可以看出，构件应力-应变曲线计算值和试验值吻合较好，长细比对 PVC-FRP 管混凝土中长柱的应力-应变曲线没有影响。

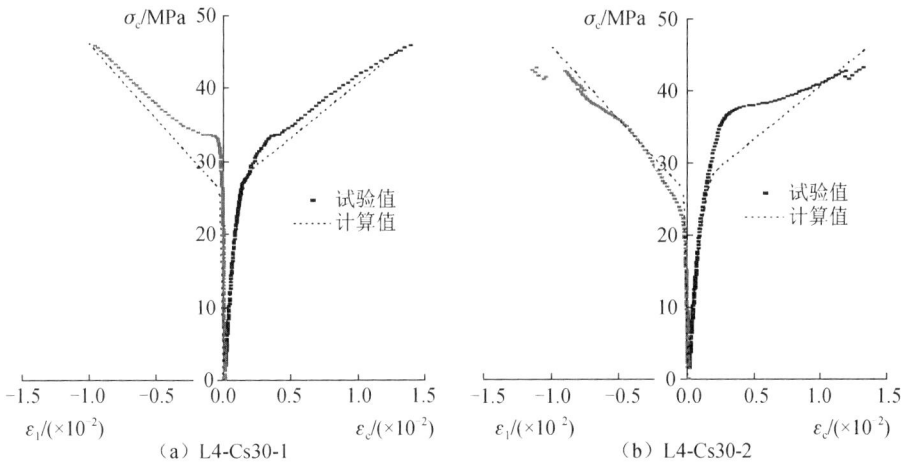

（a）L4-Cs30-1　　　　　　　　　　　　　　　（b）L4-Cs30-2

图 2-35　PVC-FRP 管混凝土中长柱的应力-应变模型计算值与试验值的比较

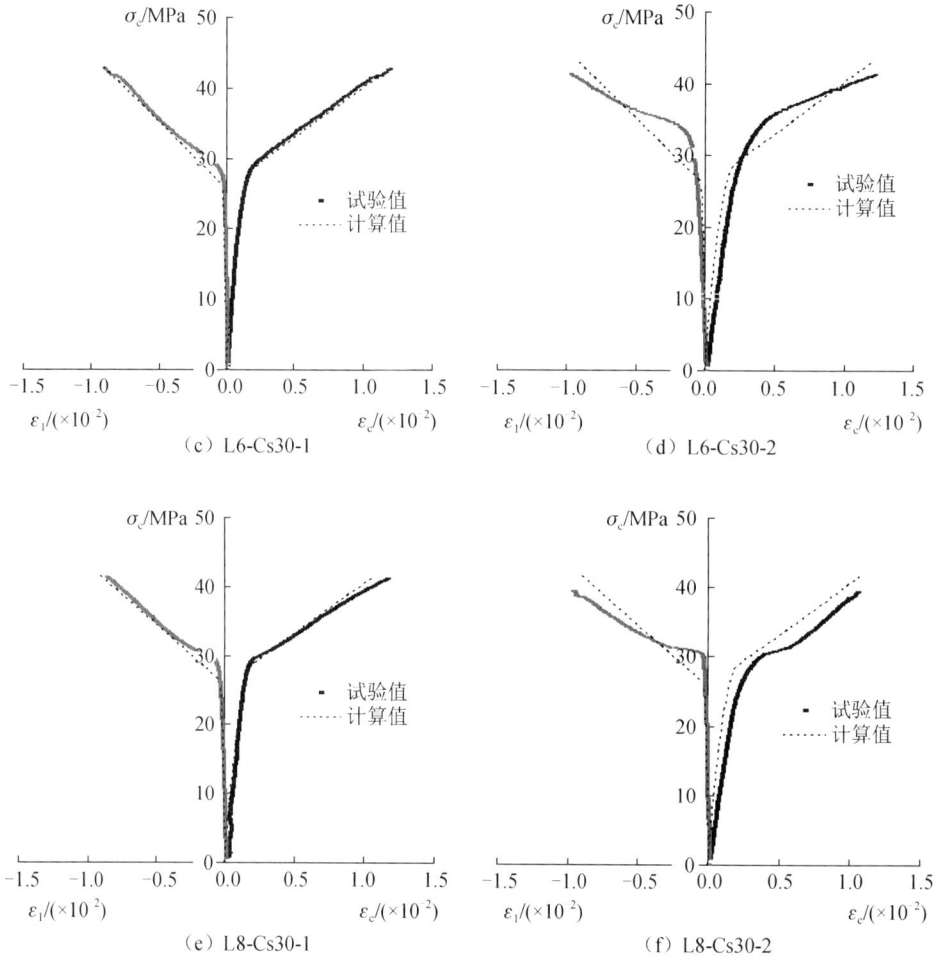

（c）L6-Cs30-1　　　　　　　　　　（d）L6-Cs30-2

（e）L8-Cs30-1　　　　　　　　　　（f）L8-Cs30-2

图 2-35（续）

2.3　轴心受压 PVC-FRP 管混凝土短柱的非线性有限元分析

2.3.1　非线性有限元分析模型

1. 基本假定

1）PVC-FRP 管混凝土柱截面应变符合平截面假定。

2）核心混凝土、PVC 管和 FRP 条带三者之间完全黏结，通过共用节点传力，它们之间无相对滑移和剥离破坏。

3）不考虑核心混凝土收缩、徐变的影响等。

4）核心混凝土采用有限元软件提供的 C3D8R 单元（八节点六面体线性减缩

积分单元)，混凝土单轴受压行为采用刘威等[93]提出的本构模型，其表达式为

$$y = \begin{cases} 2x - x^2 & (x \leqslant 1) \\ \dfrac{x}{\beta_0 (x-1)^2 + x} & (x > 1) \end{cases} \tag{2-33}$$

式中，$x = \dfrac{\varepsilon}{\varepsilon'_{co}}$；$y = \dfrac{\sigma}{f_{co}}$；$\beta_0 = (2.36 \times 10^{-5})^{[0.25 + (\xi_{ef} - 0.5)^7]} f_c^{0.5} \times 0.5$ [93]；核心混凝土极限压应变 ε'_{cc} 按式（2-11）计算。

5）单轴受拉时的应力-应变关系采用过镇海[94]建议的分段式曲线方程

$$y = \begin{cases} 1.2x - 0.2x^2 & (x \leqslant 1) \\ \dfrac{x}{\alpha_t (x-1)^{1.7} + x} & (x > 1) \end{cases} \tag{2-34}$$

式中，$x = \dfrac{\varepsilon}{\varepsilon_t}$；$y = \dfrac{\sigma}{f_t}$；$\alpha_t = 0.312 f_t^2$；$f_t$ 为混凝土轴心抗拉强度；混凝土极限拉应变 ε_t 为

$$\varepsilon_t = 65 f_t^{0.54} \times 10^{-6} \tag{2-35}$$

6）根据 FRP 自身特点，FRP 是线弹性材料，达到极限应变就会出现断裂，FRP 采用 S4R 单元（四节点减速积分格式的壳单元），其应力-应变关系表达式为

$$\begin{cases} \sigma_f = E_f \varepsilon & (\varepsilon \leqslant \varepsilon_f) \\ \sigma_f = 0 & (\varepsilon > \varepsilon_f) \end{cases} \tag{2-36}$$

式中，σ_f 为 FRP 的环向拉应力；E_f 为 FRP 沿纤维方向的弹性模量；ε_f 为 FRP 的环向拉应变。

7）PVC 管采用 C3D8H 单元（八节点线性六面体单元，杂交，常压力），PVC 材料可以近似认为是超弹性材料，试验得出 PVC 管应力-应变曲线如图 2-36 所示。通过对 PVC 管应力-应变关系进行拟合，可得其表达式为

$$\sigma_p = -3.024 \times 10^4 \varepsilon_p^2 + 3.05 \times 10^3 \varepsilon_p - 6.46 \tag{2-37}$$

式中，σ_p 为 PVC 管的轴向压应力；ε_p 为 PVC 管的轴向压应变。

2. 非线性有限元模型

有限元计算采用全模型建模，网络划分如图 2-37 所示。为模拟 PVC-FRP 管混凝土短柱的边界条件，对 PVC-FRP 管混凝土短柱底面施加所有方向的位移约束，对顶面施加平面外约束，保证 PVC-FRP 管混凝土柱顶只能产生竖向位移，没有平面外转动。为保证核心混凝土、PVC 管、FRP 条带三者之间完全黏结，共用节点，FRP 条带与 PVC 管、PVC 管与核心混凝土之间均采用 TIE 约束。加载程序由有限元软件中的 Load Case 控制，按照试验加载制度在柱顶施加相应的均布荷载。PVC-FRP 管混凝土短柱求解采用增量迭代法求解，能够自动地求解非线性问题。

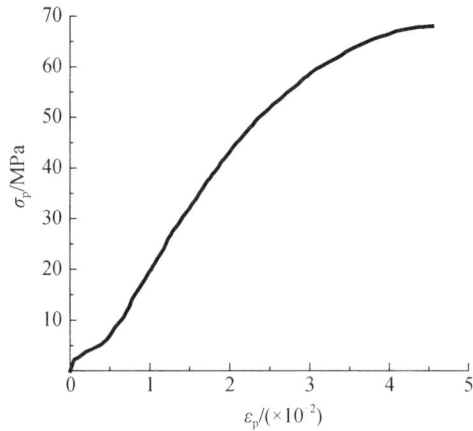

图 2-36 PVC 管应力-应变曲线

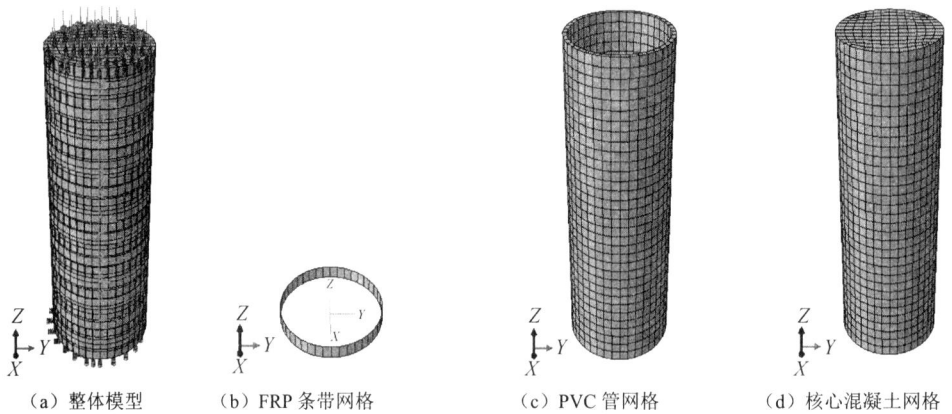

（a）整体模型　　（b）FRP 条带网格　　　（c）PVC 管网格　　（d）核心混凝土网格

图 2-37 有限元模型

2.3.2 有限元模型试验验证

1. 极限抗压强度和轴向极限应变

PVC-FRP 管混凝土短柱的极限抗压强度和轴向极限应变试验值与计算值的比较见表 2-14。从表中可以看出，PVC-FRP 管混凝土短柱的极限抗压强度和轴向极限应变随着 FRP 条带的的环箍间距的增大而减小。极限抗压强度的试验值和计算值的比值 f_{cc}^e / f_{cc}^c 的平均值为 1.09，均方差为 0.016；轴向极限应变的试验值和计算值的比值 $\varepsilon_{cc}^e / \varepsilon_{cc}^c$ 的平均值为 1.04，均方差为 0.036。由此可见，试验值与计算值吻合较好。

表 2-14　试验值与计算值的比较

试件	环箍间距	f_{cc}^{e} /MPa	f_{cc}^{f} /kN	f_{cc}^{e} / f_{cc}^{c}	ε_{cc}^{e}	ε_{cc}^{c}	ε_{cc}^{e} / ε_{cc}^{c}
A-Cs20	20	56.8	52.1	1.09	0.0172	0.0171	1.00
A-Cs30	30	48.0	42.6	1.13	0.0159	0.0157	0.99
A-Cs40	40	44.2	40.2	1.09	0.0147	0.0151	0.97
A-Cs50	50	40.6	37.9	1.07	0.0135	0.0123	1.09
A-Cs60	60	40.1	37.5	1.07	0.0129	0.0118	1.09

2. 应力-应变曲线

PVC-FRP 管混凝土短柱的应力-应变曲线试验值与计算值比较如图 2-38 所示。从图中可以看出，计算值和试验值吻合较好，有限元可准确模拟不同 FRP 条带的环箍间距下 PVC-FRP 管混凝土短柱的应力-应变发展全过程。

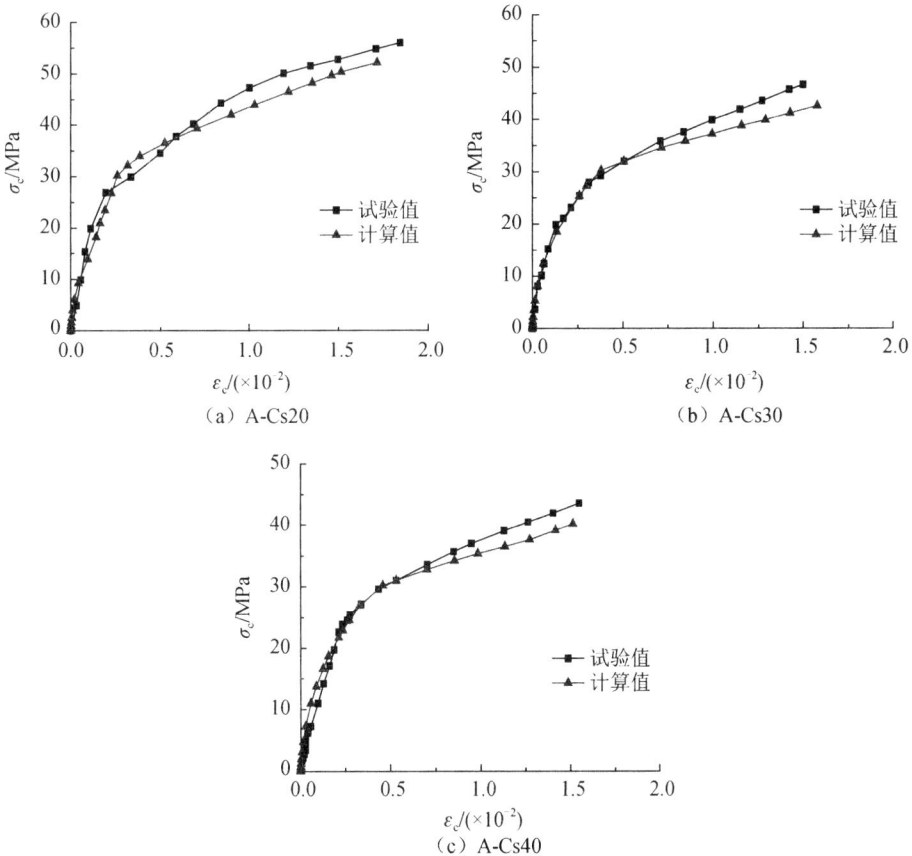

（a）A-Cs20　　　　　（b）A-Cs30

（c）A-Cs40

图 2-38　应力-应变曲线的试验值与计算值比较

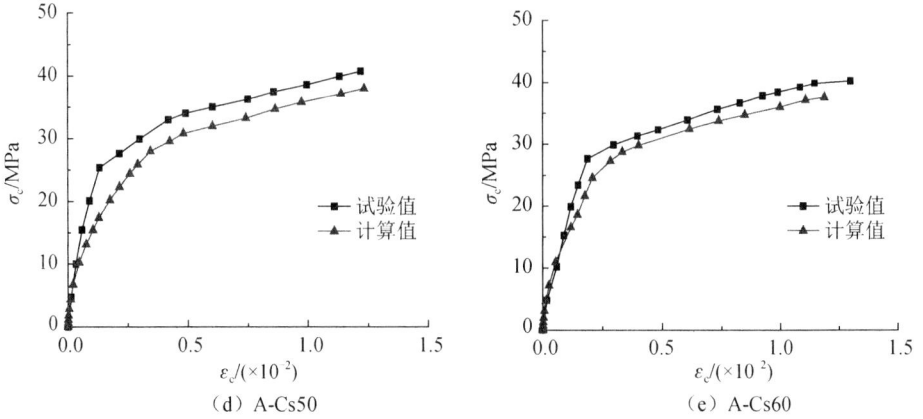

（d）A-Cs50　　　　　　　　　　　（e）A-Cs60

图 2-38（续）

2.3.3　受力机理分析

为揭示 PVC-FRP 管混凝土短柱的受力机理,采用已建立的有限元模型对 FRP 条带的环箍间距为 40mm 的 PVC-FRP 管混凝土短柱进行分析,计算出 PVC-FRP 管混凝土轴心受压构件的典型应力-应变曲线（图 2-39）。从图中可以看出,构件的应力-应变曲线分为两个阶段:第一阶段为 OA 段,其应力-应变曲线与无约束混凝土相似,基本为抛物线;第二阶段为 AB 段,由于 PVC-FRP 管的约束,此阶段应力-应变曲线呈现直线强化段。图中 A 点为构件接近非约束混凝土柱极限抗压强度点,B 点为构件的极限抗压强度点。

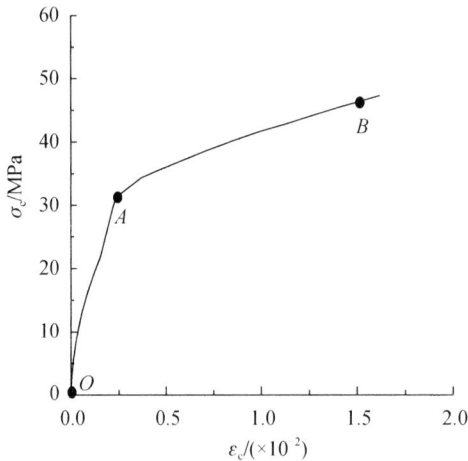

图 2-39　PVC-FRP 管混凝土轴心受压构件的典型应力-应变曲线

图 2-40 为荷载作用下 PVC-FRP 管混凝土柱中 PVC-FRP 管、核心混凝土和 FRP 条带的应力分布情况,从图中可以看出,在接近 A 点时,核心混凝土的纵向

压应力接近非约束混凝土的极限抗压强度，此时核心混凝土内部微裂缝不断扩展，核心混凝土的体积不断膨胀，PVC-FRP 管对核心混凝土的约束作用不断增强。核心混凝土和 PVC 管的两端纵向压应力较大，中间压应力较小，核心混凝土中部体积膨胀较大，导致构件中部的 FRP 条带的环向拉应力较大，两端的环向拉应力较小。在从 A 点到 B 点的加载过程中，PVC-FRP 管对核心混凝土的约束作用不断增强，核心混凝土的纵向压应力和横向体积膨胀不断增加，PVC 管则由开始的受压为主转变为环向受拉为主，FRP 条带的拉应力不断增加。在接近 B 点时，构件中部 FRP 条带首先达到极限抗拉强度而产生断裂，构件中部的核心混凝土由于失去 FRP 条带的约束作用，首先达到压应力的限值而被压碎，此时构件发生破坏。

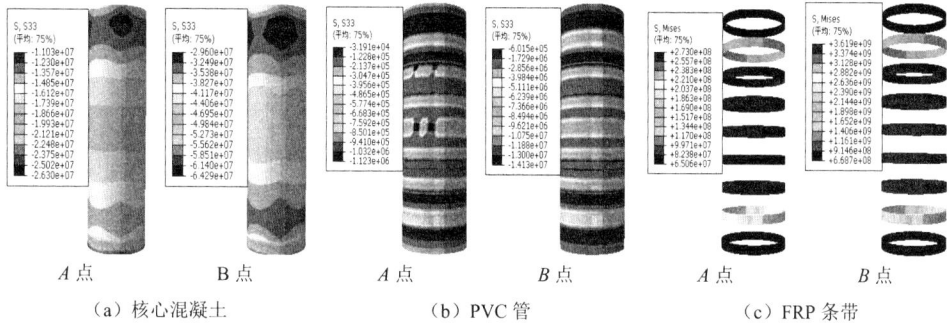

|（a）核心混凝土 | （b）PVC 管 | （c）FRP 条带 |

图 2-40　构件应力分布

2.3.4　参数分析

1. 混凝土强度的影响

为分析核心混凝土强度对 PVC-FRP 管混凝土短柱力学性能的影响，选取有限元模型具体参数为：FRP 条带间距为 40mm，FRP 条带宽度为 20mm，FRP 条带层数为 3 层，PVC 管厚度为 7.8mm。混凝土强度对 PVC-FRP 管混凝土的应力-应变曲线的影响如图 2-41 所示。从图中可以看出，在第一阶段，随着混凝土强度等级提高，应力-应变曲线的切线斜率不断增加；在第二阶段，随着混凝土强度的提高，构件应力-应变曲线强化段的斜率基本相同，但构件极限抗压强度提高幅度和极限应变逐渐减小。研究表明，PVC-FRP 管的约束效应随着核心混凝土强度的增加而减小。

2. FRP 条带层数的影响

为分析 FRP 条带层数对 PVC-FRP 管混凝土短柱的力学性能的影响，选取有限元模型具体参数为：FRP 条带的环箍间距为 40mm，FRP 条带宽度为 20mm，

PVC 管厚度为 7.8mm，核心混凝土强度等级为 C30 的模型。FRP 条带层数对 PVC-FRP 管混凝土的应力-应变曲线影响如图 2-42 所示。从图中可以看出，在第一阶段不同 FRP 条带层数的构件应力-应变曲线基本重合，这主要是因为在此阶段 PVC-FRP 管对核心混凝土的约束作用较小，其应力-应变曲线与非约束混凝土的相似；在第二阶段，随着 FRP 层数的增加，构件强化段的斜率不断增加，构件的极限压应力和极限应变也不断增加，这主要是因为随着 FRP 层数的增加，PVC-FRP 管对核心混凝土的约束作用不断增强，构件的极限抗压强度和变形能力提高幅度较大。

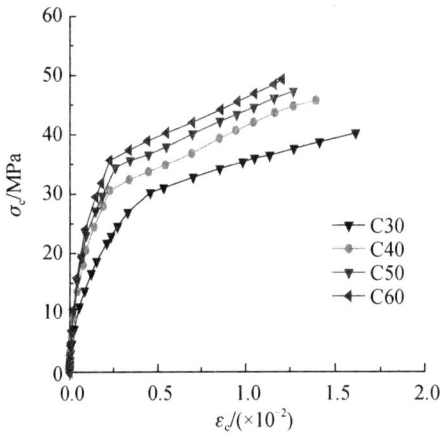

图 2-41　混凝土强度等级的影响

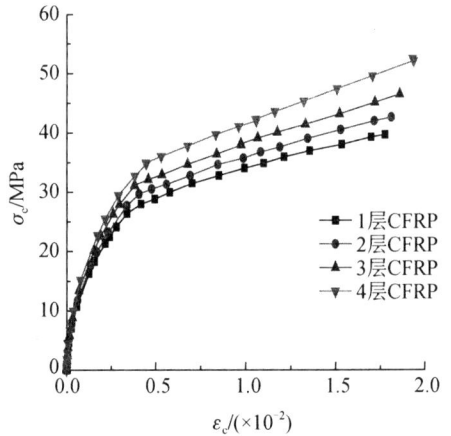

图 2-42　FRP 层数的影响

3. PVC 管壁厚的影响

为分析 PVC 管壁厚对 PVC-FRP 管混凝土短柱力学性能的影响，选取有限元模型具体参数：FRP 条带的环箍间距为 40mm，FRP 条带宽度为 20mm，FRP 条带层数为 3 层，核心混凝土强度等级为 C30 的模型。PVC 管壁厚对 PVC-FRP 管混凝土的应力-应变曲线的影响如图 2-43 所示。从图中可以看出，在第一阶段不同 PVC 管厚度构件的应力-应变的曲线基本重合，这主要是因为在此阶段 PVC-FRP 管对核心混凝土的约束作用较小，其应力-应变曲线与非约束混凝土的相似；在第二阶段，随着 PVC 管厚度的增加，构件强化段的斜率基本保持不变，构件的变形能力有一定程度的提高，但提高效果不明显，这主要是因为虽然 PVC 管对核心

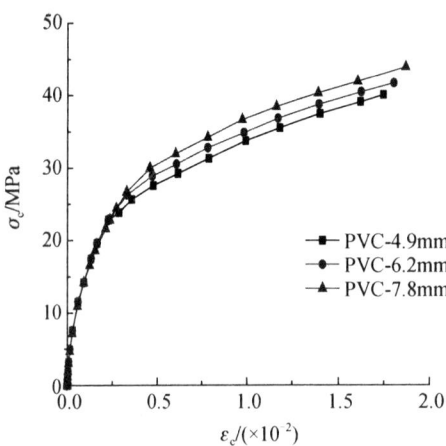

图 2-43　PVC 管壁厚的影响

混凝土具有一定的约束作用，但与 FRP 条带相比，其约束作用较小，PVC-FRP
管对核心混凝土的约束作用主要受 FRP 条带的影响。

4. FRP 条带宽度的影响

为分析 FRP 条带宽度对 PVC-FRP 管混凝土短柱的力学性能的影响，选取有
限元模型具体参数为：FRP 条带环箍间距为 20mm，FRP 条带层数为 3 层，PVC
管厚度为 7.8mm，核心混凝土强度等级为 C30 的模型。FRP 条带宽度对 PVC-FRP
管混凝土的应力-应变曲线的影响如图 2-44 所示。从图中可以看出，在第一阶段
不同 FRP 条带宽度构件的应力-应变曲线基本重合，这主要是因为在此阶段
PVC-FRP 管对核心混凝土的约束作用较小，其应力-应变曲线与非约束混凝土的
相似；在第二阶段随着 FRP 条带宽度的增加，构件强化段的斜率变化并无明显的
规律，FRP 条带宽度为 30mm 组合柱相比 20mm 组合柱的极限抗压强度和极限应
变有一定提高，但 FRP 条带宽度为 40～60mm 的组合柱均有所下降。因此，建议
FRP 条带宽度取 20～30mm。

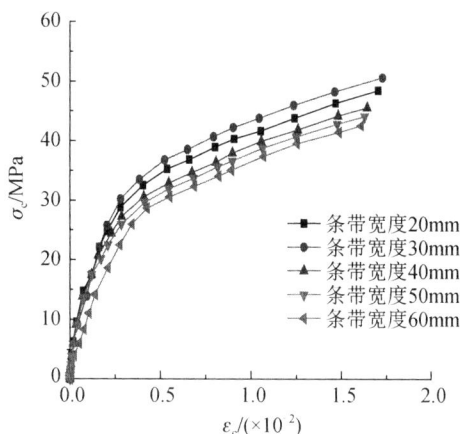

图 2-44　FRP 条带宽度对 PVC-FRP 管混凝土的应力-应变曲线的影响

2.4　本　章　小　结

1）由 PVC 空管和 PVC-FRP 管混凝土柱的破坏试验可知，PVC 空管的破坏
形态与空钢管的破坏形态基本相同。无筋 PVC-FRP 管混凝土短柱和中长柱是由于
外面缠绕的碳纤维条带发生断裂，导致构件破坏。配筋的 PVC-FRP 管混凝土短柱
是由于碳纤维条带的断裂和钢筋的压曲，导致构件破坏。

2）分析了碳纤维环箍间距对 PVC-FRP 管混凝土短柱力学性能的影响，随着
碳纤维环箍间距的增大，构件的极限承载力和轴向极限应变逐渐减小。由于

PVC-FRP管对混凝土柱的约束作用，构件破坏时的轴向极限应变与素混凝土柱相比有了很大提高，改善了混凝土柱的延性。

3）分析了轴向配筋对PVC-FRP管混凝土短柱力学性能的影响，与无筋构件相比，轴向配筋构件极限承载力和极限应变都有一定程度的提高。由于PVC-FRP管对混凝土柱的约束作用，构件的极限承载力提高大约24%，轴向极限应变提高了16%左右。

4）长细比对 PVC-FRP 管混凝土柱的力学性能影响较大。随着长细比的增加，PVC-FRP 管混凝土中长柱的极限承载力和轴向极限应变逐渐减少，轴向极限应变降低的幅度比极限承载力降低幅度要大。试验结果表明，长细比对构件的应力-应变曲线没有影响。

5）通过试验得到了无筋 PVC-FRP 管混凝土短柱的应力-应变曲线。该曲线基本上呈现双线形，开始阶段和素混凝土柱的应力-应变曲线基本相似，随后出现了线形强化段，随着荷载的增加，构件的承载力和应变一直处于增加状态，直到构件发生破坏。随着环箍间距的增大，强化段的斜率逐渐减小。与无筋构件相比，在配筋构件的抗压强度超过 f_{co} 以后，应力-应变曲线出现了明显的曲线过渡段，在相同的环箍间距下，配筋构件的强化段斜率较大。

6）PVC-FRP 管混凝土柱的性能主要与 PVC-FRP 管对混凝土柱的等效约束效应系数 ξ_{ef}、轴向配筋及构件长细比等因素有关。本章以 ξ_{ef} 为主要参数，提出了 PVC-FRP 管混凝土柱的极限承载力和轴向极限应变的计算公式，在此基础上，进一步建立了无筋和配筋 PVC-FRP 管混凝土短柱的应力-应变模型，并得出长细比对 PVC-FRP 管混凝土中长柱的应力-应变模型没有影响的结论。模型计算值与试验结果吻合较好。

7）采用合理的 FRP 条带、PVC 管和核心混凝土材料本构模型，建立 PVC-FRP 管混凝土轴心受压短柱的非线性有限元模型。有限元分析结果表明，随着混凝土强度的提高，PVC-FRP 管混凝土短柱的极限抗压强度有所提高，但提高幅度降低，构件的变形能力逐渐下降。随着 FRP 条带层数的增加，构件的极限抗压强度和极限应变均显著提高。PVC 管壁厚对构件的力学性能影响较小，FRP 条带宽度取 20～30mm 较合理。

第3章 偏心受压 PVC-FRP 管混凝土柱的力学性能研究

3.1 偏心受压 PVC-FRP 管混凝土柱的试验研究

3.1.1 试验概况

1. 试件设计

本章共进行了 24 根偏心受压 PVC-FRP 管混凝土柱的试验。所有试件的直径均为 200mm，试件的长度为 500mm。试件的制作、养护及试验所用材料的力学性能与轴心受压的 PVC-FRP 管混凝土柱相同。本试验主要研究环箍间距（20mm、30mm、40mm、50mm 和 60mm）和偏心距（20mm 和 40mm）对 PVC-FRP 管混凝土柱的力学性能的影响。试件的长细比为 2.5，轴向配筋率为 1.8%，每根试件配置 8 根直径为 10mm 钢筋。其他参数见表 3-1。

表 3-1 偏心受压 PVC-FRP 管混凝土柱试验参数

偏心距/mm	对比试件	环箍间距/mm
20	E-Cs20	20
	E-Cs30	30
	E-Cs40	40
	E-Cs50	50
	E-Cs60	60
40	E-Cs20	20
	E-Cs30	30
	E-Cs40	40
	E-Cs50	50
	E-Cs60	60

2. 试验装置与测点布置

（1）加载方案

试件两端采用刀铰加载，以模拟两端为铰接的边界条件。两刀口连线与短柱截面形心的距离为试验的初始偏心距。加载方案和加载制度与轴心受压 PVC-FRP 管混凝土柱相同。

（2）量测主要内容

1）竖向外荷载由试验机和螺旋滑线电阻传感器联合测量。

2）构件竖向变形用位移计与应变片联合测量。

3）构件的侧向挠度用位移计测量。

4）构件环向变形用应变片测量。

5）钢筋应变用应变片测量。

（3）量测仪器的布置

为测量试件的挠度，在构件受拉侧跨中及两端各布置 1 个位移计。为测量加载阶段试件轴向位移，在试件对称部位的两侧布置两个位移计，位移计的布置如图 3-1 所示。

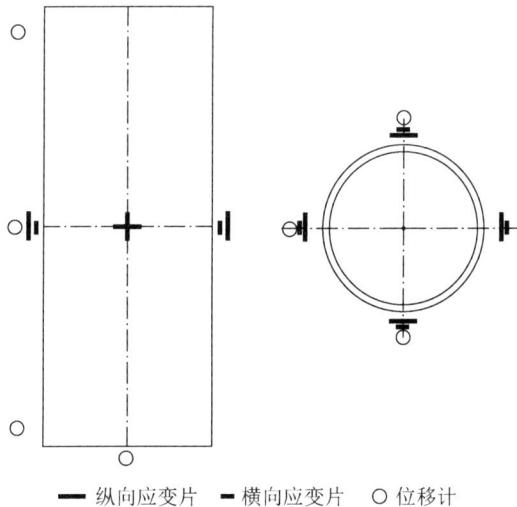

—— 纵向应变片　—— 横向应变片　○ 位移计

图 3-1　偏心受压 PVC-FRP 管混凝土柱量测仪器布置

在 PVC-FRP 管混凝土柱外侧，共布置 10 个应变片。其中 6 个测量试件的轴向应变，在试件中部对称位置上各布置 1 个应变片，另外为了更准确测量拉压区应变，分别在试件的受压和受拉区各增加 1 个轴向应变片。在 CFRP 条带对称位置上各布置 1 个应变片测量试件环向变形。应变片的具体布置如图 3-1 所示。

另外在试件配置的钢筋上各预埋 1 个应变片，测量钢筋应变。

3.1.2　试验结果分析

1. 试验现象和破坏特征

图 3-2 为大偏心受压（ $e_0 = 40\text{mm}$ ）PVC-FRP 管混凝土柱的破坏形态。从图中试验过程及试验结果可以看出，在加载初期构件处于弹性阶段，混凝土和钢筋的应力都很小，构件的侧向挠度随荷载的增加基本呈线性增长，混凝土中未出现

裂缝。随着荷载的不断增大，构件的侧向挠度开始偏离线性关系，受拉区混凝土的应变超过其抗拉极限应变，拉区混凝土出现水平裂缝并退出工作，靠近竖向力一侧钢筋的应力和应变增速加快。随着受拉区裂缝的不断增多并向压区延伸，受压区高度逐渐减小，受压区混凝土的应力增大，而外包碳纤维的环向应变只有很小的增长。当靠近竖向力一侧钢筋受压屈服后，随着荷载的继续增大，环向 CFRP 应变迅速增加，受压区碳纤维应变的增长速度大于受拉区碳纤维应变。在构件丧失承载力以后，受拉区的 PVC 被拉断，受压区的混凝土和 PVC 管被压碎。此时，远离竖向力一侧的钢筋也达到屈服。虽然混凝土柱由 PVC 管包裹，但从剥去 PVC 管后试件的破坏形态可以看出，在混凝土柱的受拉区形成几条主裂缝。图 3-3 为小偏心受压（ $e_0 = 20mm$ ）PVC-FRP 管混凝土柱的破坏形态。从图中的试验结果可以看出，在加载初期，与大偏心受压构件相同，构件的侧向挠度随荷载的增加基本呈线性增长，混凝土中未出现裂缝，远离竖向力一侧的钢筋受压。随着荷载的不断增大，构件的侧向挠度开始偏离线性关系，小偏心受压构件偏离线性关系时对应的荷载比大偏心受压构件的大，环向 CFRP 条带应变的发展与大偏心受压构件基本相同。随着荷载的进一步增加，靠近竖向力一侧的混凝土和钢筋的压应力不断增大，最终导致混凝土被压碎，PVC 管被压裂，同时该侧的钢筋达到屈服；与靠近竖向力一侧钢筋与混凝土的应力和应变相比，远离竖向力一侧钢筋与混凝土的应力和应变较小。构件的破坏荷载与开裂荷载相距较远，破坏前有明显的预兆。由于 PVC-FRP 管的约束，改变了小偏心受压构件脆性破坏的特征。

　　　（a）E40-Cs20　　　　　　　（b）E40-Cs30　　　　　　　（c）E40-Cs40

图 3-2　大偏心受压 PVC-FRP 管混凝土柱的破坏形态

（d）E40-Cs50　　　　　　　（e）E40-Cs60　　　　　　　（f）E40-PVC

图 3-2（续）

（a）E20-Cs20　　　　　　　（b）E20-Cs30　　　　　　　（c）E20-Cs40

（d）E20-Cs50　　　　　　　（e）E20-Cs60　　　　　　　（f）E20-PVC

图 3-3　小偏心受压 PVC-FRP 管混凝土柱的破坏形态

　　试验结果表明，对小偏心受压构件，接近破坏荷载时，碳纤维条带是逐条断裂的，然后受压区的混凝土和 PVC 管被压碎。而对大心受偏压构件，碳纤维条带的断裂和 PVC 管的拉断几乎同时发生。

　　2. 偏心受压构件的极限承载力分析

　　偏心受压柱的极限承载力的试验结果见表 3-2。从表中可以看出，偏心受压 PVC-FRP 管混凝土柱的极限承载力与 PVC 管混凝土柱的相比，均有不同程度的提高，提高的幅度随着环箍间距的增大而减小，如图 3-4 所示。对小偏心受压构件，极限承载力提高的幅度为 15.39%～69.71%；对大偏心受压构件，极限承载力提高的幅度在 7.00%～47.40%。由此可见，对于不同偏心距的 PVC-FRP 混凝土柱，极限承载力提高的幅度随着偏心距的增大而减小。

表 3-2　偏心受压 PVC-FRP 管混凝土短柱极限承载力的试验结果

试件编号	极限承载力 /kN	承载力提高 幅度/%	最大荷载 挠度/mm	屈服挠度 /mm	最大荷载弯 矩/（kN·m）	弯矩提高 幅度/%	延性系数
E2-PVC-1	1177.30	0.00	6.14	1.48	43.68	0.00	4.15
E2-PVC-2	1102.14	0.00	6.01	1.40	41.91	0.00	4.30
E2-Cs20-1	1933.00	69.71	4.52	0.94	58.36	36.51	4.81
E2-Cs20-2	1725.60	51.50	4.25	1.09	52.11	21.90	3.89
E2-Cs30-1	1626.00	42.76	5.21	0.94	52.85	23.61	5.56
E2-Cs30-2	1644.70	44.40	5.11	1.19	53.09	24.19	4.29
E2-Cs40-1	1499.00	31.61	4.99	0.99	49.44	15.64	5.03
E2-Cs40-2	1536.30	34.88	5.22	0.95	49.99	16.94	5.50
E2-Cs50-1	1421.30	24.78	4.94	0.86	46.05	7.72	5.74
E2-Cs50-2	1485.70	30.44	4.85	0.81	51.26	19.90	5.97
E2-Cs60-1	1314.30	15.39	5.51	0.83	44.40	3.85	6.63
E2-Cs60-2	1438.70	26.31	5.25	0.90	51.36	20.14	5.86
E4-PVC-1	969.10	0.00	6.89	1.17	65.51	0.00	5.87
E4-PVC-2	894.00	0.00	6.12	1.00	56.77	0.00	6.09
E4-Cs20-1	1372.30	47.40	5.7	1.12	84.62	38.40	5.08
E4-Cs20-2	1330.53	42.91	6.00	1.20	81.16	32.75	4.98
E4-Cs30-1	1258.10	35.13	5.48	1.08	77.88	27.37	5.08
E4-Cs30-2	1273.40	36.78	6.26	1.38	78.82	28.92	4.53
E4-Cs40-1	1191.20	27.95	6.02	1.13	74.09	21.19	5.34
E4-Cs40-2	1102.20	18.39	6.06	1.19	67.45	10.33	5.08
E4-Cs50-1	1117.20	20.00	6.04	1.29	69.60	13.84	4.69
E4-Cs50-2	1093.70	17.48	5.54	1.28	64.97	6.26	4.33
E4-Cs60-1	996.70	7.06	5.72	1.08	59.81	−2.17	5.29
E4-Cs60-2	1092.90	17.39	6.00	0.92	67.32	10.11	6.55

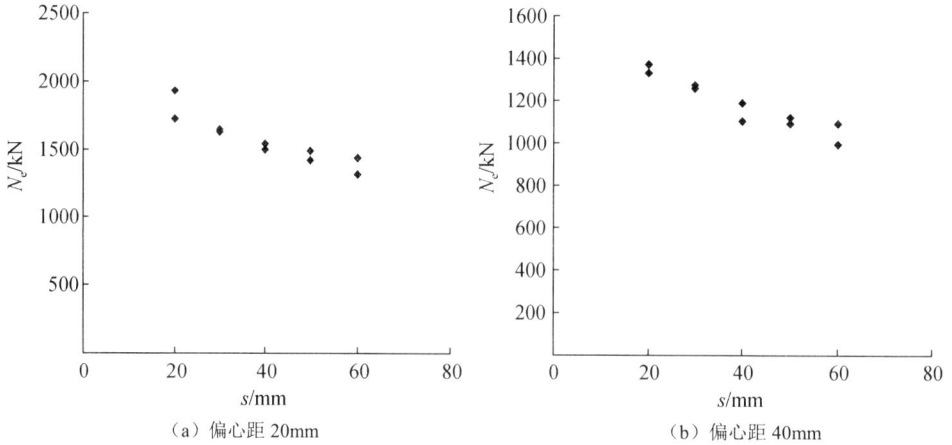

（a）偏心距 20mm　　　　　　　　　　（b）偏心距 40mm

图 3-4　环箍间距对偏心受压构件极限承载力的影响

3. 偏心受压构件的应变分析

试验结果表明，小偏心受压构件破坏时，中部多条碳纤维条带被拉断，这说明碳纤维条带对小偏心受压混凝土柱充分发挥了约束作用。图 3-5 表示小偏心受压构件碳纤维条带、钢筋和混凝土应变发展情况。从图中可以看出，在开始加载阶段，碳纤维条带、钢筋和混凝土的应变发展缓慢，在达到与偏心受压构件同截面尺寸的钢筋混凝土柱的极限承载力以前，偏心受压构件的 N_e-ε 曲线与钢筋混凝土柱的 N_s-ε 曲线基本相似。随着荷载的继续增加，混凝土内部裂缝的发展，混凝土体积的不均匀膨胀，碳纤维条带出现了应变不均匀发展的情况，靠近竖向力一侧的碳纤维条带应变发展较快；而远离竖向力一侧碳纤维的应变发较为缓慢，甚至在开始加载阶段，部分碳纤维出现了应变负增长的情况，之后随着荷载的增加，应变又变为正增长。

在竖向力近侧钢筋受压屈服后，竖向力近侧钢筋和混凝土应力和应变的发展速度加快，构件的 N_e-ε 应变曲线偏离了竖向力远侧钢筋和混凝土的 N_s-ε 曲线，在发生破坏以前，构件承载力和应变一直处于增加状态。与竖向力近侧钢筋和混凝土的极限应变相比，远侧钢筋和混凝土的应变小很多。在试件加载过程中，竖向力同侧钢筋和混凝土的应变发展基本一致。

图 3-6 表示大偏心受压构件的碳纤维条带、混凝土和钢筋的应变发展情况。从图中可以看出，大偏心受压构件碳纤维条带应变发展情况与小偏心受压构件相似。对于钢筋和混凝土的应变发展情况，在开始加载阶段构件受压区和受拉区钢筋和混凝土的应变发展基本一致；随着荷载的增加，在接近与偏心受压构件同截面尺寸的钢筋混凝土圆柱的极限承载力时，受压区的钢筋屈服，构件 N_e-ε 曲线出现了明显的转折点，受压区的钢筋和混凝土应变增长速度加快。受拉区的混凝土不

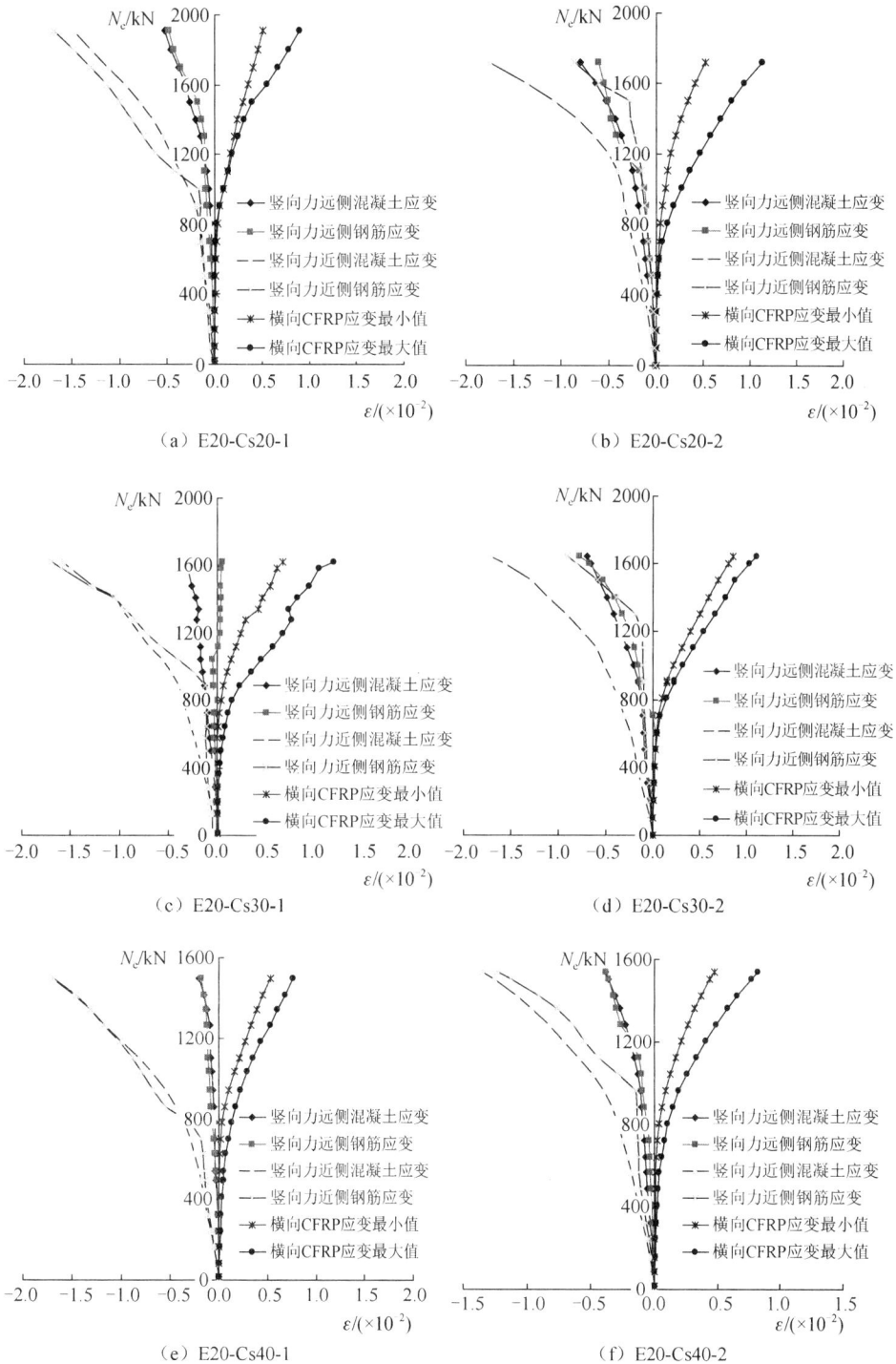

（a）E20-Cs20-1

（b）E20-Cs20-2

（c）E20-Cs30-1

（d）E20-Cs30-2

（e）E20-Cs40-1

（f）E20-Cs40-2

图 3-5　小偏心受压 PVC-FRP 管混凝土柱的应变比较

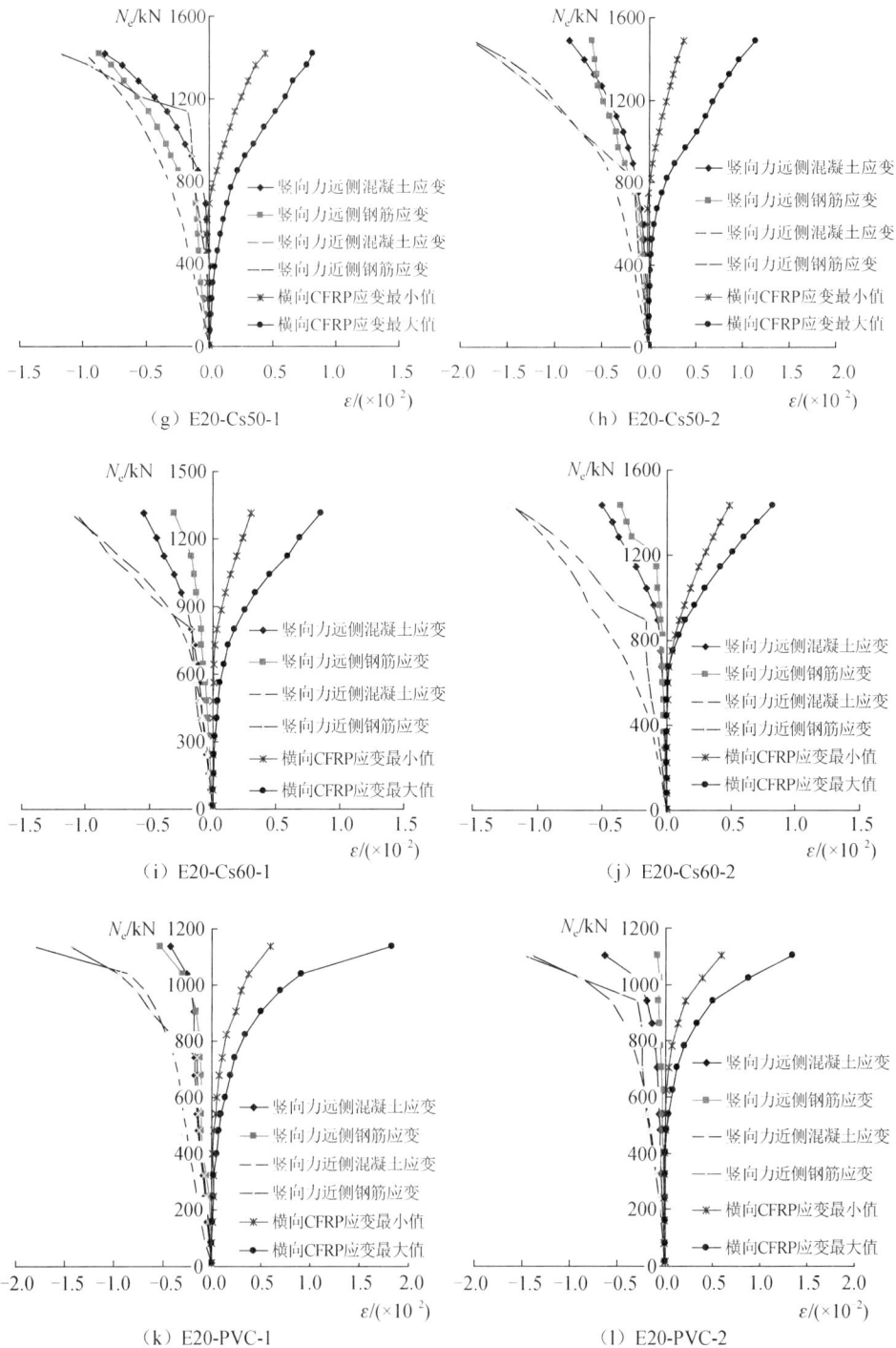

（g）E20-Cs50-1

（h）E20-Cs50-2

（i）E20-Cs60-1

（j）E20-Cs60-2

（k）E20-PVC-1

（l）E20-PVC-2

图 3-5（续）

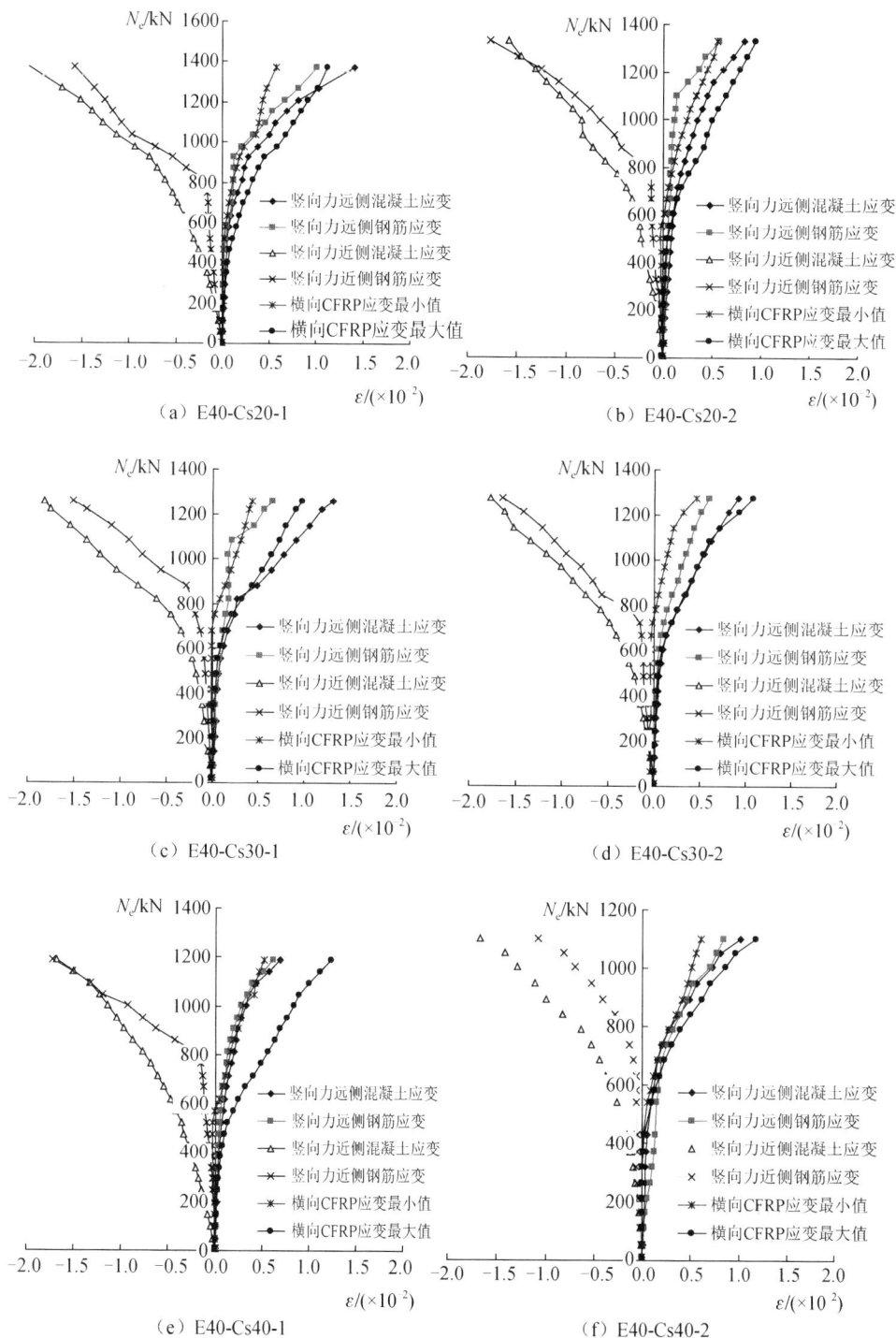

（a）E40-Cs20-1

（b）E40-Cs20-2

（c）E40-Cs30-1

（d）E40-Cs30-2

（e）E40-Cs40-1

（f）E40-Cs40-2

图 3-6　大偏心受压 PVC-FRP 管混凝土柱应变比较

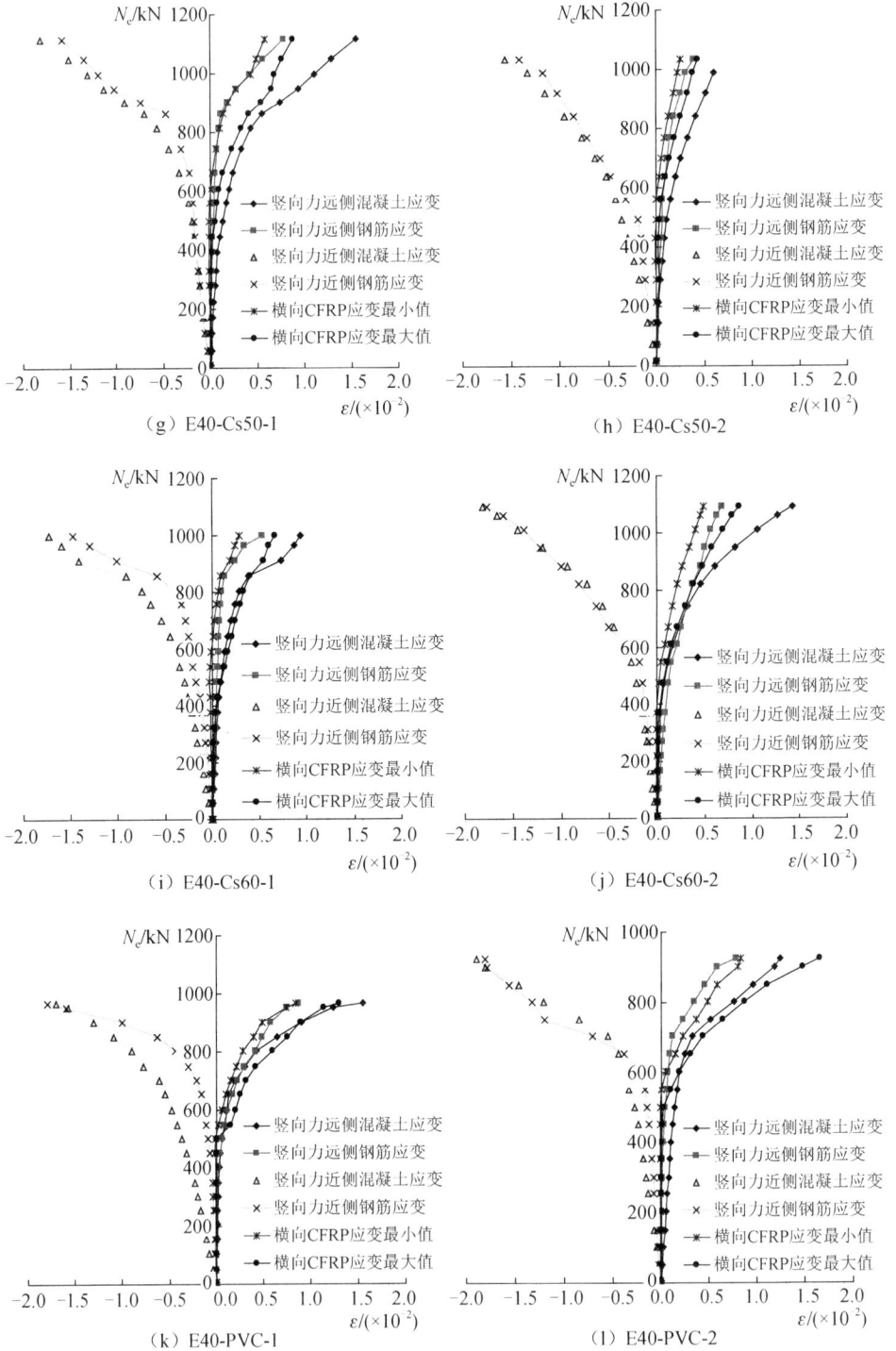

（g）E40-Cs50-1

（h）E40-Cs50-2

（i）E40-Cs60-1

（j）E40-Cs60-2

（k）E40-PVC-1

（l）E40-PVC-2

图 3-6（续）

断出现裂缝,中和轴向受压区移动,至构件的加载后期,受拉区的钢筋也发生屈服,此时受拉区混凝土和钢筋的应变增长速度加快,在构件发生破坏以前,其承载力和应变一直处于增加状态。只是到了加载后期,由于受拉区裂缝的发展,部分构件同侧的混凝土和钢筋的应力-应变曲线发生偏离。

4. 平截面假定验证

为了验证 PVC-FRP 管混凝土柱截面上的应变关系是否满足平截面假定,在柱中配置的轴向钢筋上各粘贴 1 个应变片,测量构件的应变。图 3-7 和图 3-8 为分别为小偏心受压和大心受偏压构件在各级荷载作用下截面应变分布图。

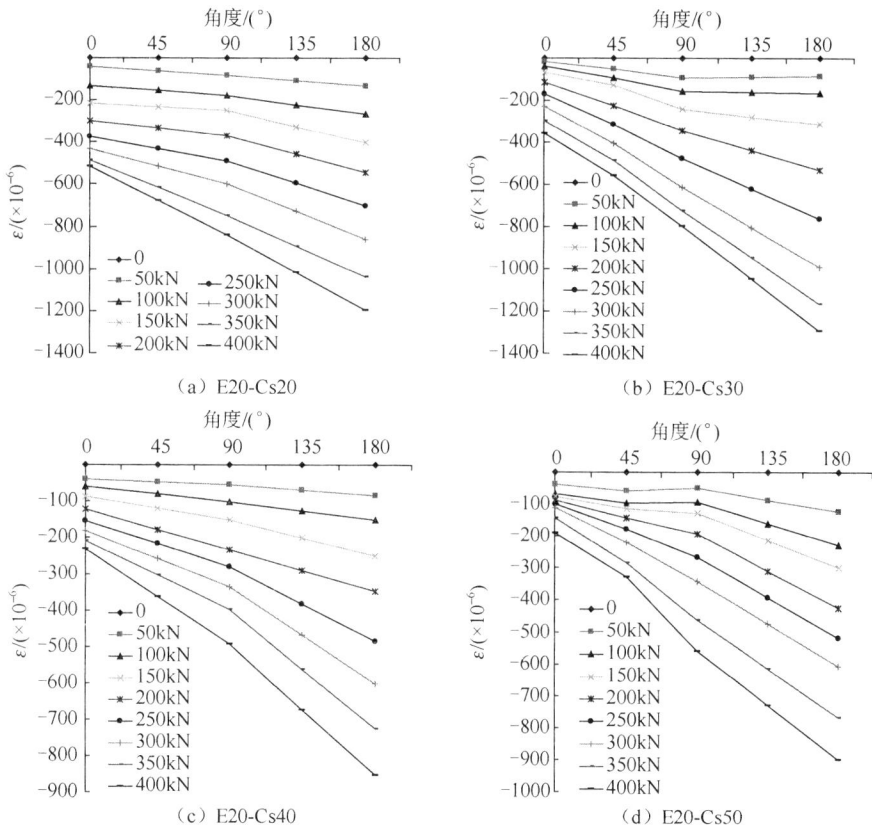

（a）E20-Cs20　　　　　　　　（b）E20-Cs30

（c）E20-Cs40　　　　　　　　（d）E20-Cs50

图 3-7　小偏心受压 PVC-FRP 管混凝土柱截面应变分布

从图 3-7 中可以看出,对于小偏心受压构件,平截面假定符合较好。从图 3-8 中可以看出,对于大偏心受压构件,在开始加载阶段,平截面假定符合较好,随着荷载的增大,截面的应变分布偏离了直线,但仍可以近似的认为平截面假定成立。

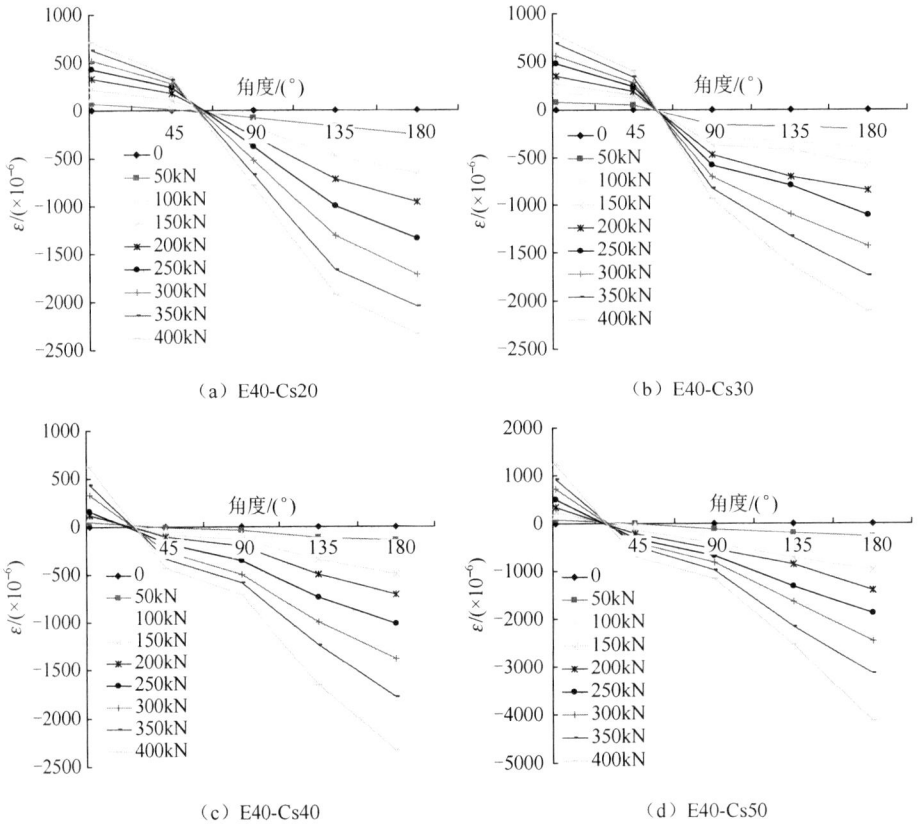

（a）E40-Cs20

（b）E40-Cs30

（c）E40-Cs40

（d）E40-Cs50

图 3-8 大偏心受压 PVC-FRP 管混凝土柱截面应变分布

3.1.3 影响因素分析

影响偏心受压 PVC-FRP 管混凝土柱的力学性能的因素较多,对于本节的试验来讲主要有碳纤维的环箍间距、偏心距和粘贴质量。

1. 环箍间距

图 3-9～图 3-11 分别为环箍间距对偏心受压构件荷载-挠度曲线、荷载-弯矩曲线和弯矩-曲率曲线的影响。从图中可以看出,在开始加载阶段构件基本上处于弹性阶段,混凝土柱的变形比较小,碳纤维条带对混凝土柱的约束作用不大,各环箍间距的曲线基本重合。随着荷载的增加,在小偏心受压和大偏心受压构件的荷载分别达到 800kN 和 600kN 后,构件竖向力近侧的钢筋受压屈服,混凝土柱内部裂缝增多,混凝土体积迅速膨胀,PVC-FRP 管对混凝土柱的约束作用不断增强。随着荷载的继续增加,构件的荷载-弯矩曲线偏离原来的直线,环箍间距越大,曲线偏离原来的直线程度越厉害,同时构件产生的弯矩越小;构件的荷载-挠度曲线和弯矩-曲率曲线出现明显转折点,构件的荷载-挠度曲线和弯矩-曲率曲线呈现出强化段的趋势,强化段的斜率随着环箍间距的增大而减小。

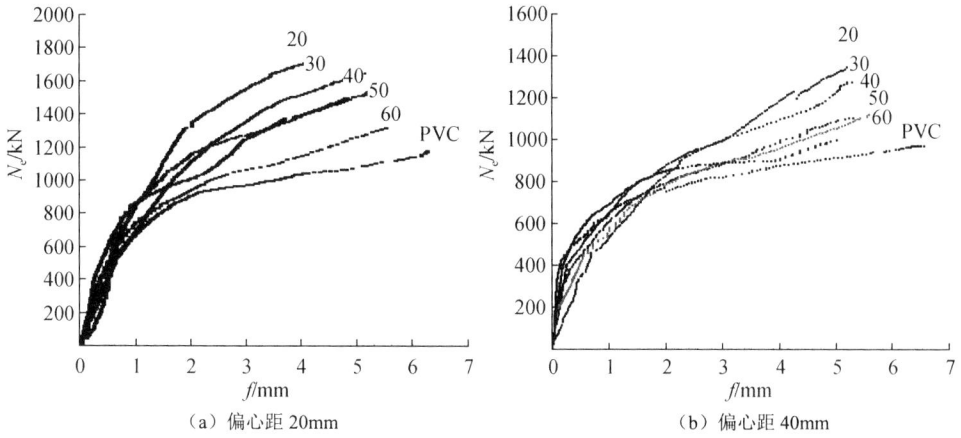

（a）偏心距 20mm　　　　　　　　　　　（b）偏心距 40mm

图 3-9　环箍间距对偏心受压构件 N_e-f 曲线的影响

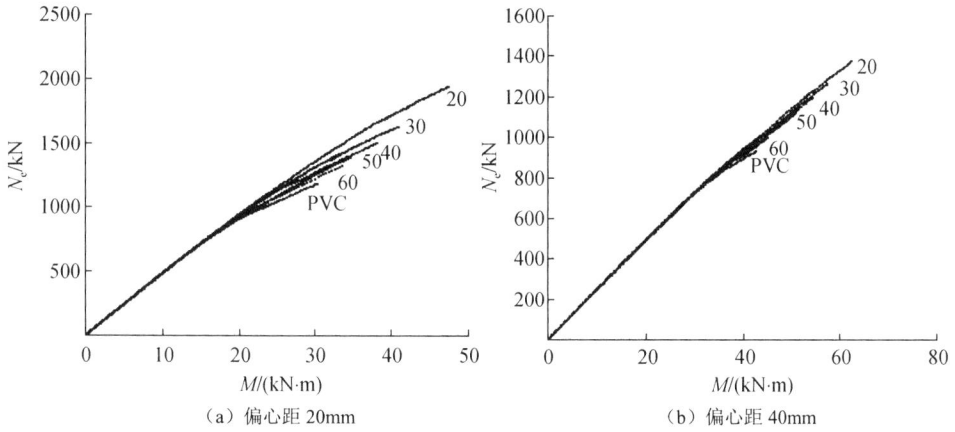

（a）偏心距 20mm　　　　　　　　　　　（b）偏心距 40mm

图 3-10　环箍间距对偏心受压构件 N_e-M 曲线的影响

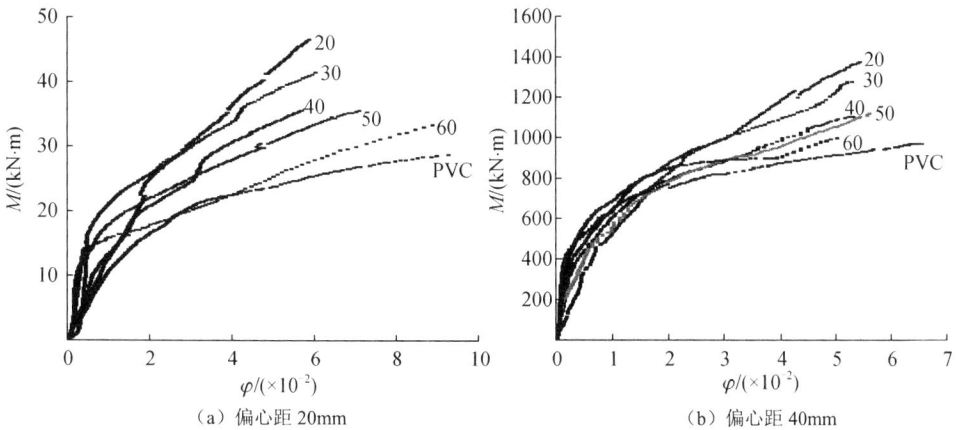

（a）偏心距 20mm　　　　　　　　　　　（b）偏心距 40mm

图 3-11　环箍间距对偏心受压构件 M-φ 曲线的影响

2. 偏心距

图 3-12 和图 3-13 分别为偏心距对偏心受压构件荷载-挠度曲线和弯矩-曲率曲线的影响。从图中可以看出，在开始加载阶段构件的荷载-挠度曲线和弯矩-曲率曲线基本重合。主要是因为在此阶段，构件基本上处于弹性阶段，混凝土柱的变形比较小，碳纤维条带对混凝土柱的约束作用不大，混凝土的强度对构件的荷载-挠度曲线和弯矩-曲率曲线起主导作用。随着荷载的增大，当荷载达到 600kN 左右时，大偏心受压构件受压区的钢筋屈服，构件的荷载-挠度曲线和弯矩-曲率曲线出现明显转折点，之后随着荷载的继续增加，大偏心受压构件的荷载-挠度曲线和弯矩-曲率曲线呈现出强化段趋势；对小偏心受压构件，在荷载达到 800kN 左右时，构件的荷载-挠度曲线和弯矩-曲率曲线才出现强化段。在构件发生破坏以前，构件的荷载和变形一直处于增加状态，与大偏心受压构件相比，小偏心受压构件荷载-挠度曲线和弯矩-曲率曲线的强化段的斜率较大。

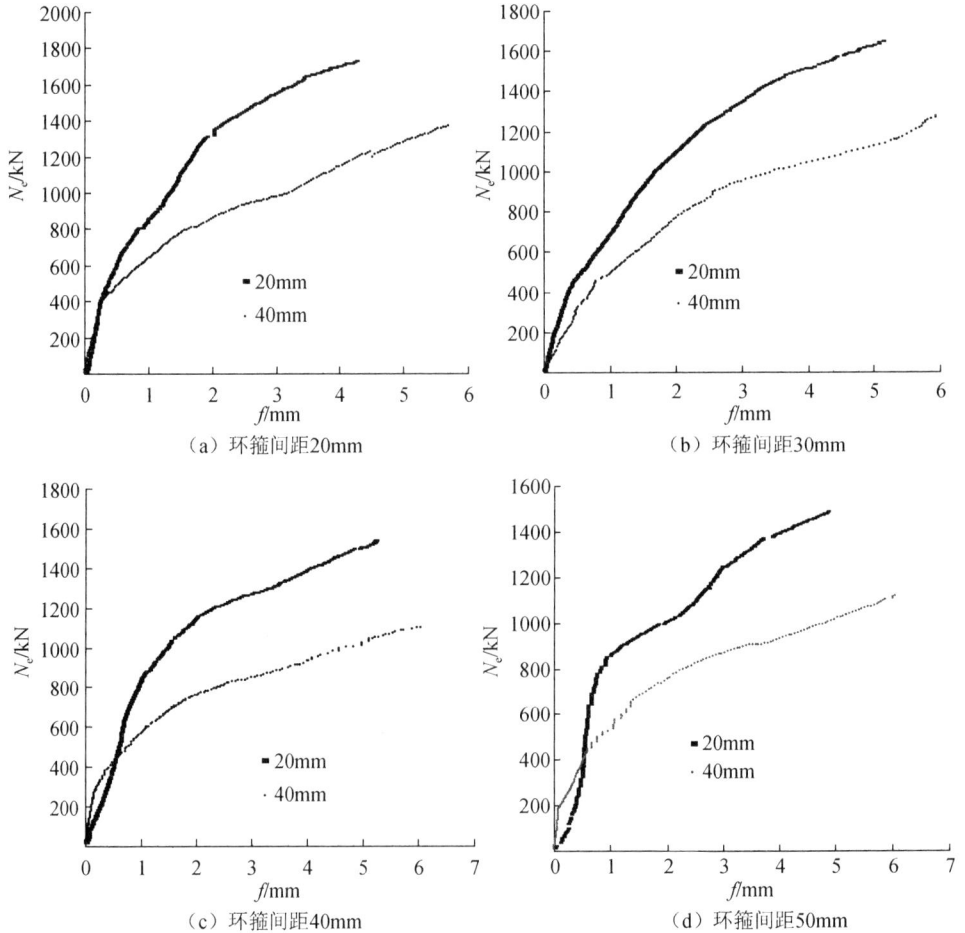

（a）环箍间距20mm　　　　　　　　（b）环箍间距30mm

（c）环箍间距40mm　　　　　　　　（d）环箍间距50mm

图 3-12　偏心距对偏心受压构件 N_e-f 曲线的影响

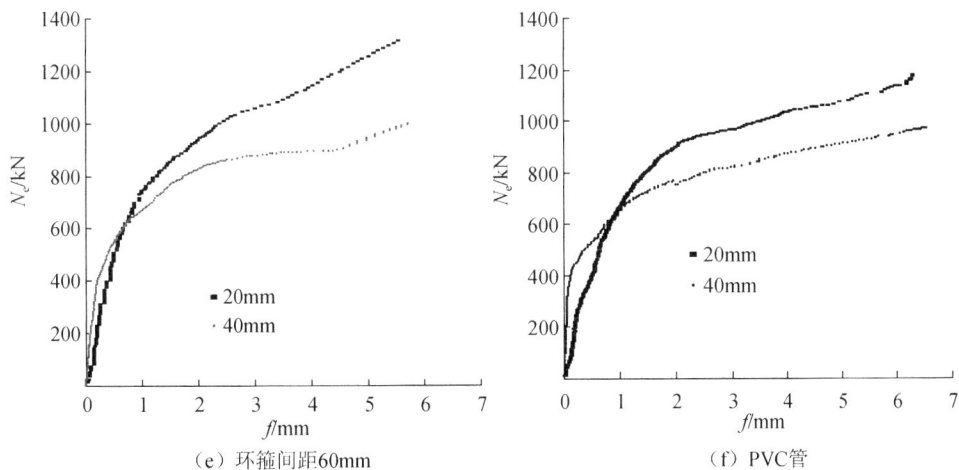

（e）环箍间距60mm　　　　　　　　　　（f）PVC管

图 3-12（续）

（a）环箍间距20mm　　　　　　　　　　（b）环箍间距30mm

（c）环箍间距40mm　　　　　　　　　　（d）环箍间距50mm

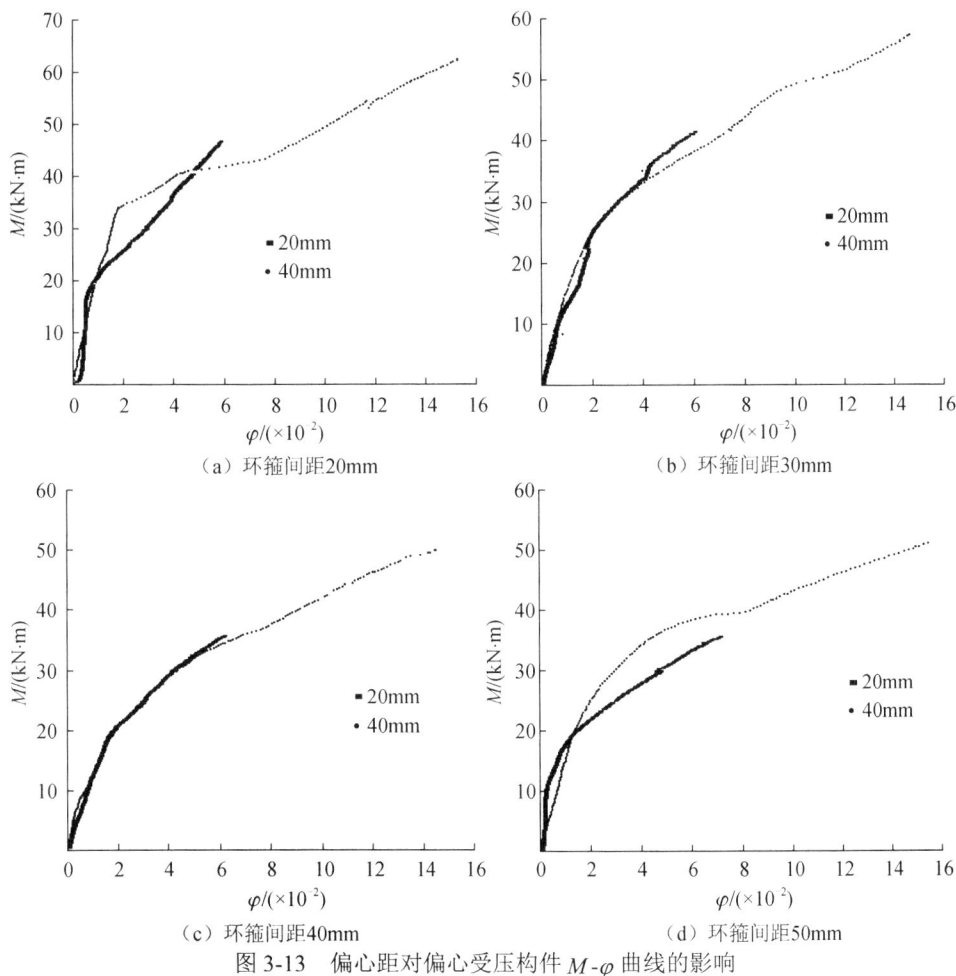

图 3-13　偏心距对偏心受压构件 M-φ 曲线的影响

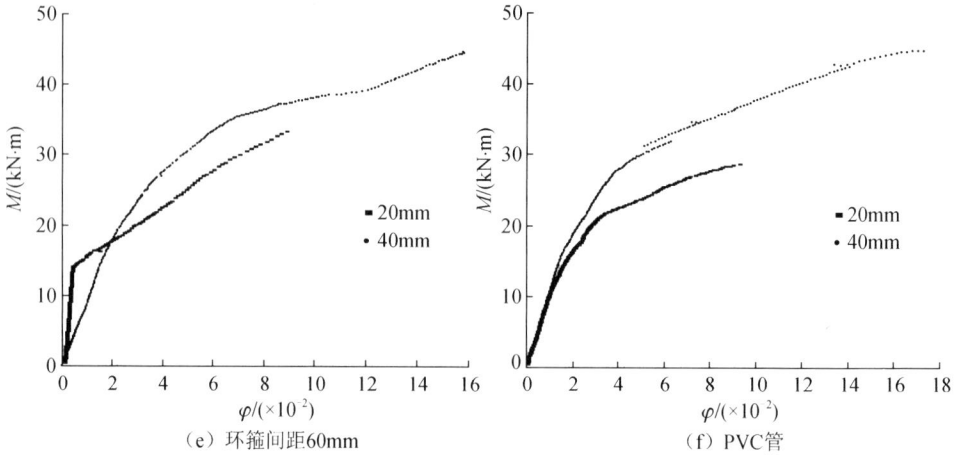

（e）环箍间距60mm

（f）PVC管

图 3-13（续）

图 3-14 为偏心距对偏心受压构件荷载-弯矩曲线的影响。从图中可以看出，在开始加载阶段构件的荷载-弯矩曲线基本上呈线性关系，大偏心受压构件荷载-弯矩曲线的斜率比小偏心压构件的小。此后，随着荷载的增大，构件的荷载-弯矩曲线偏离原来的直线，小偏心压构件荷载-弯矩曲线偏离直线的程度没有大偏心受压构件的明显。

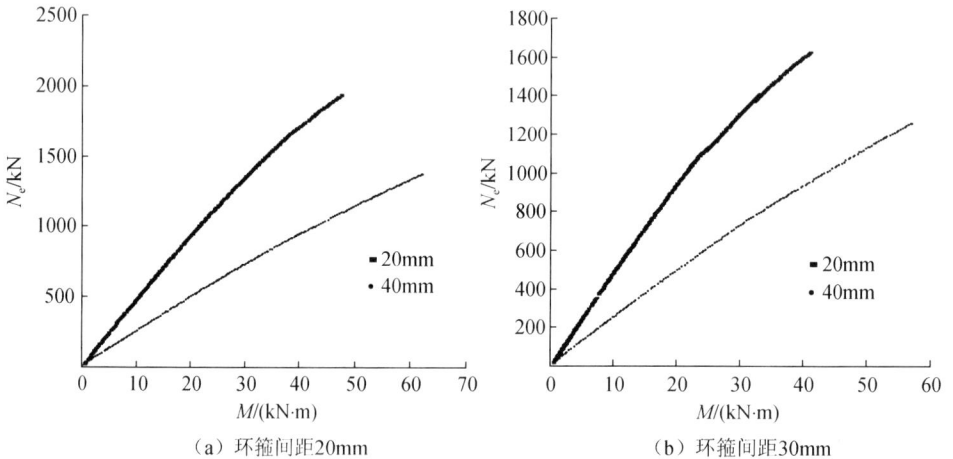

（a）环箍间距20mm

（b）环箍间距30mm

图 3-14　偏心距对偏压构件 N_e-M 曲线的影响

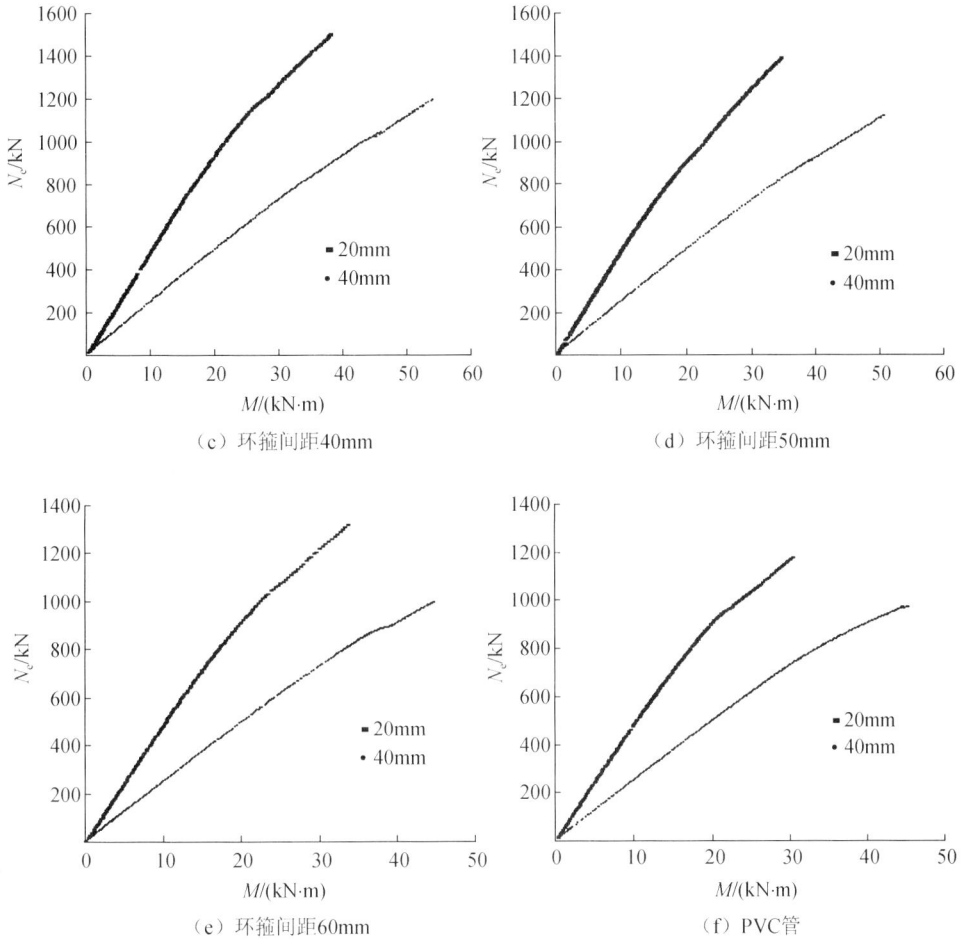

（c）环箍间距40mm

（d）环箍间距50mm

（e）环箍间距60mm

（f）PVC管

图 3-14（续）

3. 粘贴质量

粘贴质量对碳纤维布的利用起着很重要的影响。试验结果表明，整个粘贴面如果在刷底胶之后抹一层找平胶，其粘贴效果明显好于不抹找平胶的。另外，胶黏剂和保护层的用量也是重要的影响因素。胶黏剂用的量多，碳纤维布容易形成一个整体，且碳纤维丝之间胶的浸渍质量较好，碳纤维布拉断时，断裂面整齐，这表明碳纤维布整体均匀受拉，其利用率提高。而胶黏剂用量少，浸渍不好的碳纤维布往往分批拉断，碳纤维布未能整体工作，影响使用效率。

3.2　偏心受压 PVC-FRP 管混凝土柱力学性能分析

对于素混凝土偏心受压构件，我国原《钢筋混凝土结构设计规范》（BJG 21—66）[95]的正截面强度计算方法，基本上是参照 20 世纪 50 年代苏联的《混凝土及钢筋混凝土结构设计标准及技术规范》（HHTY 123—55）制定的。后来的《混凝土结构设计规范》（TJ 10—74）[96]中，关于钢筋混凝土偏心受压构件正截面强度的计算方法，沿用了原规范 BJG 21—66 的方法。规范 TJ 10—74 的计算方法虽然简单，但是不能确切地反映客观规律，对于小偏心受压构件的"力矩守恒"假设，与试验结果相比也有较大的误差。因此《混凝土结构设计规范》（GBJ 10—89）[97]中对于偏心受压构件的正截面强度计算做出了修改。我国现行《混凝土结构设计规范（2015 年版）》（GB 50010—2010）[98]给出了偏心受压构件承载力计算公式。

由 3.1 节所述可知，PVC-FRP 管混凝土短柱在失效形式、承载力极限状态、极限应变及受压区混凝土强度等方面与素混凝土偏心受压柱有明显的不同。在加载过程中，核心混凝土处于三向不均匀受压的复杂受力状态，构件破坏时产生了不可忽略的侧向挠度，其承载力计算应考虑由侧向挠度引起的附加弯矩影响，因此其承载力的计算不能再简单地套用素混凝土有关规定，而应予以重新考虑。

对于同属于约束混凝土范畴的钢管混凝土，其力学行为与 PVC-FRP 管约束混凝土有很多相似之处，国内外已开展了大量的研究工作。对于钢管混凝土压弯构件承载力计算，目前有最大荷载理论[5,99]、轴力与弯矩相关方程[100]、增大偏心率法[101]、经验系数法[102]、增大偏心率法和数值解法[103,104]等。本节首先分析 PVC-FRP 管混凝土柱的失效形式与破坏性质，参考素混凝土偏心受压构件和钢管混凝土偏心受压构件的有关计算方法，确定其极限应变、偏心距增大系数等问题，根据静力平衡条件，推导 PVC-FRP 管混凝土柱极限承载力的计算公式；然后根据平截面假定和构件的应力-应变模型，推导偏心受压构件的轴压比限值计算公式，并建立了偏心受压构件的弯矩-曲率模型、荷载-挠度关系模型和荷载-弯矩曲线。

3.2.1　偏心受压构件极限承载力分析

1. 构件破坏形式和性质

试验表明，对于轴心受压 PVC-FRP 管混凝土短柱，构件破坏时钢筋达到受压屈服，最终由于碳纤维条带的拉断而导致构件丧失承载力，属于混凝土和钢筋的受压破坏，构件破坏前经历了较大的塑性变形，按《建筑结构可靠度设计统一标准》（GB 50068—2018）[105]关于破坏性质的定义，属延性破坏。

对于偏心受压 PVC-FRP 管混凝土短柱，在初始偏心距 $e_0 = 20mm$ 时，短柱丧失承载力是由于碳纤维条带断裂和 PVC 管压碎而引起。在达到极限承载力以前，短柱经历了较大的塑性变形，表现为延性破坏，它改变了普通小偏心受压混凝土短柱的脆性破坏性质。

对于初始偏心距 $e_0 = 40mm$，在加载初期截面上就存在拉应力，与受压钢筋相比，受拉钢筋应力的增长速度较慢；受压钢筋屈服后，随着荷载的增加，至加载后期，受拉钢筋应变增长速度加快，构件破坏时钢筋的拉应力超过屈服强度，表现为延性破坏。

由上述可知，PVC-FRP 管混凝土柱的破坏性质不受初始偏心距和环箍间距的影响，均为延性破坏。我们认为，偏心受压 PVC-FRP 管混凝土柱的破坏形式可以分为两种：一是以受拉钢筋屈服和 PVC 管拉断作为标志的受拉破坏失效；二是以受压混凝土达到极限应变和 PVC 管压碎为标志的受压破坏失效，构件破坏时混凝土的极限应变远远大于素混凝土柱的极限应变 0.0033。

2. 偏心受压构件极限应变

对于偏心受压 PVC-FRP 管混凝土短柱，其核心混凝土处于被动三向受压状态，其截面上应力分布不均匀，相应的 PVC-FRP 管提供的约束应力也不均匀。因此，其工作性能十分复杂。当构件破坏时，由于 PVC-FRP 管的约束，受压区混凝土经历了较大的塑性变形。

对于偏心受压构件极限承载力的计算，首先应确定其破坏时的极限应变。在普通钢筋混凝土结构中，我国的《混凝土结构设计规范（2015 年版）》（GB 50010—2010）规定，对于轴心受压构件，混凝土极限应变取 0.002，对于受弯构件及大偏心受压构件，其极限应变取 0.0033。

对于偏心受压的 PVC-FRP 管混凝土短柱，构件破坏的极限应变已远远超过0.0033。图 3-15 和图 3-16 分别为偏心距和环箍间距对偏心受构件极限应变的影响，从图中可以看出，对于小偏心受压构件（ $e_0 = 20mm$ ），其破坏时极限应变大于轴心受压构件破坏时的极限应变，并且小偏心受压构件的极限应变随着环箍间距的增大，极限应变有减少的趋势；对于大偏心受压构件，破坏时的极限应变小于轴心受压构件破坏的极限应变，其极限应变稳定在 0.01 左右，环箍间距对构件破坏时的极限应变基本上没有影响。从以上分析可知，构件发生混凝土压坏时的实际压应变在 0.01 以上，但混凝土的应变从 0.01 到构件发生破坏时的极限应变，荷载增加量是有限的，对构件极限承载力的影响不大。因此，本节将 0.01 作为偏心受压短柱破坏的极限应变。

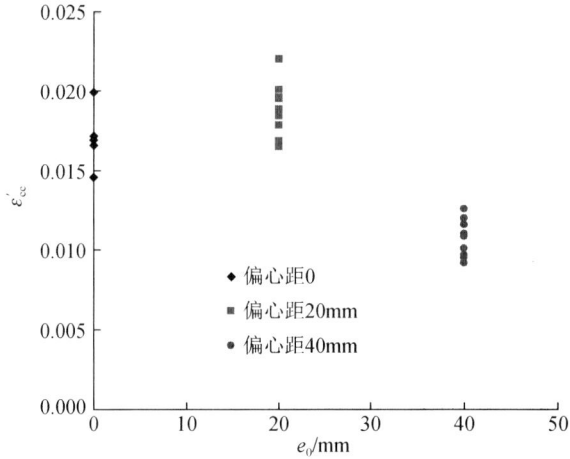

图 3-15　偏心距对偏心受压构件极限应变的影响

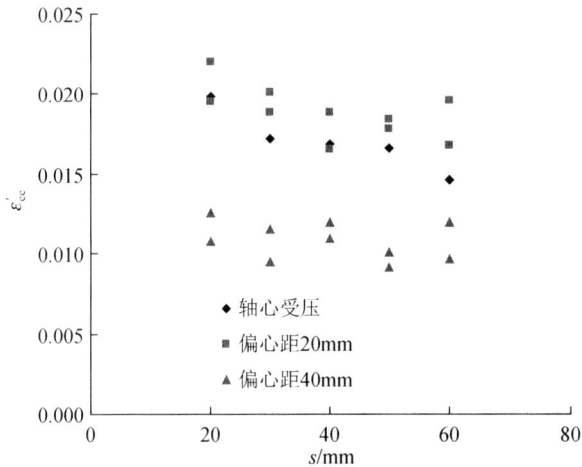

图 3-16　环箍间距对偏心受压构件极限应变的影响

3. 基本假定

1）柱受弯后，截面上混凝土、钢筋和碳纤维布的应变符合平截面假定。

2）混凝土的应力-应变关系采用第 2 章建立的无筋 PVC-FRP 管混凝土柱的应力-应变模型，不考虑混凝土的抗拉强度（图 3-17）。

3）钢筋应力-应变关系采用完全弹塑性模型，如图 3-18 所示。

4）碳纤维布为理想弹性材料，其应力-应变关系为直线形。

5）不计受拉区混凝土作用。

6）假设碳纤维与 PVC 管之间、PVC 管与混凝土之间、混凝土与钢筋之间黏结良好，无相对的滑移。

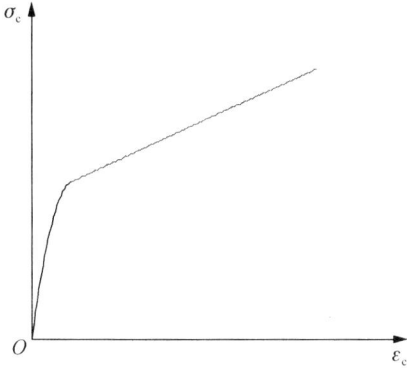

图 3-17　混凝土典型应力-应变关系

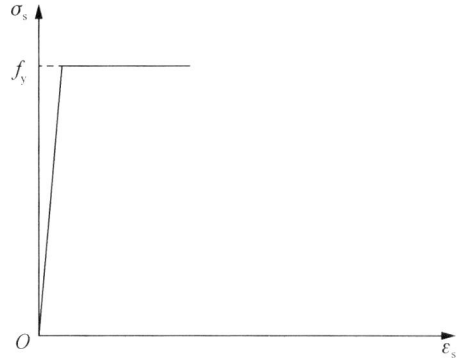

图 3-18　钢筋应力-应变关系

4. 偏心距增大系数

由于偏心受压 PVC-FRP 管混凝土柱受压区混凝土的极限应变大幅增加,二阶矩效应明显增大,特别是在偏心距较小时,如 $e_0 = 20\text{mm}$,极限承载力作用下的侧向挠度比素混凝土柱大很多。为便于构件的设计,本章采用修正偏心距的方法来考虑附加弯矩影响,即取

$$\eta = 1 + \frac{f}{e_i} \tag{3-1}$$

$$e_i = e_0 + e_a \tag{3-2}$$

式中,η 为偏心距增大系数;f 为构件的最大挠度;e_i 为计算的初始偏心距;e_a 为附加偏心距。

偏心受压柱的挠度曲线基本符合正弦曲线,即

$$y = f \sin\frac{\pi x}{l_0} \tag{3-3}$$

由式(3-3)可以求得构件的最大挠度为

$$f = \frac{\varphi l_0^2}{\pi^2} \tag{3-4}$$

由偏心受压构件的试验结果可知,截面的平均应变符合平截面假定,则发生界限破坏时的曲率为

$$\varphi_b = \frac{\varepsilon_{cc}' + \varepsilon_y}{r} \tag{3-5}$$

实际上,对任意偏心受压构件并不一定发生界限破坏,且不论是大偏心还是小偏心,截面上的弯矩值总是小于界限受压状态的弯矩。因此,截面上的曲率一般也小于 φ_b。另外,随着构件长细比的增大,截面上的 ε_c 和 ε_s 值会相应的减小。考虑上述因素对 φ_b 进行修正,得到偏心受压构件最大弯矩截面的曲率为

$$\varphi = \varphi_b \zeta_1 \zeta_2 \tag{3-6}$$

式中，ζ_1、ζ_2 分别为考虑偏心距和长细比变化的修正系数，可以表示为

$$\zeta_1 = \frac{0.5 f'_{cc} A_c}{N_e} \text{ 或 } \zeta_1 = 0.2 + 2.7 \frac{e_i}{r + r_s} \leqslant 1.0 \tag{3-7}$$

$$\zeta_2 = 1.15 - 0.01 \frac{l_0}{2r} \leqslant 1.0 \tag{3-8}$$

将式（3-4）～式（3-6）代入式（3-1）可得

$$\eta = 1 + \frac{1}{700 \cdot \dfrac{e_i}{r}} \left(\frac{l_0}{r} \right)^2 \zeta_1 \zeta_2 \tag{3-9}$$

5. 偏心受压构件承载力分析

圆形截面的 PVC-FRP 管混凝土柱沿周边均匀配置轴向受力钢筋，当轴向钢筋的根数不少于 6 根时，可将轴向钢筋均匀化计算，即轴向钢筋等效为面积为 A_s、半径为 r_s 的钢环，PVC 管的总面积为 A_p，半径为 r_p。

圆形截面受压区面积为弓形（图 3-19），理论上其等效矩形应力图的面积将低于截面宽度不变的矩形截面面积。为简化计算，取圆形截面等效矩形应力图的面积与矩形截面相同，仍为 $f_{cm} = 1.1 f'_{cc}$，f'_{cc} 表达式如式（3-7）所示。设圆形截面的半径为 r，构件的截面积为 $A_c (A_c = \pi r^2)$，弓形混凝土受压区面积为 A_{cc}，其对应的圆心角为 $2\pi\alpha$，故弓形混凝土受压区面积 A_{cc} 为

$$A_{cc} = r^2 (\pi\alpha - \sin\pi\alpha \cos\pi\alpha) = \alpha\left(1 - \frac{\sin 2\pi\alpha}{2\pi\alpha}\right) A_c \tag{3-10}$$

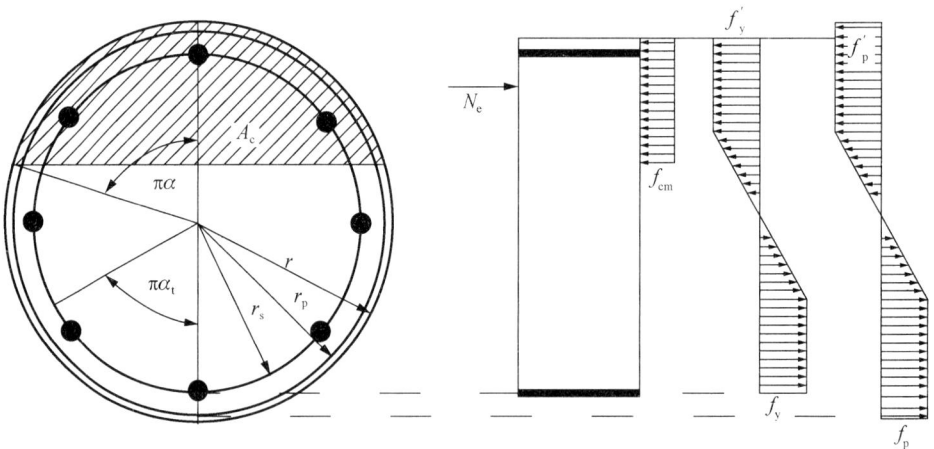

图 3-19　偏心受压构件应力分布

受压区混凝土的压力合力 C 及其对截面中心的力矩 M_c 为

$$C = f_{cm}\alpha\left(1 - \frac{\sin 2\pi\alpha}{2\pi\alpha}\right)A_c \tag{3-11}$$

$$M_c = \frac{2}{3}f_{cm}A_c r\frac{\sin^3 \pi\alpha}{\pi} \tag{3-12}$$

钢环和 PVC 管的应力一般有矩形分布的塑性区及三角形分布的弹性区。为简化计算,将受压区及受拉区钢环的梯形应力分布简化成强度分别为 f_y' 及 f_y 的等效矩形应力分布,受压区和受拉区钢环的面积分别为 αA_s 及 $\alpha_t A_s$;受拉区和受压区 PVC 管可以简化成强度分别为 f_p 及 f_p' 的等效矩形应力分布,受压区和受拉区 PVC 管的面积分别为 αA_p 及 $\alpha_t A_p$。设 $f_y' = f_y$、$f_p' = f_p$,则可写出圆形截面偏心受压构件正截面的极限承载力的计算公式为

$$N_e = f_{cm}\alpha A_c\left(1 - \frac{\sin 2\pi\alpha}{2\pi\alpha}\right) + (\alpha - \alpha_t)f_y A_s + (\alpha - \alpha_t)f_p A_p \tag{3-13}$$

$$N_e\eta e_a = \frac{2}{3}f_{cm}A_c r\frac{\sin^3 \pi\alpha}{\pi} + f_y A_s r_s\frac{\sin \pi\alpha + \sin \pi\alpha_t}{\pi} + f_p A_p r_p\frac{\sin \pi\alpha + \sin \pi\alpha_t}{\pi} \tag{3-14}$$

式中,$e_a = 0.12\left[0.3(r + r_s) - e_0\right]$,当 $e_0 \geq 0.3(r + r_s)$ 时,取 $e_a = 0$。

根据受拉区和受压区面积之间的关系,α_t 可表示为

$$\alpha_t = \begin{cases} 1.25 - 2\alpha & (\alpha \leq 0.625) \\ 0 & (\alpha > 0.625) \end{cases} \tag{3-15}$$

为了避免应用式（3-13）求解 α 时出现超越方程,当 $\alpha > 0.3$ 时可近似地取受压区混凝土的压力合力为

$$C = f_{cm}\left[1 - 2(\alpha - 1)^2\right]A_c + (\alpha - \alpha_t)f_y A_s + (\alpha - \alpha_t)f_p A_p \tag{3-16}$$

将 α_t 的表达式代入式（3-16）可得关于 α 的二次方程。

当 $\alpha \leq 0.625$ 时为

$$2f_{cm}A_c\alpha^2 - \left(4f_{cm}A_c + 3f_y A_s + 3f_p A_p\right)\alpha + f_{cm}A_c + 1.25\left(f_y A_s + f_p A_p\right) + N_e = 0 \tag{3-17}$$

当 $\alpha > 0.625$ 时为

$$2f_{cm}A_c\alpha^2 - \left(4f_{cm}A_c + f_y A_s + f_p A_p\right)\alpha + f_{cm}A_c + N_e = 0 \tag{3-18}$$

已知截面的偏心距、碳纤维的环箍间距及钢筋的配筋率,求解构件的极限承载力主要有以下步骤:①根据式（3-2）确定初始偏心距;②初步确定,承载力试验值 $N_e^{e_1}$ 的大小;③求 α 及 α_t;④将各参数代入式（3-13）求解 $N_e^{c_1}$。$N_e^{c_1}$ 表示承载力计算值,如果 $\dfrac{\left|N_e^{c_1} - N_e^{e_1}\right|}{N_e^{e_1}} > 0.1$,则取 $N_e^{e_2} = \dfrac{N_e^{c_1} + N_e^{e_1}}{2}$ 代入式（3-17）或式（3-18）中,重复步骤①~步骤④,直到满足所需要的精度为止。

根据上述的计算过程,构件的极限承载力的计算值 N_e^c 和试验值 N_e^e 的比较见

表 3-3，N_e^c / N_c^c 比值的平均值为 1.016，均方差为 0.002；构件弯矩的试验值 M_e 和计算值 M_c 比较见表 3-1，M_e / M_c 的比值的平均值为 1.015，均方差为 0.002。由此可见本节提出的极限承载力和弯矩的计算公式具有很高的计算精度。

表 3-3　偏心受压构件的极限承载力试验值和计算值的比较

试件编号	N_e^c /kN	N_c^c /kN	N_e^c / N_c^c	M_e / (kN·m)	M_c / (kN·m)	M_e / M_c
E20-Cs20-1	1833.00	1847.19	0.99	47.40	46.18	1.03
E20-Cs20-2	1725.60	1847.19	0.93	41.84	46.18	0.91
E20-Cs30-1	1626.00	1599.01	1.02	40.88	39.98	1.02
E20-Cs30-2	1644.70	1599.01	1.03	41.30	39.98	1.03
E20-Cs40-1	1499.00	1468.64	1.02	38.08	36.72	1.04
E20-Cs40-2	1536.30	1468.64	1.05	38.75	36.72	1.06
E20-Cs50-1	1421.30	1400.16	1.02	34.50	35.00	0.99
E20-Cs50-2	1485.70	1400.16	1.06	36.90	35.00	1.05
E20-Cs60-1	1314.30	1344.45	0.98	33.53	33.61	1.00
E20-Cs60-2	1438.70	1344.45	1.07	36.20	33.61	1.08
E40-Cs20-1	1372.30	1398.13	0.98	62.32	63.61	0.98
E40-Cs20-2	1330.53	1398.13	0.95	60.21	63.61	0.95
E40-Cs30-1	1258.10	1216.72	1.03	57.21	55.36	1.03
E40-Cs30-2	1273.40	1216.72	1.05	57.65	55.36	1.04
E40-Cs40-1	1191.20	1124.35	1.06	54.27	51.16	1.06
E40-Cs40-2	1102.20	1124.35	0.98	49.92	51.16	0.98
E40-Cs50-1	1117.20	1068.25	1.05	50.93	48.61	1.05
E40-Cs50-2	1093.70	1068.25	1.02	49.05	48.61	1.01
E40-Cs60-1	996.70	1031.38	0.97	44.85	46.93	0.96
E40-Cs60-2	1092.90	1031.38	1.06	49.62	46.93	1.06

3.2.2　轴压比限值分析

在结构抗震设计中，轴压比是影响结构延性的重要参数，现有的规范对钢筋混凝土柱和劲性混凝土柱均提出了轴压比限值要求。对于钢管混凝土柱，蔡绍怀[106]和钟善铜[87]都认为钢管混凝土柱无须限制轴压比。余流等[107]和吴刚[108]对 FRP 加固混凝土柱轴压比限值进行了研究，提出了 FRP 加固混凝土柱轴压比限值的计算公式。对于钢骨混凝土柱、钢筋混凝土异型柱及配置型钢的钢骨混凝土柱，国内外学者都做了相关的研究[109-112]，提出了相应的计算公式。

由于 PVC-FRP 管对混凝土柱的约束作用，其承载力和延性都得到了提高。PVC-FRP 管混凝土柱在力学性能和约束材料方面与现有结构形式有明显的不同，因此不能简单套用其他结构形式轴压比限值的分析方法。本章在 PVC-FRP 管混凝土柱应力-应变模型的基础上，从大、小偏心受压界限破坏时的平衡条件出发，通过一些简化，推导了偏心受压 PVC-FRP 管混凝土短柱轴压比限值的计算公式，其假设如下。

1）对于轴向钢筋沿周边均匀布置，且根数不小于 6 根的圆形截面受压柱，可用钢环 $A_s / 2\pi r_s$ 来代替钢筋，这里 A_s 为全部轴向钢筋的截面面积，r_s 为轴向钢筋所对应的半径。

2）截面应变符合平截面假定，不计受拉区混凝土的强度。

3）根据等强度原则将 PVC 管转化为等效的钢环。

偏心受压 PVC-FRP 管混凝土短柱破坏时的应力和应变分布如图 3-20 所示。根据平衡条件和轴压比限值的定义可得

$$n_{\mathrm{u}} = \frac{N_{\mathrm{u}}}{f_{\mathrm{c}}'A} = \frac{N_{\mathrm{s}} + N_{\mathrm{p}} + N_{\mathrm{c}}}{f_{\mathrm{c}}'A} \tag{3-19}$$

式中，n_{u} 为轴压比限值；N_{u} 为构件破坏时的极限承载力；N_{s} 为钢筋的极限承载力；N_{p} 为 PVC 管的极限承载力；N_{c} 为混凝土的极限承载力；A 为圆形截面面积；$A = \pi r^2$；f_{c}' 为混凝土柱轴心受压强度。

采用等强度换算原则，将 PCV 管等效为钢环，$k_{\mathrm{e}} = \dfrac{f_{\mathrm{p}} A_{\mathrm{p}}}{f_{\mathrm{y}} A_{\mathrm{s}}}$。钢环和等效的 PVC 管的极限承载力之和为

$$N_{\mathrm{s}} + N_{\mathrm{p}} = \int_0^{2\pi} (1 + k_{\mathrm{e}}) \frac{A_{\mathrm{s}}}{2\pi r_{\mathrm{s}}} \sigma_{\mathrm{s}} r_{\mathrm{s}} \mathrm{d}\alpha = k_1'(1 + k_{\mathrm{e}}) f_{\mathrm{y}} A_{\mathrm{s}} \tag{3-20}$$

$$k_1' = \frac{1}{2\pi} \int_0^{2\pi} \frac{\sigma_{\mathrm{s}}}{f_{\mathrm{y}}} \mathrm{d}\alpha \tag{3-21}$$

式中，σ_{s} 为钢环的应力；$\dfrac{\sigma_{\mathrm{s}}}{f_{\mathrm{y}}}$ 的表达式为

$$\frac{\sigma_{\mathrm{s}}}{f_{\mathrm{y}}} = \begin{cases} 1 & (-\alpha_1 \leqslant \alpha \leqslant \alpha_1) \\ \dfrac{r_{\mathrm{s}}}{b}(1 + \cos\alpha) - 1 & (\alpha_1 < \alpha < 2\pi - \alpha_1) \end{cases} \tag{3-22}$$

式中，α_1 为与 $\varepsilon_{\mathrm{s}} = \varepsilon_{\mathrm{y}}$ 相对应的圆心角，$\alpha_1 = \arccos\left(\dfrac{2b}{r_{\mathrm{s}}} - 1\right)$；$b$ 为应变由零至应变为 ε_{y} 的水平距离

$$b = \frac{h_0}{1 + \dfrac{\varepsilon_{\mathrm{cc}}'}{\varepsilon_{\mathrm{y}}}} \approx \frac{r + r_{\mathrm{s}}}{1 + \dfrac{\varepsilon_{\mathrm{cc}}'}{\varepsilon_{\mathrm{y}}}}$$

把式（3-22）代入式（3-21）得

$$k_1' = \frac{1}{2\pi} \left\{ \int_0^{\alpha_1} \mathrm{d}\alpha + \int_{\alpha_1}^{2\pi} \left[\frac{r_{\mathrm{s}}}{b}(1 + \cos\alpha) - 1 \right] \mathrm{d}\alpha \right\} \tag{3-23}$$

计算 N_{c} 时，忽略受拉区混凝土拉应力，则

$$N_{\mathrm{c}} = 2\int_0^{\alpha_3} \sigma_{\mathrm{c}} r^2 \sin^2\alpha \, \mathrm{d}\alpha = k_2 f_{\mathrm{co}} A \tag{3-24}$$

式中，α_3 为与应变 $\varepsilon_c = 0$ 相对应的圆心角，$\alpha_3 = \arccos \dfrac{b - r_s}{r}$；通过对应力-应变模型进行简化，$\sigma_c$ 可表示为

$$\sigma_c = \begin{cases} \dfrac{f_0}{\varepsilon_t} \varepsilon_c & (\varepsilon_c \leqslant \varepsilon_t) \\[3mm] f_0 + E_2 \varepsilon_c & (\varepsilon_t < \varepsilon_c \leqslant \varepsilon_{cc}') \end{cases} \tag{3-25}$$

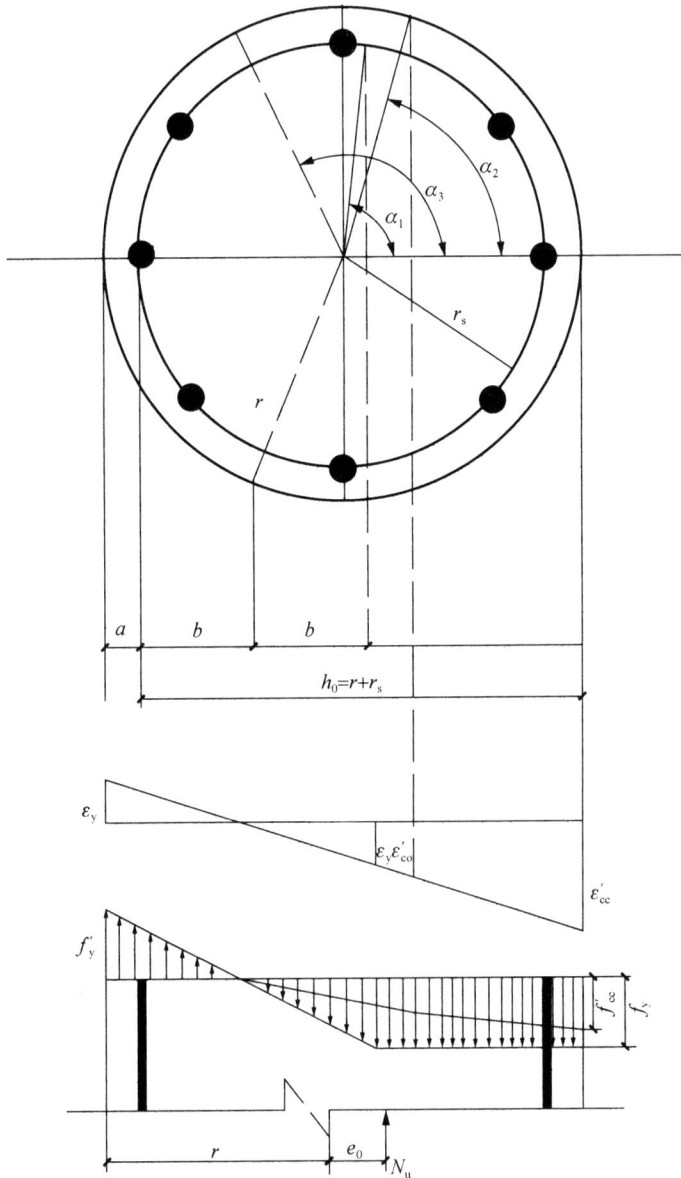

图 3-20　偏心受压 PVC-FRP 管混凝土柱的应力和应变分布

将式（3-28）代入式（3-27）可得 k_2' 的表达式为

$$k_2' = \frac{2f_0}{f_{co}\pi}\int_0^{\alpha_2}\sin^2\alpha\mathrm{d}\alpha + \frac{2E_2}{f_{co}\pi}\int_0^{\alpha_2}\varepsilon_c\sin^2\alpha\mathrm{d}\alpha + \frac{2f_0}{f_{co}\pi\varepsilon_t}\int_{\alpha_2}^{\alpha_3}\varepsilon_c\sin^2\alpha\mathrm{d}\alpha \qquad (3\text{-}26)$$

式中，ε_c 为混凝土应变，$\varepsilon_c = \dfrac{\varepsilon_y(r\cos\alpha + r_s - b)}{b}$；$\alpha_2$ 为应变 ε_{co}' 和 ε_{cc}' 之间对应的

圆心角，$\alpha_2 = \arccos\dfrac{\dfrac{\varepsilon_t b}{\varepsilon_y} + a - r_s}{r}$。

将式（3-26）、式（3-29）代入式（3-19），得到偏心受压 PVC-FRP 管混凝土短柱的截面轴压比限值为

$$n_u = \frac{N_u}{f_c' A} = \frac{N_s + N_p + N_c}{f_c' A} = \frac{k_1'(1 + k_e)f_y A_s}{f_c' A} + \frac{k_2' f_{co} A}{f_c' A} \qquad (3\text{-}27)$$

根据 $f_c' = 0.85f_{co}$

$$n_u = \left(\alpha_s k_1'(1 + k_e) + k_2'\right)/0.85 \qquad (3\text{-}28)$$

式中

$$\alpha_s = \rho_s\frac{f_y}{f_{co}}$$

取 $r_s = 0.8r$，$\rho_s = 1.8\%$，混凝土的强度等级为 C30，表 3-4 列出了偏心受压 PVC-FRP 管混凝土短柱轴压比限值。从表中可以看出，偏心受压的 PVC-FRP 管混凝土短柱的轴压比限值比普通钢筋混凝土柱提高了很多。

表 3-4　偏心受压 PVC-FRP 管混凝土短柱的轴压比限值

环箍间距/mm	f_0/MPa	b/mm	α_1	α_2	α_3	k_1'	k_2'	n_u
20	25.04	16.44	2.26	2.16	2.40	0.63	1.42	2.16
30	25.75	17.82	2.22	2.12	2.38	0.61	1.22	1.92
40	26.3	19.15	2.18	2.09	2.36	0.60	1.12	1.78
50	26.7	20.57	2.14	2.06	2.34	0.58	1.04	1.68
60	27.02	21.43	2.12	2.04	2.33	0.57	1.00	1.62

3.2.3　偏心受压构件弯矩-曲率模型

通过对偏心受压 PVC-FRP 管混凝土短柱试验数据的分析可知，偏心受压构件的弯矩-曲率曲线可以分为两阶段：第一阶段为弹性段，该阶段偏心受压构件的弯矩-曲率曲线基本呈线性关系，在弯矩达到与偏心受压构件同截面尺寸的钢筋混凝土柱的极限弯矩时，构件的弯矩-曲率曲线出现转折点；第二阶段为构件弯矩-曲率曲线的强化段，在该阶段，随着弯矩的增加，曲率呈线性增长，直到构件发生破坏。因此，本章采用两折线模型对偏心受压构件的弯矩-曲率曲线进行模拟，

此模型有三个重要参数需要确定：弹性阶段的刚度 K_e，屈服弯矩 M_y 和强化段的刚度 K_p。

弹性阶段的刚度 K_e 为

$$K_e = E_c I_c + E_s I_s + E_p I_p \tag{3-29}$$

式中，E_c、E_s、E_p 分别为核心混凝土、钢筋和 PVC 管的弹性模量；I_c、I_s、I_p 分别为核心混凝土、钢筋和 PVC 管的惯性矩。

定义屈服弯矩 M_y 为偏心压构件弯矩-曲率曲线中弹性阶段与强化段交点处的弯矩值，M_y 的大小等于同截面尺寸的钢筋混凝土柱极限弯矩，根据式（3-14）计算。

强化阶段刚度 K_p 可表示为弹性阶段刚度 K_e 与系数 α_p 的乘积，即

$$K_p = \alpha_p K_e \tag{3-30}$$

试验结果表明，系数 α_p 主要与轴压比 n 和等效约束效应系数 ξ_{ef} 有关，如图 3-21 所示。从图中可以看出，系数 α_p 随着轴压比 n 与等效约束效应系数 ξ_{ef} 乘积的增大而增大，通过对试验数据的回归分析，可得到 α_p 的表达式为

$$\alpha_p = -0.117\left(n\xi_{ef}\right)^2 + 0.437\left(n\xi_{ef}\right) + 0.04 \tag{3-31}$$

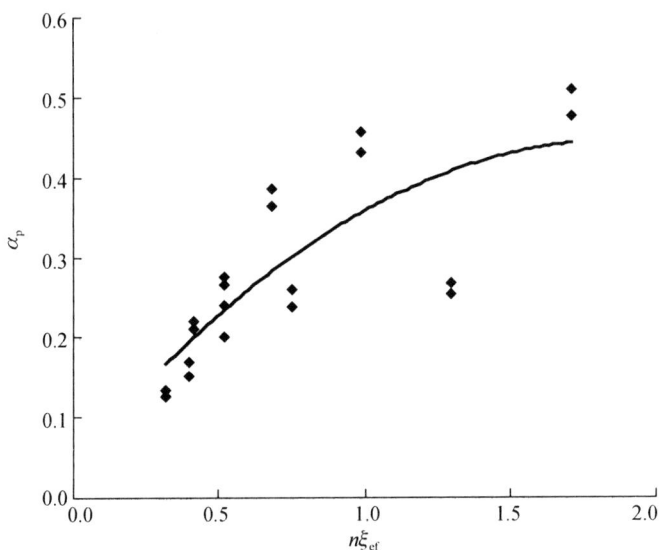

图 3-21　α_p 与 $n\xi_{ef}$ 关系

图 3-22 和图 3-23 分别为小偏心受压和大偏心受压构件弯矩-曲率曲线的试验值与计算值的比较，从图中可以看出，本章提出的偏心受压的 PVC-FRP 管混凝土短柱的弯矩-曲率模型与试验结果吻合较好。

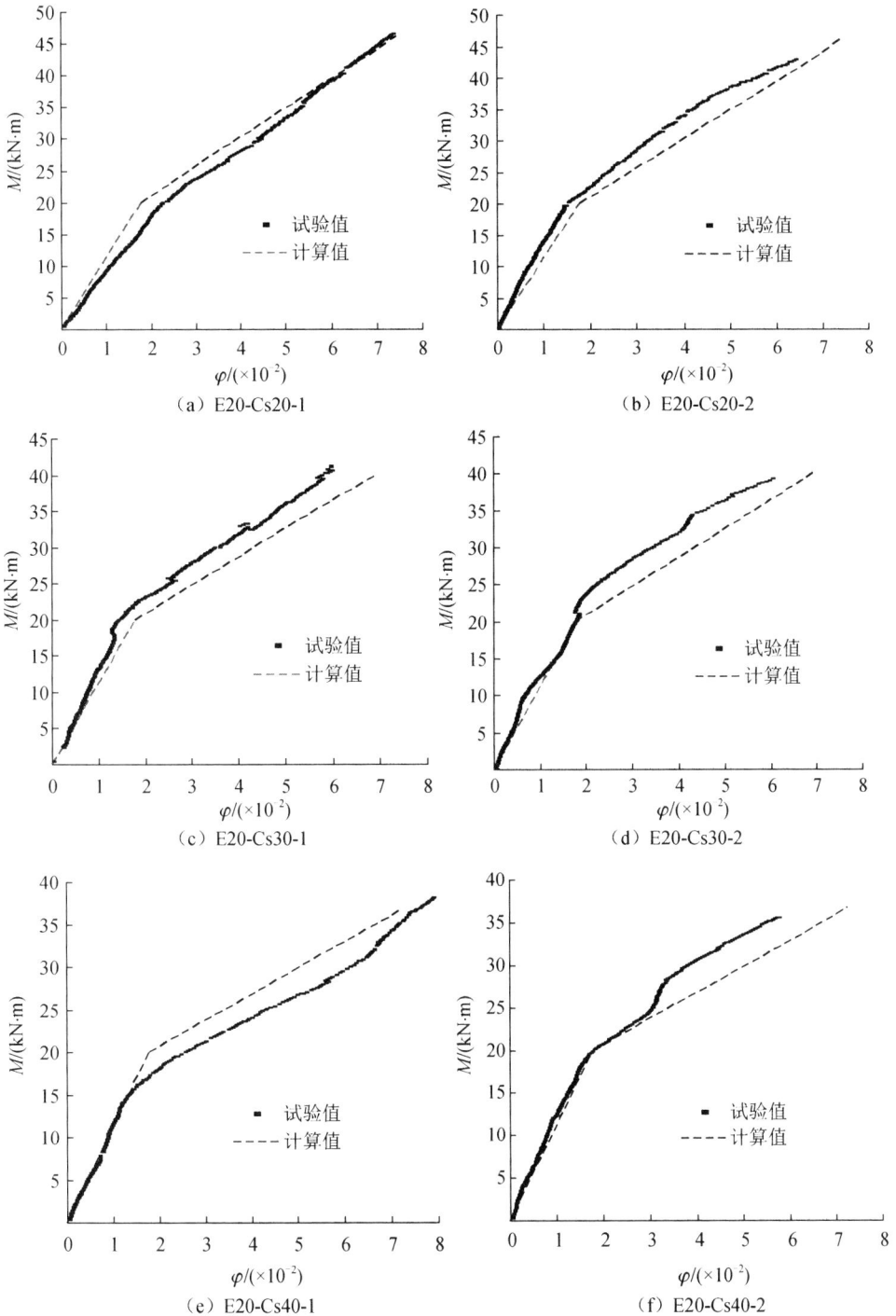

（a）E20-Cs20-1

（b）E20-Cs20-2

（c）E20-Cs30-1

（d）E20-Cs30-2

（e）E20-Cs40-1

（f）E20-Cs40-2

图 3-22 小偏心受压构件弯矩-曲率曲线试验值和计算值比较

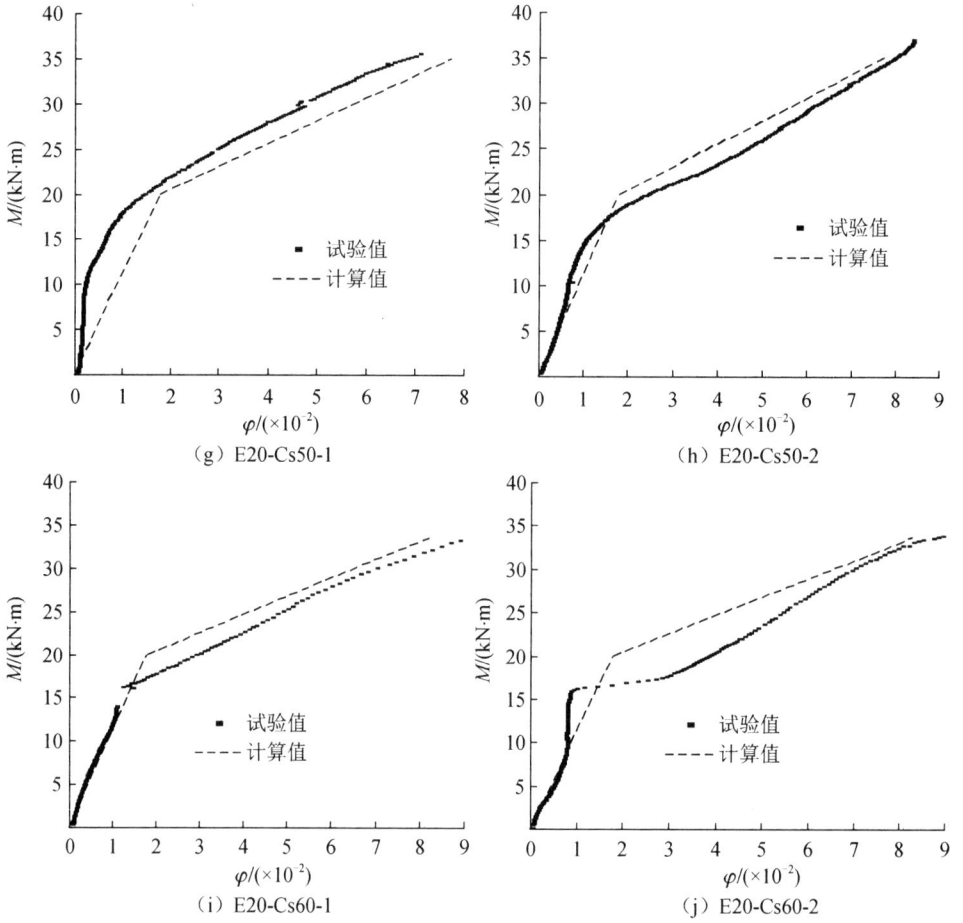

（g）E20-Cs50-1　　　　　　　　　（h）E20-Cs50-2

（i）E20-Cs60-1　　　　　　　　　（j）E20-Cs60-2

图 3-22（续）

（a）E40-Cs20-1　　　　　　　　　（b）E40-Cs20-2

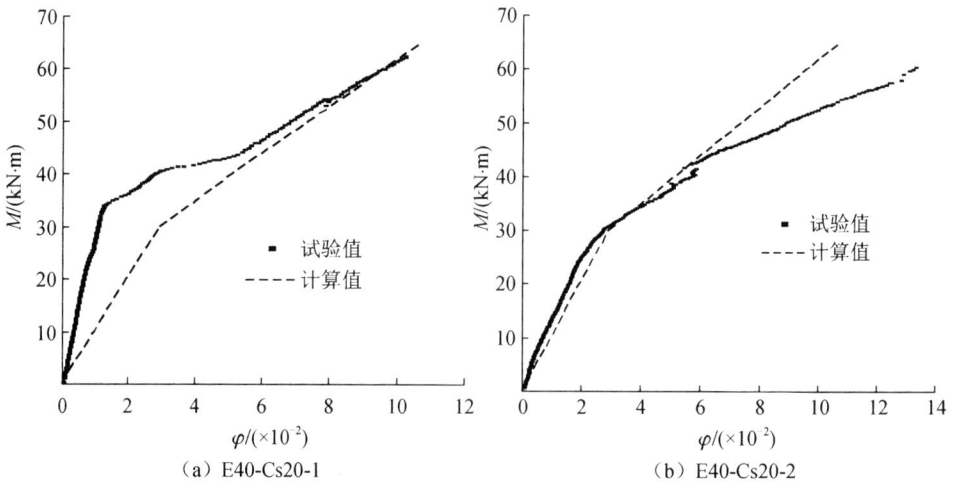

图 3-23　大偏心受压构件弯矩-曲率曲线试验值和计算值比较

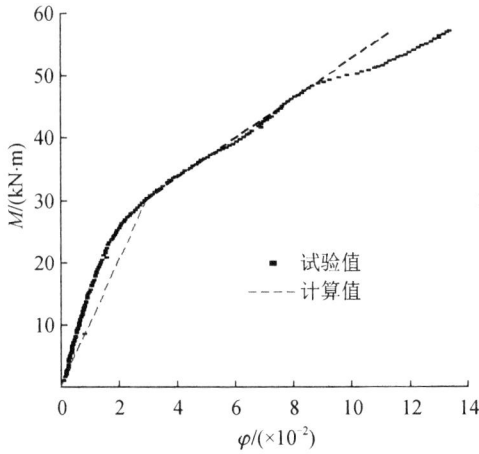

（c）E40-Cs30-1

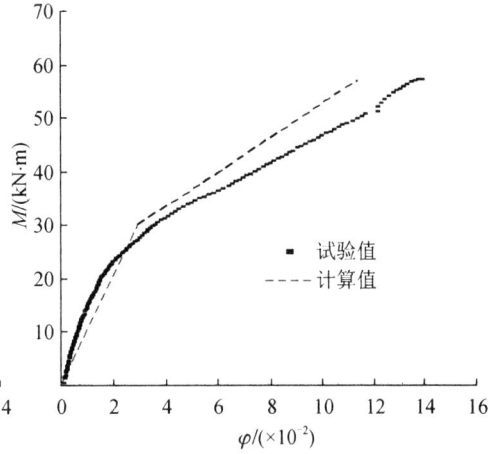

（d）E40-Cs30-2

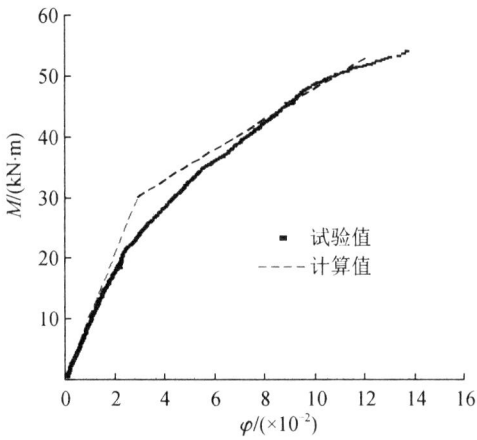

（e）E40-Cs40-1

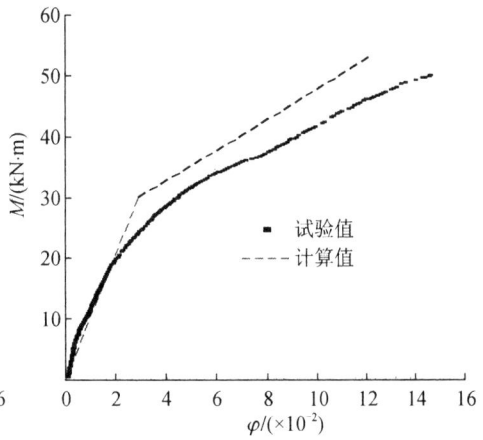

（f）E40-Cs40-2

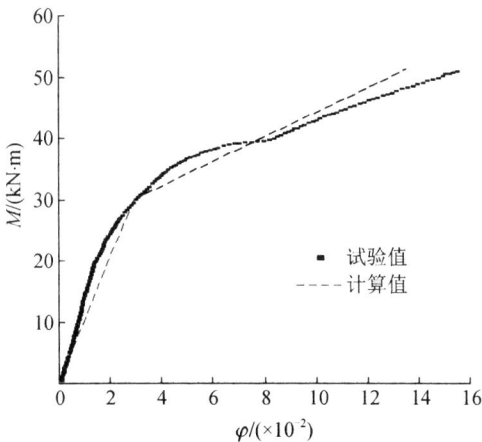

（g）E40-Cs50-1

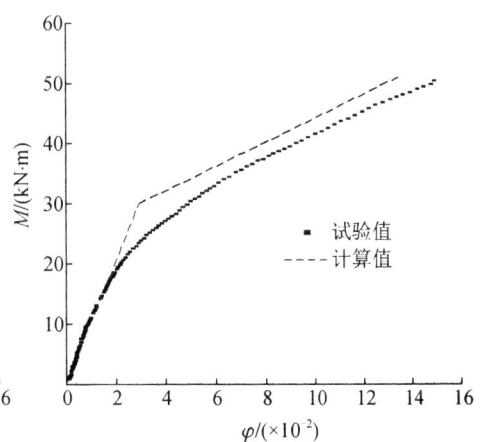

（h）E40-Cs50-2

图 3-23（续）

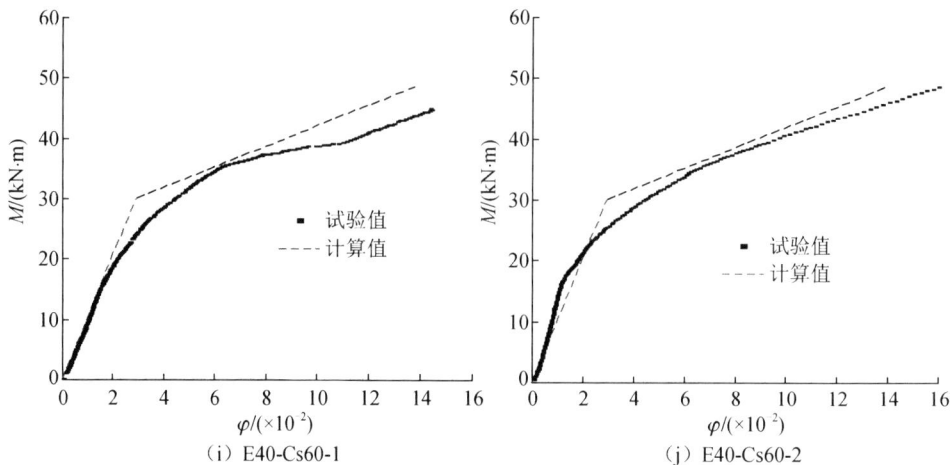

（i）E40-Cs60-1　　　　　　　　　（j）E40-Cs60-2

图 3-23（续）

3.2.4　偏心受压构件荷载-挠度模型

通过对偏心受压 PVC-FRP 管混凝土短柱试验数据的分析可知，偏心受压构件的荷载-挠度曲线可以分为两个阶段：第一阶段为弹性段，该阶段偏心受压构件的荷载与挠度基本呈线性关系，在偏心受压构件承载力达到与同截面尺寸的钢筋混凝土柱的极限承载力时，构件的荷载-挠度曲线出现转折点；第二阶段为构件荷载-挠度曲线的强化段，在该阶段随着荷载的增加，挠度基本上呈线性增长，直到构件发生破坏。本章采用两折线模型对构件的荷载-挠度曲线进行模拟，此模型有三个重要参数需要确定：弹性阶段的刚度 K_b、屈服承载力 N_y 和强化段的刚度 K_s。

弹性阶段的刚度 K_b 为

$$K_b = \frac{N_y}{e_f} \tag{3-32}$$

式中，N_y 为与偏心受压 PVC-FRP 管混凝土短柱同截面尺寸的钢筋混凝土柱的屈服承载力；e_f 为偏心受压荷载作用下构件产生的附加挠度，即

$$e_f = e_a \frac{(r + r_s)}{700e_i} \left(\frac{l_0}{2r} \right)^2 \xi_1 \xi_2 \tag{3-33}$$

式中各参数的意义如式（3-9）所示。

定义屈服承载力 N_y 为偏心受压 PVC-FRP 管混凝土短柱的荷载-挠度曲线中弹性阶段与强化段交点处的荷载，根据式（3-13）可以计算出 N_y 的值。

强化阶段刚度 K_s 可表示为弹性阶段刚度 K_b 与系数 α_s 的乘积，即

$$K_s = \alpha_s K_b \tag{3-34}$$

试验结果表明，系数 α_s 主要与轴压比 n 和等效约束效应系数 ξ_{ef} 有关，通过对试验数据的回归分析（图 3-24），可得到 α_s 的表达式为

$$\alpha_s = -0.025\left(n\xi_{ef}\right)^2 + 0.202\left(n\xi_{ef}\right) + 0.092 \tag{3-35}$$

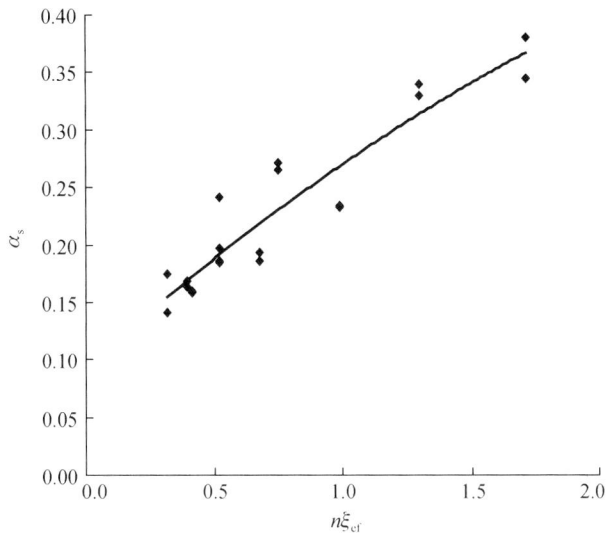

图 3-24 α_s 与 $n\xi_{ef}$ 关系

图 3-25 和图 3-26 分别为小偏心受压和大偏心受压构件荷载-挠度曲线的试验值与计算值的比较。从图中可以看出，本节提出的偏心受压 PVC-FRP 管混凝土短柱的荷载-挠度模型与试验得出的曲线基本拟合。

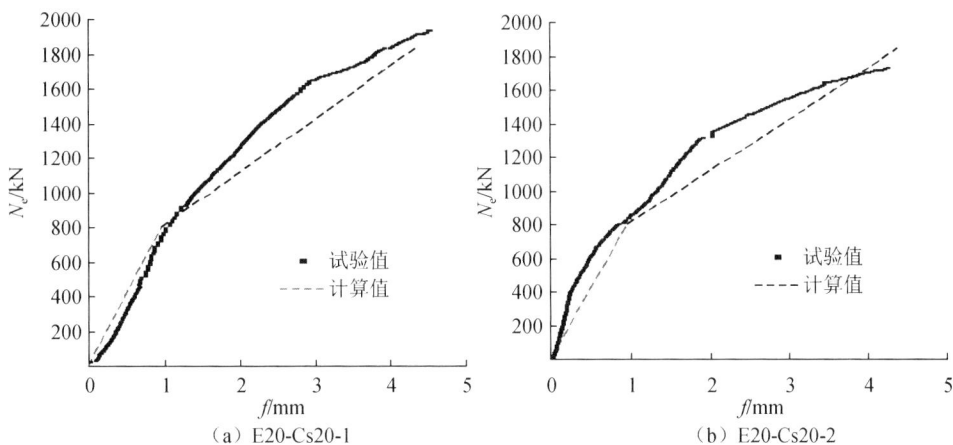

（a）E20-Cs20-1

（b）E20-Cs20-2

图 3-25 小偏心受压构件荷载-挠度曲线试验值与计算值比较

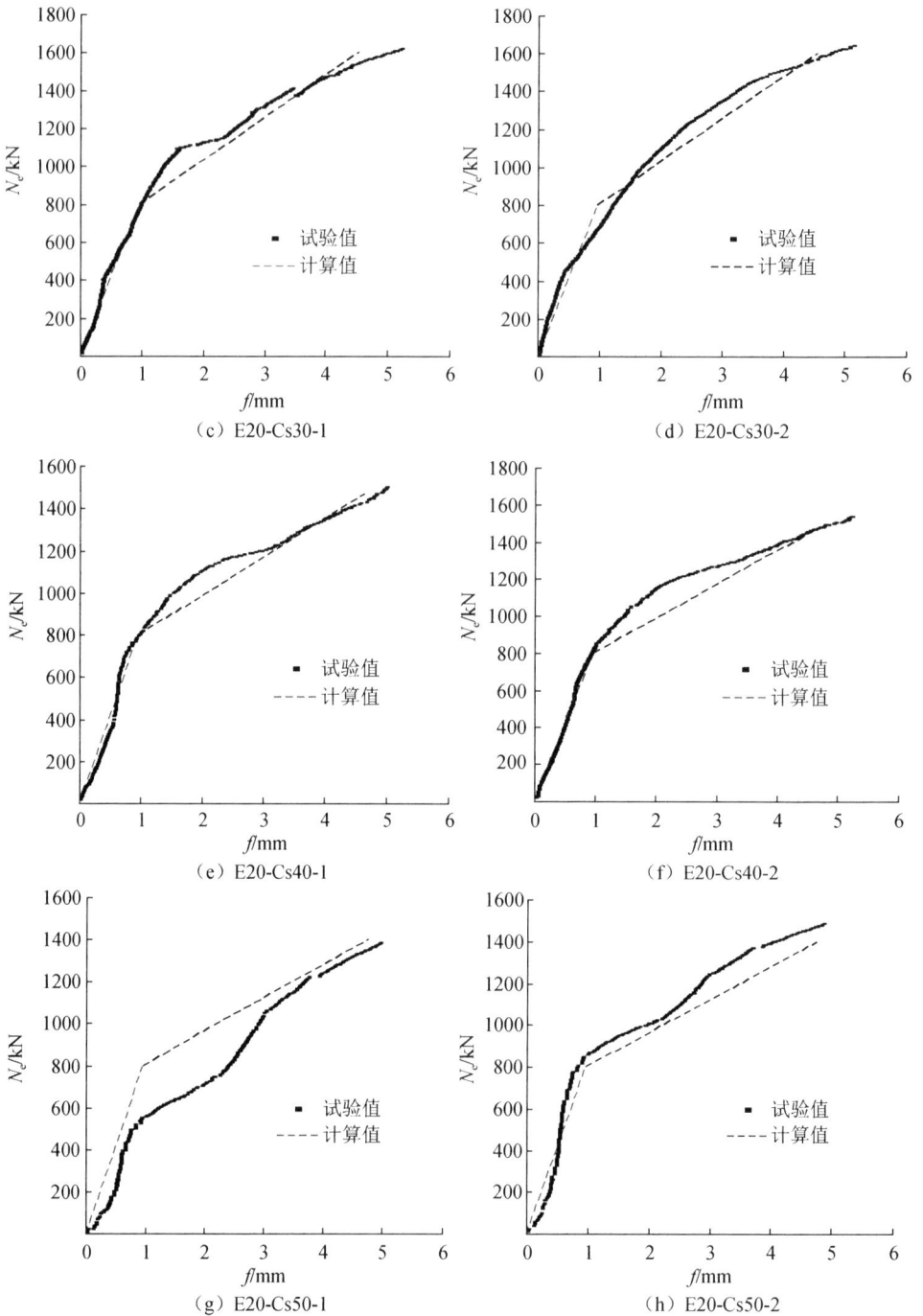

（c）E20-Cs30-1

（d）E20-Cs30-2

（e）E20-Cs40-1

（f）E20-Cs40-2

（g）E20-Cs50-1

（h）E20-Cs50-2

图 3-25（续）

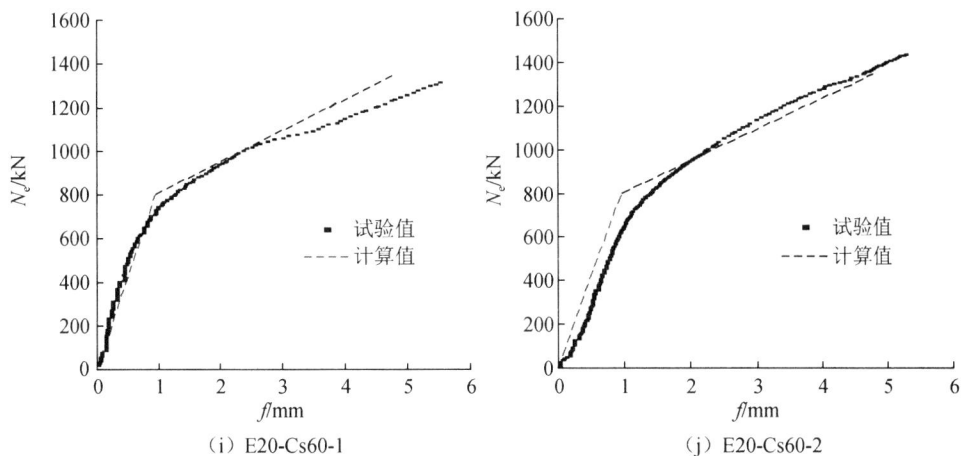

（i）E20-Cs60-1

（j）E20-Cs60-2

图 3-25（续）

（a）E40-Cs20-1

（b）E40-Cs20-2

（c）E40-Cs30-1

（d）E40-Cs30-2

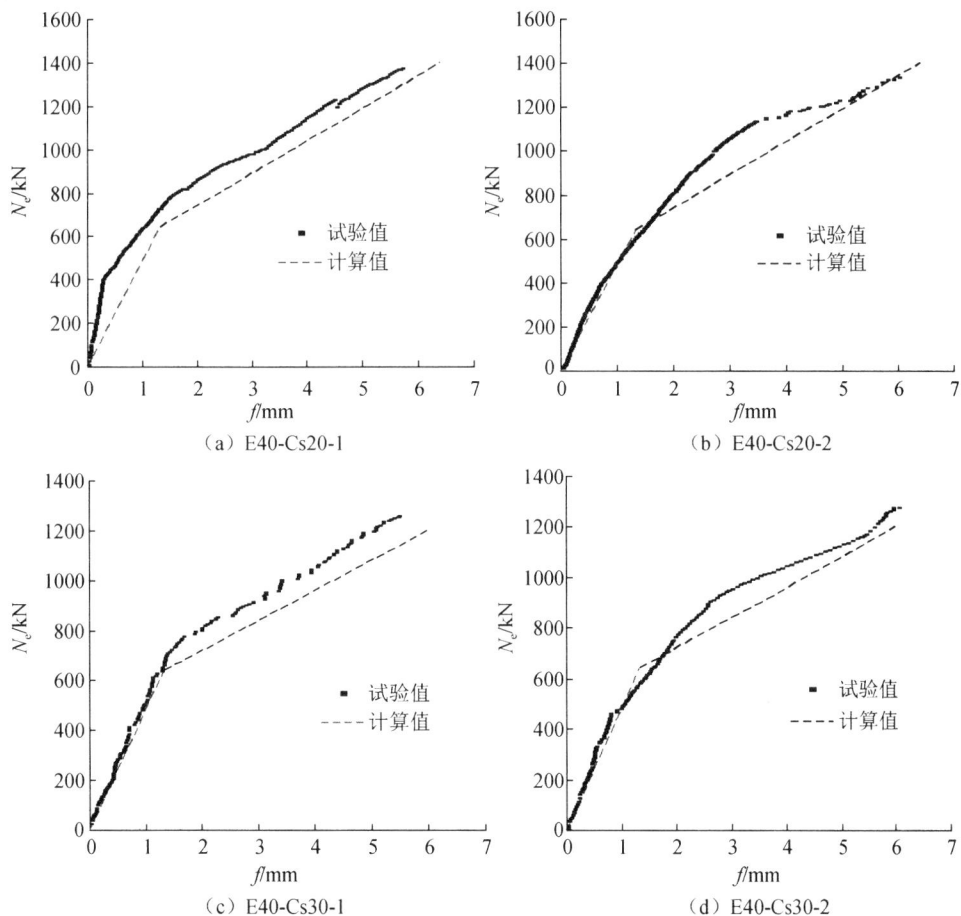

图 3-26　大偏心受压构件荷载-挠度曲线试验值和计算值比较

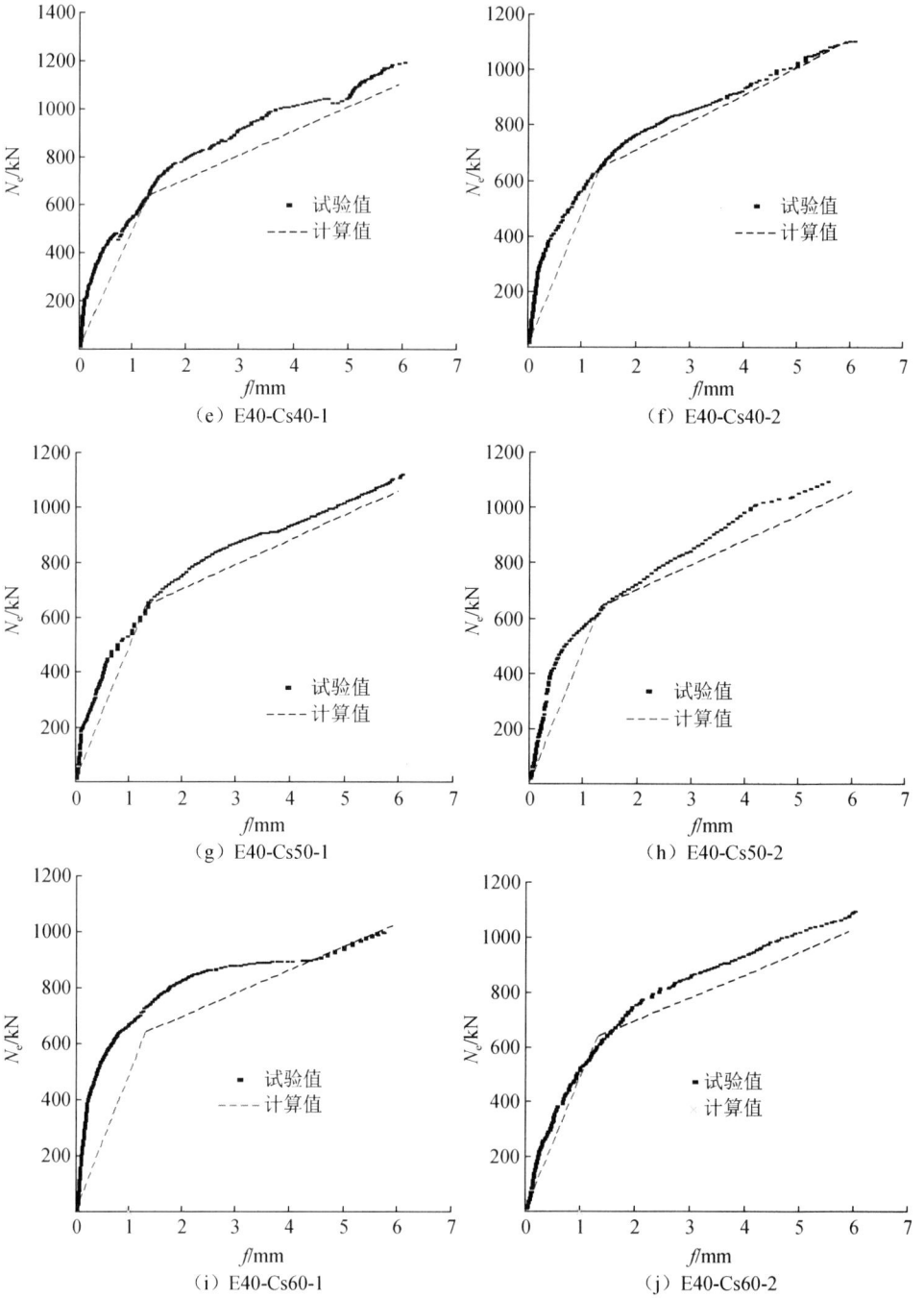

（e）E40-Cs40-1

（f）E40-Cs40-2

（g）E40-Cs50-1

（h）E40-Cs50-2

（i）E40-Cs60-1

（j）E40-Cs60-2

图 3-26（续）

3.2.5　偏心受压构件荷载-弯矩曲线

对于偏心受压 PVC-FRP 管混凝土短柱，其荷载-弯矩曲线的形状主要与以下参数有关：①碳纤维环箍间距；②轴向钢筋的配筋率；③混凝土强度等级；④缠绕碳纤维布的层数。

为分析各参数对偏心受压 PVC-FRP 管混凝土短柱 N_e-M 关系影响，采用的计算参数除特殊说明外均为：混凝土强度等级为 C40，试件直径为 200mm，试件高度为 500mm，环箍间距为 40mm，碳纤维条带宽度为 20mm，碳纤维的极限抗拉强度为 3600MPa，钢筋的配筋率为 1.8%，钢筋的屈服强度为 340MPa。

从图 3-27 可以看出，偏心受压构件的极限承载力和弯矩随着混凝土强度、轴向配筋率、碳纤维布层数的增大而增大，随着环箍间距的增大而减小。

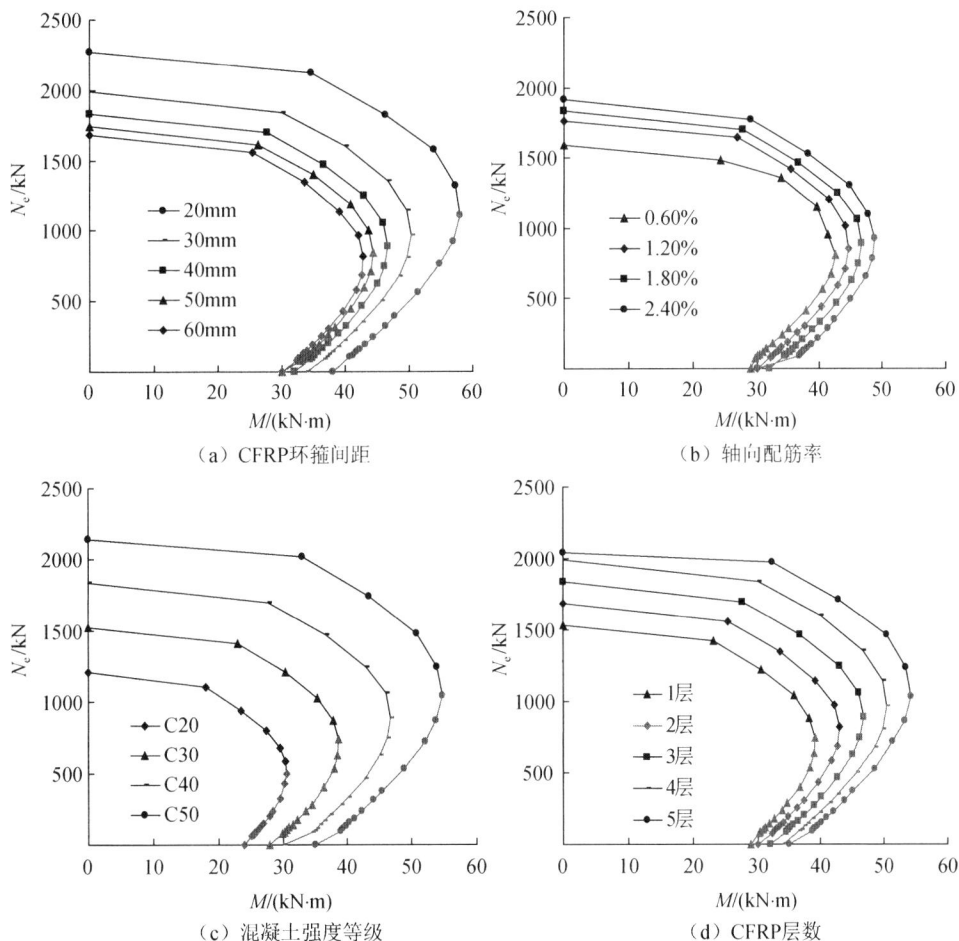

（a）CFRP环箍间距　　　　　（b）轴向配筋率

（c）混凝土强度等级　　　　　（d）CFRP层数

图 3-27　偏心受压构件 N_e-M 曲线影响参数分析

在素混凝土短柱中，荷载-弯矩曲线上任意点至坐标原点的连线与纵轴夹角的正切值为初始偏心距 e_i，而在偏心受压 PVC-FRP 管混凝土短柱中，其正切为 ηe_i。从图 3-27 可以看出，随着偏心距的增大，偏心受压构件的承载力逐渐减小，弯矩开始随着偏心距的增大而增大，在偏心距增大到一定程度后，弯矩随着偏心距的增大而减小。

N_e-M 曲线弯矩的峰值点不再是区分构件大、小偏心受压的界限点，从本节的试验数据可以看出，在偏心距为 40mm，即为 $0.2d$ 时，受拉侧的钢筋已经发生屈服。

3.3　偏心受压 PVC-FRP 管钢筋混凝土柱有限元分析

3.3.1　有限元分析模型

1. 单元选取

FRP 复合材料采用 S4R 单元（四节点减缩积分格式的壳单元）。S4R 单元允许沿厚度方向的剪切变形，随着壳厚度的变化，求解方法会自动服从厚壳理论或薄壳理论，适合大应变的分析。

PVC 管采用 C3D8H 单元（八节点线性六面体单元，杂交，常压力）。

钢筋采用 T3DZ 单元（两节点线性积分格式的三维析架单元），该单元在模拟结果中能体现钢筋应力及变形情况。

本模型核心混凝土采用 C3D8R（八节点六面体线性减缩积分）三维实体单元，该单元可用于模拟较大的网格屈曲，网格屈曲时分析精度不会受到大的影响，可以进行大应变分析。线性减缩积分单元能缓解由于完全积分单元导致的计算精度不准等问题。

2. 材料本构关系

（1）混凝土本构关系

本节核心混凝土采用塑性损伤模型，混凝土单轴受压行为采用刘威等[93]提出的本构模型，其应力-应变关系表达式见第 2.3.1 节。混凝土材料的部分输入参数见表 3-5。

表 3-5　混凝土材料输入参数

密度/ (kg·m⁻³)	弹性模量/GPa	泊松比	膨胀角/(°)	偏心率	f_{b0}/f_{c0}	K	黏性系数
2400	25.6	0.2	25	0.1	1.16	0.7	0.005

注：f_{b0}/f_{c0} 为初始等效双轴抗压屈服应力与初始单轴抗压应力的比；K 为受拉与受压常应力的比。

混凝土单轴受拉应力-应变曲线采用《混凝土结构设计规范（2015 年版）》

（GB 50010—2010）建议的表达式。

（2）钢筋本构关系

钢筋应力-应变关系表达式为

$$\begin{cases} \sigma_s = E_s \varepsilon & (\varepsilon \leqslant \varepsilon_y) \\ \sigma_s = f_y & (\varepsilon \leqslant \varepsilon_y) \end{cases} \tag{3-36}$$

（3）FRP 本构关系

采用式（2-36）计算。

（4）PVC 本构关系

采用式（2-37）计算。

3. 非线性有限元模型

有限元计算采用全模型建模，网格划分如图 3-28 所示。对于本模型的 PVC-FRP 管钢筋混凝土柱而言，较合适的单元尺寸是 2cm 左右。为模拟 PVC-FRP 管混凝土短柱的边界条件，对 PVC-FRP 管混凝土短柱底面施加所有方向的位移约束，对顶面施加平面外约束，保证 PVC-FRP 管混凝土柱顶只能产生竖向位移，没有平面外转动。为保证核心混凝土、PVC 管和 FRP 条带三者之间完全黏结，共用节点，FRP 条带与 PVC 管、PVC 管与核心混凝土之间均采用 TIE 约束。加载程序由有限元软件中 Load Case 控制，按照试验加载制度在柱顶施加相应的均布荷载。PVC-FRP 管混凝土短柱求解采用增量迭代法求解，采用自动增量步长法，能够自动地求解非线性问题。

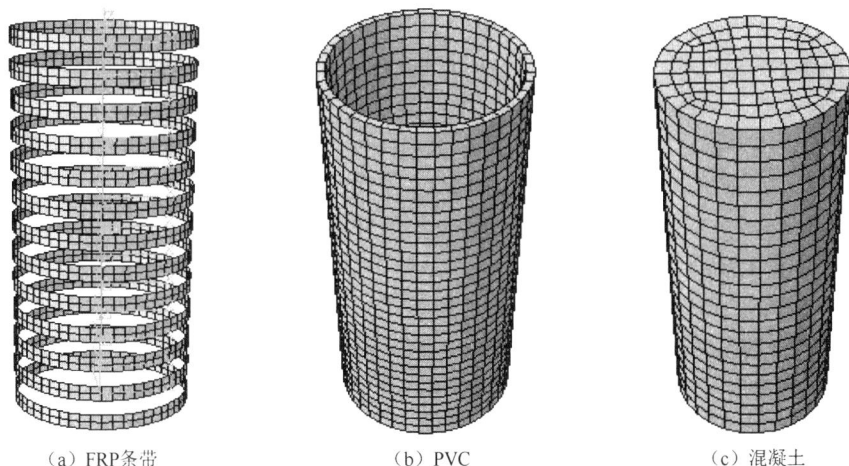

（a）FRP条带　　　　　　（b）PVC　　　　　　（c）混凝土

图 3-28　网格划分

3.3.2　偏心受压构件模拟结果验证

根据 3.3.1 节建立的有限元模型，对偏心受压 PVC-FRP 管钢筋混凝土柱的应力-应变曲线、弯矩-曲率曲线和荷载-挠度曲线进行模拟，计算值与试验值比较如图 3-29～图 3-31 所示。从图中可以看出，偏心受压构件应力-应变曲线、弯矩-曲率曲线和荷载-挠度曲线试验值与计算值吻合较好。

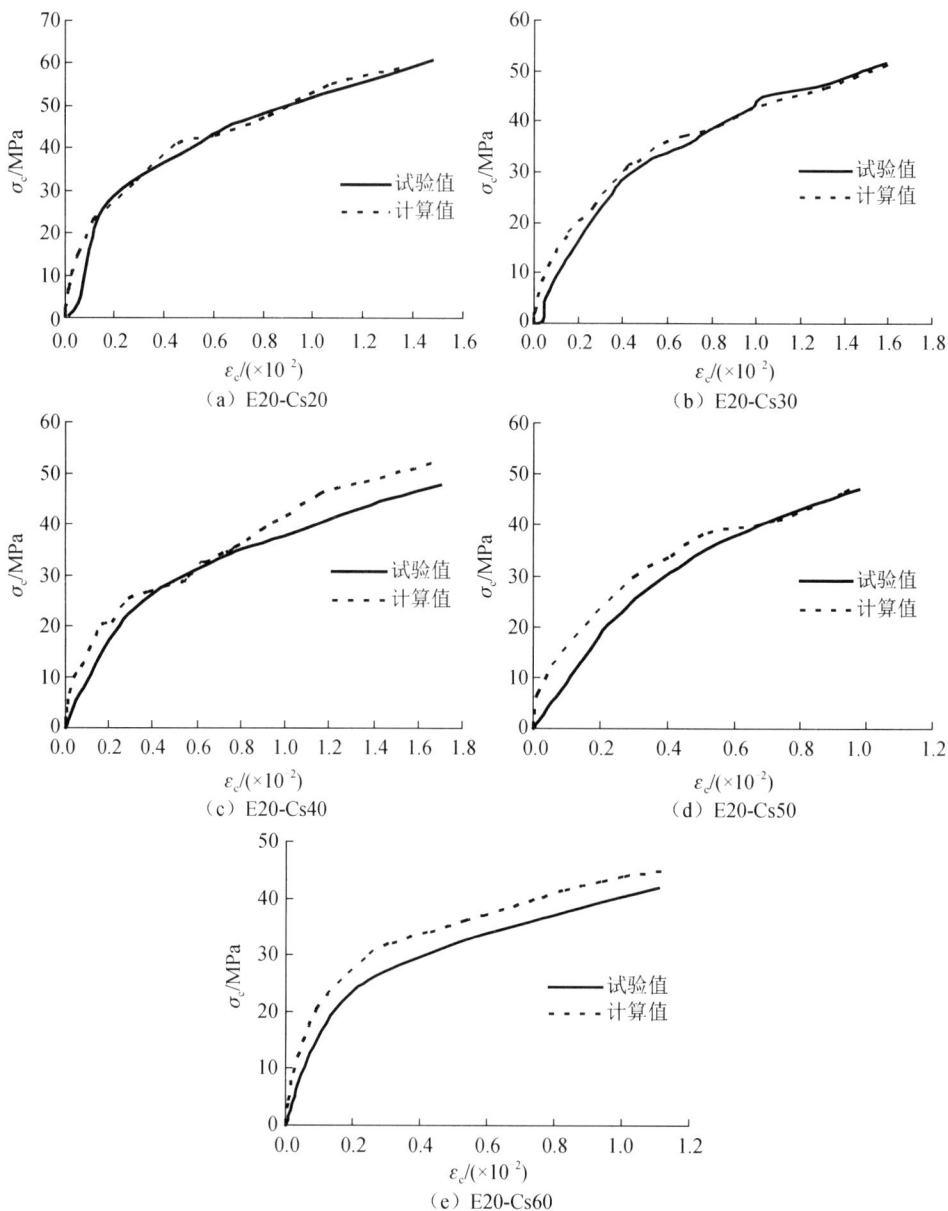

（a）E20-Cs20

（b）E20-Cs30

（c）E20-Cs40

（d）E20-Cs50

（e）E20-Cs60

图 3-29　偏心受压构件应力-应变曲线模拟值和计算值比较

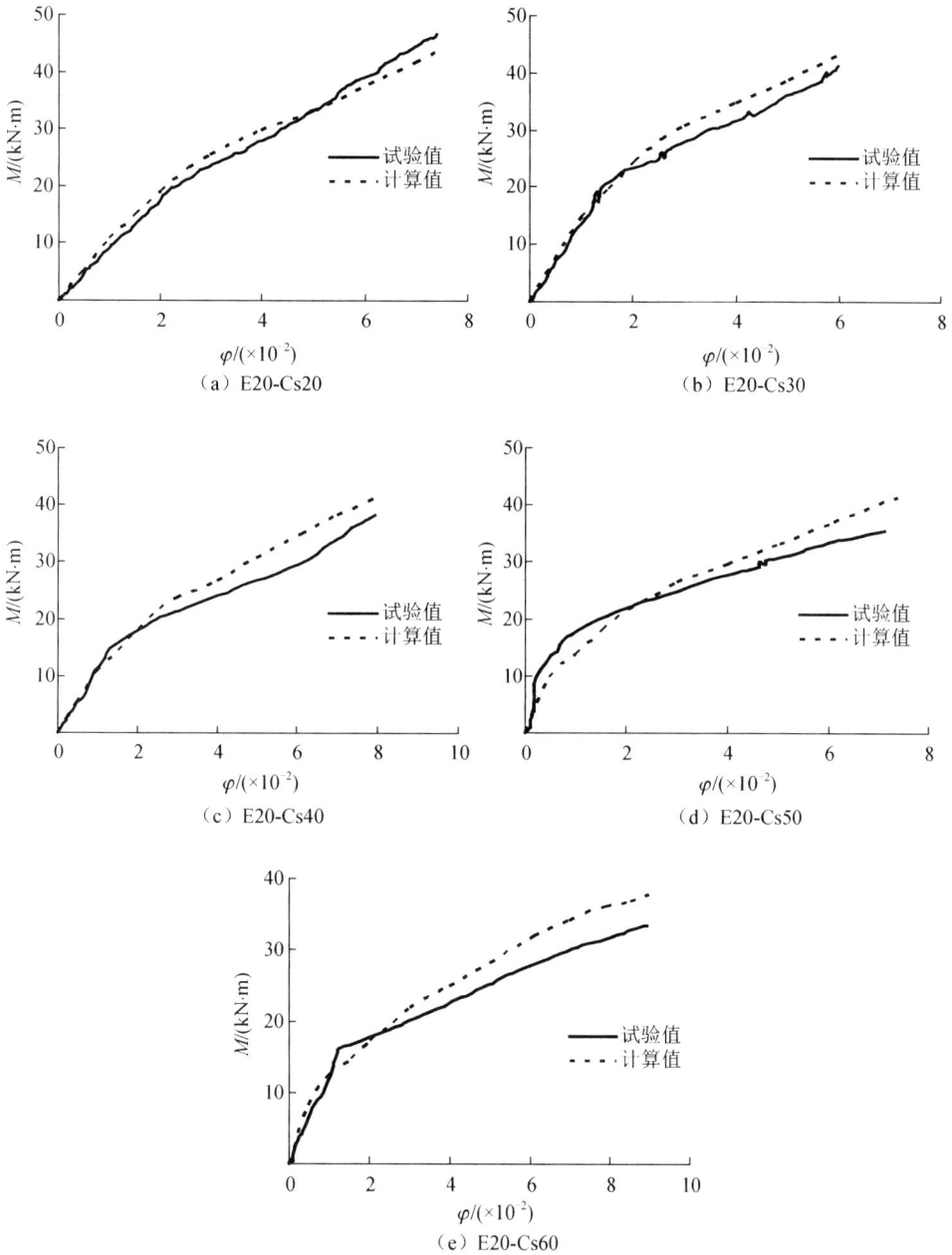

（a）E20-Cs20　　　　　　　　　　（b）E20-Cs30

（c）E20-Cs40　　　　　　　　　　（d）E20-Cs50

（e）E20-Cs60

图 3-30　偏心受压构件弯矩-曲率曲线试验值和模拟值比较

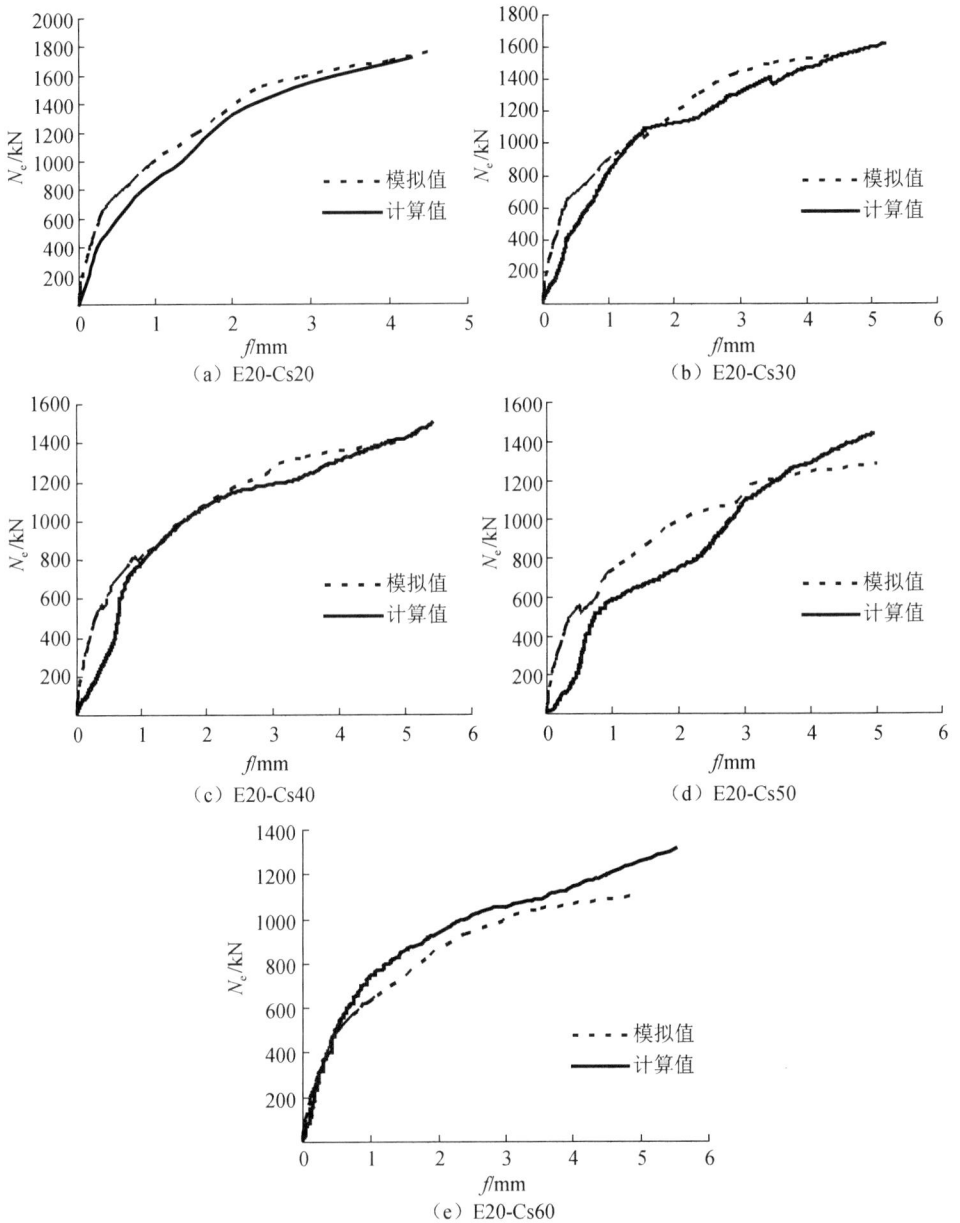

（a）E20-Cs20

（b）E20-Cs30

（c）E20-Cs40

（d）E20-Cs50

（e）E20-Cs60

图 3-31　偏心受压构件荷载-挠度曲线试验值和模拟值比较

3.3.3　工作机理分析

本节以 FRP 条带的环箍间距为 20mm 的 PVC-FRP 管钢筋混凝土柱作为研究对象。为分析偏心受压 PVC-FRP 管钢筋混凝土柱在加载过程中的工作机理，选取试件典型荷载-挠度曲线上的 A、B、C 三个点进行分析，A 点取弹性阶段最大值时的位置点，此时荷载为极限承载力的 60%左右，B 点为极限承载力的 80%左右，C 点为极限承载力点，通过三个特征点处 FRP 条带、PVC 管、混凝土纵向应力分布，分析 PVC-FRP 管钢筋混凝土柱的整个受力过程。

1. FRP 条带

FRP 条带纵向应力沿试件高度方向分布如图 3-32 所示。从图中可以看出，在 A 点时，大部分 FRP 条带开始对混凝土产生约束作用；偏心受压试件荷载达到极限承载力的 80%时，FRP 条带应力呈线性增长，靠近竖向力一侧，随着荷载继续增大，环向 FRP 拉应力迅速增加；偏心受压试件达到极限承载力时，竖向力一侧中部以上的几根条带应力相继达到 FRP 极限抗拉强度，FRP 条带断裂。

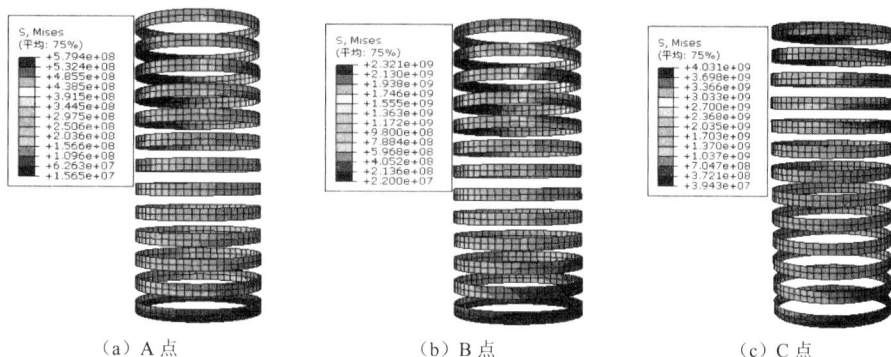

（a）A 点　　　　　　　　（b）B 点　　　　　　　　（c）C 点

图 3-32　FRP 条带纵向应力沿试件高度方向分布

2. PVC 管

PVC 管纵向应力沿试件高度方向分布如图 3-33 所示。从图中可以看出，在 A 点时试件中和轴还未到达截面形心轴处，部分 PVC 管受拉；当试件达到 B 点时，中和轴位于 PVC 管截面的中心。当荷载到达极限承载力 C 点时，竖向力一侧中部到上端点区域 PVC 管达到极限抗压强度，PVC 管被压碎。

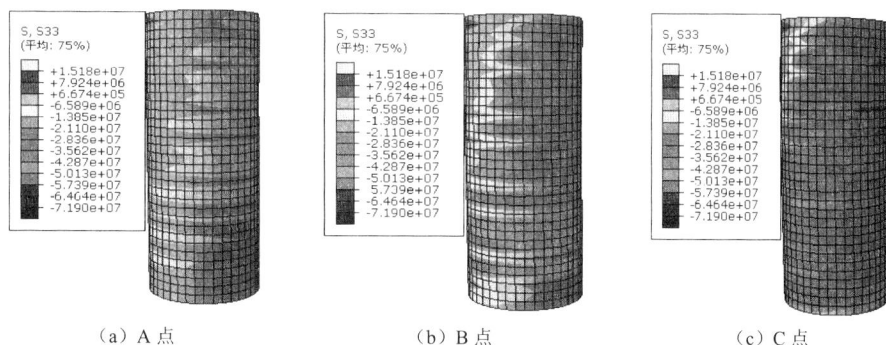

（a）A 点　　　　　　　　（b）B 点　　　　　　　　（c）C 点

图 3-33　PVC 管纵向应力沿试件高度方向分布

3. 混凝土纵向应力分布

混凝土纵向应力沿试件高度方向分布如图 3-34 所示。从图中可以看出，在 A 点时整个试件处于弹性极限状态，中和轴还未到达截面形心轴处，部分混凝土处于受拉状态，混凝土最大纵向应力发生在受压区顶部，但其纵向应力仍小于圆柱体抗压强度。

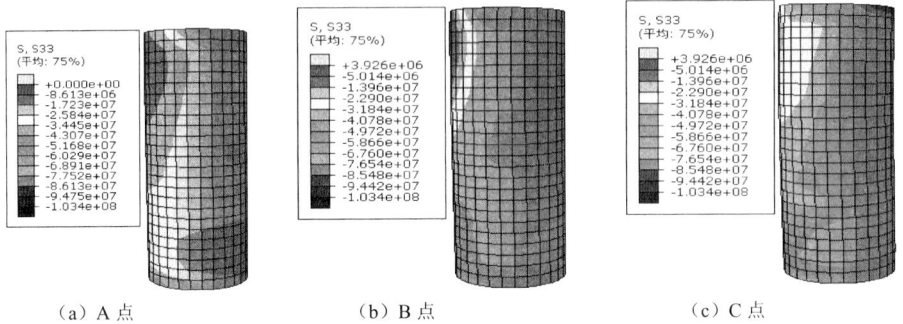

（a）A 点　　　　　　　（b）B 点　　　　　　　（c）C 点

图 3-34　混凝土纵向应力

当试件达到接近 B 点时，中和轴位于混凝土截面的中心。由于 PVC-FRP 管的约束作用，大部分受压区混凝土的纵向应力达到抗压强度。当荷载到达极限承载力 C 点时，中和轴沿截面高度向受拉区移动，由于 PVC-FRP 管对核心混凝土的"套箍"作用，受压区混凝土纵向应力仍有所增加。同时，由于不均匀的约束作用，受压区顶部的混凝土应力明显大于其他部分的混凝土的应力，且越接近中和轴位置，混凝土的纵向应力发展越不均匀。

3.4　本　章　小　结

1）试验结果表明，小偏心受压构件破坏是以受压区混凝土和 PVC 管的压碎为标志，而大偏心受压构件则是以受拉区钢筋的屈服和 PVC 管的拉断为标志。不论偏心距的大小如何，所有的构件在达到极限承载力时，碳纤维条带均被拉断。

2）通过对偏心受压构件的应变分析可知，竖向力同侧钢筋与混凝土的应变发展基本保持一致；竖向力远侧碳纤维条带应变小于竖向力近侧碳纤维应变；根据构件截面的应变分析，PVC-FRP 管混凝土柱截面的应变基本符合平截面假定。偏心受压 PVC-FRP 管混凝土柱破坏时的极限应变远大于 0.0033。对于偏心距为 20mm 构件，随着环箍间距增大，极限应变逐渐减小；对于偏心距为 40mm 的构件，环箍间距对偏心受压构件的极限应变影响不大。

3）偏心受压 PVC-FRP 管混凝土柱的承载力与 PVC 管混凝土柱的相比，均有不同程度的提高，极限承载力提高的幅度随着环箍间距的增大而减小。对于不同偏心距的 PVC-FRP 管混凝土柱，极限承载力提高的幅度随着偏心距的增大而减小。

4）对小偏心受压构件，其延性系数与 PVC 管混凝土柱相比，均有不同程度的提高，小偏心受压构件在达到极限承载力以前，受压区混凝土的极限应变远远超过了素混凝土的极限应变 0.0033。对大偏心受压构件，其延性系数与 PVC 管混凝土柱相比，有一定程度的降低，但降低的幅度不大。

5）偏心受压 PVC-FRP 管混凝土柱的荷载-挠度曲线呈现出双线性的特点，在开始加载阶段，构件的荷载-挠度曲线基本重合。在荷载分别达到 600kN 和 800kN 时，大偏心受压和小偏心受压构件的荷载-挠度曲线分别出现明显的转折点。随着荷载的继续增大，荷载-挠度曲线呈现出线形强化段，强化段直线的斜率随着环箍间距的增加而减小；对偏心距不同的构件，小偏心受压构件强化段直线的斜率大于大偏心受压构件。

6）在开始加载阶段，偏心受压构件的荷载-弯矩曲线基本上呈线性关系，构件的荷载-弯矩曲线基本重合，大偏心受压构件斜率比小偏心受压构件小。随着荷载增大，构件的荷载-弯矩曲线偏离原来的直线，环箍间距越大，曲线偏离原来的直线就越厉害，同时构件产生的弯矩越小，小偏心受压构件偏离直线的程度比大偏心受压构件明显。

7）在开始加载阶段，偏心受压构件的环箍间距和偏心距对弯矩-曲率曲线对构件没有影响，构件的弯矩-曲率曲线基本重合；在弯矩分别达到 20kN·m 和 30kN·m 时，小偏心受压和大偏心受压构件弯矩-曲率曲线分别出现线形强化段，强化段的斜率随着环箍间距的增大而减小。偏心距越大，强化段的斜率越小，对于相同环箍间距的偏心受压构件，大偏心受压构件破坏时的弯矩和曲率比小偏心受压构件大。

8）在试验研究基础上，提出了偏心受压 PVC-FRP 管混凝土柱的极限承载力计算公式和轴压比限值的计算公式，分别建立了偏心受压 PVC-FRP 管混凝土柱的弯矩-曲率模型和荷载-挠度模型。

9）影响偏心受压 PVC-FRP 管混凝土柱 N_e-M 曲线的主要因素有碳纤维的环箍间距、纵筋配筋率、混凝土强度等级和碳纤维布层数。偏心受压构件的极限承载力和弯矩随着混凝土强度、纵筋配筋率、碳纤维布层数的增大而增大，随环箍间距的增大而减小。

10）选取材料合理本构关系，对有限元模型单元进行网格划分，定义边界条件，选择合适加载方式，定义收敛准则，建立 PVC-FRP 管钢筋混凝土柱的有限元分析模型。模型分析结果表明，在 FRP 条带断裂之前，FRP 条带应力一直呈线性增长；对于 PVC 管，中和轴到达截面形心轴之前，部分 PVC 管受拉，达到极限承载力载时，竖向力一侧中部到上端点区域 PVC 管被压碎；对于核心混凝土，中和轴到达截面形心轴之前，部分混凝土处于受拉状态，达到极限承载力时，中和轴沿截面高度向受拉区移动，且越接近中和轴位置，混凝土的纵向应力发展越不均匀。

第4章 PVC-FRP 管钢筋混凝土柱抗震性能研究

4.1 PVC-FRP 管钢筋混凝土柱抗震性能试验方案

4.1.1 试验材料力学性能

1. 混凝土力学性能

所有试件均采用 C30 商品混凝土现场浇筑,同时制作尺寸为 150mm×150mm×150mm 立方体标准试块 3 个（表 4-1）,通过压力试验机实测混凝土立方体标准试块的抗压强度值,根据文献[113]中计算混凝土的轴心抗压强度的方法,得到混凝土的轴心抗压强度为

$$f_{co} = 0.88\alpha_{c1}\alpha_{c2}f_{cu,k} \tag{4-1}$$

式中,α_{c1} 为棱柱体强度与立方体强度之比,取 0.76;α_{c2} 为高强度混凝土的脆性折减系数,取 1.00;$f_{cu,k}$ 为立方体抗压强度。

根据文献[92]中计算混凝土的弹性模量的方法,得到混凝土的弹性模量 E_c 为

$$E_c = 4773\sqrt{f_{co}} \tag{4-2}$$

表 4-1 混凝土力学性能

试件编号	$f_{cu,k}$ /MPa	f_{co} /MPa	弹性模量平均值/ (10^4MPa)	轴心抗压强度平均值/MPa
C1	37.56	25.1		
C2	33.16	22.2	2.32	23.7
C3	35.64	23.8		

2. PVC 管力学性能

为得到 PVC 管力学性能,对长度为 400mm,外径为 200mm,壁厚为 7.7mm 的 PVC 管进行轴压试验。根据试验结果,得到如图 4-1 所示的应力-应变曲线。从图 4-1 中可以看出,在开始加载阶段,应力-应变曲线呈线性关系,当压应力达到 40MPa 时,曲线偏离直线。随着荷载的增加,当压应力达到 51MPa 时,PVC 管发生较大塑形变形,直至破坏。PVC 管破坏形态如图 4-2 所示。PVC 管抗压强

度为 51MPa，弹性模量为 2.55×10^3MPa。图 4-3 为 PVC 管的轴向应变和环向应变的曲线，由图 4-1 可得出 PVC 管的泊松比约为 0.45。

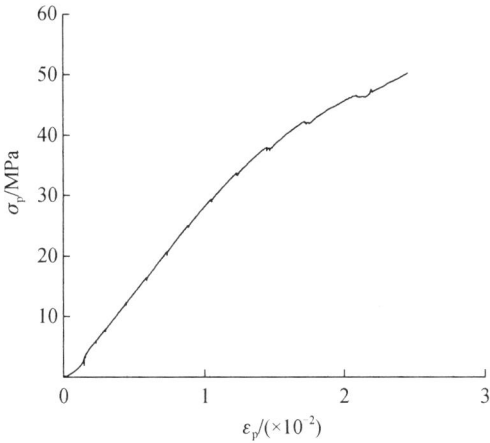

图 4-1　PVC 管的应力-应变曲线

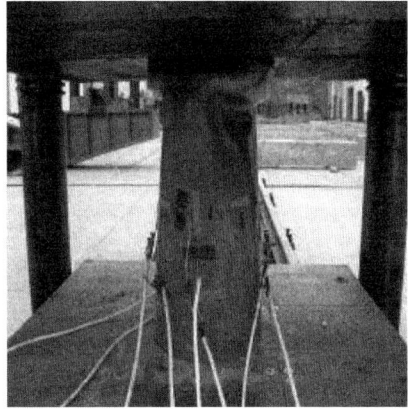

图 4-2　PVC 管破坏形态

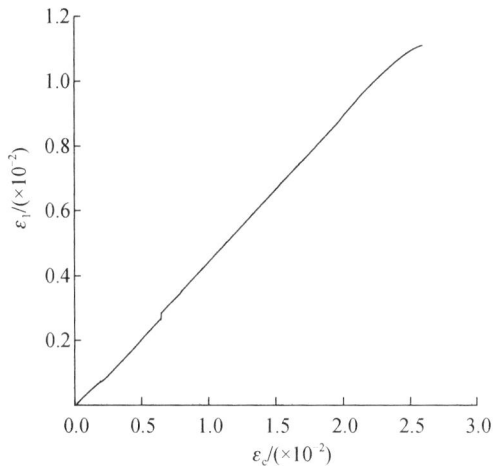

图 4-3　PVC 管的轴向应变和环向应变曲线

3. 钢筋力学性能

为确定钢筋的屈服强度和极限抗拉强度，对钢筋进行拉伸试验，试验结果见表 4-2。

表 4-2 钢筋力学性能

试件编号	钢筋规格	屈服强度/MPa		抗拉强度/MPa	
		试验值	平均值	试验值	平均值
S1	A6	353.32	353.15	525.92	535.29
S2	A6	352.97		544.66	
S3	B12	406.73	406.73	601.25	601.25
S4	B12	406.73		601.25	

4. CFRP 力学性能

CFRP 采用 UT70-20 高强度 I 级片状碳纤维，单层 CFRP 厚度为 0.111mm，CFRP 极限抗拉强度为 4517MPa，弹性模量为 $2.50×10^5$MPa，伸长率为 1.77%。

4.1.2 试件设计

本次试验共设计 6 根 PVC-FRP 管钢筋混凝土柱和 2 根 PVC 管钢筋混凝土柱，柱子截面为圆形，直径为 200mm，试件总高为 1400mm，柱头和基础高均为 400mm，柱子净高为 600mm。柱头布置 B12 方格网式钢筋，柱子纵向钢筋采用 6B12（HRB335）的连续筋，纵向钢筋的配筋率为 2.16%；箍筋采用 A6 钢筋（HPB300），间距为 150mm，在柱底部塑性铰区用 A6@30 加密，体积配箍率为 0.490%。所有试件混凝土为同一批商品混凝土，设计强度等级为 C30，柱头和柱基础混凝土保护层厚度为 35mm，柱子混凝土保护层厚度为 15mm。按轴压比、CFRP 条带的环箍间距分为 4 组。具体试件编号及试验参数见表 4-3。试件截面尺寸和配筋如图 4-4 所示。

表 4-3 试件编号及试验参数

试件编号	CFRP 条带环箍间距/mm	试验轴压比 n	轴向承载力 N_a/kN	CFRP 条带层数
BC-n1	不包	0.2	185	0
BC-n2	不包	0.4	370	0
C20-n1	20	0.2	349	2
C20-n2	20	0.4	698	2
C60-n1	60	0.2	239	2
C60-n2	60	0.4	478	2
CM-n1	全包	0.2	349	1
CM-n2	全包	0.4	698	1

注：试件编号中 BC 表示标准柱，C 表示 PVC-FRP 管钢筋混凝土柱，20、60 表示 CFRP 条带的环箍间距，n1、n2 表示轴压比为 0.2、0.4，M 表示全包。

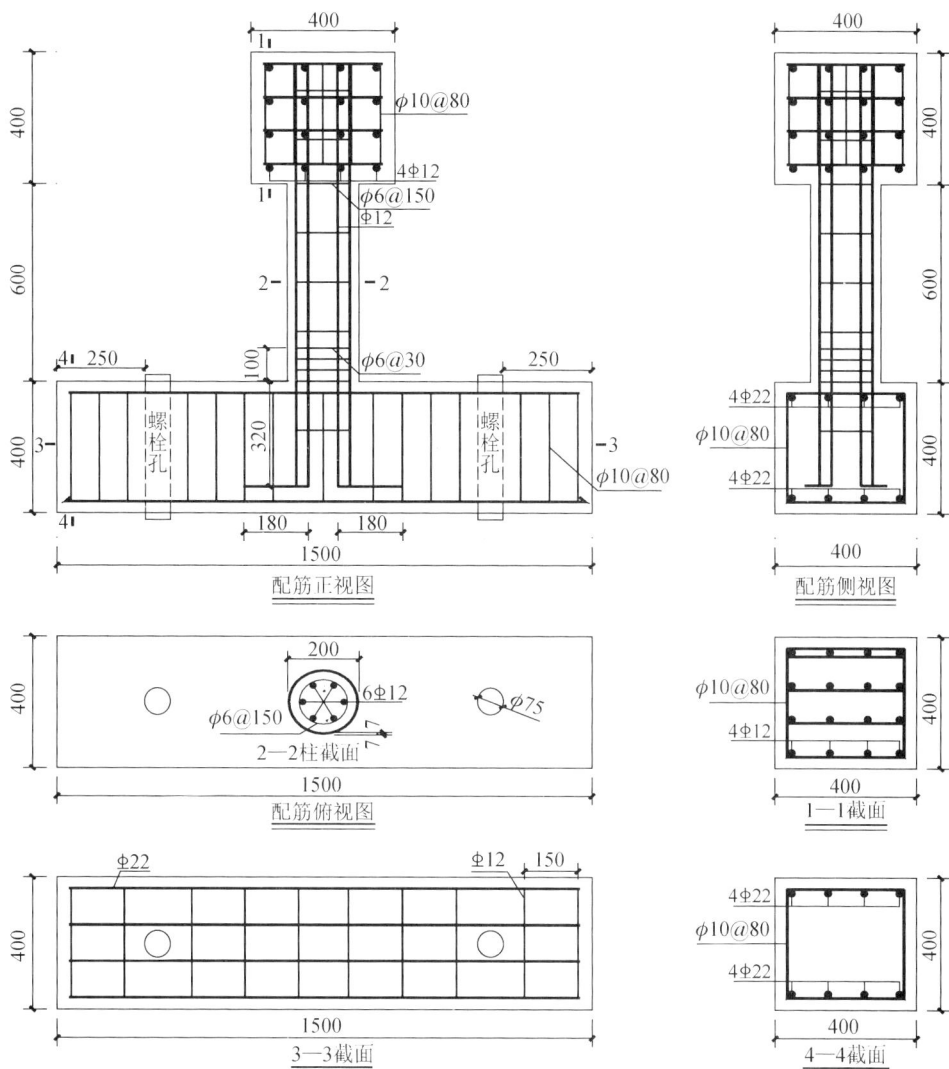

图 4-4　试件截面尺寸和配筋（单位：mm）

4.1.3　试件制作

1. PVC-FRP 管制作

PVC-FRP 管是将 CFRP 条带按照一定的间距缠绕在 PVC 管外面形成的，CFRP 条带宽度为 20mm。PVC-FRP 管具体制作步骤如下。

1）用丙酮溶液清洗 PVC 管外表面的灰尘和杂物，并待 PVC 管表面充分干燥，按设计的 CFRP 条带的环箍间距对 PVC 管外表面进行放线。

2）用毛刷在 PVC 管外表面的 CFRP 条带的环箍部位均匀刷一层面胶，充分晾干。

3）将 CFRP 条带按设计的环箍间距进行缠绕，缠绕过程中利用刮板反复刮平，确保 CFRP 条带和 PVC 管之间无气泡，紧密黏结。最后在 CFRP 条带表面均匀涂抹少量配胶，提高 CFRP 条带和 PVC 管的密实性。CFRP 条带的环箍间距为 20mm 和 60mm 的试件端头缠绕 3 层，防止试件端部提前破坏，其他部位均匀缠绕 2 层，全包试件缠绕 1 层。常温下进行 PVC-FRP 管养护，直至胶体硬化，制作完成 PVC-FRP 管，如图 4-5 所示。

图 4-5　PVC-FRP 管

2. 模板及钢筋笼制作

根据试验柱形状和尺寸预先制作好柱头及柱基础模板，并确保模板的牢固性和平整性，模板采用 PVC-FRP 管和 PVC 管。按照图 4-4 对柱头、柱子和柱基础进行钢筋绑扎，形成钢筋笼。在柱子钢筋绑扎时，需将 6 根纵筋等间隔均匀分布在封闭箍筋内侧四周，采用细钢丝将纵筋绑在箍筋上以固定纵筋的位置，贴好柱子纵筋及箍筋应变片并焊接好导线，套上制作完成的 PVC-FRP 管，整个试验柱模板及钢筋笼制作完成，等待浇筑，如图 4-6 所示。

图 4-6　模板及钢筋笼骨架

3. 混凝土浇筑及养护

先将同一批次 C30 商品混凝土从柱基础模板内浇入，边浇筑边用振捣棒振捣密实，直至混凝土均匀流满已配好钢筋笼的 PVC-FRP 管内，同时确保管内混凝土的密实性，如图 4-7 所示。最后浇筑柱头，将混凝土柱抹平（图 4-8），盖上塑料薄膜，室外自然条件养护。

图 4-7　浇入混凝土振捣密实

图 4-8　抹平后混凝土柱

4.1.4　试验加载及量测方案

1. 试验加载装置

本试验在安徽工业大学结构试验室进行。根据试验轴压比，先用 200t 油压千斤顶给试件施加相应轴向压力并保持恒定，然后用 MTS 水平作动器进行低周往复荷载推拉加载，MTS 水平作动器行程为±250mm，固定在反力墙上。为实现柱顶能够平移边界条件，保证竖向千斤顶与反力架平衡梁之间自由滑动，在竖向千斤顶与反力架平衡梁之间设置滑车及反力架平横梁每边各安装两个滚轴。为满足试件底部基础固定边界条件，用两根地锚螺栓将柱基础固定在预应力混凝土地面上，支座反力架四周通过水平拉杆拉紧，用支座千斤顶顶住柱基础一侧底座，另一侧用钢板塞实，以确保试件底部水平固定。图 4-9 和图 4-10 分别表示试验加载装置设计图和试验现场。

2. 试验加载方法与加载制度

本次试验采用拟静力试验方法对试件施加低周水平往复荷载，安装试件过程中，应保证施加轴向压力的千斤顶中心与柱头中心重合，以确定施加的竖向力不产生偏心。试验开始前先进行试件轴向压力预加载，使压力值稳定在一定范围内，以检查试验加载装置和测试仪器是否正常工作。随后利用事先标定好的油压千斤顶施加竖向力，并根据油泵压力表的变化调节油泵使竖向力保持稳定不变。低周往复加载制度采用力-位移混合加载法，试件达到屈服承载力前，采用荷载增量控制法，以 2kN 为一级增量，每级荷载循环一次。试件达到屈服承载力后，切换成等幅位移增量控制法，每级位移增量为屈服位移 Δ_y 的整数倍，每级位移循环三次，直至加载试件破坏或水平承载力降低至极限承载力的 85%时，即认为试件破坏，停止加载，整个试验结束。水平荷载加载制度如图 4-11 所示。

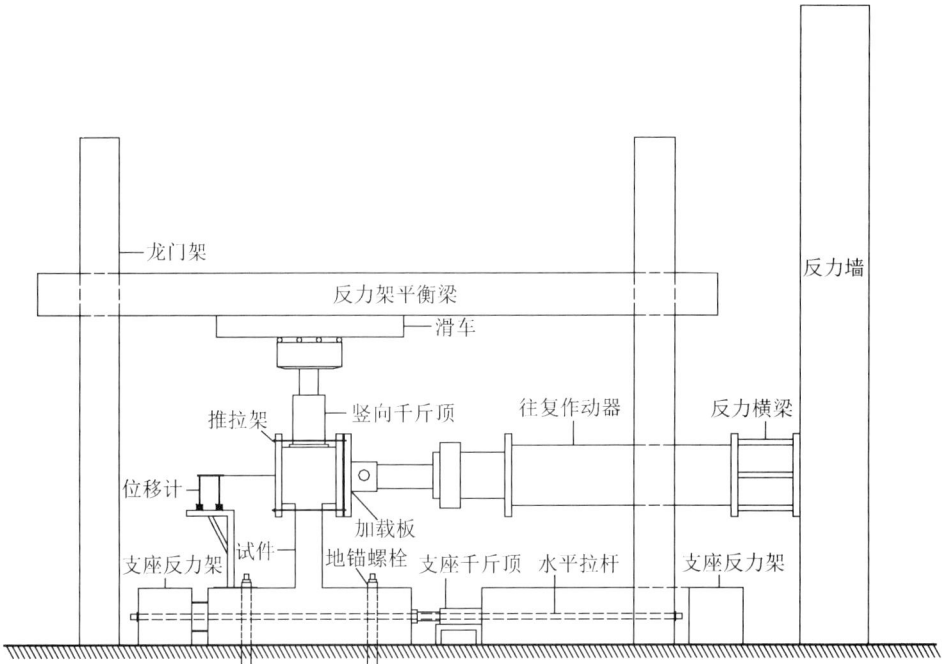

图 4-9　试验加载装置设计图

图 4-10　试验加载装置试验现场图

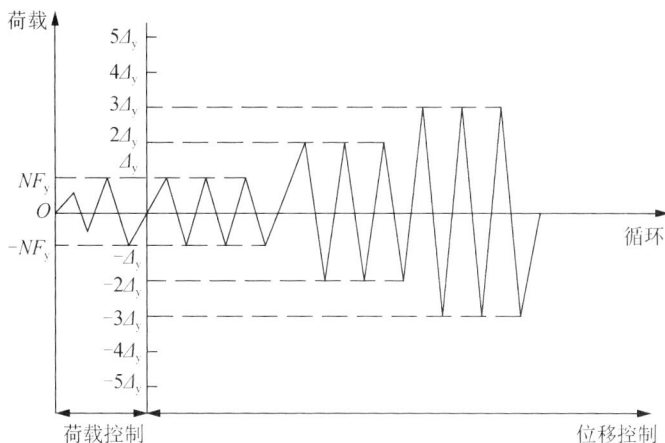

图 4-11　水平荷载加载制度

3. 测点布置与测试内容

　　试验中的测点主要为应变、水平位移、轴向承载力和水平承载力。纵筋、箍筋、PVC管和CFRP条带的应变均由应变片量测，水平位移由位移计量测，轴向承载力通过千斤顶上荷载传感器采集的电信号转换量测，水平承载力由MTS水平作动器量测，应变片、位移计及荷载传感器读数均由TDS530应变测试系统（图 4-12）自动采集，采样时间间隔设定为500ms。

图 4-12　采集系统

图 4-13 为 PVC 管应变片布置图，图中 PVC 管 150mm 和 300mm 处各布置 2 个纵向应变片和 2 个环向应变片。图 4-14 为 CFRP 条带应变片布置图，图中 FX 表示 CFRP 条带上布置的应变片，分别在试件 90mm、170mm、250mm 和 330mm 高度处各布置 4 个应变片，同一高度处应变片沿 CFRP 条带环向对称布置。图 4-15 为钢筋应变片布置图，图中 30mm、150mm 和 300mm 处纵筋和箍筋各布置 2 个应变片，CFRP 全包试件的纵筋布置 6 个应变片。图 4-16 为位移计布置图，图中 300mm 处对称布置 2 个位移计，800mm 处布置 1 个位移计。

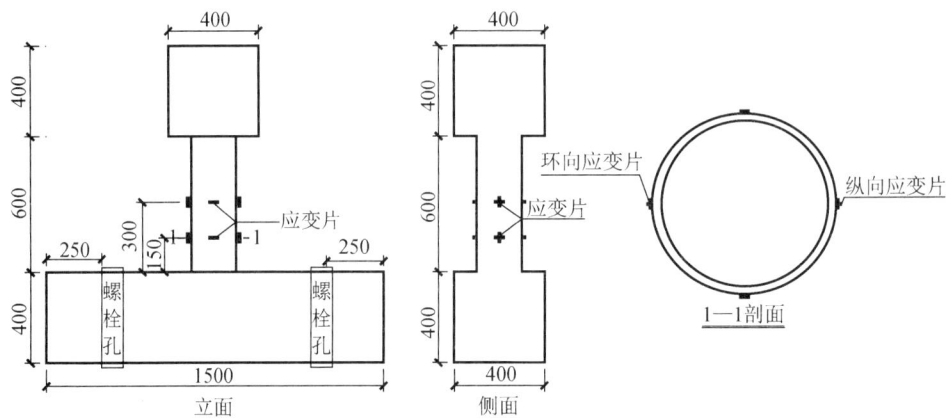

图 4-13　PVC 管应变片布置图（尺寸：mm）

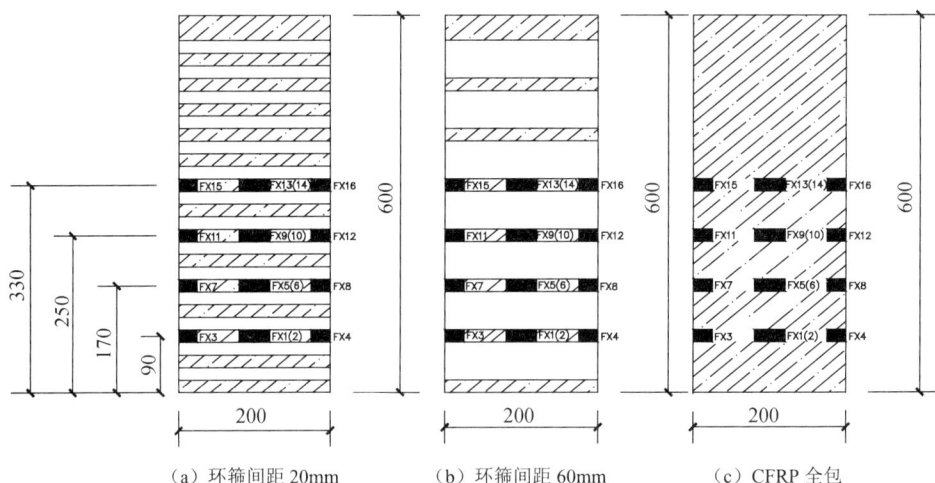

（a）环箍间距 20mm　　　（b）环箍间距 60mm　　　（c）CFRP 全包

图 4-14　CFRP 环箍间距不同试件应变片布置图（尺寸：mm）

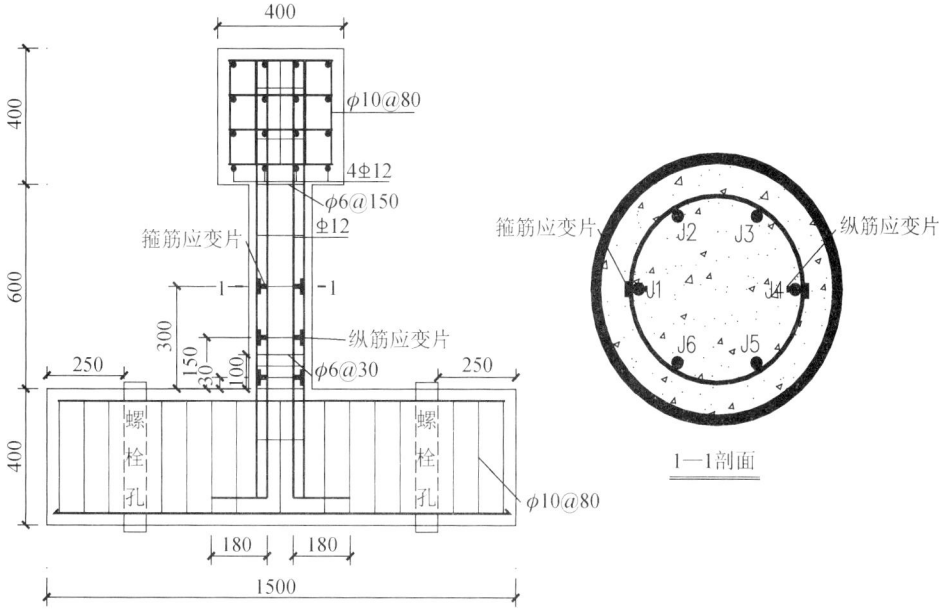

图 4-15　钢筋应变片布置图（尺寸：mm）

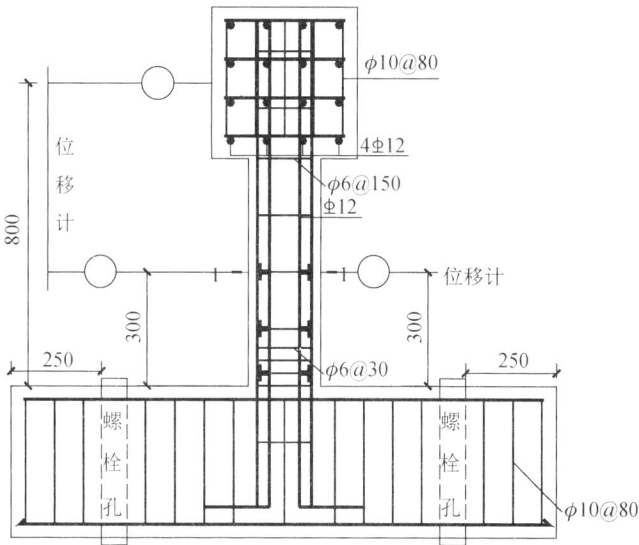

图 4-16　位移计布置图（尺寸：mm）

4.2　PVC-FRP 管钢筋混凝土柱抗震性能试验结果分析

本节对低周往复荷载作用下 PVC-FRP 管钢筋混凝土柱抗震性能进行试验研究，分析轴压比和 CFRP 条带的环箍间距对 PVC-FRP 管钢筋混凝土柱的滞回曲线、刚度退化、耗能能力、骨架曲线、延性和水平承载力等抗震性能的影响规律，揭示 PVC-FRP 管钢筋混凝土柱的破坏形态和机理。

4.2.1 试件破坏形态

1. 柱 BC-n1

按试验轴压比 0.2 给 PVC 管钢筋混凝土柱施加轴向承载力 185kN 并保持恒定，随后进行水平加载。在开始加载阶段，试件顶部水平承载力较小，试件表面无明显变化，加卸载过程中无残余变形，试件处于弹性阶段。随着水平荷载的增加，可听到混凝土的开裂声及 PVC 管与混凝土的摩擦声，PVC 管表面无明显变化。当荷载增至 36.05kN 时，纵筋发生屈服，PVC 管纵向应变和环向应变及箍筋应变增长速度加快，荷载-位移曲线出现明显拐点。将加载方式改为位移控制，在加载过程中，试件推拉摇摆幅度及弯曲程度不断变大，可听到混凝土压碎及 PVC 管被挤压的声音。当水平位移达到 14mm 时，试件达到极限承载力。随着试件水平位移的不断增加，试件水平承载力开始下降，但下降速度非常缓慢，此时 PVC 管底部被拔起，与基础顶面脱离，PVC 管与基础顶面交界处出现明显缝隙如图 4-17 所示，在缝隙处可见压碎的混凝土粉末。随着水平位移的继续增加，PVC 管纵向应变和环向应变及箍筋应变还在继续增大。当柱水平侧移达到 60mm 时，试件发生破坏，试件破坏形态如图 4-18 所示。从试验现象及破坏形态可以看出，随着水平荷载和位移的增加，试件弯曲程度不断增大，纵向钢筋屈服，混凝土被压碎，纵向钢筋和 PVC 管经历较大塑性变形，试件发生弯曲破坏。

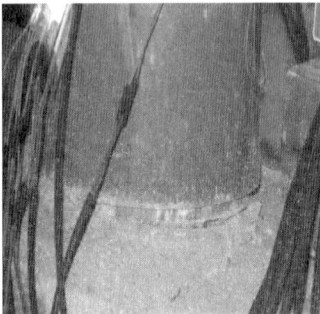

图 4-17　柱 BC-n1 柱脚破坏形态

图 4-18　柱 BC-n1 破坏形态

2. 柱 BC-n2

按试验轴压比 0.4 给 PVC 管钢筋混凝土柱施加轴向承载力 370kN 并保持恒定，随后进行水平加载。在开始加载阶段，试件表面无明显变化，加卸载过程中无残余变形，试件处于弹性阶段。随着水平荷载的增加，可听到混凝土的开裂声及 PVC 管与混凝土的摩擦声，与柱 BC-n1 相比，柱 BC-n2 中 PVC 管和钢筋应变增长速率快，水平位移明显减小。当荷载增至 39.52 kN 时，纵筋发生屈服，PVC管纵向应变、CFRP 条带拉应变和箍筋应变增长速度加快，与柱 BC-n1 相比，柱BC-n2 的屈服承载力明显提高，荷载-位移曲线也出现明显拐点，将加载方式改为位移控制。随着水平位移的不断增大，柱推拉摇摆幅度及弯曲程度不断变大。当水平承载力达到 50 kN 时，可听到混凝土压碎和 PVC 管被挤压的声音。当水平位移增至 14.95mm 时试件达到极限承载力，与柱 BC-n1 相比柱 BC-n2 水平承载力下降速度较快。随着试件水平位移的继续增加，PVC 管纵向应变和环向应变和箍筋应变持续增大，PVC 管底部被拔起，与基础顶面脱离，PVC 管与基础顶面交界处出现缝隙，但缝隙不明显，试件底部周边混凝土压溃范围变大如图 4-19 所示。当试件水平位移达到 60mm 时，试件发生破坏，试件破坏形态如图 4-20 所示。从试验现象及破坏形态可以看出，试件发生弯曲破坏。

图 4-19　柱 BC-n2 柱脚破坏形态

图 4-20　柱 BC-n2 破坏形态

3. 柱 C20-n1

按试验轴压比 0.2 给柱 C20-n1 施加轴向承载力 349kN 并保持恒定，随后进行水平加载。在开始加载阶段，试件表面无明显变化，加卸载过程中无残余变形，试件处于弹性阶段。随着水平荷载的增加，能听到混凝土的开裂声和 PVC 管与混凝土的摩擦声，PVC 管纵向应变、CFRP 条带应变、纵筋应变及箍筋应变均不断增加。当水平荷载增至 43.29kN 时，纵筋发生屈服，与柱 BC-n1 相比，试件屈服承载力显著提高，将加载方式改为位移控制。随着水平位移的不断增大，柱推拉摇摆幅度及弯曲程度不断变大，可听到混凝土压碎和 PVC 管被挤压的声音，离基础表面以上 80~120mm 区域内 CFRP 条带拉应变最大。当水平位移增至 14.99mm时，试件达到极限承载力，与柱 BC-n1 相比，试件的极限承载力显著提高。随着水平位移的继续增大，PVC 管底部与基础顶面缝隙不明显，试件底部周边混凝土压溃如图 4-21 所示。当试件位移达到 39mm 时，试件发生破坏如图 4-22 所示，CFRP 条带并未达到其极限拉应变，CFRP 条带的约束效果不明显。从试验现象及破坏形态可以看出，随着水平荷载和水平位移的增加，试件弯曲程度不断增大，纵向钢筋屈服，混凝土被压碎，纵向钢筋和 PVC-FRP 管经历较大塑性变形，试件发生弯曲破坏。

图 4-21　柱 C20-n1 柱脚破坏形态

图 4-22　柱 C20-n1 破坏形态

4. 柱 C20-n2

按试验轴压比 0.4 给柱 C20-n2 施加轴向承载力 678kN 并保持恒定,随后进行水平加载。在开始加载阶段,试件表面无明显变化,加卸载过程中无残余变形,试件处于弹性阶段。随着水平荷载的增加,可听到混凝土的开裂声和 PVC 管与混凝土的摩擦声,与柱 C20-n1 相比,PVC 管纵向应变、CFRP 条带拉应变及钢筋应变增长速率快,水平位移明显减小。当水平荷载增至 62.10 kN 时,纵筋发生屈服,荷载-位移曲线出现明显拐点,与柱 C20-n1 相比,试件屈服承载力显著提高,将加载方式改为位移控制。随着水平位移的不断增大,柱推拉摇摆幅度及弯曲程度不断变大。当水平位移达到 18.08mm 时,试件达到极限承载力,与柱 C20-n1 相比,试件极限承载力下降速度较快。随着试件水平位移的继续增加,PVC 管底部与基础顶面交界处缝隙不明显。与柱 C20-n1 相比,PVC 管纵向应变、CFRP 条带拉应变和箍筋应变增加速度快,CFRP 条带发挥约束效果显著,离基础表面以上 80～120mm 区域内 CFRP 条带应变急剧增大,并发出噼啪响声。当试件水平位移达到 30mm 时,离基础表面 90mm 处的 CFRP 条带首先断裂,PVC 管对称部位出现竖向裂缝,并不断向上发展,试件发生破坏如图 4-23～图 4-26 所示。从试验现象及破坏形态可以看出,随着水平荷载和水平位移的增加,试件弯曲程度不断增大,纵向钢筋屈服,混凝土被压碎,纵向钢筋和 PVC 管经历较大塑性变形,CFRP 条带被拉断,PVC 管表面沿竖向开裂,试件发生弯曲破坏。

图 4-23　柱 C20-n2 破坏前

图 4-24　柱 C20-n2 破坏后

图 4-25　柱底 C20-n2 破坏后正面　　　　图 4-26　柱底 C20-n2 破坏后反面

5. 柱 C60-n1

按试验轴压比 0.2 给柱 C60-n1 施加轴向承载力 239kN 并保持恒定,随后进行水平加载。在开始加载阶段,试件表面无明显变化,加卸载过程中无残余变形,试件处于弹性阶段。随着水平荷载的增加,能听到混凝土的开裂声和 PVC 管与混凝土的摩擦声,PVC 管表面无明显变化,PVC 管纵向应变、CFRP 条带拉应变、纵筋应变及箍筋应变均不断增加。当水平荷载增至 38.07kN 时,纵筋发生屈服,与柱 C20-n1 相比,试件屈服承载力降低,PVC 管纵向应变、CFRP 条带拉应变及钢筋应变增长相对缓慢,加载方式改为位移控制。随着水平位移的继续增大,柱推拉摇摆幅度及弯曲程度不断变大,可听到混凝土压碎和 PVC 管被挤压的声音,PVC 管纵向应变、CFRP 条带拉应变和箍筋应变持续增大,离基础表面以上 80～120mm 区域的 CFRP 条带拉应变最大。当在水平位移达到 22.59mm 时,试件达到极限承载力,与柱 C20-n1 相比,试件极限承载力降低,PVC 管底部与基础顶面缝隙较明显如图 4-27 所示。当水平位移达到 60mm 时,试件发生破坏如图 4-28 所示。试件破坏时,CFRP 条带并未达到其极限拉应变,PVC 管表面无显著变化。从试验现象及破坏形态可以看出,CFRP 的约束效果不明显,随着水平荷载和水平位移的增加,试件弯曲程度不断增大,纵向钢筋屈服,混凝土被压碎,纵向钢筋和 PVC-FRP 管经历较大塑性变形,与柱 C20-n1 相比,承载力明显降低,试件发生弯曲破坏。

图 4-27　柱 C60-n1 柱脚破坏形态　　　　图 4-28　柱 C60-n1 破坏形态

6. 柱 C60-n2

按试验轴压比 0.4 给柱 C60-n2 施加轴向承载力 478kN 并保持恒定,随后进行水平加载。在开始加载阶段,试件表面无明显变化,加卸载过程中无残余变形,试件处于弹性阶段。随着水平荷载的增加,可听到混凝土的开裂声和 PVC 管与混凝土的摩擦声,与柱 C60-n1 相比,柱 C60-n2 中 PVC 管纵向应变、CFRP 条带拉应变和钢筋应变不断增长,水平位移明显减小。当荷载增至 46.03kN 时,纵筋发生屈服,与柱 C60-n1 相比,试件屈服承载力显著提高,PVC 管纵向应变、CFRP 条带拉应变及钢筋应变增长速率加快,将加载方式改为位移控制。随着水平位移的继续增大,柱推拉摇摆幅度及弯曲程度不断变大,可听到混凝土压碎和 PVC 管被挤压的声音,PVC 管表面无明显变化,离基础底面 80~120mm 区域内 CFRP 条带拉应变最大。当水平位移达到 17.93mm 时,试件达到极限承载力,与柱 C20-n2 相比,试件极限承载力显著降低。这是主要是因为随着 CFRP 条带的环箍间距的增大,CFRP 条带约束作用减弱。随着水平位移持续增大,PVC 管底部与基础顶面缝隙不明显,试件底部周边混凝土压溃如图 4-29 所示。当柱水平位移达到 39mm 时,试件发生破坏如图 4-30 所示。试件破坏时,CFRP 条带并未达到其极限拉应变,PVC 管表面无显著变化。从试验现象及破坏形态可以看出,随着水平荷载和水平位移的增加,试件弯曲程度不断增大,纵向钢筋屈服,混凝土被压碎,纵向钢筋和 PVC-FRP 管经历较大塑性变形,试件发生弯曲破坏。

图 4-29　柱 C60-n2 柱脚破坏形态

图 4-30　柱 C60-n2 破坏形态

7. 柱 CM-n1

按试验轴压比 0.2 给柱 CM-n1 施加轴向承载力 349kN 并保持恒定,随后进行水平加载。在开始加载阶段,试件表面无明显变化,加卸载过程中无残余变形,试件处于弹性阶段。随着水平荷载的增加,可听到混凝土的开裂声和 PVC 管与混凝土的摩擦声,PVC 管纵向应变、CFRP 拉应变、纵筋应变及箍筋应变均不断增加。当荷载增至 46.42kN 时，纵筋应发生屈服，与柱 C60-n1 相比试件屈服承载力有一定提高，与柱 C20-n1 相比试件屈服承载力相当，PVC 管纵向应变、CFRP 拉应变及钢筋应变增长速率加快，将加载方式改为位移控制。随着水平位移的继续增大，柱推拉摇摆幅度及弯曲程度不断变大。当水平荷载达到 46kN 时，可听到混凝土压碎和 PVC 管被挤压的声音，离基础表面 80~120mm 区域内 CFRP 拉应变最大。当水平位移达到 12.35mm 时，试件达到极限承载力。随着水平位移持续增大，PVC 管底部与基础顶面缝隙不明显如图 4-31 所示。当柱水平位移达到 39mm 时，试件发生破坏如图 4-32 所示，CFRP 并未达到其极限拉应变，PVC 管表面无显著变化。从试验现象及破坏形态可以看出，CFRP 的约束效果不明显，CFRP 条带并未达到其极限拉应变。随着水平位移的增加，试件弯曲程度不断增大，纵向钢筋屈服，混凝土被压碎，纵向钢筋和 PVC-FRP 管经历较大塑性变形，试件发生弯曲破坏。

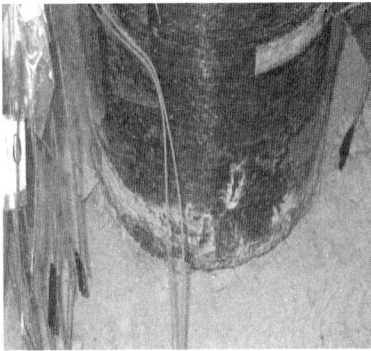

图 4-31　柱 CM-n1 柱脚破坏形态　　　　　图 4-32　柱 CM-n1 破坏形态

8. 柱 CM-n2

按试验轴压比 0.4 给柱 CM-n2 施加轴向力 678kN 并保持恒定，随后进行水平加载。在开始加载阶段，试件表面无明显变化，加卸载过程中无残余变形，试件处于弹性阶段，钢筋初始应变较大。由于轴压比的提高，试件轴向压应变显著增大。随着水平荷载的增加，可听到混凝土的开裂声和 PVC 管与混凝土的摩擦声，与柱 CM-n1 相比，PVC 管纵向应变、CFRP 拉应变及钢筋应变增长速率快，水平位移明显减小。当荷载增至 67.47kN 时，纵筋发生屈服，与柱 C20-n1 相比，试件屈服承载力显著提高，荷载-位移曲线出现明显拐点，将加载方式改为位移控制。随着水平位移的不断增大，柱推拉摇摆幅度及弯曲程度不断变大。当水平位移达到 18.05mm 时，试件达到极限承载力，与柱 CM-n1 相比，试件极限承载力下降速度较快。随着水平位移的继续增加，PVC 管底部与基础顶面交界处缝隙不明显，PVC 管的纵向应变、CFRP 拉应变和钢筋应变持续增大，离基础表面以上 80~

120mm 区域内 CFRP 应变急剧增大,并发出噼啪响声。当水平位移达到 33mm 时,离基础表面 90mm 处的 CFRP 首先断裂,PVC 管对称部位出现竖向裂缝,并不断向上发展,试件破坏如图 4-33~图 4-36 所示。从试验现象及破坏形态可以看出,随着水平荷载和水平位移的增加,试件弯曲程度不断增大,纵向钢筋屈服,混凝土被压碎,纵向钢筋和 PVC-FRP 管经历较大塑性变形,CFRP 条带被拉裂,PVC 管表面沿竖向开裂,试件发生弯曲破坏。

图 4-33　柱 CM-n2 破坏前

图 4-34　柱 CM-n2 破坏后

图 4-35　柱底 CM-n2 破坏后正面

图 4-36　柱底 CM-n2 破坏后反面

4.2.2　滞回性能分析

　　柱构件的荷载-位移滞回曲线是在低周往复荷载作用下得到的,该曲线在构件抗震性能研究中最为重要,它反映结构在反复受力过程中的变形特征、刚度退化及能量消耗,是确定恢复力模型和进行非线性地震反应分析的依据。

　　图 4-37 为构件滞回曲线的典型形状,主要包括梭形、弓形、反 S 形和 Z 形四种。梭形说明滞回曲线的形状非常饱满,反映出整个构件的塑性变形能力很强,有很好的抗震性能和耗能能力。例如,受弯构件、无滑移偏心受压构件、压弯构

件及不发生剪切破坏的弯剪构件。弓形具有捏缩效应，显示出滞回曲线受到一定的滑移影响。滞回曲线的形状比较饱满，但饱满程度比梭形低，反映出整个构件的塑性变形能力比较强，节点低周往复荷载试验研究性能较好，耗能能力较强。例如，剪跨比较大，剪力较小并配有一定箍筋的弯剪构件和压弯剪构件。反 S 形显示出滞回曲线受到较多的滑移影响，滞回曲线的形状不饱满，说明该构件延性和耗能能力较差。例如，一般框架、梁柱节点和剪力墙等的滞回曲线均属此类。Z 形显示出滞回曲线受到大量的滑移影响，具有滑移性质。例如，剪跨比较小，斜裂缝可以发展充分的构件及锚固钢筋有较大滑移的构件等，其滞回曲线均属此类。

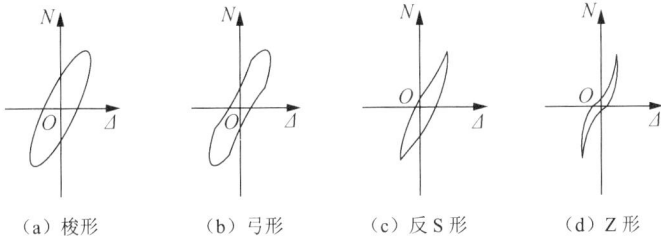

（a）梭形　　　（b）弓形　　　（c）反 S 形　　　（d）Z 形

图 4-37　滞回曲线的典型形状

1. 滞回曲线的共同特征

根据本次试验的加载机制，所有试件的滞回曲线均由荷载控制阶段与位移控制阶段组成。试件滞回曲线如图 4-38～图 4-45 所示。

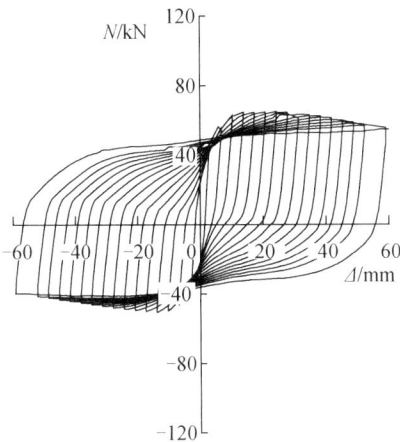

图 4-38　柱 BC-n1 滞回曲线　　　　　图 4-39　柱 BC-n2 滞回曲线

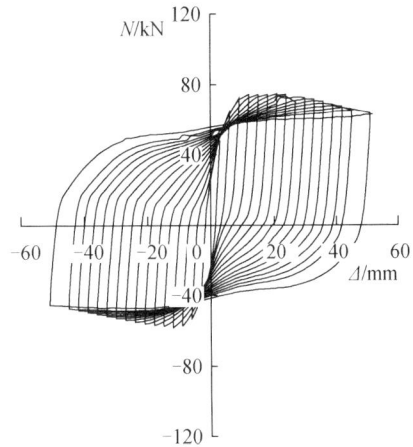

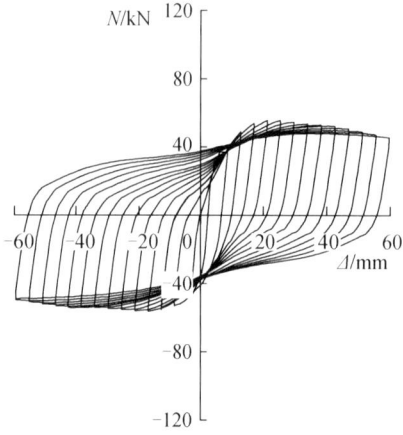

图 4-40　柱 C60-n1 滞回曲线

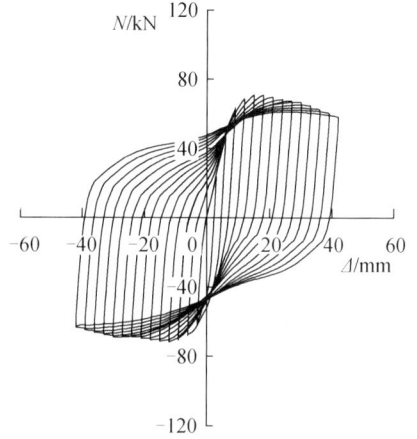

图 4-41　柱 C60-n2 滞回曲线

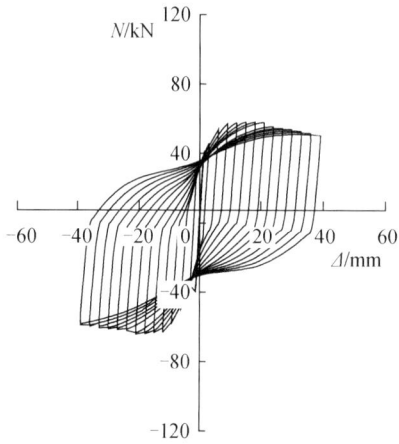

图 4-42　柱 C20-n1 滞回曲线

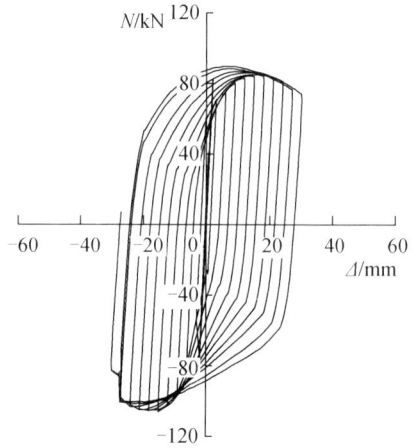

图 4-43　柱 C20-n2 滞回曲线

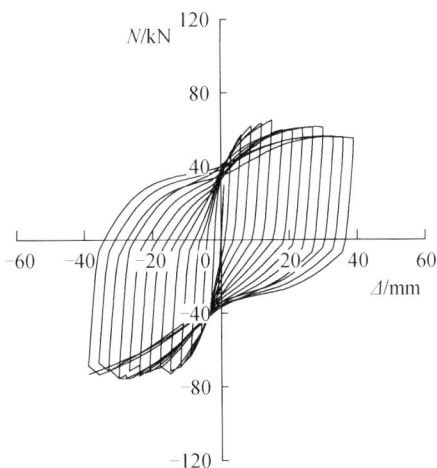

图 4-44　柱 CM-n1 滞回曲线

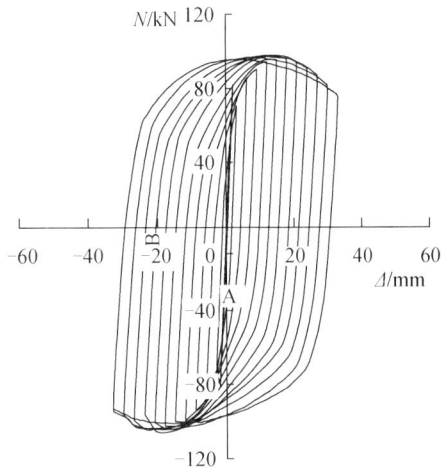

图 4-45　柱 CM-n2 滞回曲线

荷载控制阶段：试件屈服前，按每级 2kN 的力增加试件的水平荷载，所加的水平荷载较小时，正（反）加（卸）载一次所构成的滞回环曲线不明显，滞回环的面积很小，荷载-位移呈线性变化，可近似为直线，试件刚度基本不退化，残余变形极小。随着水平荷载的不断增加，滞回环的面积逐渐变大，滞回曲线显示出明显的梭形。

位移控制阶段：试件屈服后，按屈服位移的整数倍进行位移控制，水平位移随着加载次数的增加不断增大，滞回曲线弯曲，非弹性性质比较明显，当试件达到极限承载力时，除试件 C20-n2 和试件 CM-n2 以外，其他试件的滞回曲线均表现出不同程度的捏缩现象，滞回环形状由梭形变为弓形，说明试件产生一定的滑移。随着水平位移的增加，加卸载时的曲线斜率减小，并且随着循环次数的增加减小幅度不断增大，表明试件刚度和强度在不断退化，残余变形明显。

2. 滞回性能影响分析

从上面 8 个试件的滞回曲线可以看出，PVC 管钢筋混凝土柱与 PVC-FRP 管钢筋混凝土柱的滞回性能均较好，滞回曲线比较饱满，消耗地震的能力强，抗震性能好。图 4-38～图 4-45 中的滞回曲线主要受轴压比和 CFRP 条带的环箍间距的影响，其影响规律如下。

（1）轴压比

通过本试验的 1 组 PVC 管钢筋混凝土柱和 3 组 PVC-FRP 管钢筋混凝土柱的 2 个不同轴压比试件滞回曲线比较发现，轴压比是影响试件抗震性能的主要因素。随着轴压比的增大，试件弹性阶段刚度和水平极限承载力显著提高，但柱的延性降低，达到水平极限承载力之后，与轴压比 0.2 的试件相比，轴压比 0.4 的试件承载力下降速度较快，下降曲线比较陡，但卸载时的刚度基本保持不变。由于轴向承载力较大，试件 C20-n2 和试件 CM-n2 滞回曲线的捏缩现象得到一定缓解。另外，与轴压比 0.2 的试件相比，轴压比 0.4 的试件达到水平极限位移较小，滞回曲线较陡，在达到相同位移时，滞回环包围的面积减小，试件延性相对较差。

（2）CFRP 条带的环箍间距

本次试验 CFRP 条带的环箍间距为 20mm、60mm 及全包。在相同轴压比下，随着 CFRP 条带的环箍间距的减小，试件弹性阶段刚度和水平极限承载力显著提高。这主要是因为随着 CFRP 条带的环箍间距的减小，PVC-FRP 管对核心混凝土约束作用显著增强，轴压比 0.4 的试件弹性阶段刚度和水平极限承载力提高幅度最大，但试件的位移延性减小。从总体上看，CFRP 条带包裹试件的滞回曲线形状相对饱满，这主要是因为 PVC-FRP 管的约束作用能有效提高试件滞回性能。CFRP 条带的环箍间距为 20mm 的试件滞回曲线与 CFRP 全包的试件滞回曲线相似，说明 CFRP 条带的环箍间距为 20mm 的约束作用与 CFRP 全包的作用相当，试件水平极限承载力均显著提高，进而找到 CFRP 条带最优环箍间距，达到试验预期效果。

4.2.3　刚度退化分析

随着荷载循环次数和水平位移不断增加，试件刚度不断减小的现象称为刚度退化。刚度退化是构件在低周往复荷载作用下抗震性能退化的主要因素之一。本章试件的刚度退化主要受轴压比和 CFRP 条带的环箍间距的影响。为研究 PVC-FRP 管钢筋混凝土柱在低周往复荷载作用下刚度退化规律，本节引入割线刚度 K_{gi} 来反映试件的刚度退化规律，K_{gi} 的表达式为

$$K_{gi} = \frac{|+N_i| + |-N_i|}{|+\Delta_i| + |-\Delta_i|} \tag{4-3}$$

式中，$\pm N_i$ 为第 i 级峰值承载力，kN；$\pm\Delta_i$ 为第 i 级峰值位移，mm。

图 4-46 为轴压比对试件刚度退化的影响，从图中可以看出，在 CFRP 条带的环箍间距相同下，与轴压比 0.2 试件相比，轴压比 0.4 的试件初始刚度较大。这是因为随着轴压比的提高，试件在水平承载力作用下产生的水平初始位移较小，轴向承载力能够抵消更多柱弯矩产生的拉应力，而且轴压比的提高可限制核心混凝土的开裂面积。与 PVC 管钢筋混凝土柱相比，随着轴压比的提高，CFRP 条带的环箍间距为 60mm 的柱初始刚度提高幅度变大，与 CFRP 条带的环箍间距为 20mm 的柱相比，CFRP 条带的环箍间距为 60mm 的柱初始刚度提高幅度变小，CFRP 条带的环箍间距为 20mm 的柱初始刚度提高幅度与 CFRP 全包的相当。在开始阶段，试件刚度退化比较快，在试件达到屈服承载力之后，随着水平位移的继续增大，刚度退化趋于平缓，退化的幅度越来越小，不同轴压比试件刚度退化曲线基本重

合，表明轴压比对试件加载后期刚度退化影响不大。

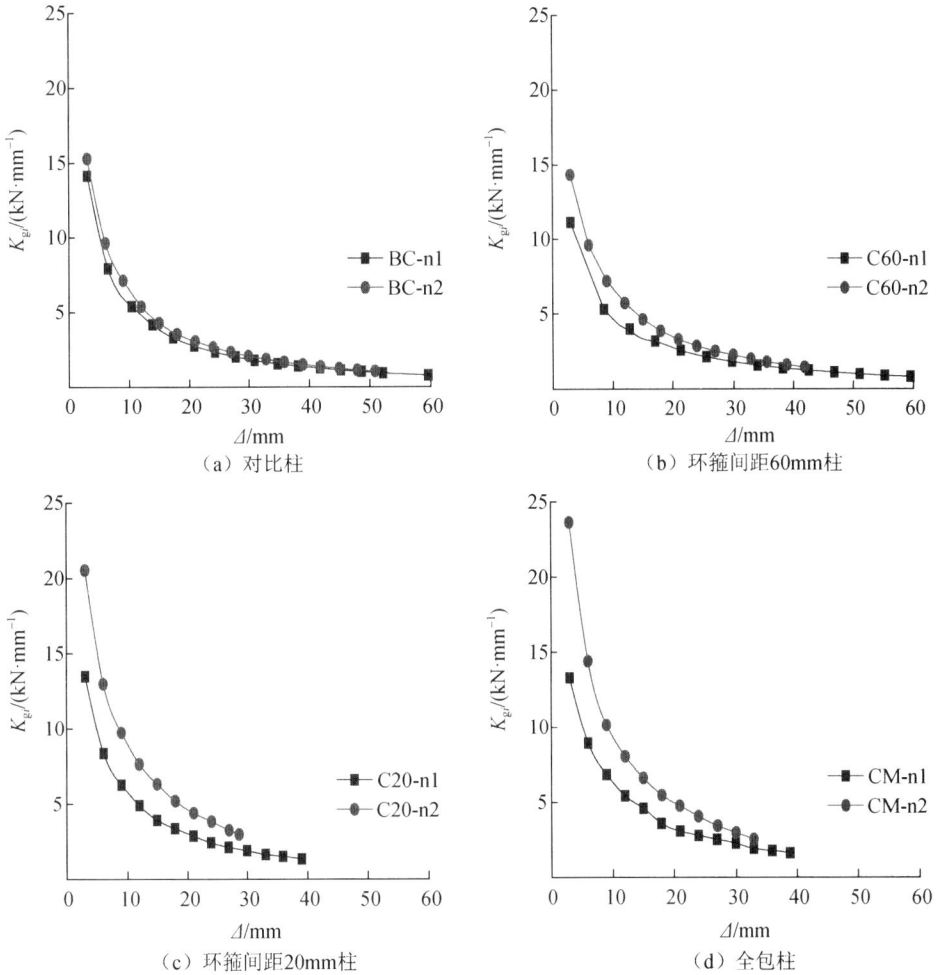

（a）对比柱

（b）环箍间距60mm柱

（c）环箍间距20mm柱

（d）全包柱

图 4-46　轴压比对试件刚度退化的影响

图 4-47 为 CFRP 条带的环箍间距对试件刚度退化的影响，从图中可以看出，在轴压比相同下，轴压比 0.2 的试件初始刚度和刚度退化规律基本相似，试件刚度退化曲线基本叠合在一起，这说明在轴压比较小时，CFRP 条带的环箍间距的变化对刚度退化影响较小。在轴压比为 0.4 时，与 PVC 管与 CFRP 条带的环箍间距为 60mm 的试件相比，CFRP 条带的环箍间距 20mm 与 CFRP 全包的试件初始刚度较高，且 CFRP 条带的环箍间距为 20mm 与 CFRP 全包的试件刚度退化规律几乎相同，CFRP 条带的环箍间距为 60mm 与 PVC 管的试件刚度退化规律比较接近，这说明 CFRP 条带的环箍间距较大时，CFRP 条带的约束效果不明显。

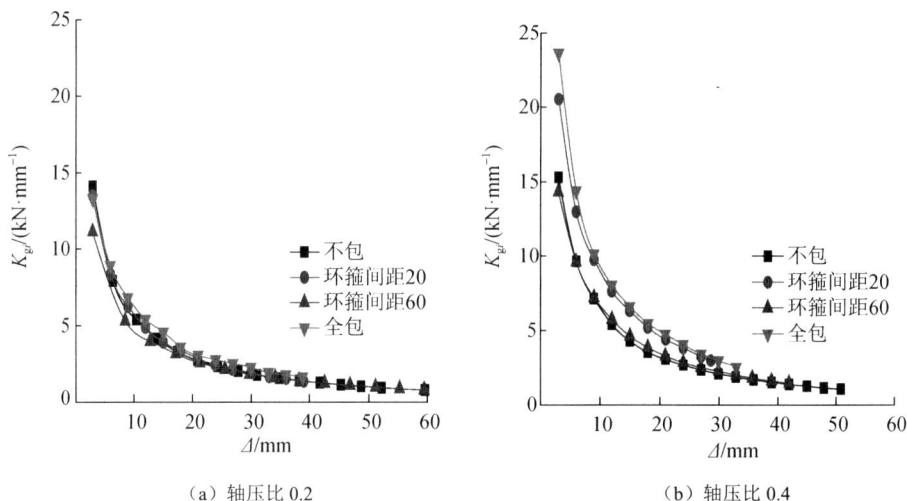

（a）轴压比 0.2　　　　　　　　　（b）轴压比 0.4

图 4-47　CFRP 条带的环箍间距对试件刚度退化的影响

4.2.4　耗能性能分析

构件耗能性能是指构件在低周反复荷载作用下吸收和消耗能量的能力，一般用构件循环一次荷载-位移滞回环包围的面积来衡量，滞回环包围的面积越大，则耗能性能越强，构件的抗震性能越好。相反，滞回环包围的面积越小，则耗能性能越弱，构件的抗震性能越差。为衡量构件抗震性能，通常用等效黏滞系数 ξ_{eq} 来反映构件的耗能能力，ξ_{eq} 的表达式为

$$\xi_{eq} = \frac{1}{2\pi} \cdot E_i \tag{4-4}$$

式中，E_i 表示为第 i 级加载时耗能系数，E_i 值越大，说明试件的耗能能力越强。E_i 的表达式为

$$E_i = \frac{S_{\overline{ABCDEA}}}{S_{\triangle OBF} + S_{\triangle ODG}} \tag{4-5}$$

式中，$S_{\overline{ABCDEA}}$ 表示第 i 级加载时滞回环与位移轴包围的面积；$S_{\triangle OBF}$、$S_{\triangle ODG}$ 表示第 i 级加载时峰值点和位移轴包围的三角形面积，如图 4-48 所示。

图 4-49 为轴压比对试件耗能性能的影响。从图中可以看出，所有试件的等效黏滞系数 ξ_{eq} 均随着水平位移的增大而增大，总体呈上升趋势，这表明试件的耗能能力不断增强。在 CFRP 条带的环箍间距相同下，与轴压比 0.2 试件相比，相同位移下轴压比 0.4 的试件等效黏滞系数 ξ_{eq} 较大。

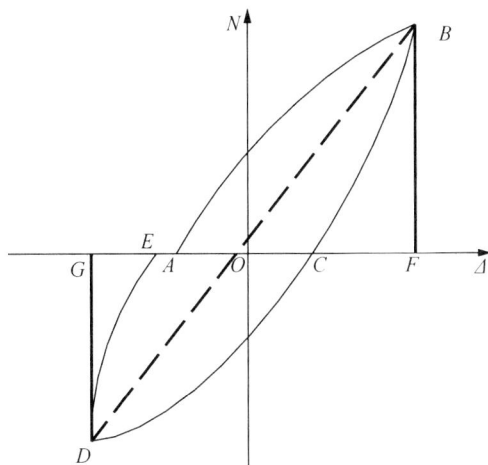

图 4-48   试件耗能系数计算示意图

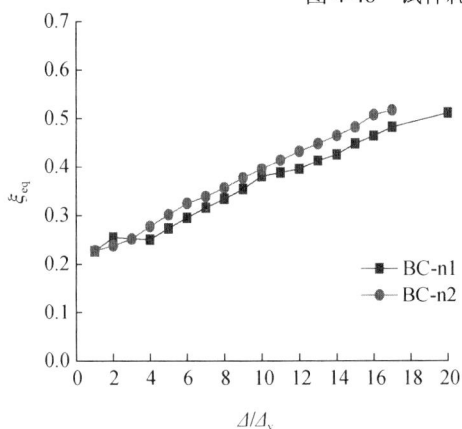

（a）对比柱

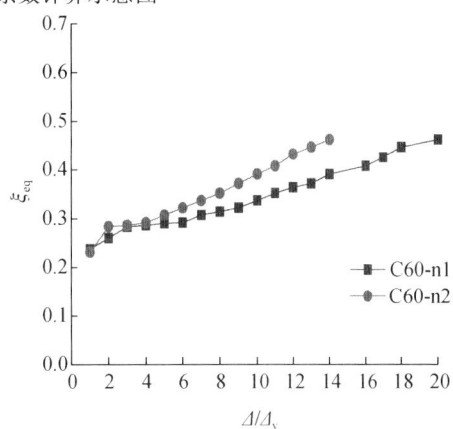

（b）环箍间距60mm柱

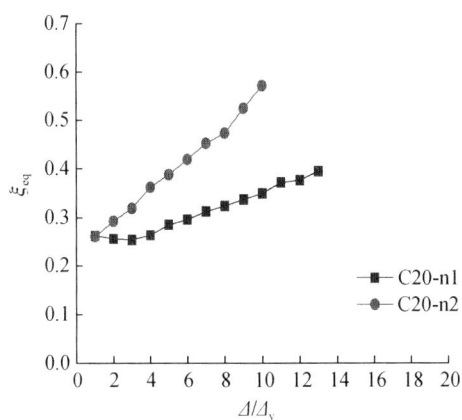

（c）环箍间距20mm柱

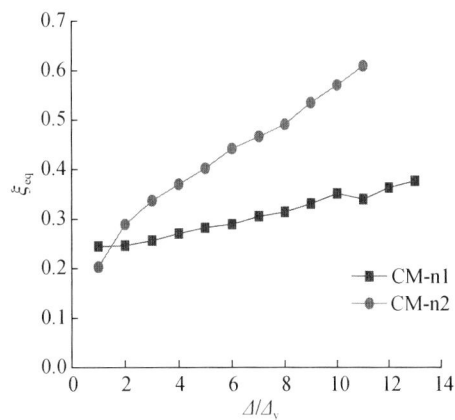

（d）全包柱

图 4-49   轴压比对试件耗能性能的影响

图 4-50 为 CFRP 条带的环箍间距对试件耗能性能的影响。从图中可以看出，在轴压比相同的条件下，轴压比 0.2 的试件的等效黏滞系数 ξ_{eq} 与 CFRP 条带的环箍间距的变化趋势一致。这说明在轴压比较小时，CFRP 条带的环箍间距的变化对耗能性能影响较小。在轴压比为 0.4 时，与 PVC 管和 CFRP 条带的环箍间距 60mm 的试件相比，CFRP 条带的环箍间距 20mm 和 CFRP 全包的试件等效黏滞系数 ξ_{eq} 较高，且 CFRP 条带的环箍间距 20mm 与 CFRP 全包的试件等效黏滞系数 ξ_{eq} 和 CFRP 条带的环箍间距 60mm 与 PVC 管的试件等效黏滞系数 ξ_{eq} 基本相同。这说明在轴压比较高时，CFRP 条带的环箍间距的变化对耗能性能有较大影响。

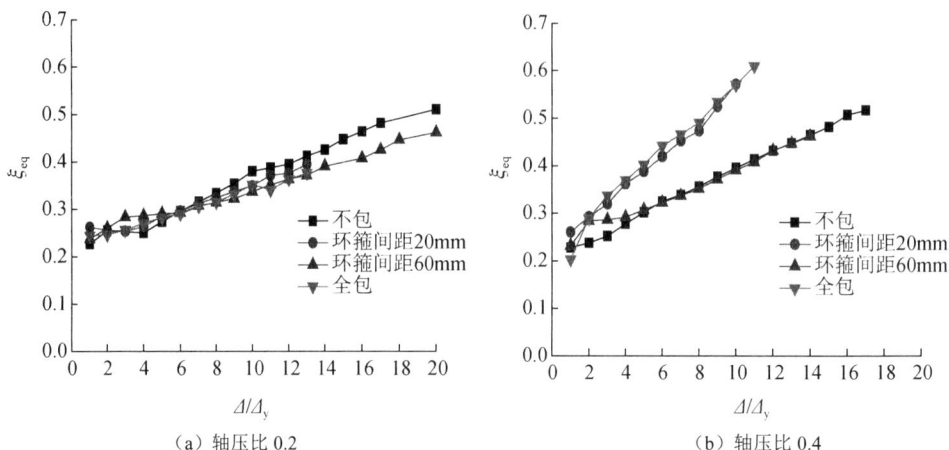

（a）轴压比 0.2　　　　　　　　　　　（b）轴压比 0.4

图 4-50　CFRP 条带的环箍间距对试件耗能性能的影响

4.2.5　骨架曲线

将低周往复荷载作用下滞回曲线同方向（推或拉）各次加载的荷载极值点依次相连得到骨架曲线。骨架曲线是每次循环加载达到的水平承载力最大峰值的轨迹，揭示构件或结构在往复荷载作用下的各个不同阶段的力学特性，包括强度、刚度、延性、耗能及抗倒塌能力。同时，骨架曲线也是确定构件或结构恢复力模型中包括屈服承载力、屈服位移、极限承载力和极限位移等特征点的重要依据之一，可反映试件受力与变形的各个不同阶段及延性特征。

图 4-51 为轴压比对试件骨架曲线的影响。从图中可以看出，在开始加载阶段试件基本处于弹性阶段，骨架曲线斜率比较大，大致呈线性关系，不同轴压比骨架曲线基本重合。在钢筋屈服后，试件骨架曲线斜率开始逐渐减小，随着水平位移的不断增大，试件水平承载力增长幅度减小，说明试件出现一定强度退化。在试件达到极限承载力之后，试件骨架曲线仍保持平缓或下降段比较微弱，说明试件荷载并没有急剧下降，具有较强的韧性和塑性变形能力，表现出较好的延性。与轴压比 0.2 的试件相比，轴压比 0.4 的试件的水平承载力要高，且骨架曲线的下

降段比较陡峭,水平承载力下降比较快,说明随着轴压比增大,试件强度衰减速率加快,延性相对较差。

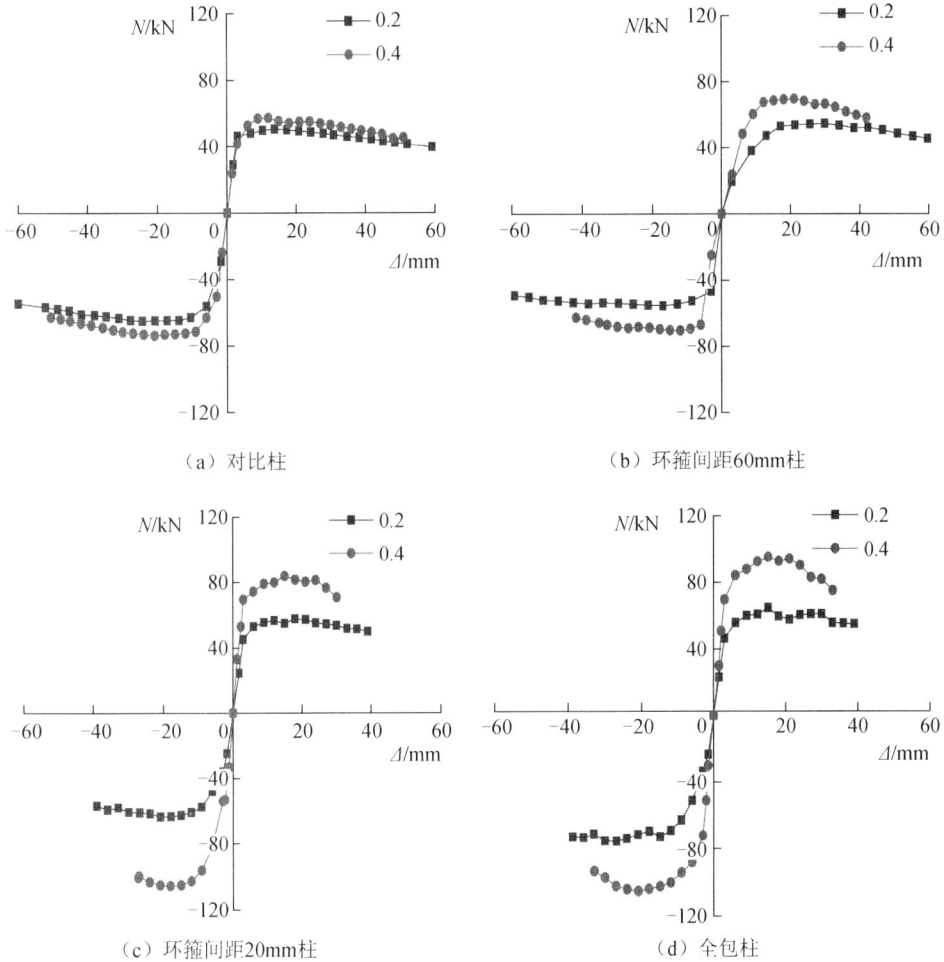

（a）对比柱　　　　　　　　　　　　　　　（b）环箍间距60mm柱

（c）环箍间距20mm柱　　　　　　　　　　　（d）全包柱

图 4-51　轴压比对试件骨架曲线的影响

图 4-52 为 CFRP 条带的环箍间距对试件骨架曲线的影响。从图中可以看出,在加载初期试件基本处于弹性阶段,初始刚度比较大,骨架曲线比较陡,不同 CFRP 条带的环箍间距试件的骨架曲线基本重合。在钢筋屈服后,试件骨架曲线斜率开始缓慢减小。在轴压比相同下,随着 CFRP 条带的环箍间距的减小,试件骨架曲线下降段变得较为陡峭,承载力降低速率加快,延性变形能力较差。CFRP 条带的环箍间距的变化对轴压比 0.2 试件骨架曲线影响不大,但对轴压比 0.4 试件的骨架曲线影响较大。与 PVC 管和 CFRP 条带的环箍间距为 60mm 的试件相比,全包 CFRP 的试件和 CFRP 条带的环箍间距为 20mm 的试件承载力较高。

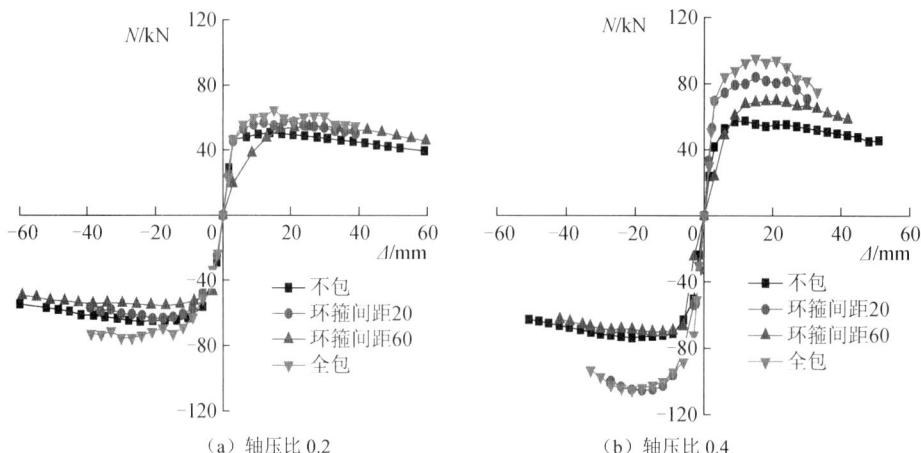

（a）轴压比 0.2   （b）轴压比 0.4

图 4-52   CFRP 条带的环箍间距对试件骨架曲线的影响

4.2.6   延性分析

延性是指结构或构件达到极限承载力后，承载力并没有明显下降，而且还表现出一定的塑性变形能力。延性可作为评判结构或构件抗震性能好坏的一个标准。其中，本节采用位移延性系数 u 来衡量结构的延性，位移延性系数 u 是极限位移 Δ_u 与屈服位移 Δ_y 的比值，其表达式为

$$u = \frac{\Delta_u}{\Delta_y} \tag{4-6}$$

式中，Δ_u 为极限位移，取水平极限承载力 85% 时所对应的位移值；Δ_y 为屈服位移。

根据试验得到的骨架曲线，利用几何作图法计算试件的屈服位移 Δ_y，从而确定试件位移延性系数 u，如图 4-53 所示。几何作图法的具体步骤为：作 $N\text{-}\Delta$ 曲线的初始段切线 OA，过最大荷载点 D 作水平直线与切线 OA 相交于点 A，过 A 点作垂线与 $N\text{-}\Delta$ 曲线相交于点 B，连接 OB 并且延长与过 D 点的水平线相交于点 C，过 C 点作垂线与 $N\text{-}\Delta$ 曲线相交于点 y，则点 y 为所求屈服点，其对应的荷载为屈服承载力，对应的位移为屈服位移。

根据几何作图法的具体步骤，通过编制 MATLAB 计算程序，可较方便地计算出试件的屈服承载力和屈服位移。

本节采用极限弹塑性位移角 θ_u 表示试件延性，根据极限弹塑性位移角的定义[87]，θ_u 的表达式为

$$\theta_u = \frac{\Delta_u}{L} \tag{4-7}$$

式中，L 为试件净高。

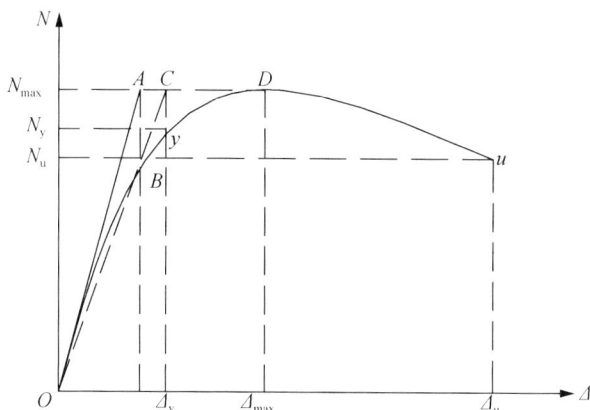

图 4-53 几何作图法确定屈服点

通过对 PVC-FRP 管钢筋混凝土柱试验数据分析，可得出试件的屈服位移、峰值位移、极限位移，以及由这些参数计算得到的位移延性系数 u 和极限弹塑性位移角 θ_u，见表 4-4。

表 4-4 试验结果计算值

试 件 编 号	屈服位移 Δ_y /mm		峰值位移 Δ_{max} /mm		极限位移 Δ_u /mm		位移延性系数 u （Δ_u / Δ_y）			极限弹塑性位移角 θ_u
	推	拉	推	拉	推	拉	推	拉	平均值	
BC-n1	2.61	4.33	13.86	24.40	59.22	60.00	22.69	13.86	18.27	9.9%
BC-n2	2.74	3.28	12.02	20.93	51.01	50.70	18.62	15.46	17.04	8.5%
C20-n1	2.69	4.67	17.99	20.90	39.03	39.05	14.51	8.36	11.44	6.5%
C20-n2	2.23	3.69	15.00	17.98	30.34	27.29	13.61	7.40	10.50	5.1%
C60-n1	2.64	2.65	29.83	17.03	59.65	59.29	22.59	22.37	22.48	9.9%
C60-n2	3.19	3.01	21.00	11.99	42.00	41.75	13.17	13.87	13.52	7.0%
CM-n1	3.18	3.25	26.99	14.90	38.99	38.75	12.26	11.92	12.09	6.5%
CM-n2	2.55	3.47	21.01	14.91	33.04	32.87	12.96	9.47	11.21	5.5%

表 4-5 和表 4-6 分别为本试验试件位移延性系数和极限弹塑性位移角的试验值分析，图 4-54 为轴压比对 PVC-FRP 管钢筋混凝土柱位移延性系数和极限弹塑性位移角的影响。轴压比对试件的位移延性系数和极限弹塑性位移角有较大的影响，随着轴压比的提高，试件的位移延性系数和极限弹塑性位移角均呈降低趋势，延性变差，尤其 CFRP 条带的环箍间距 60mm 试件的位移延性系数降低 40% 左右，其余试件位移延性系数降低均在 10% 以内。这主要是因为轴压比越小，试件的轴向承载力越小，产生的预压应变就越小，进而混凝土相对受压区高度越小，延性越好。

表 4-5　位移延性系数的试验值分析

因素		试件	位移延性系数	位移延性系数值和	平均值
轴压比	0.2	BC-n1	18.27	64.28	16.07
		C20-n1	11.44		
		C60-n1	22.48		
		CM-n1	12.09		
	0.4	BC-n2	17.04	52.27	13.07
		C20-n2	10.50		
		C60-n2	13.52		
		CM-n2	11.21		
环箍间距 /mm	不包	BC-n1	18.27	35.31	17.66
		BC-n2	17.04		
	60	C60-n1	22.48	36.00	18.00
		C60-n2	13.52		
	20	C20-n1	11.44	21.94	10.97
		C20-n2	10.50		
	全包	CM-n1	12.09	23.30	11.65
		CM-n2	11.21		

表 4-6　极限弹塑性位移角的试验值分析

因素		试件	极限弹塑性位移角/%	弹塑性和	平均值/%
轴压比	0.2	BC-n1	9.9	32.8	8.2
		C20-n1	6.5		
		C60-n1	9.9		
		CM-n1	6.5		
	0.4	BC-n2	8.5	26.1	6.5
		C20-n2	5.1		
		C60-n2	7.0		
		CM-n2	5.5		
环箍间距 /mm	不包	BC-n1	9.9	18.4	9.2
		BC-n2	8.5		
	60	C60-n1	9.9	16.9	8.5
		C60-n2	7.0		
	20	C20-n1	6.5	11.6	5.8
		C20-n2	5.1		
	全包	CM-n1	6.5	12.0	6.0
		CM-n2	5.5		

图 4-55 为 CFRP 条带的环箍间距对 PVC-FRP 管钢筋混凝土柱位移延性系数和极限弹塑性位移角影响。从图中可以看出，不包 CFRP 条带的试件和 CFRP 环箍间距 60mm 的试件之间位移延性系数及极限弹塑性位移角连线斜率不大，CFRP 全包的试件和 CFRP 环箍间距 20mm 的试件极限弹塑性位移角值延性系数及极限弹塑性位移角之间连线斜率也不太大，但 CFRP 环箍间距 60mm 的试件和 CFRP 环箍间距 20mm 的试件极限弹塑性位移角值延性系数及极限弹塑性位移角之间连线斜率比较大，这说明 CFRP 条带的环箍间距在 20~60mm 变化对试件的延性有较大的影响。

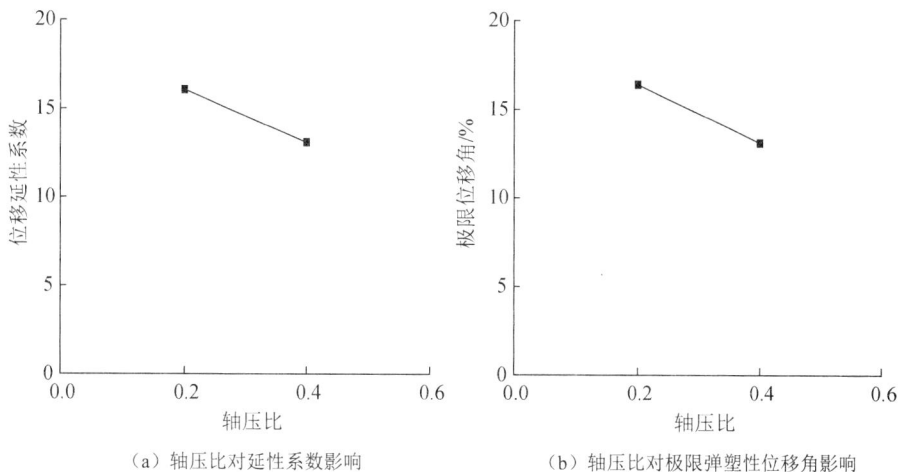

（a）轴压比对延性系数影响　　　　　　　（b）轴压比对极限弹塑性位移角影响

图 4-54　轴压比对试件位移延性系数及极限位移角影响

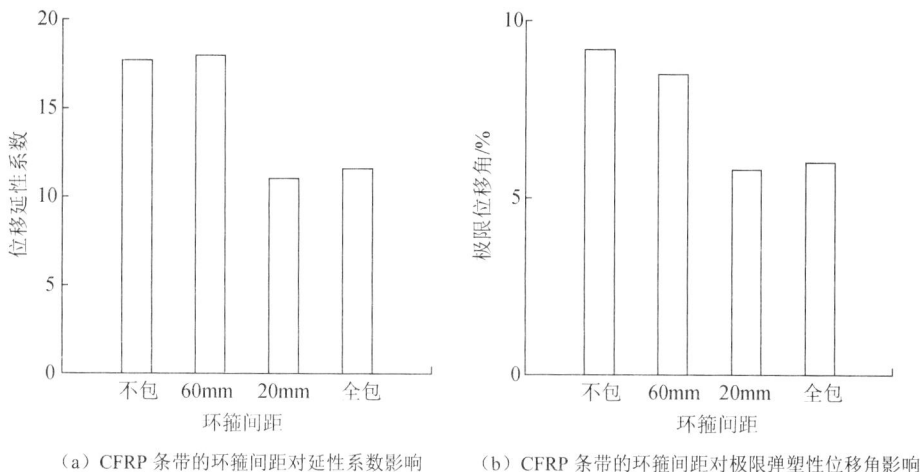

（a）CFRP 条带的环箍间距对延性系数影响　　（b）CFRP 条带的环箍间距对极限弹塑性位移角影响

图 4-55　CFRP 条带的环箍间距对试件位移延性系数和极限弹塑性位移角影响

4.2.7　水平承载力分析

表 4-7 为本试验试件推、拉方向的屈服承载力、峰值承载力和极限承载力试验值。随着轴压比的提高，试件的屈服承载力和极限承载力提高幅度比较大，最大分别为 30.29%和 35.98%，这与轴压比低的试件相比，轴压比较高的试件全截面受到的轴向压应力较大，必须提供更大的拉应力才能满足试件受拉一侧钢筋屈服并达到极限应变破坏。在轴压比相同时，CFRP 条带的环箍间距对试件的屈服承载力和极限承载力提高有一定影响，在轴压比 0.2 时，CFRP 条带的环箍间距为 20mm 的试件比不包的试件的屈服承载力提高 16.72%，比 CFRP 条带的环箍间距为 60mm 的试件的屈服承载力提高 12.06%，极限承载力分别提高 12.59%和 5.4%。在轴压比 0.4 时，CFRP 条带的环箍间距为 20mm 的试件比不包的试件的屈服承载

力提高36.36%，比CFRP条带的环箍间距为60mm的试件屈服承载力提高25.88%，极限承载力分别提高31.65%和16.98%。

表 4-7　试件试验承载力

试件编号	屈服承载力 N_y /kN			峰值承载力 N_{max} /kN			极限承载力 N_u /kN		
	推	拉	平均	推	拉	平均	推	拉	平均
BC-n1	36.05	38.50	37.28	50.55	65.10	57.83	42.97	55.34	49.15
BC-n2	39.52	50.41	44.97	57.35	73.88	65.62	48.75	62.80	55.77
C20-n1	43.29	46.01	44.65	57.83	63.42	60.63	49.16	53.91	51.53
C20-n2	62.10	53.73	57.92	83.91	105.48	94.70	71.32	89.66	80.49
C60-n1	38.07	46.84	42.46	54.72	55.42	55.07	46.51	47.11	46.81
C60-n2	46.03	44.09	45.06	69.66	70.55	70.11	59.21	59.97	59.59
CM-n1	46.42	58.80	52.61	61.03	72.82	66.93	51.88	61.90	56.89
CM-n2	67.47	77.06	72.27	95.33	102.35	98.84	81.03	87.00	84.01

4.2.8　应变分析

1. 平截面假定验证

图4-56和图4-57为全包CFRP的PVC-FRP管钢筋混凝土柱CM-n1和CM-n2截面钢筋应变分布。为验证试件截面应变平截面假定，分别在柱中每根纵筋的不同截面高度各布置1个应变片，测量钢筋的应变。从图中可以看出，对于轴压比较小的试件，钢筋的应变平截面假定符合较好。对于轴压比较大的试件，在较小水平荷载循环加载阶段，钢筋的应变平截面假定符合较好，近似直线段。随着水平承载力的增加，钢筋应变分布偏离初始直线段，仍可以认为基本符合平截面假定。

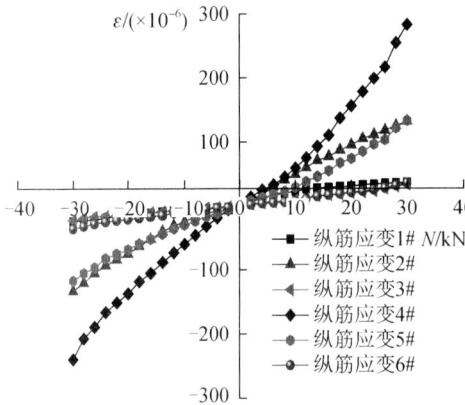

图4-56　柱CM-n1截面钢筋应变分布（截面高度100mm测试点）

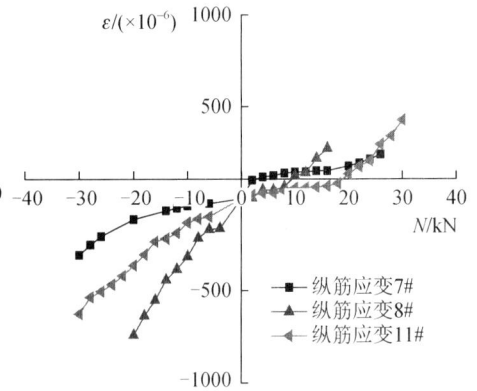

图4-57　柱CM-n2截面钢筋应变分布（截面高度300mm测试点）

2. PVC 管应变分析

图 4-58 为试件 PVC 管应变-位移曲线。从图中可以看出，在开始加载阶段 PVC 管应变较小，发展速度较缓慢，随着水平位移的增加 PVC 管应变呈线性增长。由于试件受到轴力和水平承载力的双重作用，试件截面处于不均匀受力状态。在同一截面高度上的 PVC 管应变分布不均匀。随着截面高度的增加，PVC 管的应变逐渐减小，在离基础表面 150mm 高度处的 PVC 管应变最大，说明随着荷载的增加，柱底部应力首先达到最大值，并向试件上部区域扩展，这也是该区域内 PVC 管首先出现竖向裂缝的原因。随着轴压比的增大，PVC 管的应变较大，随着 CFRP 条带的环箍间距的增大，PVC 管应变较小。

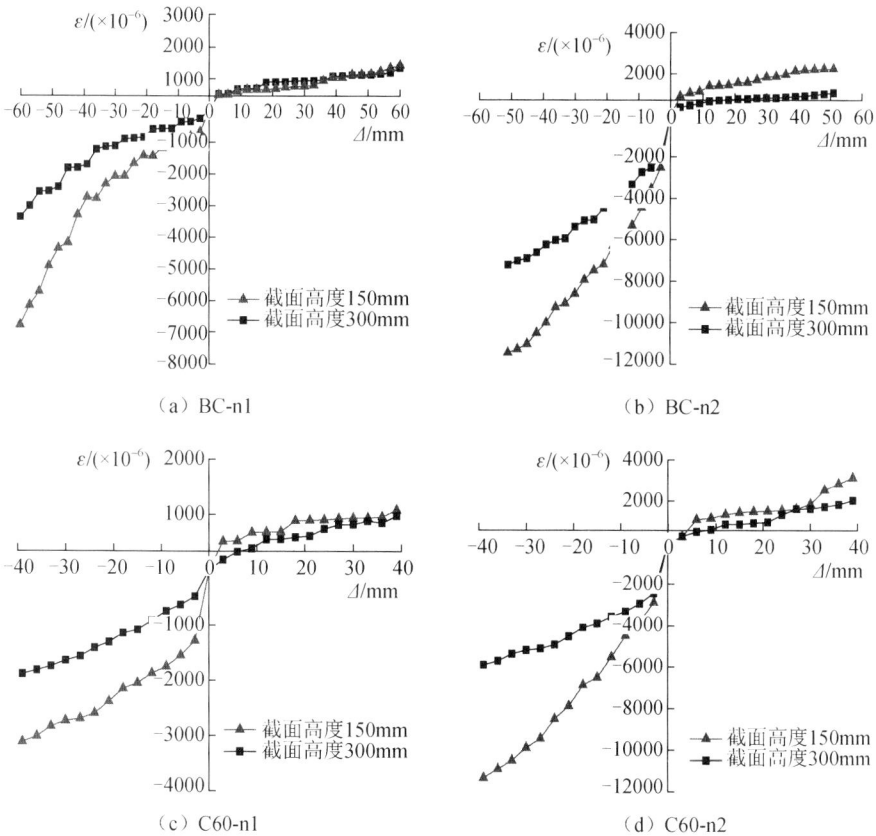

（a）BC-n1

（b）BC-n2

（c）C60-n1

（d）C60-n2

图 4-58　PVC 管应变-位移曲线

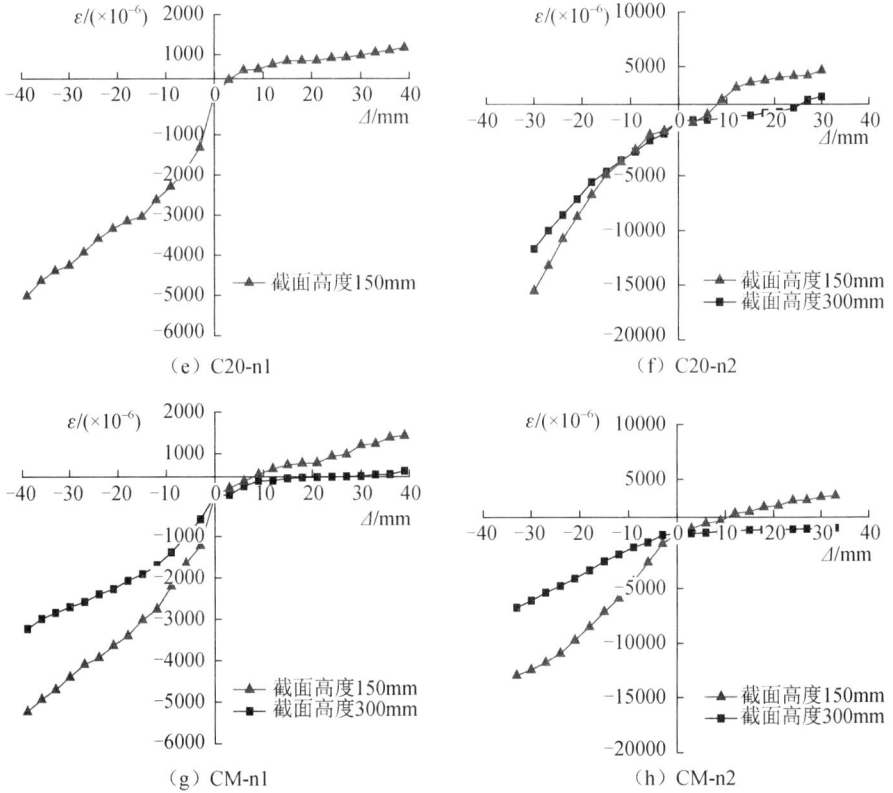

（e）C20-n1

（f）C20-n2

（g）CM-n1

（h）CM-n2

图 4-58（续）

3. CFRP 条带应变分析

图 4-59 为试件 CFRP 条带应变-位移曲线。从图中可以看出，在开始加载阶段 CFRP 条带应变较小，发展较缓慢，说明在加载初期 CFRP 条带约束作用较弱，CFRP 并未完全参加工作。随着水平位移的增大，PVC-FRP 管内混凝土开始膨胀，特别是试件屈服后，CFRP 条带应变急剧增加，CFRP 条带约束作用较强。在破坏阶段，试件 C20-n2 和 CM-n2 的最大应变值分别达到 9215×10^{-6} 和 12418×10^{-6}，分别达到 CFRP 条带极限拉应变，CFRP 断裂，显示出 CFRP 条带对试件约束效果较好。随着截面高度的增加，CFRP 条带应变逐渐减小，在离基础表面 90mm 高度处的 CFRP 条带应变最大，说明随着荷载的增加，柱底部应力首先达到最大值，并向试件上部 CFRP 条带传递。随着轴压比的增加，CFRP 条带应变增大，随着 CFRP 条带的环箍间距的增大，CFRP 条带应变较小，这与 PVC 管应变变化规律相似。

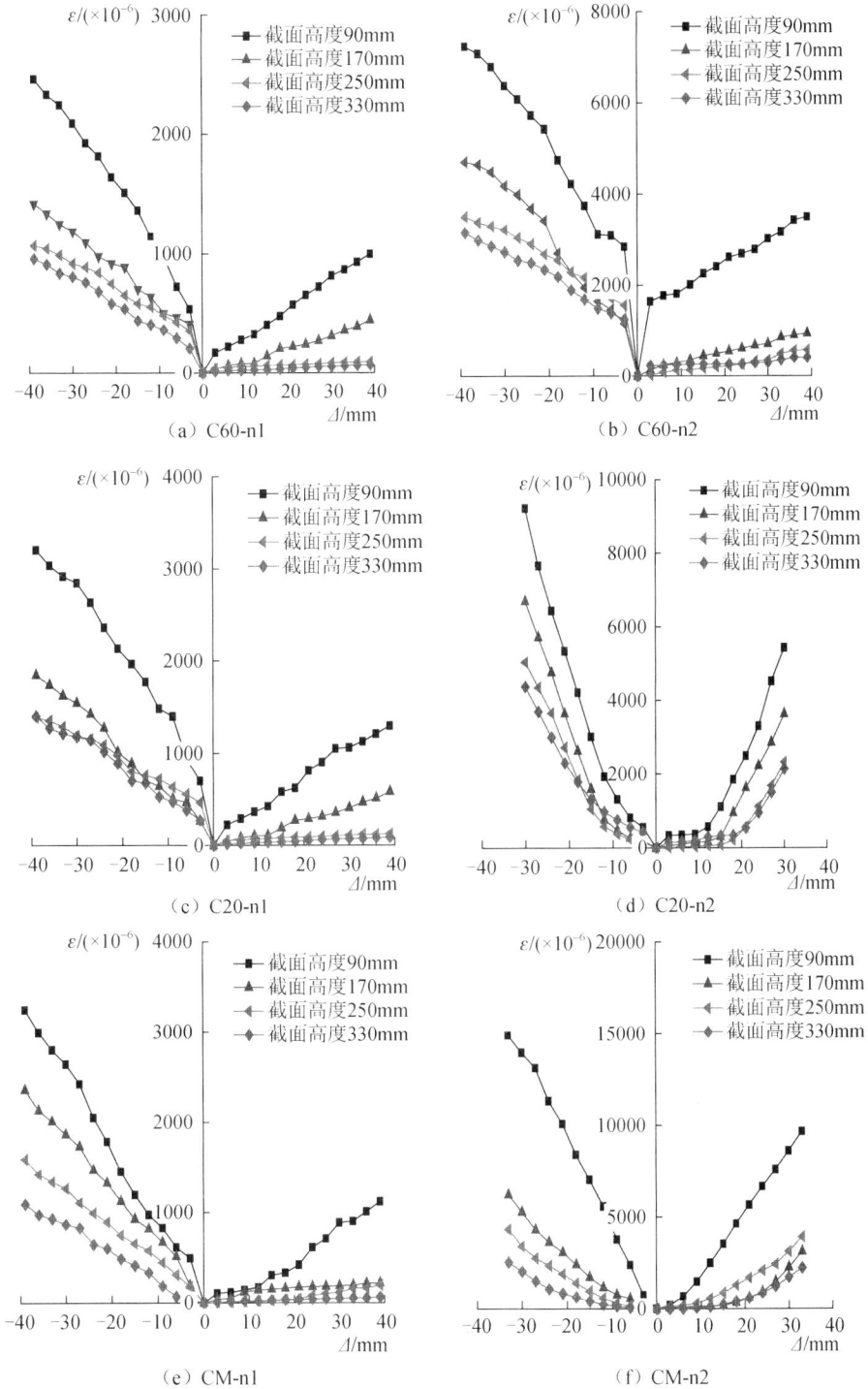

（a）C60-n1　　　　　　　　　　　（b）C60-n2

（c）C20-n1　　　　　　　　　　　（d）C20-n2

（e）CM-n1　　　　　　　　　　　（f）CM-n2

图 4-59　CFRP 条带应变-位移曲线

4. 纵筋应变分析

图 4-60 为试件纵筋应变-位移曲线。开始加载阶段在轴向承载力作用下，纵筋已经产生初始压应变，纵筋应变不断增大。随着水平位移的增大，纵筋应变增长速率加快，试件根部的纵筋应变变化剧烈，首先屈服，后随高度逐渐递减。随着轴压比的增大，纵筋产生的初始压应变很大，纵筋应变显著提高，而且试件根部应变片提前退出工作，纵筋应变很快达到破坏状态。与 CFRP 条带的环箍间距大的试件相比，随着 CFRP 条带的环箍间距的减小，纵筋应变增大，随着 CFRP 条带的环箍间距的减小，PVC-FRP 对核心混凝土约束作用增强，限制核心混凝土的侧向变形，混凝土应变变小。因此，纵筋必须提供更大的力才能维持力的平衡条件，纵筋应变增大。

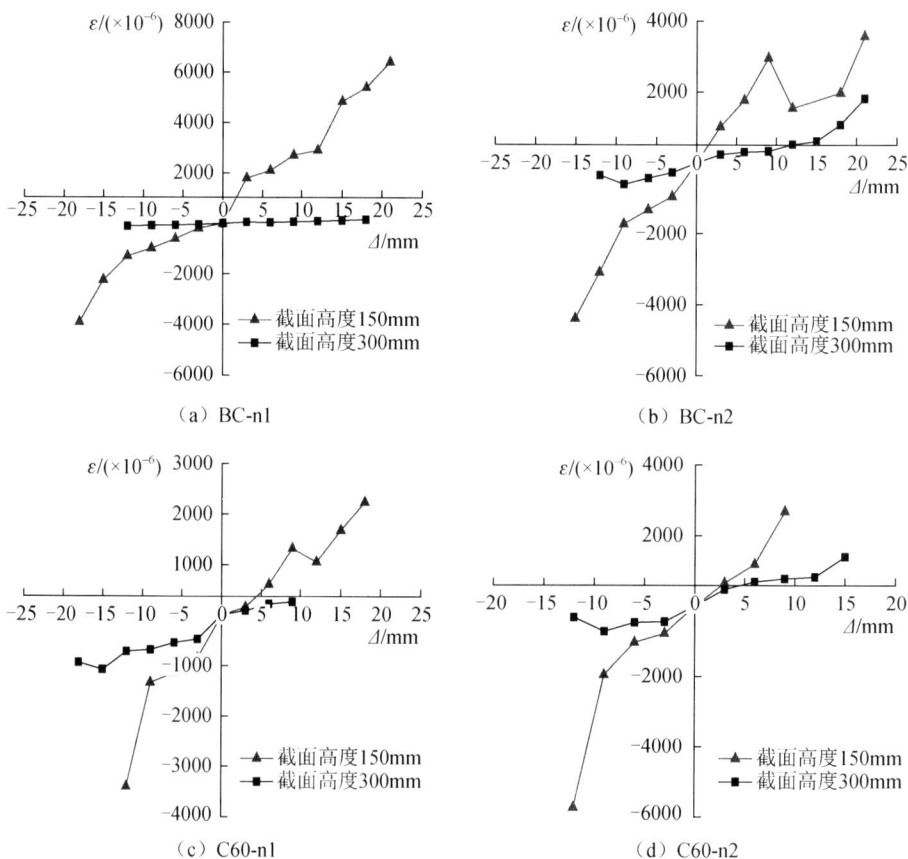

图 4-60　试件纵筋应变-位移曲线

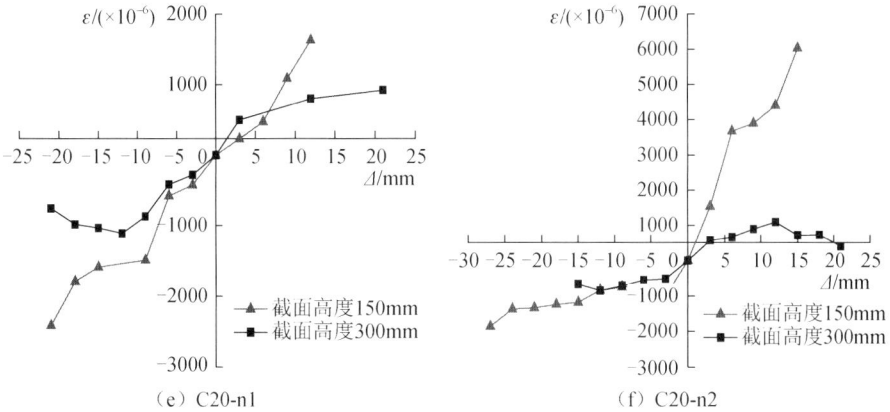

（e）C20-n1 　　　　　　　　（f）C20-n2

图 4-60（续）

5. CFRP 条带和箍筋应变比较分析

图 4-61 为同一截面高度处 CFRP 条带拉应变和箍筋应变曲线比较。从图 4-61 中可以看出，在开始加载阶段，CFRP 条带拉应变和箍筋应变发展均较为缓慢，二者相差不大。试件屈服后，随着水平位移的增加，CFRP 条带拉应变开始快速发展，大大超过箍筋应变的增长速度。在达到极限水平位移之前，箍筋应变发展速度增长较缓慢，直至达到箍筋屈服应变，箍筋不能再增加约束力，而 CFRP 条带拉应变始终保持稳定增长速度，CFRP 条带不断增加约束力。与轴压比较低的试件相比，轴压比较高的试件 CFRP 条带拉应变和箍筋应变增长迅速，而且 CFRP 条带增长的应变曲线与箍筋明显分开，CFRP 极限拉应变较大。与 CFRP 条带的环箍间距为 60mm 的试件相比，CFRP 条带的环箍间距 20mm 和 CFRP 全包的试件的 CFRP 极限拉应变较大，两者极限拉应变相当，这说明 CFRP 条带极限拉应变与试件轴压比和 CFRP 条带的环箍间距有关。

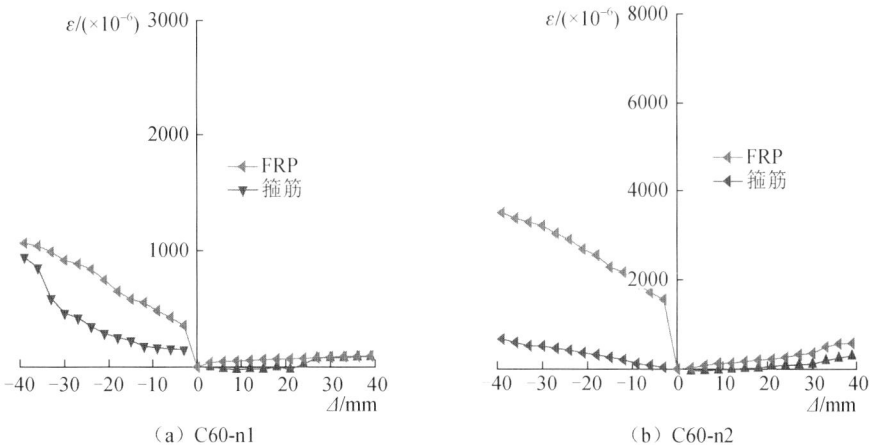

（a）C60-n1 　　　　　　　　（b）C60-n2

图 4-61　同一截面高度处 FRP 条带应变和箍筋应变比较

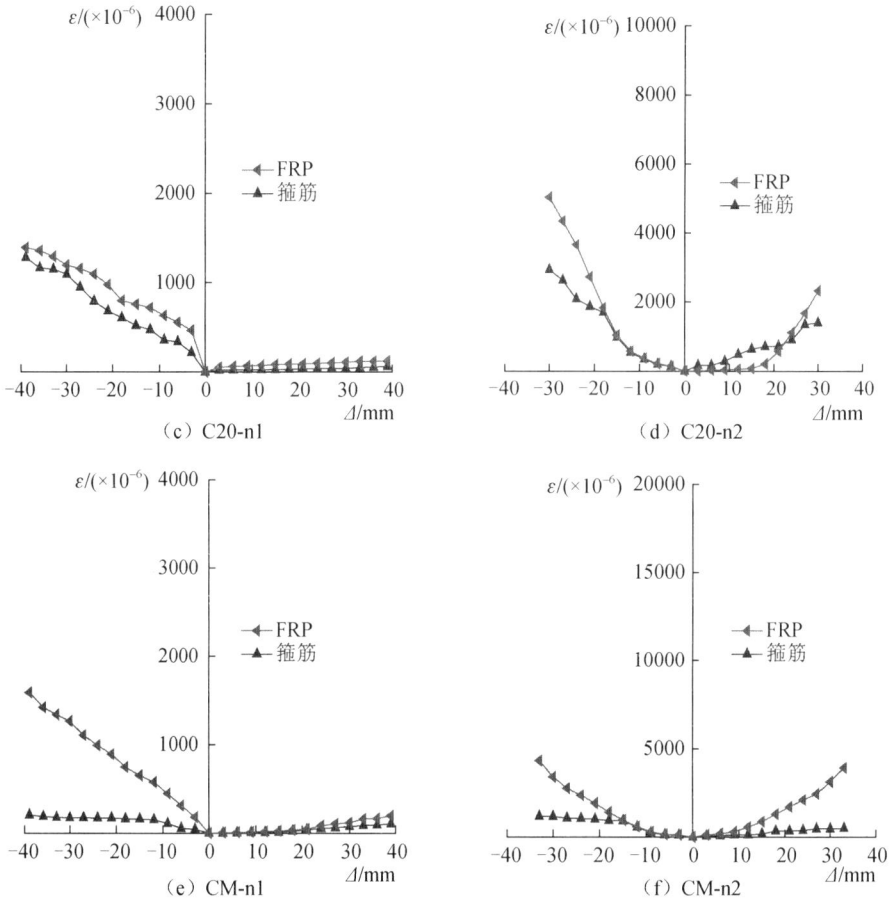

（c）C20-n1　　　　　　　　（d）C20-n2

（e）CM-n1　　　　　　　　（f）CM-n2

图 4-61（续）

4.3　PVC-FRP管钢筋混凝土柱承载力计算

　　本章在试验研究基础上，采用 PVC-FRP 管混凝土柱本构关系，对低周往复荷载作用下 PVC-FRP 管钢筋混凝土柱进行截面分析，利用柱构件截面力的极限平衡条件，并考虑轴压比和 CFRP 条带的环箍间距的影响，提出低周往复荷载作用下PVC-FRP 管钢筋混凝土柱抗弯承载力计算公式。根据延性系数抗震设计方法，给出 PVC-FRP 管钢筋混凝土柱抗震设计步骤。

4.3.1　PVC-FRP管钢筋混凝土柱抗弯承载力计算公式

1. 基本假定

1）截面应变符合平截面假定。

2）假定 CFRP 条带与 PVC 管之间、PVC 管与混凝土之间、混凝土与钢筋之间黏结良好，无相对滑移。

3）不考虑受拉区混凝土作用。

4）FRP 达到其极限抗拉强度。

5）混凝土的应力-应变关系采用文献[92]中建立的模型，其应力-应变曲线见第 2.2.2 节。

6）钢筋的应力-应变关系采用理想弹塑性双线性模型，采用式（3-36）。

7）将纵向钢筋等效为钢环，沿圆周均匀分布。

8）不考虑中和轴附近 PVC-FRP 管约束作用。

2. 抗弯承载力计算公式

图 4-62 为极限状态下 PVC-FRP 管钢筋混凝土柱截面受力分析，试件同时受到轴向承载力 N_a 和弯矩 M_a 作用，根据试件的平衡条件可得

$$\alpha f_{cc}(A_c - A_s^-) + A_s^- f_y - A_s^+ f_y = N_a \tag{4-8}$$

式中，α 为引入的等效矩形应力图参数如图 4-63 所示，α 表示受压区混凝土矩形应力图的应力值与混凝土轴心抗压强度设计值的比值，其与混凝土应力-应变曲线有关。在 PVC-FRP 管混凝土柱应力-应变关系的试验研究基础上，将等效矩形应力图参数 α 与等效黏滞系数 ξ_{ef} 数据进行线性拟合（图 4-64），可得等效矩形应力图参数 α 的表达式为

$$\alpha \approx 1.103\xi_{ef} + 1.337 \tag{4-9}$$

式中，A_c 为受压区核心混凝土面积，如式（4-10）所示，A_s^+ 和 A_s^- 分别表示受拉区和受压区纵向钢筋的面积，即

$$A_c = \frac{R^2(\theta - \sin\theta)}{2} \tag{4-10}$$

$$A_s^+ = \rho_s A_g(1 - \theta'/2\pi) \tag{4-11}$$

$$A_s^- = \rho_s A_g(\theta'/2\pi) \tag{4-12}$$

式中，R 为柱截面半径；θ 为受压区混凝土对应角度；A_g 为柱截面面积，用 $A_g = \pi R^2$ 计算；θ' 为受压区钢环对应角度。

在实际工程中，与柱的半径相比，柱的保护层厚度很小，因此假定 $\theta \approx \theta'$，将式（4-8）两边同除以 $f_c A_g$，可得

$$\frac{\alpha}{2\pi}((1 - \rho_s)\theta - \sin\theta) + I\left(\frac{\theta}{\pi} - 1\right) = n \tag{4-13}$$

由于本章试件的纵筋配筋率 ρ_s 均为 2.16%，代入式（4-13）中可得

$$\frac{\alpha}{2\pi}(0.974\theta - \sin\theta) + I\left(\frac{\theta}{\pi} - 1\right) = n \tag{4-14}$$

式中，I 为纵向钢筋配筋系数，$I = \rho_s f_y / f_c$；n 为轴压比，$n = N_a / A_g$。

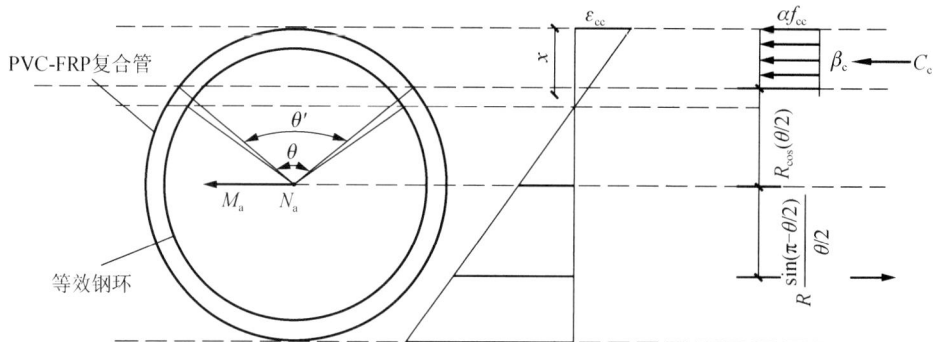

图 4-62　PVC-FRP 管钢筋混凝土圆柱截面分析

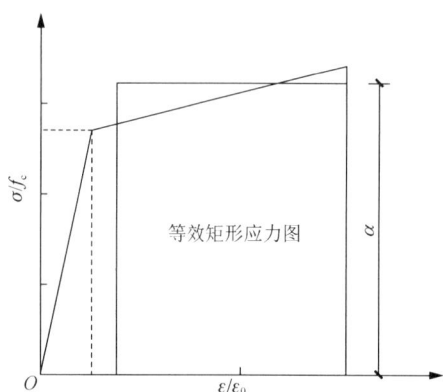

图 4-63　等效矩形应力图参数

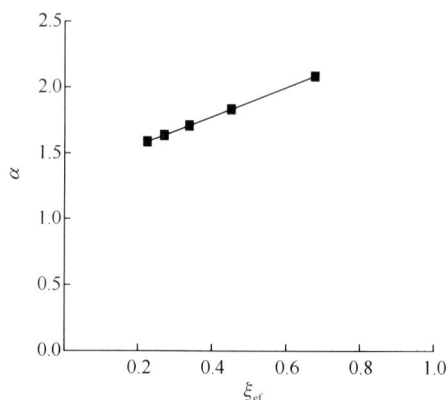

图 4-64　ξ_{ef} 与 α 关系

为计算方便，可将式（4-14）中的 $0.974\theta - \sin\theta$ 简化，其表达式为

$$0.974\theta - \sin\theta = 1.6339\theta - 2.1026 \qquad (4-15)$$

通过试算发现，当 θ 为 1.6～5.2rad 时，式（4-15）的计算误差在 12%以内，可采用 $1.6339\theta - 2.1026$ 代替 $0.974\theta - \sin\theta$，图 4-65 为函数 $y_1 = 0.974\theta - \sin\theta$ 与函数 $y_2 = 1.6339\theta - 2.1026$ 之间的比较，从图中可以看出，两者吻合较好。

将式（4-9）和式（4-15）代入式（4-14）可得

$$\theta = \frac{n + I + 0.27\xi_{ef} + 0.328}{0.32I + 0.246\xi_{ef} + 0.298} \qquad (4-16)$$

假定受拉区纵向钢筋位于试件均匀分布圆周的重心，忽略受压区纵向钢筋的影响，并且对混凝土压力合力点取矩，结合式（4-11）和式（4-14），可得试件极限抗弯承载力 M_u 的表达式为

$$M_{u}=f_{c}\pi R^{3}G(I,n,\theta) \tag{4-17a}$$

$$G(I,n,\theta)=I\left(1-\frac{\theta}{2\pi}\right)\left(0.5+\frac{\cos(\theta/2)}{2}+\frac{\sin(\pi-\theta/2)}{\theta/2}\right)+n\left(0.5+\frac{\cos(\theta/2)}{2}\right) \tag{4-17b}$$

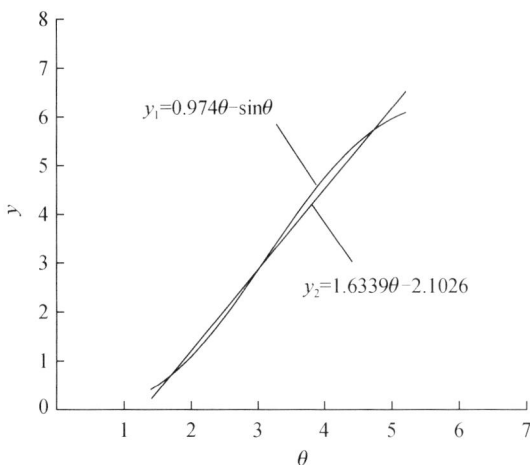

图 4-65　函数 y_1 和 y_2 曲线比较

3. 试验验证

在低周往复荷载作用下，PVC-FRP 管钢筋混凝土柱的极限抗弯承载力的计算值和试验值比较见表 4-8。表中 M_{u}^{e} 和 M_{u}^{c} 分别表示极限抗弯承载力的试验值和计算值，极限抗弯承载力计算值 M_{u}^{c} 和试验值 M_{u}^{e} 之比 M_{u}^{c}/M_{u}^{e} 的平均值为 1.03，均方差为 0.064，可见本章的极限抗弯承载力试验值与计算值离散性不大，抗弯承载力计算值与试验结果吻合较好。

表 4-8　极限抗弯承载力计算值与试验值比较

试件编号	极限抗弯承载力 M_{u} /(kN·m)		
	M_{u}^{e}	M_{u}^{c}	M_{u}^{c}/M_{u}^{e}
BC-n1	30.33	30.76	1.01
BC-n2	34.41	35.44	1.03
C20-n1	34.70	34.81	1.00
C20-n2	50.35	56.87	1.13
C60-n1	32.83	32.43	0.99
C60-n2	41.80	46.67	1.12
CM-n1	36.62	34.81	0.95
CM-n2	57.20	56.87	0.99

4.3.2　PVC-FRP 管钢筋混凝土柱抗震设计基本参数

1. 参数计算

（1）极限承载力

根据计算出的试件极限抗弯承载力 M_u，可得试件水平极限承载力 N_u 的表达式为

$$N_u = \frac{M_u}{L} \tag{4-18}$$

（2）屈服承载力

文献[92]研究发现，当试件屈服时 PVC-FRP 管开始对核心混凝土发挥一定的约束作用，但约束作用不大，为计算简化，忽略 PVC-FRP 管的约束效应系数 ξ_{ef} 的影响，根据式（4-16）得到屈服时 θ_y 的表达式为

$$\theta_y = \frac{n + I + 0.328}{0.32I + 0.298} \tag{4-19}$$

根据式（4-17a）和式（4-17b）得到试件屈服弯矩 M_y 的表达式为

$$M_y = f_c \pi R^3 G(I, n, \theta_y) \tag{4-20a}$$

$$G(I, n, \theta_y) = I\left(1 - \frac{\theta_y}{2\pi}\right)\left(0.5 + \frac{\cos(\theta_y/2)}{2} + \frac{\sin(\pi - \theta_y/2)}{\theta_y/2}\right) + n\left(0.5 + \frac{\cos(\theta_y/2)}{2}\right)$$

$$\tag{4-20b}$$

根据计算出的试件屈服弯矩 M_y，可得试件水平屈服承载力 N_y 的表达式为

$$N_y = \frac{M_y}{L} \tag{4-21}$$

（3）屈服曲率

本章采用 Priestley 等[114]提出的屈服曲率 φ_y 计算公式，其表达式为

$$\varphi_y = \frac{1.225\varepsilon_y}{R} \tag{4-22}$$

（4）极限曲率

根据 PVC-FRP 管钢筋混凝土圆柱截面受力分析，如图 4-66 所示，可得试件极限曲率 φ_u 为

$$\varphi_u = \frac{\varepsilon_{cc}}{x} \tag{4-23}$$

式中，x 为混凝土的受压区高度，其表达式为

$$x = R(1 - \cos\theta/2) \tag{4-24}$$

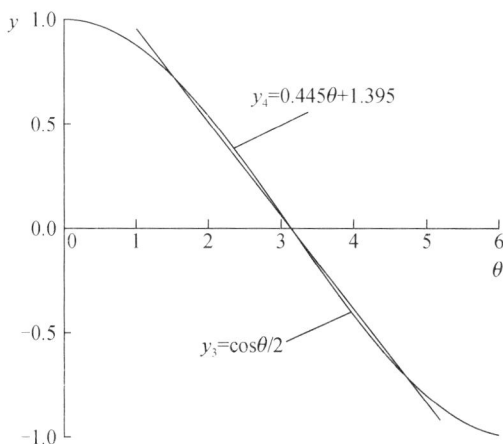

图 4-66　函数 y_3 和 y_4 曲线比较

将式（4-24）代入式（4-23），可得

$$\varphi_{\mathrm{u}} = \frac{\varepsilon_{\mathrm{cc}}}{R(1 - \cos\theta / 2)} \tag{4-25}$$

为计算方便，可将式（4-25）中的 $\cos\theta / 2$ 简化，其表达式为

$$\cos\theta / 2 = -0.445\theta + 1.395 \tag{4-26}$$

通过本章试算发现，当 θ 为 1.3～5.4rad 时，式（4-26）的计算误差在 11% 以内，可采用 $-0.445\theta + 1.395$ 代替 $\cos\theta / 2$，图 4-66 为函数 $y_3 = \cos\theta / 2$ 与函数 $y_4 = -0.445\theta + 1.395$ 的比较，从图中可以看出，两者吻合较好。

将式（4-18）、式（4-26）代入式（4-25）得

$$\varphi_{\mathrm{u}} = \frac{0.0019\xi_{\mathrm{ef}}^2 + (0.0025I + 0.005)\xi_{\mathrm{ef}} + 0.0036I + 0.0033}{R(0.445n + 0.3186I + 0.023\xi_{\mathrm{ef}} + 0.0283)} \tag{4-27}$$

通过式（4-27）可知，试件极限曲率与试件半径 R、等效约束效应系数 ξ_{ef}、纵向钢筋配筋系数 I、轴压比 n 等因素有关。

（5）屈服位移和极限位移计算

图 4-67 为试件计算模型和界面曲率分布，图中试件上部分的曲率为真实曲率，呈线性分布，在钢筋屈服后形成的塑性铰区域内，曲率分布一致，由图中弹性曲率的分布形式，可得试件屈服位移

$$\varDelta_{\mathrm{y}} = \int_0^L \varphi(x)x\mathrm{d}x = \int_0^L \frac{x^2}{L}\varphi_{\mathrm{y}}\mathrm{d}x = \frac{\varphi_{\mathrm{y}}L^2}{3} \tag{4-28}$$

极限位移为

$$\varphi_{\mathrm{p}} = \varphi_{\mathrm{u}} - \varphi_{\mathrm{y}} \tag{4-29}$$

$$\theta_{\mathrm{p}} = \varphi_{\mathrm{p}}L_{\mathrm{p}} \tag{4-30}$$

$$\Delta_p = \theta_p (L - 0.5L_p) \tag{4-31}$$

$$\Delta_u = \Delta_y + \Delta_p \tag{4-32}$$

试件极限位移表达式为

$$\Delta_u = \frac{\varphi_y L^2}{3} + (\varphi_u - \varphi_y)L_p (L - 0.5L_p) \tag{4-33}$$

式中，L_p 为试件塑性铰区域高度，本节采用文献[114]提出的试件塑性铰区域高度计算公式

$$L_p = 0.08H + 0.022d_b f_y \tag{4-34}$$

式中，d_b 为纵筋的直径。

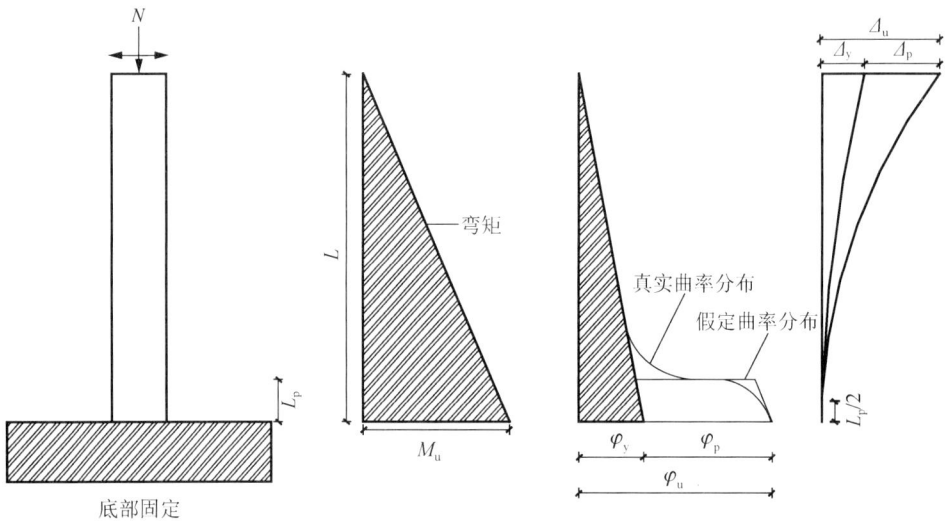

图 4-67　试件界面曲率分布

2. 试验验证

在低周往复荷载作用下，PVC-FRP 管钢筋混凝土柱的屈服承载力、屈服位移、极限承载力、极限位移的计算值和试验结果比较见表 4-9。表中 N_y^e 和 N_y^c 分别表示屈服承载力试验值和计算值，Δ_y^e 和 Δ_y^c 分别表示屈服位移试验值和计算值，N_u^e 和 N_u^c 分别表示极限荷载试验值和计算值，Δ_d^e 和 Δ_d^c 分别表示极限位移试验值和计算值，表 4-2 列出计算值和试验值的比较，屈服承载力计算值 N_y^c 和试验值 N_y^e 之比 N_y^c / N_y^e 的平均值为 1.121，均方差为 0.097，屈服位移计算值 Δ_y^c 和试验值 Δ_y^e 之比 Δ_y^c / Δ_y^e 的平均值为 1.113，均方差为 0.122，极限承载力计算值 N_u^c 和试验值 N_u^e 之比 N_u^c / N_u^e 的平均值为 1.028，均方差为 0.059，极限位移计算值 Δ_d^c 和试验值 Δ_d^e 之比 Δ_d^c / Δ_d^e 的平均值为 0.995，均方差为 0.023，可见理论计算值与试验结果吻合较好。

表 4-9　承载力和位移计算值与试验值比较

试 件 编 号	屈服承载力 N_y /kN			屈服位移 Δ_y /mm			极限承载力 N_u /kN			极限位移 Δ_d /mm		
	N_y^e	N_y^c	$\dfrac{N_y^c}{N_y^e}$	Δ_y^e	Δ_y^c	$\dfrac{\Delta_y^c}{\Delta_y^e}$	N_u^e	N_u^c	$\dfrac{N_u^c}{N_u^e}$	Δ_d^e	Δ_d^c	$\dfrac{N_d^c}{N_d^e}$
BC-n1	36.05	38.42	1.07	2.61	3.00	1.15	50.55	51.27	1.01	60	59.22	0.99
BC-n2	39.52	50.01	1.27	2.74	3.00	1.09	57.35	59.06	1.03	51	50.35	0.99
C20-n1	43.29	51.36	1.19	2.69	3.00	1.12	57.83	58.02	1.00	39	39.52	1.01
C20-n2	62.10	64.02	1.03	2.23	3.00	1.35	83.91	94.78	1.13	30	30.57	1.02
C60-n1	38.07	44.22	1.16	2.64	3.00	1.14	54.72	54.05	0.99	60	59.58	0.99
C60-n2	46.03	55.51	1.21	3.19	3.00	0.94	69.66	77.78	1.12	42.	39.56	0.94
CM-n1	46.42	51.36	1.11	3.18	3.00	0.94	61.03	58.02	0.95	39	39.56	1.01
CM-n2	67.47	64.02	0.95	2.55	3.00	1.18	95.33	94.78	0.99	33	33.21	1.01

3. 抗震设计步骤

为保证 PVC-FRP 管钢筋混凝土柱能在不同地震作用下满足预期的性能水平，本章基于位移性能抗震设计方法，提出 PVC-FRP 管钢筋混凝土柱抗震设计步骤。目前，基于位移性能抗震设计方法主要包括延性系数抗震设计法[115]、能力谱抗震设计法[116]和直接基于位移的设计法[117]，采用延性系数抗震设计法，通过最常用的位移延性系数和曲率延性系数得到 PVC-FRP 管钢筋混凝土柱的抗震设计步骤，如图 4-68 所示。

对于 PVC-FRP 管钢筋混凝土试件水平位移按照式（4-28）和式（4-33）进行计算，根据位移延性系数 μ_Δ 的定义，即极限位移 Δ_u 与屈服位移 Δ_y 的比值，其表达式为

$$\mu_\Delta = \frac{\Delta_u}{\Delta_y} = 1 + 3\left(\frac{\varphi_u}{\varphi_y} - 1\right)\left(1 - 0.5\frac{L_p}{L}\right)\frac{L_p}{L} \tag{4-35}$$

根据曲率延性系数的定义，即塑性铰区截面的极限曲率与屈服曲率之比，可得式（4-35）中 φ_u / φ_y 为相应的曲率延性系数，用 μ_φ 表示，即

$$\mu_\Delta = \frac{\Delta_u}{\Delta_y} = 1 + 3(\mu_\varphi - 1)\left(1 - 0.5\frac{L_p}{L}\right)\frac{L_p}{L} \tag{4-36}$$

将式（4-36）进行整理得到一个要求的位移延性 μ_d 对应的曲率延性系数 μ_φ 为

$$\mu_\varphi = \frac{\mu_d - 1}{3(1 - 0.5L_p / L)(L_p / L)} + 1 \tag{4-37}$$

根据式（4-22）和式（4-27），可得 PVC-FRP 管钢筋混凝土柱曲率延性系数 $\mu_{\varphi r}$ 为

$$\mu_{\varphi r} = \frac{0.0019\xi_{ef}^2 + (0.0025I + 0.005)\xi_{ef} + 0.0036I + 0.0033}{k\varepsilon_y(0.445n + 0.3186I + 0.023\xi_{ef} + 0.0283)} \tag{4-38}$$

输入柱的几何参数：N_a，H，R，f_c，ρ_s，f_y，k，ε_y，d_b

计算参数：n，I，φ_y，L_p

根据性能要求确定目标延性系数 μ_d

计算曲率延性系数 μ_φ

计算 CFRP 条带的约束效应系数 ξ_{ef}

计算 CFRP 条带的约束影响系数 k_g，给定 CFRP 条带宽度 s_f，计算需要的 CFRP 条带环箍间距 s'

是否满足性能要求

否

是

结束

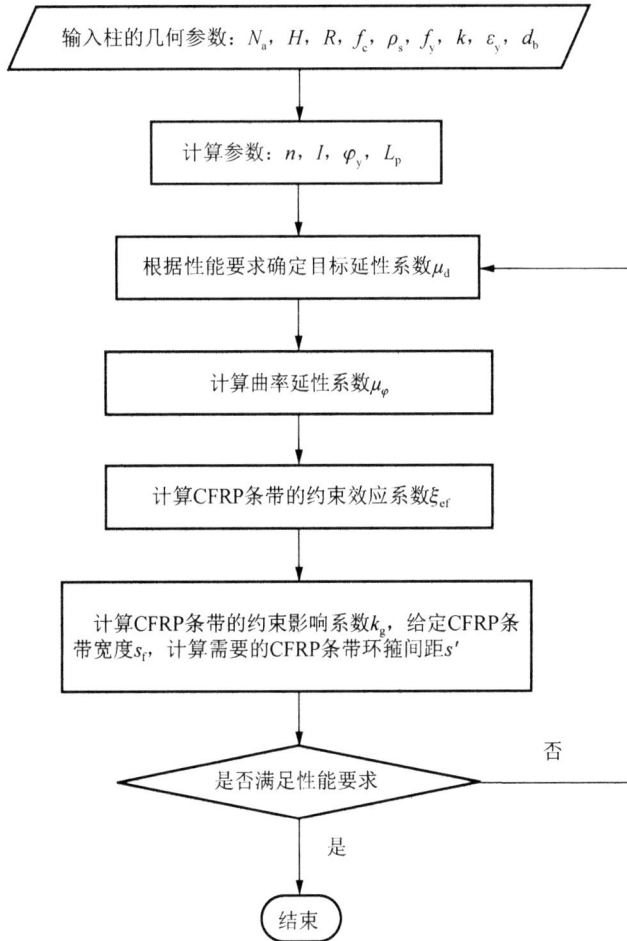

图 4-68 PVC-FRP 管钢筋混凝土柱抗震设计步骤

根据抗震设计要求的曲率延性系数 μ_φ，通过式（4-38）可计算得到 PVC-FRP 管对混凝土柱的等效约束效应系数 ξ_{ef}，则 **PVC-FRP 管等效约束效应系数 ξ_{ef} 为**

$$\xi_{ef}=\frac{-B+\sqrt{B^2-4AC}}{2A} \tag{4-39}$$

式中

$$A=0.0019 \tag{4-40}$$

$$B=0.0025I-0.0189\varepsilon_y\mu_{\varphi r}+0.005 \tag{4-41}$$

$$C=-0.3653\varepsilon_y\mu_{\varphi r}n-0.0232\varepsilon_y\mu_{\varphi r}+0.0033 \tag{4-42}$$

将计算得到的 ξ_{ef} 代入式（2-5）得到 CFRP 条带的约束影响系数 k_g，在 CFRP 条带层数相同时，给定 CFRP 条带宽度 s_f，通过式（2-6）得到 CFRP 条带间距 s'，判断是否满足性能的要求。

4.4　PVC-FRP 管钢筋混凝土柱恢复力模型研究

采用纤维模型法编制非线性分析程序,在 PVC-FRP 管混凝土柱本构关系基础上,对低周往复荷载作用下 PVC-FRP 管钢筋混凝土柱进行受力全过程分析,得出 PVC-FRP 管钢筋混凝土柱的计算骨架曲线,并验证骨架曲线计算的正确性。在此基础上,对试件骨架曲线计算方法进行简化,给出低周往复荷载作用下 PVC-FRP 管钢筋混凝土柱加卸载规则,建立 PVC-FRP 管钢筋混凝土柱恢复力模型。

4.4.1　基本假定

1）PVC-FRP 管钢筋混凝土柱截面符合平截面假定。

2）不考虑受拉区混凝土作用。

3）假定 CFRP 条带与 PVC 管之间、PVC 管与混凝土之间、混凝土与钢筋之间黏结良好,无相对滑移。

4）不考虑核心混凝土收缩、徐变的影响。

5）截面上的轴向承载力始终保持不变。

6）不考虑剪力对试件变形影响。

7）PVC-FRP 管混凝土采用第 2.2.2 节给出公式,钢筋的应力-应变关系采用式（3-36）。

4.4.2　PVC-FRP 管钢筋混凝土柱 N-Δ 曲线全过程分析

1. 全过程分析程序

为得到 PVC-FRP 管钢筋混凝土柱 N-Δ 曲线,需要对 PVC-FRP 管钢筋混凝土柱进行受力分析,试件截面应力、应变分布如图 4-69 所示。采用纤维模型法对试件进行全过程分析,将混凝土截面等条带宽度分成若干个单元,每根钢筋也作为独立单元处理且纵向钢筋的受力性能相同。荷载作用下混凝土各条带应变表达式为

$$\varepsilon = \varepsilon_0 + \varphi \cdot y \tag{4-43}$$

式中,ε_0 为中心轴应变;φ 为试件截面曲率;y 为试件截面任意点到中心轴距离。

根据式（4-43）,可得任意单元混凝土的应力表达式为

$$f_c'(\varepsilon_c') = f_c'(\varepsilon_0 + \varphi \cdot y) \tag{4-44}$$

式中,$f_c'(\varepsilon_c')$ 为 PVC-FRP 管钢筋混凝土压应力。

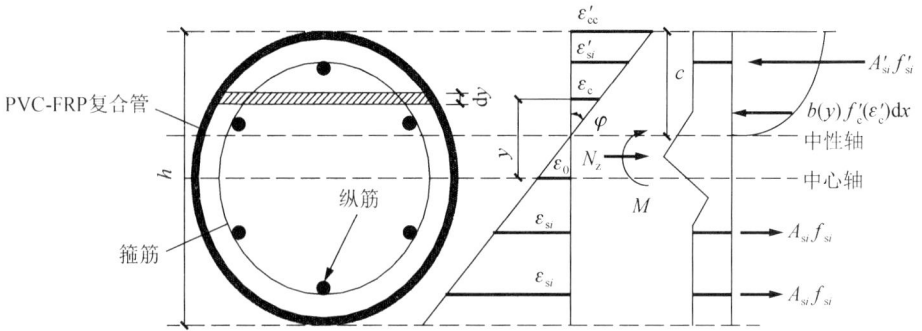

图 4-69　试件截面应力、应变分布

图 4-69 中，A_{si} 和 A'_{si} 分别为拉、压钢筋面积，ε_{si} 和 ε'_{si} 分别为钢筋拉、压应变，f_{si} 和 f'_{si} 分别为钢筋拉、压应力。

钢筋的应力表达式为

$$f_{si}(\varepsilon_{si}) = f_{si}(\varepsilon_0 + \varphi \cdot y) \quad (i = 1, 2, \cdots, n) \tag{4-45}$$

式中，$f_{si}(\varepsilon_{si})$ 为试件截面内第 i 根钢筋应力；ε_{si} 为试件截面内第 i 根钢筋应变。

根据试件截面受力平衡条件可得

$$N_z = \int_{h/2-c}^{h/2} b(y) f'_c(\varepsilon'_c) \mathrm{d}y + \sum_{i=1}^{n} A_{si} f_{si}(\varepsilon_{si}) \tag{4-46}$$

式中，N_z 为试件截面轴向压力；h 为试件截面高度；c 为中性轴距受压区边缘的距离；A_{si} 为试件截面内第 i 根钢筋的面积；$\mathrm{d}y$ 为试件截面划分的条带宽度；$b(y)$ 为选取条带单元的宽度，其表达式为

$$b(y) = 2 \times \sqrt{(d_0/2)^2 - (y(k))^2} \tag{4-47}$$

式中，d_0 为核心混凝土的圆形截面直径；k 为试件截面划分的层数；$y(k)$ 为中心轴到条带中心的距离，其表达式为

$$y(k) = -d_0/2 + d_0 \cdot k/100 \tag{4-48}$$

根据试件截面弯矩平衡条件，将轴力对中心轴取矩可得

$$M = \int_{h/2-c}^{h/2} b(y) f_c(\varepsilon_c) y \mathrm{d}y + \sum_{i=1}^{n} A_{si} f_{si}(\varepsilon_{si}) d_{si} \tag{4-49}$$

式中，M 为试件截面弯矩；d_{si} 为试件截面内第 i 根钢筋到中性轴的距离。

考虑到附加弯矩的影响，根据试件受力平衡条件，可得到水平承载力 N 与水平位移 Δ 之间的定量关系，其表达式为

$$N = \frac{M - N_z \cdot \Delta}{H} \tag{4-50}$$

式中，N 为试件水平承载力；Δ 为试件侧水平位移，按第 4.3.2 节方法计算。

根据式(4-50)中柱顶水平承载力 N 与水平位移 Δ 之间的关系可以计算出 N-Δ 曲线。采用纤维模型法，借助 MATLAB 数值分析软件，编制非线性计算程序，

计算流程如图 4-70 所示，可计算得出 PVC-FRP 管钢筋混凝土柱 N-Δ 曲线。

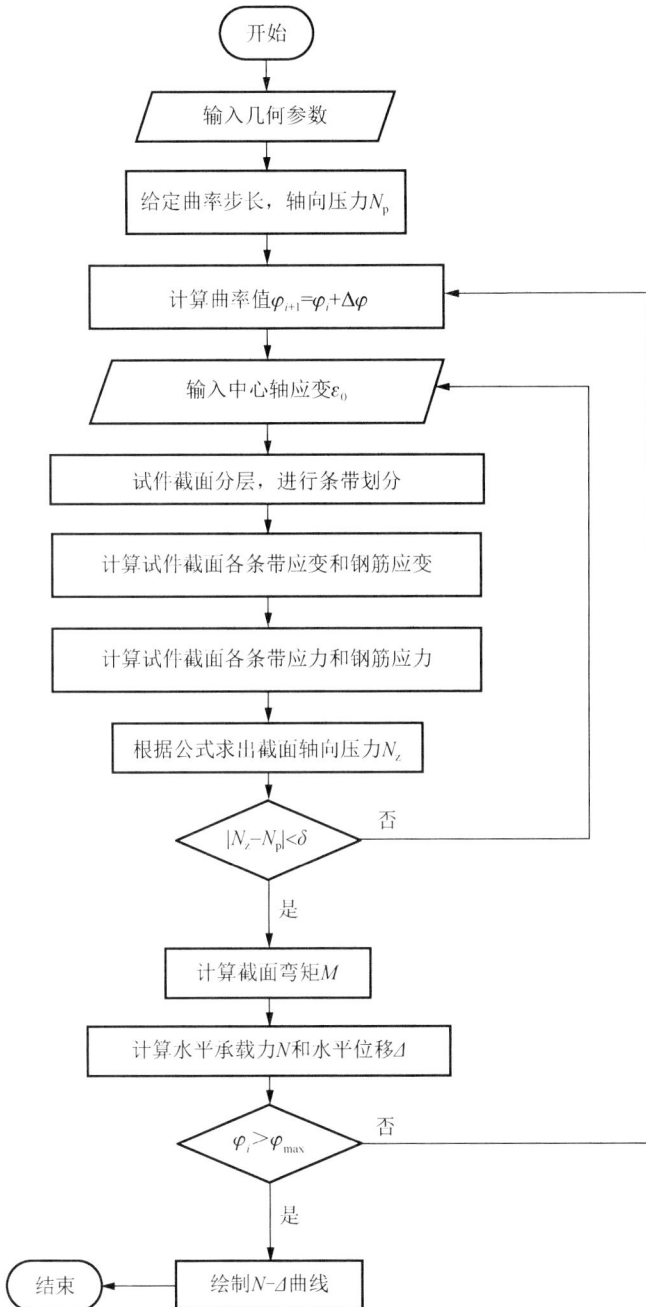

开始

输入几何参数

给定曲率步长，轴向压力 N_p

计算曲率值 $\varphi_{i+1}=\varphi_i+\Delta\varphi$

输入中心轴应变 ε_0

试件截面分层，进行条带划分

计算试件截面各条带应变和钢筋应变

计算试件截面各条带应力和钢筋应力

根据公式求出截面轴向压力 N_z

$|N_z-N_p|<\delta$　否

是

计算截面弯矩 M

计算水平承载力 N 和水平位移 Δ

$\varphi_i>\varphi_{max}$　否

是

绘制 N-Δ 曲线

结束

图 4-70　N-Δ 程序计算流程

其具体步骤如下。

1）定义初始曲率为 0，根据曲率最大值划分曲率步长。

2）输入试件截面中心轴应变。

3）将试件截面分层，进行条带划分。

4）计算各单元条带、钢筋的应变和应力值。

5）计算出截面水平承载力 N。

6）验证平衡条件 $\left|N_z - N_p\right| < \delta$，$\delta = 0.01\text{kN}$，如果不满足则返回重新输入中心轴应变，直至满足为止。

7）计算试件截面弯矩。

8）计算试件截面水平承载力 N 和水平位移 Δ。

9）如果 $\varphi_i > \varphi_{\max}$，则绘制 N-Δ 骨架曲线，否则返回输入新的 $\varphi_{i+1} = \varphi_i + \Delta\varphi$，计算新的曲率下 N 和 Δ 值。

2. 试验结果验证

通过 4.4.2 节编制的 MATLAB 非线性分析程序，可得出 PVC-FRP 管钢筋混凝土柱 N-Δ 曲线和弯矩-曲率曲线计算值，图 4-71 和图 4-72 分别为试件弯矩-曲率曲线及 N-Δ 曲线计算值与试验值比较，从图中可以看出，试件弯矩-曲率曲线及 N-Δ 曲线计算值与试验值吻合较好。

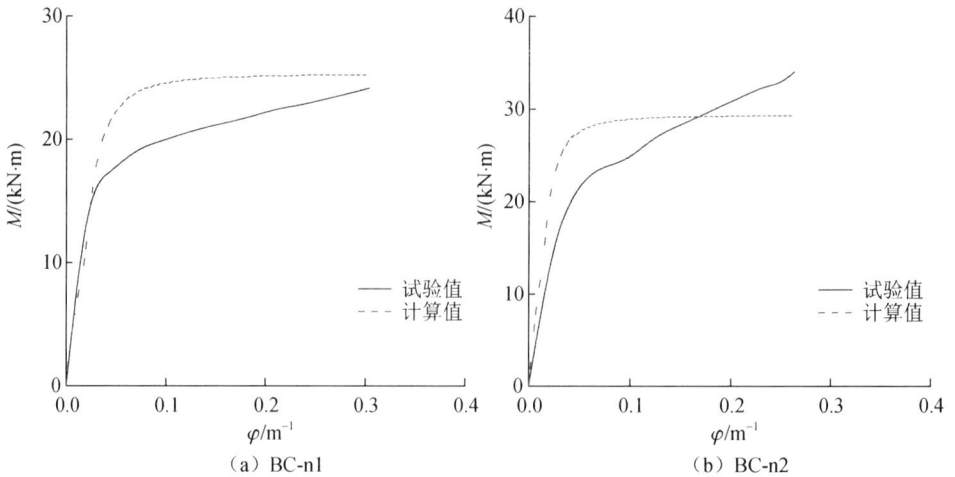

（a）BC-n1　　　　　　　　　（b）BC-n2

图 4-71　试件弯矩-曲率曲线计算值与试验值比较

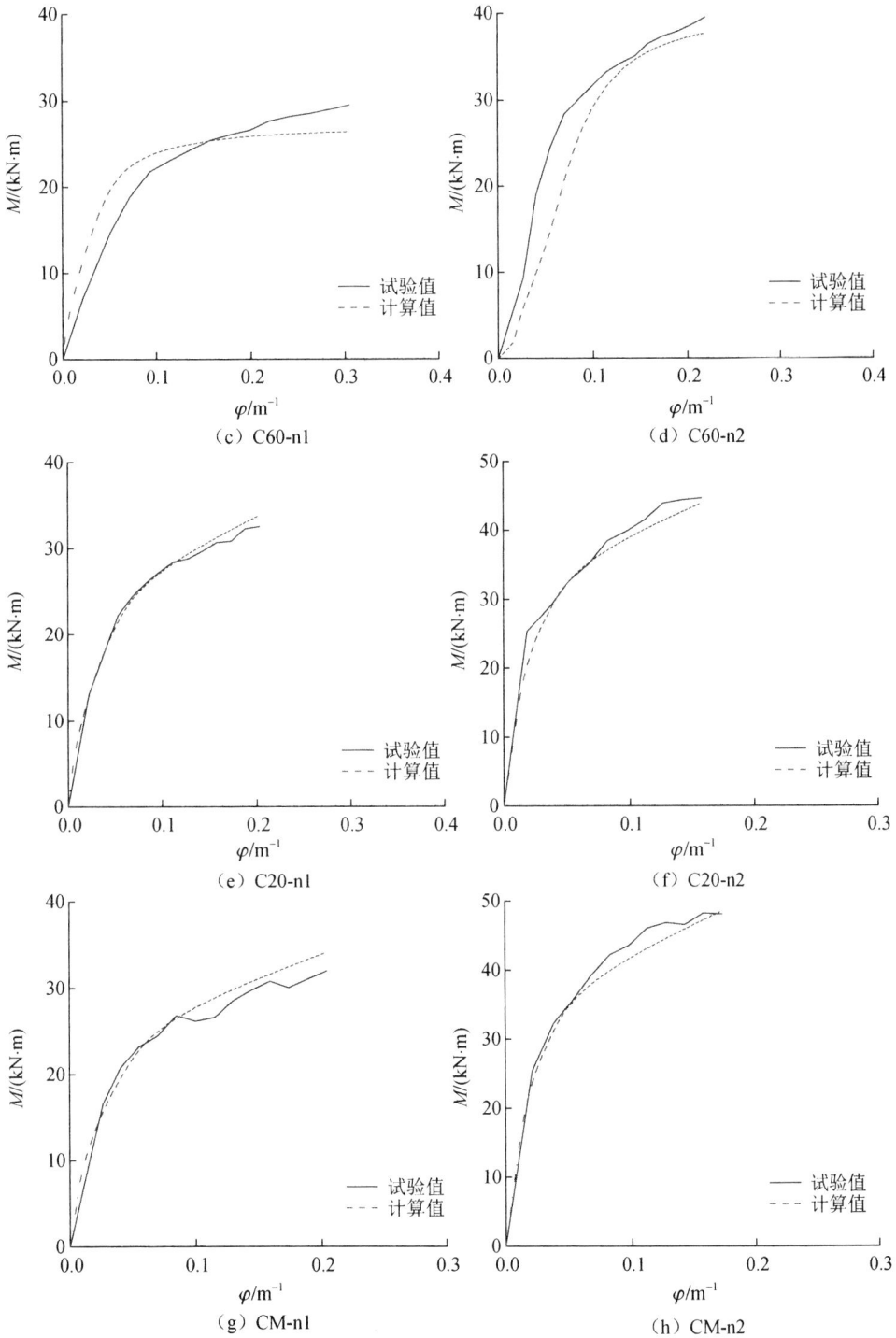

（c）C60-n1

（d）C60-n2

（e）C20-n1

（f）C20-n2

（g）CM-n1

（h）CM-n2

图 4-71（续）

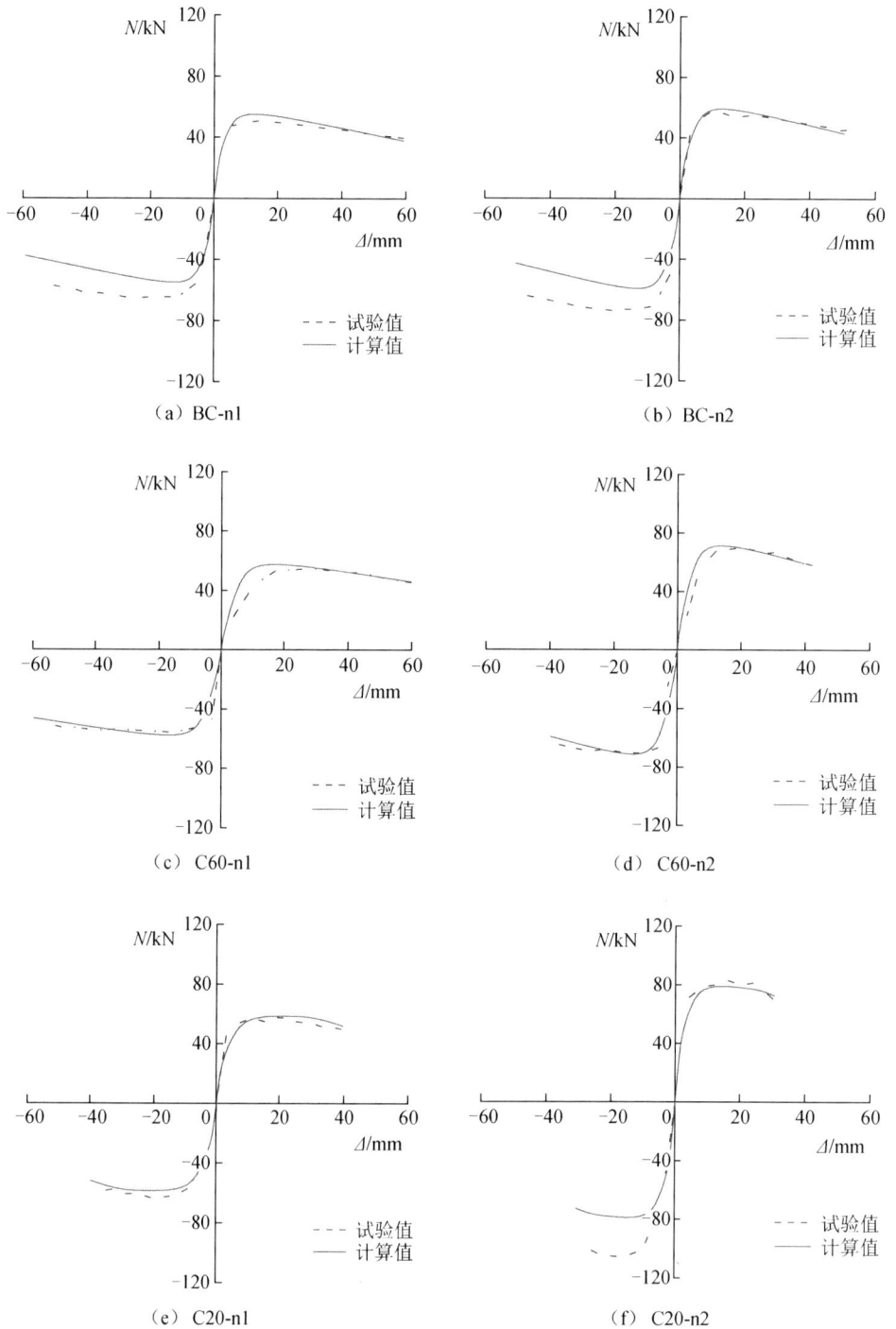

（a）BC-n1　　　　　　　　　　（b）BC-n2

（c）C60-n1　　　　　　　　　　（d）C60-n2

（e）C20-n1　　　　　　　　　　（f）C20-n2

图 4-72　试件 N-Δ 曲线计算值与试验值比较

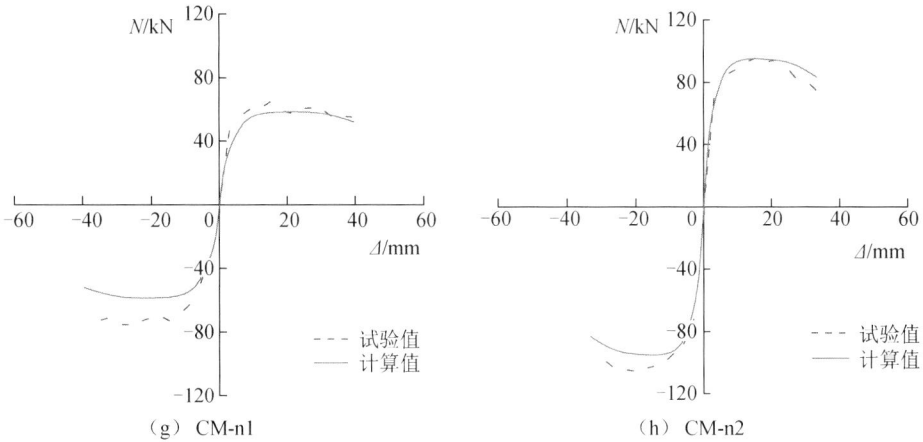

（g）CM-n1　　　　　　　　　　　（h）CM-n2

图 4-72（续）

3. 简化计算方法

本章利用 MATLAB 编制 PVC-FRP 管钢筋混凝土柱 N-Δ 曲线分析程序，虽然计算值较为准确，但过程复杂，不便于实际工程应用。因此，根据 PVC-FRP 管钢筋混凝土柱受力及 N-Δ 曲线特点，将试件 N-Δ 曲线简化为弹性阶段、强化阶段和下降段，利用第 3 章的几何作图法及编制的 MATLAB 计算分析程序，确定 N-Δ 曲线的屈服点，同时选取骨架曲线上的荷载最大值点为峰值点，以及荷载降至荷载最大值的 85% 时的点为破坏点，得出试件 N-Δ 曲线各特征点。图 4-73 为试件 N-Δ 曲线简化结果与计算结果比较，简化结果与计算结果吻合较好。

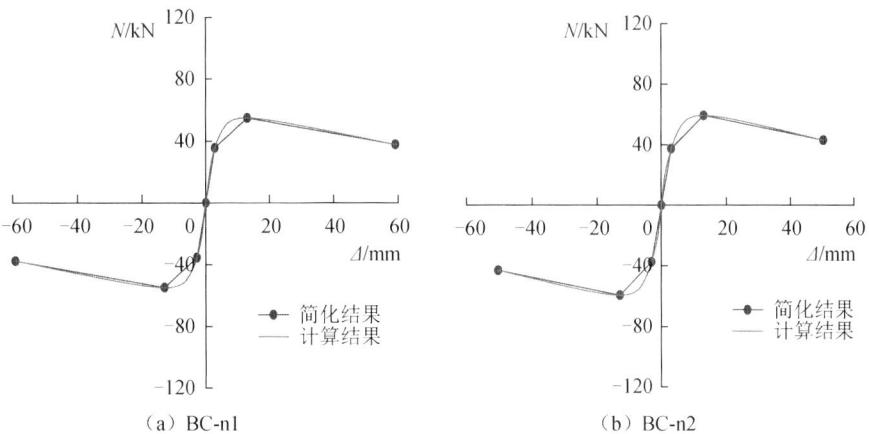

（a）BC-n1　　　　　　　　　　　（b）BC-n2

图 4-73　试件 N-Δ 曲线简化结果与计算结果比较

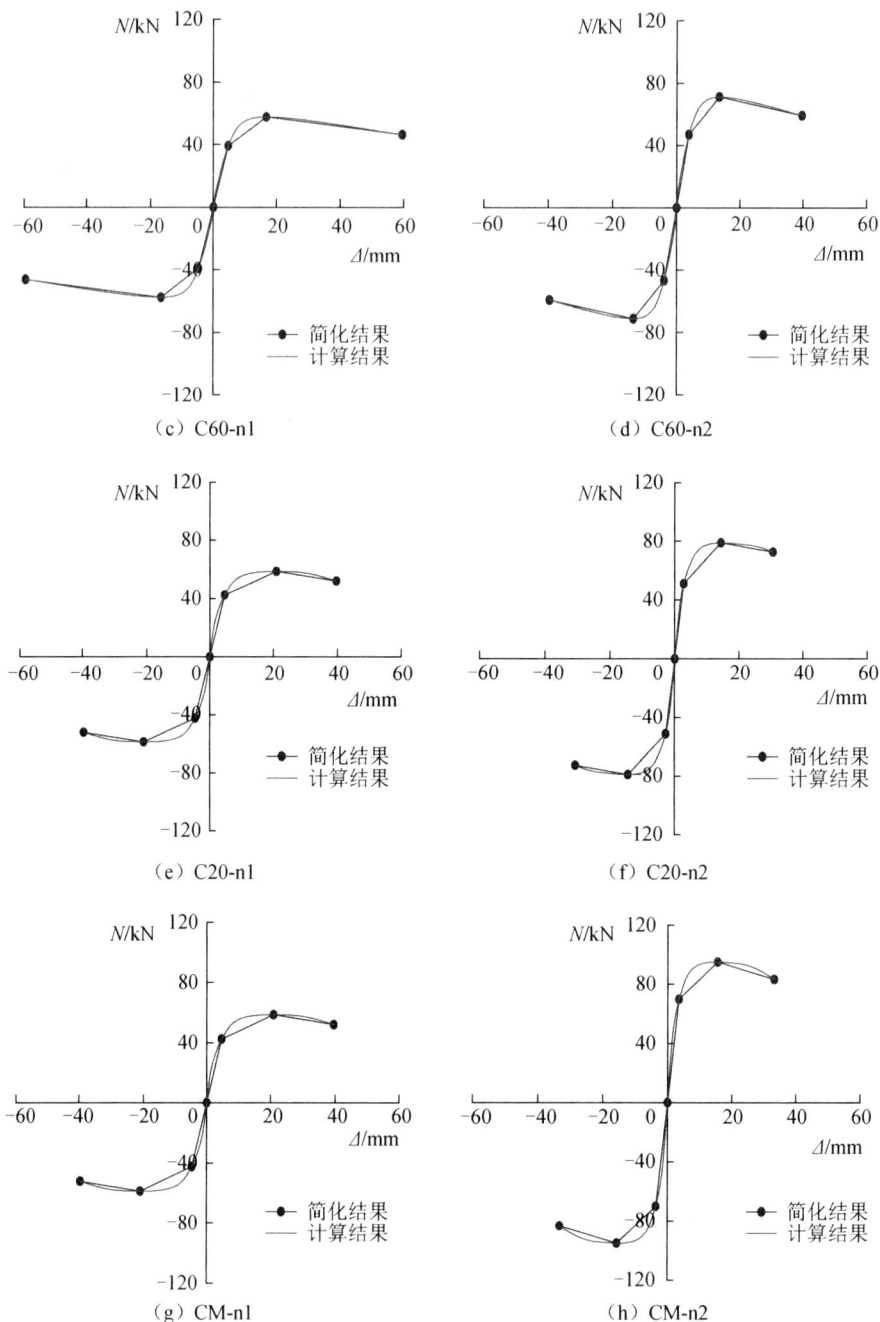

（c）C60-n1

（d）C60-n2

（e）C20-n1

（f）C20-n2

（g）CM-n1

（h）CM-n2

图 4-73（续）

4.4.3　PVC-FRP 管钢筋混凝土柱恢复力模型

恢复力模型是指结构或构件恢复力与变形之间的关系曲线经过适当抽象和简化得到的一种数学模型。在静力非线性分析中，恢复力模型可用力与变形关系骨架曲线的数学模型表示，而在结构动力非线性时程分析中，恢复力模型需用骨架曲线和各阶段滞回环的数学模型共同表示。恢复力模型能够反映结构或构件的强度、刚度、耗能、延性等力学性能，在结构抗震分析中，恢复力模型是进行结构非线性分析的基础。目前，大多采用恢复力特征曲线来表示，恢复力模型主要由骨架曲线和滞回规则两部分组成。为描述 PVC-FRP 管钢筋混凝土柱荷载-位移之间的滞回关系，必须建立 PVC-FRP 管钢筋混凝土柱的恢复力模型。本章已经得到低周往复荷载作用下 PVC-FRP 管钢筋混凝土柱的骨架曲线计算方法，对于恢复力模型，还需确定试件滞回规则，即试件恢复力模型中的加卸载规则。通过选取 Clough 三线型退化模型来确定低周往复荷载作用下 PVC-FRP 管钢筋混凝土柱恢复力模型加卸载规则，该模型即简便又能在一定程度上反映试件在低周往复荷载作用下的刚度退化情况。模型在正、反向加载及卸载过程中的行走路线（加卸载规则）按图 4-74 中由小到大的数字序号进行，其加卸载规则可按以下 4 个阶段表述。

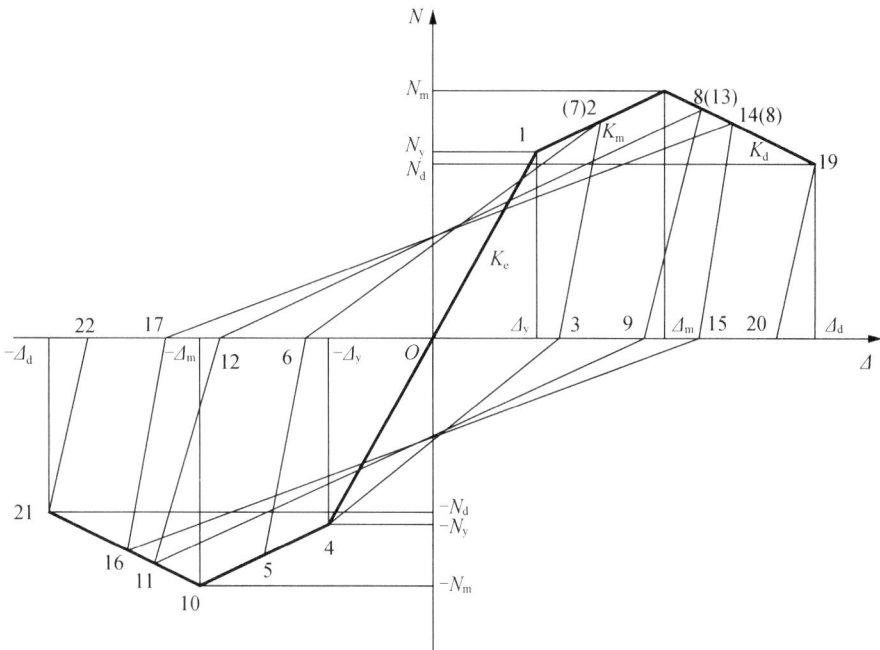

图 4-74　加卸载规则

（1）弹性阶段加载及卸载规则

试件恢复力在未达到屈服承载力图 4.74 中（点 1 或点 4）之前，不考虑刚度

退化和残余变形影响，加载及卸载刚度取试件骨架曲线弹性刚度 K_e 表达式为

$$K_e = \frac{N_y}{\Delta_y} \tag{4-51}$$

（2）强度硬化阶段加载及卸载规则

试件恢复力达到屈服承载力但未达到峰值承载力 N_m 之前，此阶段定义为强度硬化段，即骨架曲线上屈服点（Δ_y，N_y）与峰值承载力点（Δ_m，N_m）的连接线段，加载刚度 K_m 表达式为

$$K_m = \frac{N_m - N_y}{\Delta_m - \Delta_y} \tag{4-52}$$

式中，N_m 为峰值承载力；Δ_m 为峰值承载力对应的位移。

试件卸载刚度用卸载时刻对应的承载力点和零荷载点连线的斜率表示，通过图 4-75 来确定，即根据上述方法计算出 PVC-FRP 管钢筋混凝土柱各个滞回环的卸载刚度，并将计算结果进行回归分析，可得到卸载刚度的一般表达形式为

$$K_u = a \left(\frac{\Delta_y}{\Delta_{im}} \right)^b K_e \tag{4-53}$$

式中，K_u 为卸载刚度；Δ_{im} 为卸载点对应的位移幅值；a 和 b 为试验数据回归得到的参数。

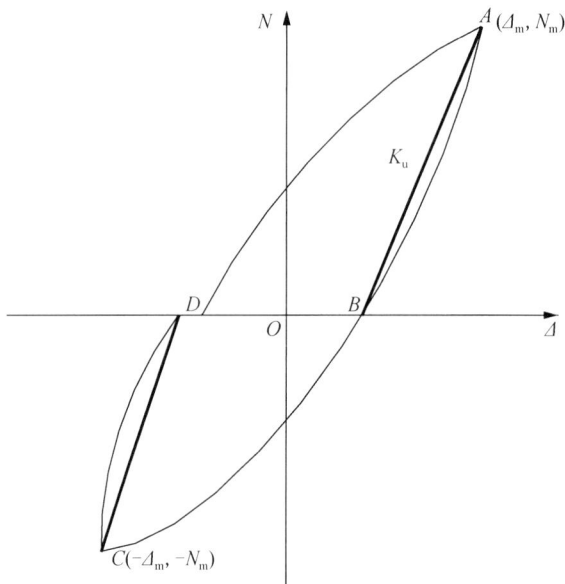

图 4-75　试件卸载刚度

本章试验中各试件的卸载刚度变化规律见表 4-10。研究发现，a 和 b 主要与

轴压比、CFRP 条带的环箍间距等因素有关。将 a 与 b 的值进行 MATLAB 多元拟合，可得其表达式为

$$a=0.125n+0.2407\xi_{ef}-0.2679 \tag{4-54}$$

$$b=0.625n-1.3558\xi_{ef}+2.6583 \tag{4-55}$$

表 4-10　试件卸载刚度变化规律

BC-n1	$\Delta_y/\Delta_{i\max}$	2.28	3.42	4.55	5.69	6.82	7.97	9.08	10.22	11.33	12.49	13.63
	K_u/K_e	1.63	1.56	1.51	1.53	1.57	1.60	1.56	1.61	1.50	1.49	1.44
BC-n2	$\Delta_y/\Delta_{i\max}$	1.88	2.83	3.77	4.71	5.64	6.59	7.52	8.46	9.38	10.34	11.28
	K_u/K_e	1.80	1.72	1.66	1.69	1.73	1.77	1.72	1.77	1.66	1.64	1.59
C20-n1	$\Delta_y/\Delta_{i\max}$	1.00	2.00	3.00	4.01	5.00	6.00	7.01	8.00	9.00	9.98	11.01
	K_u/K_e	1.90	1.62	1.31	1.31	1.17	1.34	1.39	1.36	1.31	1.52	1.34
C20-n2	$\Delta_y/\Delta_{i\max}$	1.00	2.01	3.01	4.00	5.00	6.01	7.01	7.99	8.98	10.01	—
	K_u/K_e	1.75	1.64	1.55	1.48	1.49	1.43	1.39	1.43	1.41	1.30	—
C60-n1	$\Delta_y/\Delta_{i\max}$	4.26	5.69	7.10	8.53	9.94	11.34	12.80	14.16	15.57	17.06	18.48
	K_u/K_e	2.41	2.02	1.81	1.73	1.76	1.79	1.76	2.00	1.92	1.74	1.70
C60-n2	$\Delta_y/\Delta_{i\max}$	0.99	2.83	4.25	5.67	7.08	8.50	9.91	11.31	12.75	14.11	15.52
	K_u/K_e	1.97	1.30	1.05	0.88	0.79	0.75	0.77	0.78	0.77	0.87	0.83
CM-n1	$\Delta_y/\Delta_{i\max}$	1.00	2.01	3.01	4.00	5.00	6.00	7.01	7.99	9.00	9.97	10.97
	K_u/K_e	1.55	1.43	1.38	1.32	1.36	1.28	1.31	1.38	1.41	1.47	1.33
CM-n2	$\Delta_y/\Delta_{i\max}$	1.00	2.01	3.01	4.01	5.00	6.01	7.00	8.01	9.01	9.98	11.01
	K_u/K_e	1.90	1.71	1.56	1.51	1.49	1.42	1.48	1.39	1.30	1.34	1.23

（3）强度退化阶段加载及卸载规则

试件恢复力超过峰值承载力 N_m 后，试件强度开始缓慢退化，此阶段定义为强度退化段，即骨架曲线上峰值承载力点（Δ_m，N_m）与破坏荷载点（Δ_d，N_d）的连接线段，加载刚度为 K_d，其表达式为

$$K_d=\frac{N_d-N_m}{\Delta_d-\Delta_m} \tag{4-56}$$

式中，N_d 表示破坏点处对应的荷载；Δ_d 为破坏点处对应的位移。

此阶段的卸载刚度可按式（4-53）进行计算。

（4）反向加载及正向再加载规则

图 4.75 中正向卸载到 $N=0$（点 3）后，进行反向加载，如果反向加载经过的最高点位移未超过屈服点位移（点 4）时，直接从 $N=0$ 处指向此处屈服特征点（点4），当到达屈服特征点（点 4）后，沿骨架曲线前行到达点 5，然后按点 5 处的卸载刚度进行卸载。如果反向加载经过的最高点位移超过屈服点位移（点 4）时，

则直接指向最高位移点。卸载后进行正向再加载时，从 $N=0$ 处指向前一次最大位移点，即图中点 7，点 7 沿着骨架曲线继续前行，到达点 8，然后按点 8 处卸载刚度进行卸载，再按上述规律依次前行。

4.4.4 恢复力模型验证

根据 PVC-FRP 管钢筋混凝土柱的骨架曲线及加卸载规则，利用编制的滞回曲线非线性计算程序，得到 PVC-FRP 管钢筋混凝土柱滞回曲线计算值，图 4-76 为试件滞回曲线试验值与计算值比较。从图中可以看出，滞回曲线计算值与试验值吻合较好。

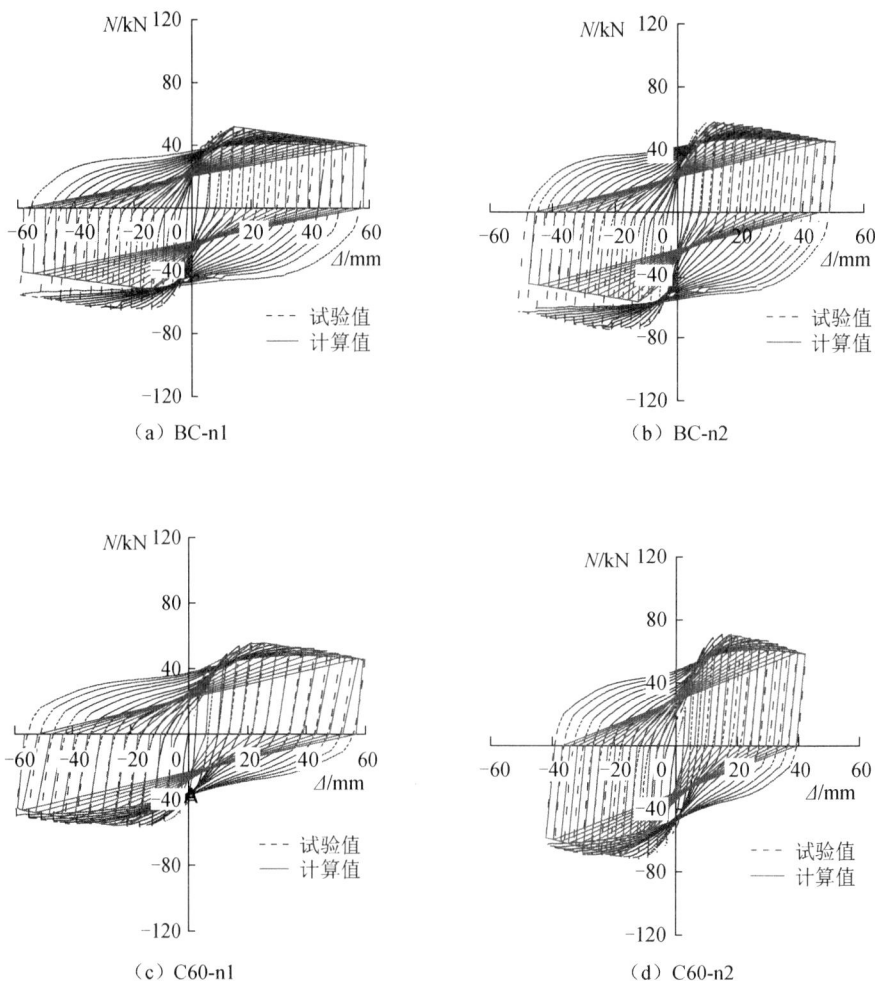

（a）BC-n1

（b）BC-n2

（c）C60-n1

（d）C60-n2

图 4-76　试件滞回曲线计算值与试验值比较

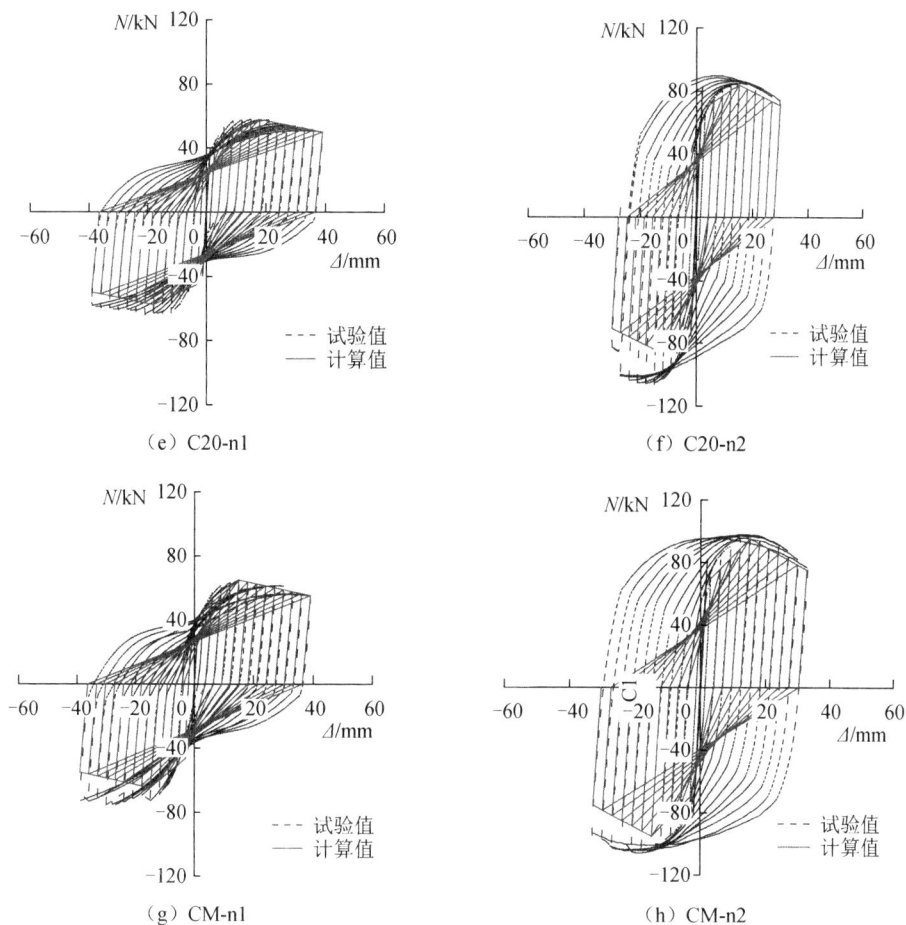

（e）C20-n1

（f）C20-n2

（g）CM-n1

（h）CM-n2

图 4-76（续）

4.5　PVC-FRP 管钢筋混凝土柱抗震性能非线性有限元分析

本节借助有限元分析软件对低周往复荷载作用下 PVC-FRP 管钢筋混凝土柱抗震性能进行数值模拟。通过合理选取混凝土、钢筋、CFRP 条带及 PVC 管的本构关系，确定各组成材料单元类型、界面接触处理、边界条件及加载方式，并进行网格划分和分析步设置，定义收敛准则，建立 PVC-FRP 管钢筋混凝土柱有限元分析模型，验证分析模型的正确性。在此基础上，利用该模型分析混凝土强度等级、纵筋配筋率、CFRP 条带层数等参数对 PVC-FRP 管钢筋混凝土柱的滞回骨架曲线、刚度退化等影响规律进行研究，揭示低周往复荷载作用下 PVC-FRP 管钢筋混凝土柱的受力工作机理。

4.5.1　材料本构关系

1. 混凝土本构关系

受压混凝土本构关系采用第 2.3.1 节建议公式计算。

混凝土单轴受拉应力-应变关系采用我国现行《混凝土结构设计规范（2015年版）》（GB 50010—2010）[118]建议的表达式

$$\sigma = (1 - d_t) E_c \varepsilon \tag{4-57}$$

$$d_t = \begin{cases} 1 - \rho_t \left[1.2 - 0.2 x^5 \right] & (x \leqslant 1) \\ 1 - \dfrac{\rho_t}{\alpha_t (x - 1)^{1.7} + x} & (x > 1) \end{cases} \tag{4-58}$$

$$x = \frac{\varepsilon}{\varepsilon_{t,r}} \tag{4-59}$$

$$\rho_t = \frac{f_{t,r}}{E_c \varepsilon_{t,r}} \tag{4-60}$$

式中，α_t 为混凝土单轴受拉应力-应变曲线下降段的参数值；$f_{t,r}$ 为混凝土单轴抗拉强度代表值，根据实际结构分析需要可分别取 f_t、f_{tk} 或 f_{tm}；$\varepsilon_{t,r}$ 为与单轴抗拉强度 $f_{t,r}$ 相应的混凝土峰值拉应变；d_t 为混凝土单轴受拉损伤演化参数。

2. 钢筋本构关系

钢筋本构关系采用式（3-38），按照有限元模型用钢筋的真实应力和真实塑性 PE 应变来定义材料数据。钢筋的初始弹性模量为 2.1×10^5 MPa，泊松比取 0.3。

3. CFRP 本构关系

CFRP 为理想线弹性材料，其应力-应变关系采用式（2-37）。

4. PVC 管本构关系

PVC 管可以近似认为是超弹性材料，PVC 管应力-应变关系采用式（2-39）计算。

4.5.2　PVC-FRP 管钢筋混凝土有限元模型

1. 有限元模型建立

（1）单元选取

CFRP 采用 S4R 单元（四节点减缩积分格式的壳单元），并在壳单元厚度方向上选用 3 个积分点的 Simpson 积分。

PVC 管采用 C3D8H 单元（八节点线性六面体单元，杂交，常压力）。

钢筋采用 T3DZ 单元（两节点线性积分格式的三维桁架单元），并通过 Embedded 方式将桁架单元嵌入核心混凝土体单元中，该单元可以模拟钢筋应力及变形情况。

核心混凝土采用 C3D8R 单元（八节点六面体线性减缩积分三维实体单元），该单元能缓解由于完全积分单元导致的单元过于刚硬问题。

（2）网格划分

为保证有限元模型计算精度和收敛效果，必须进行合理的网格划分。本模型通过布置种子来控制各个单元的网格密度，选择最佳的种子布置方式来提高网格质量。模型中柱头单元 1480 个，柱基础单元 3800 个，PVC 管单元 240 个，核心混凝土单元 525 个，每根 CFRP 条带单元 22 个，有限元模型及网格划分如图 4-77 所示。

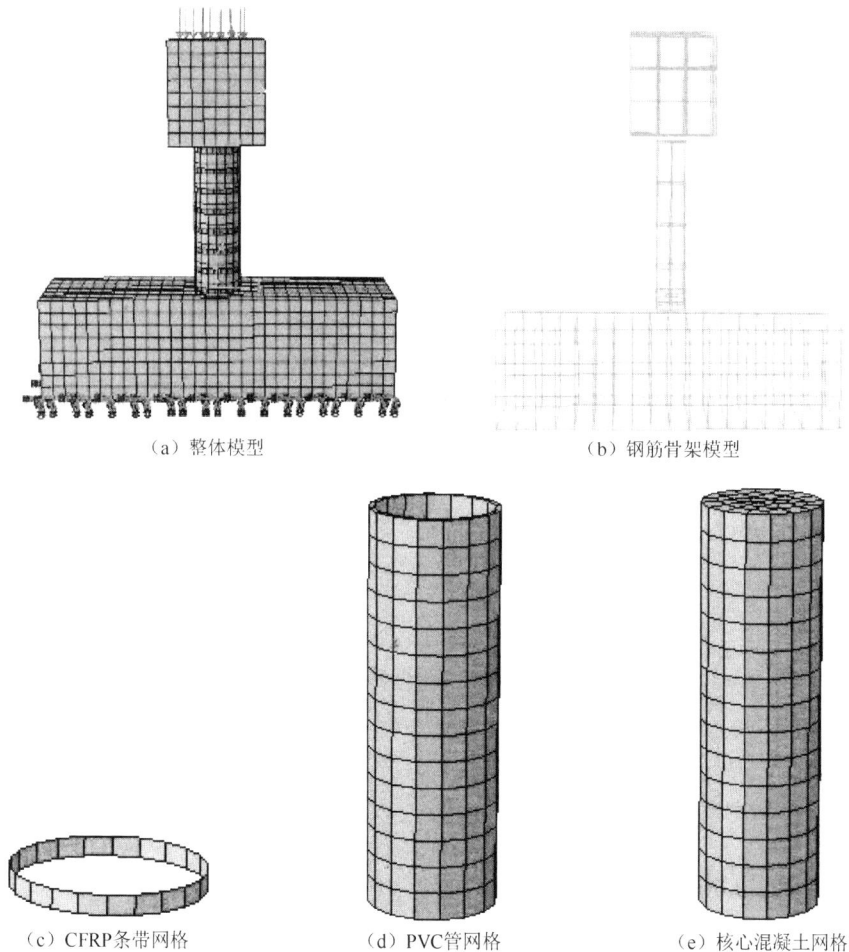

（a）整体模型　　　　　　　　　　　　（b）钢筋骨架模型

（c）CFRP 条带网格　　　　（d）PVC 管网格　　　　（e）核心混凝土网格

图 4-77　有限元模型及网格划分

（3）相互作用设置

为保证钢筋、核心混凝土、PVC 管、CFRP 条带之间完全黏结，共用节点，CFRP 条带与 PVC 管、PVC 管与核心混凝土之间均采用 TIE 约束。钢筋采用 Embedded 方式嵌入混凝土中，不考虑钢筋与混凝土之间的黏结-滑移。PVC 管、核心混凝土分别与柱头底面及基础上表面采用 TIE 约束。由于接触面之间均不考虑相对滑移，将会增大整个模型的弯曲刚度。

（4）分析步设置

模拟低周往复荷载作用下 PVC-FRP 钢筋混凝土柱滞回性能，需要设定多个分析步，主要分为初始分析步和后续分析步两类。初始分析步是系统默认的，用来调节结构受力的初始状态，后续分析步要根据循环次数设定，每一次循环过程作为一个独立的分析步分析，且都采用通用分析类型。

（5）边界条件和加载制度

为模拟低周往复荷载作用下 PVC-FRP 管钢筋混凝土柱的边界条件，对柱底端施加完全固定约束，对柱顶端施加 Z 方向约束，保证构件只能产生竖向位移和 X 方向自由移动。荷载施加分试件顶部轴向承载力和柱侧向水平承载力两种。首先按设定的一个荷载步施加轴向承载力，然后根据循环次数设定的分析步进行侧向水平承载力加载。由于有限元模拟中只需利用位移加载方式，即可得到滞回曲线和骨架曲线，模拟采用位移控制加载。

（6）非线性方程组求解过程

本章采用增量迭代法求解，选择自动增量步长，并将初始增量步设置成较小值为 0.0005，有利于模型非线性问题的分析收敛。选用牛顿法进行迭代计算，并将最大接触迭代次数设为 30 次，计算能够很快地收敛。

2. 试验验证

通过合理选取混凝土、钢筋、CFRP 条带及 PVC 管的本构关系，确定各组成材料单元类型、界面接触处理、边界条件及加载方式，并进行网格划分和分析步设置，定义收敛准则，建立 PVC-FRP 管钢筋混凝土柱有限元分析模型。图 4-78 为 PVC-FRP 管钢筋混凝土柱滞回曲线及骨架曲线有限元计算值与试验值的比较。从图中可以看出，PVC-FRP 管钢筋混凝土柱的滞回曲线及骨架曲线有限元计算值与试验值基本吻合，验证有限元模型的正确性。

（a）BC-n1滞回曲线

（b）BC-n1骨架曲线

（c）BC-n2滞回曲线

（d）BC-n2骨架曲线

（e）C60-n1滞回曲线

（f）C60-n1骨架曲线

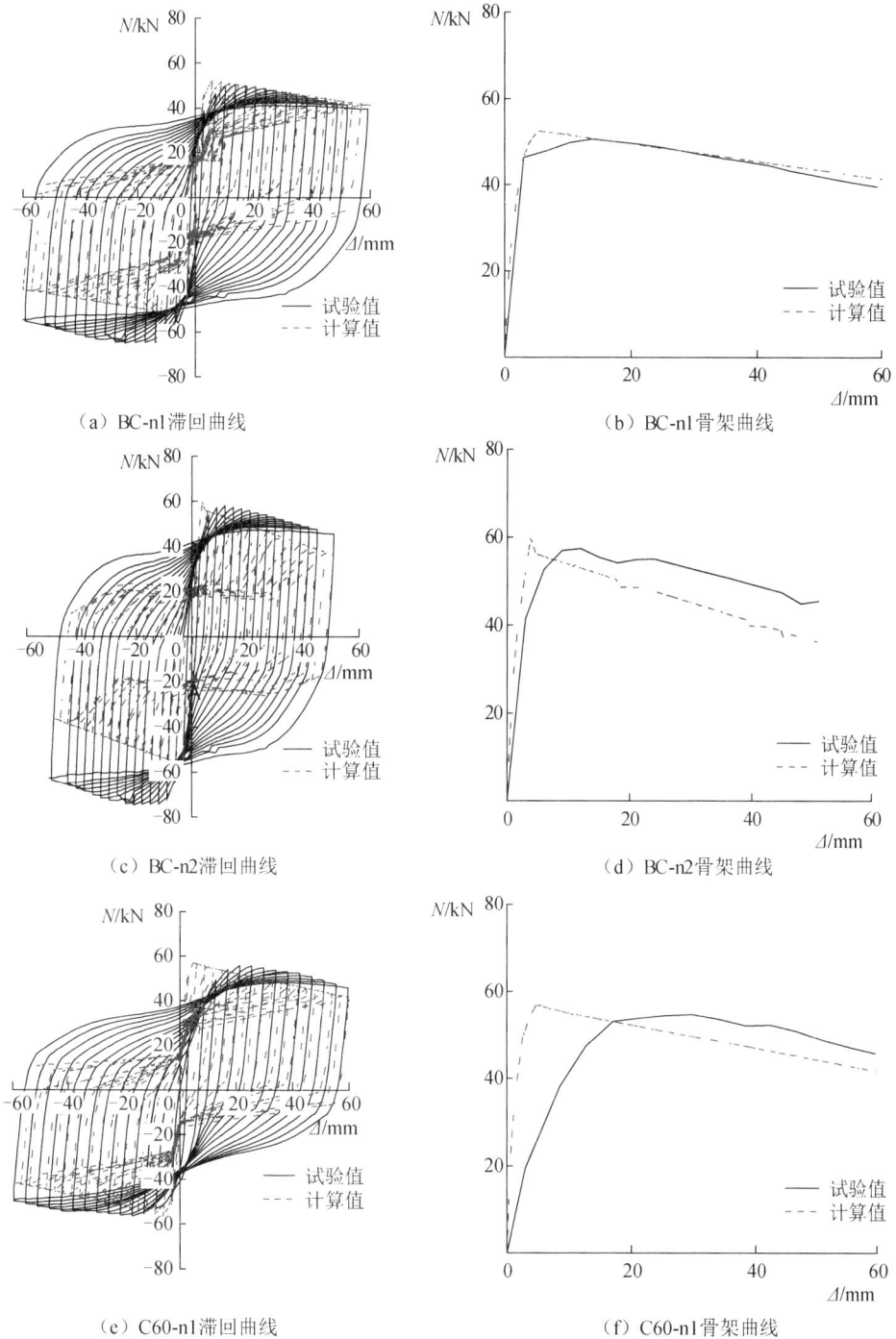

图 4-78　试件滞回曲线及骨架曲线有限元计算值与试验值比较

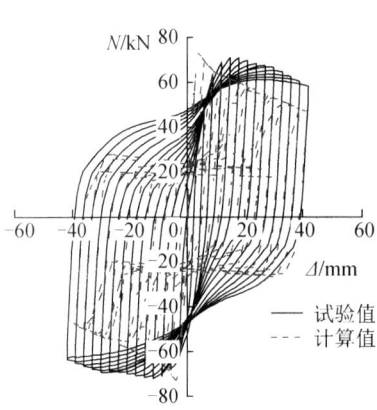

（g）C60-n2滞回曲线

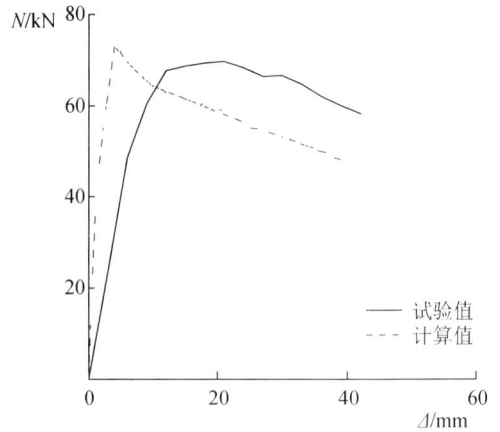

（h）C60-n2骨架曲线

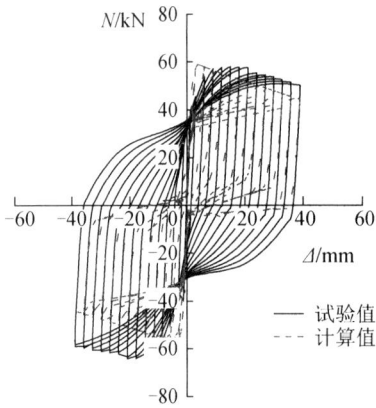

（i）C20-n1滞回曲线

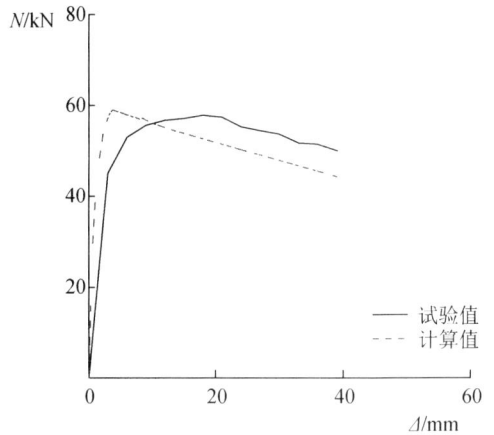

（j）C20-n1骨架曲线

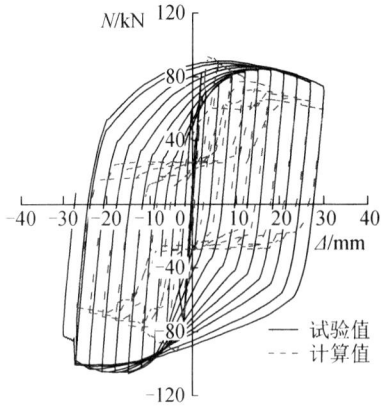

（k）C20-n2滞回曲线

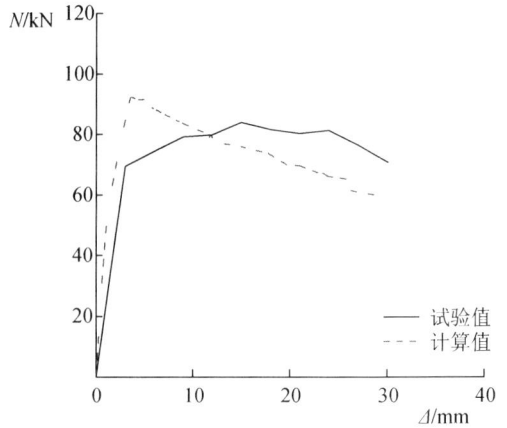

（l）C20-n2骨架曲线

图 4-78（续）

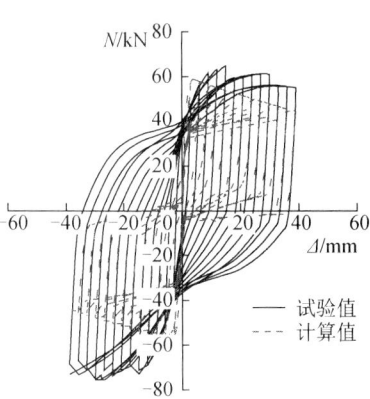

（m）CM-n1滞回曲线

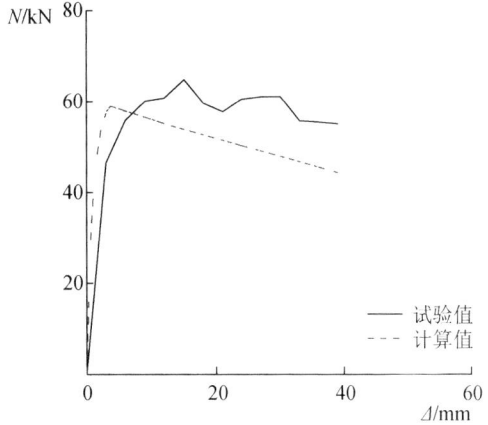

（n）CM-n1骨架曲线

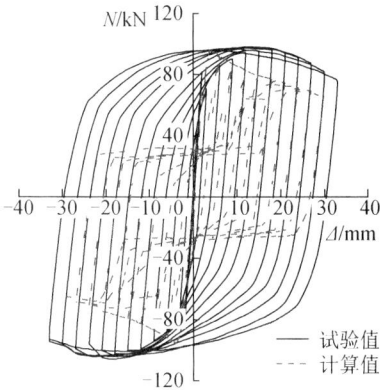

（o）CM-n2滞回曲线

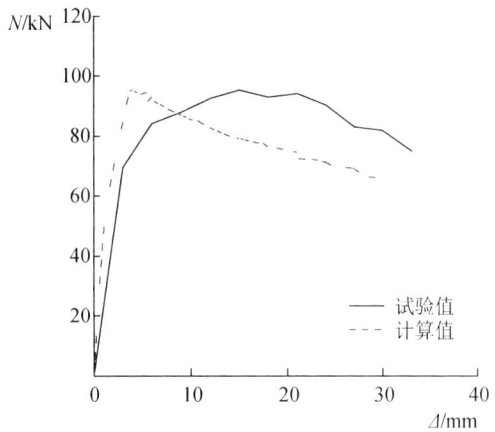

（p）CM-n2骨架曲线

图 4-78（续）

4.5.3　影响参数分析

利用本章建立的有限元模型，以 CFRP 条带的环箍间距为 20mm 和轴压比为 0.2 的 PVC-FRP 管钢筋混凝土柱作为研究对象，对影响其荷载-位移骨架曲线及刚度退化的各主要因素进行参数分析，确定混凝土强度等级、纵筋配筋率、CFRP 条带层数和剪跨比的影响规律。

1. 核心混凝土强度的影响

图 4-79 为核心混凝土强度对 PVC-FRP 管钢筋混凝土柱荷载-位移骨架曲线的影响。从图中可以看出，在加载初期试件处于弹性阶段，混凝土强度的变化对骨架曲线弹性段影响不大，随着核心混凝土强度的提高，骨架曲线的水平承载力增

大。这主要是因为混凝土强度的提高，试件截面的抗弯刚度显著增加，核心混凝土开裂弯矩显著增大。在达到极限承载力后，混凝土强度高的试件承载力下降速度快，骨架曲线下降段较陡峭。

图 4-80 为混凝土强度对 PVC-FRP 管钢筋混凝土柱的刚度退化曲线的影响。从图中可以看出，试件割线刚度 K_{gi} 均随水平位移的增加逐渐降低。这主要是因为试件屈服后的弹塑性性质明显，出现累积损伤，这种损伤表现为混凝土裂缝产生、发展和 PVC 管的塑性发展。试件屈服前，混凝土强度等级越高的试件初始刚度越大，而且初始刚度退化较快。试件屈服后，混凝土强度等级对刚度退化影响较小，试件刚度退化曲线基本重合，刚度退化速率趋于相近。

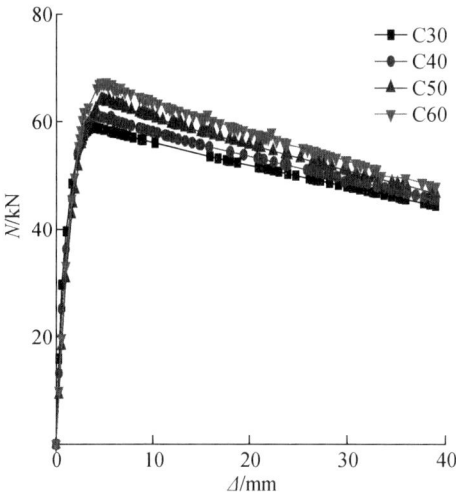

图 4-79　混凝土强度对 PVC-FRP 管钢筋
混凝土柱的 N-Δ 骨架曲线的影响

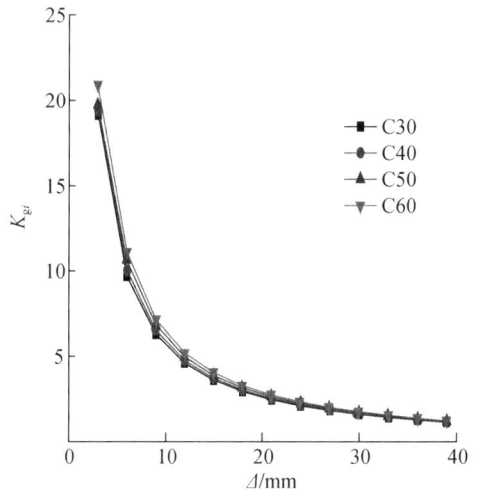

图 4-80　混凝土强度对 PVC-FRP 管钢筋
混凝土柱的刚度退化曲线的影响

2. 纵筋配筋率的影响

图 4-81 为纵筋配筋率对 PVC-FRP 管钢筋混凝土柱荷载-位移骨架曲线的影响。从图中可以看出，在加载初期试件处于弹性阶段纵筋配筋率对试件骨架曲线影响不大。试件屈服后，随着纵筋配筋率的提高，试件截面抗弯承载力显著提高，试件水平极限承载力显著增大。在达到极限承载力后，试件承载力均下降，承载力下降段平行，强度退化速率趋于相近。

图 4-82 为纵筋配筋率对 PVC-FRP 管钢筋混凝土柱刚度退化曲线的影响。从图中可以看出，试件的割线刚度 K_{gi} 均随水平位移的增加而逐渐降低，这主要是因为试件屈服后的弹塑性性质明显，出现累积损伤。试件屈服前，随着纵筋配筋率的提高，初始阶段的曲线斜率增大，试件初始刚度变大。试件屈服后，三条曲

线的刚度退化速率相当，说明增大试件纵筋配筋率对刚度退化影响较小。

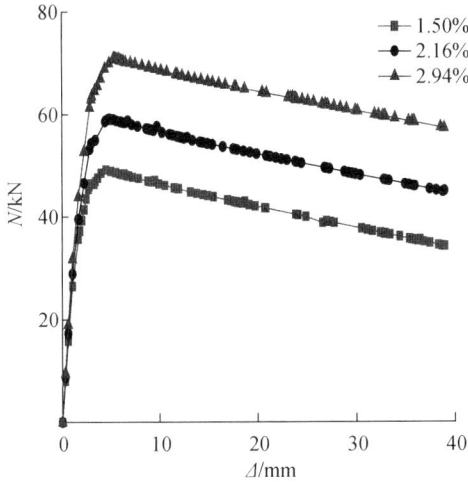

图 4-81　纵筋配筋率对 PVC-FRP 管混凝土柱
的 N-Δ 骨架曲线的影响

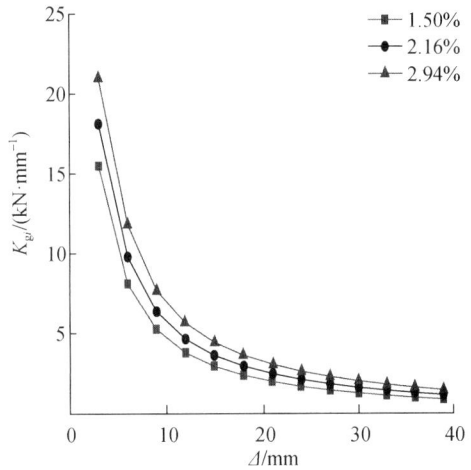

图 4-82　纵筋配筋率对 PVC-FRP 管混凝土
柱的刚度退化曲线的影响

3. CFRP 条带层数的影响

图 4-83 为 CFRP 条带层数对 PVC-FRP 管钢筋混凝土柱的荷载-位移骨架曲线的影响。在加载初期，试件处于弹性阶段，CFRP 条带层数对试件骨架曲线的影响不大。随着 CFRP 条带层数的增加，试件水平极限承载力逐渐增大。这主要是因为 CFRP 条带、PVC 管和核心混凝土之间的相互约束作用对组合柱影响较大，随着 CFRP 条带层数的增加，CFRP 约束程度增强，核心混凝土强度显著提高。在达到极限承载力后，随着 CFRP 条带层数的增加，试件骨架曲线下降段斜率逐渐减小。

图 4-84 为 CFRP 条带层数对 PVC-FRP 管钢筋混凝土柱的刚度退化曲线的影响。试件割线刚度 K_{gi} 均随水平位移的增加而逐渐降低，这主要是因为试件屈服后的弹塑性性质明显，出现累积损伤。试件屈服前，随着 CFRP 条带层数的增加，试件初始刚度刚度增大。试件屈服后，随着 CFRP 层数的增加，试件刚度退化曲线基本重合，刚度退化速率趋于相近。

4. 剪跨比的影响

图 4-85 为剪跨比对 PVC-FRP 管钢筋混凝土柱的荷载-位移骨架曲线的影响，从图中可以看出，在加载初期随着剪跨比的增加，试件弹性阶段刚度和水平承载力均逐渐降低，这主要是因为随着剪跨比的增大，试件底部混凝土内部轴向压应力不断向上扩大，混凝土提前开裂。在达到极限承载力后，剪跨比大的试件，承载力下降速度慢，下降段平缓。

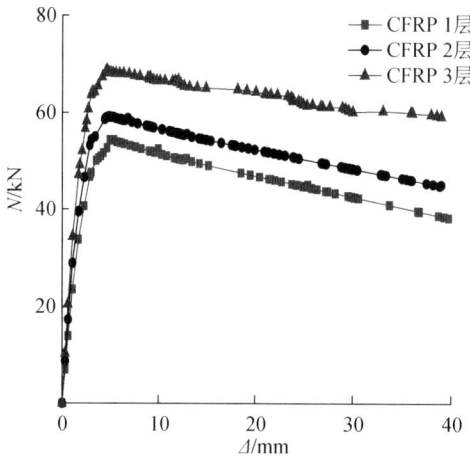

图 4-83　CFRP 条带层数对 PVC-FRP 管
钢筋混凝土柱的 N-Δ 骨架曲线的影响

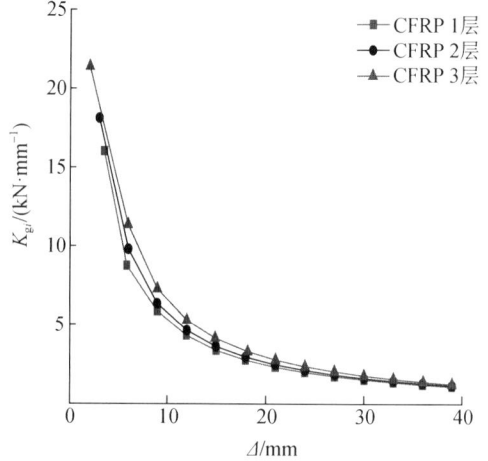

图 4-84　CFRP 条带层数对 PVC-FRP 管
钢筋混凝土柱的刚度退化曲线的影响

　　图 4-86 为剪跨比对 PVC-FRP 管钢筋混凝土柱的刚度退化曲线的影响。试件割线刚度 K_{gi} 均随水平位移的增加而逐渐降低，这主要是因为试件屈服后的弹塑性性质明显，出现累积损伤。试件屈服前，随着剪跨比的增大，试件初始刚度逐渐减小。试件屈服后，随着剪跨比的增大，刚度退化速率逐渐减慢，在试件破坏时，刚度退化速率相近。

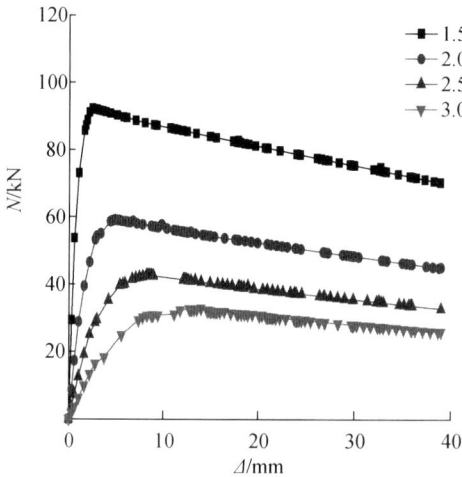

图 4-85　剪跨比对 PVC-FRP 管钢筋混凝
土柱的 N-Δ 骨架曲线的影响

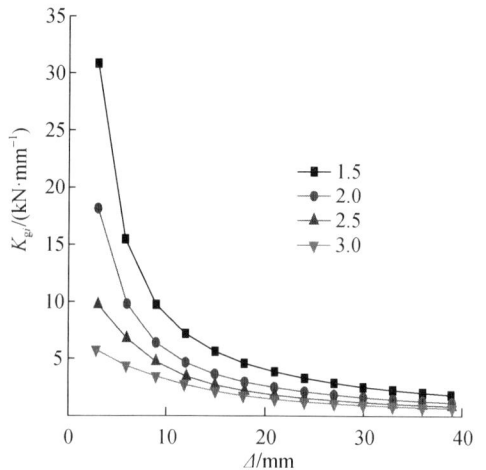

图 4-86　剪跨比对 PVC-FRP 管钢筋混凝
土柱的刚度退化曲线的影响

4.5.4　受力机理分析

1. PVC 管的 Mises 应力分析

利用本章建立的有限元模型，以 CFRP 条带的环箍间距为 60mm 和轴压比为 0.4 的 PVC-FRP 管钢筋混凝土柱作为研究对象，对 PVC-FRP 管钢筋混凝土柱的受力工作机理进行分析。

图4-87为PVC-FRP管钢筋混凝土柱的PVC管的Mises应力云图。当PVC-FRP 管钢筋混凝土柱水平位移为 1 Δ_y 时，PVC 管最大应力已经集中在 PVC 管底部区域，随着水平位移的增加，试件底部一侧 PVC 管的 Mises 应力值逐渐增大，最大应力沿着 PVC 管底部不断向上部区域扩展，加速试件破坏过程。当水平位移达到 6 Δ_y 时，PVC 管的 Mises 应力值达到 52.65MPa，超过 PVC 管极限抗压强度 51MPa，PVC 管退出工作，整个试件一侧向下倾斜角度变大，这与试验 PVC 管外部变化特征相吻合。

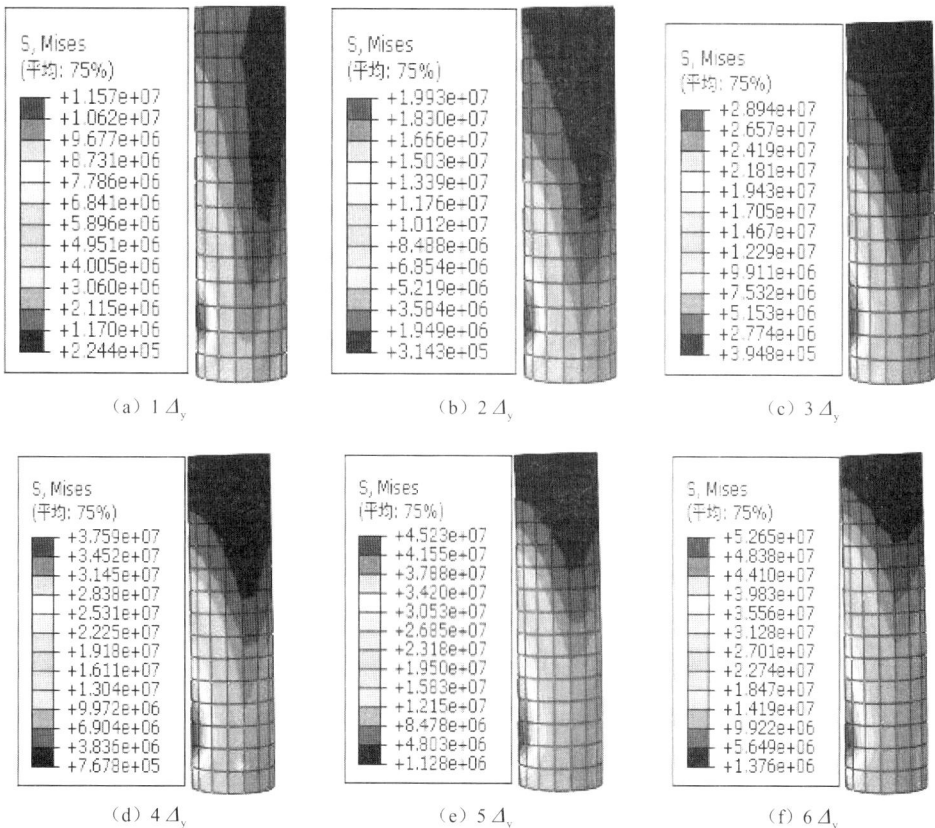

图 4-87　PVC 管的 Mises 应力云图

2. CFRP 条带的 Mises 应力分析

图 4-88 为 PVC-FRP 管钢筋混凝土柱的 CFRP 条带的 Mises 应力云图。当 PVC-FRP 管钢筋混凝土柱的水平位移为 $1\Delta_y$ 时，CFRP 条带的 Mises 应力值很小，说明 CFRP 条带对混凝土约束作用较小，随着水平位移的增加，CFRP 条带的应力急剧增加，其最大应力主要集中在距柱底部 80～120mm 区域内，随着水平位移继续增加到 $6\Delta_y$ 时，柱底上部最大应力区域内的 CFRP 条带的 Mises 应力值达到最大值 4975MPa，超过 CFRP 条带的极限抗拉强度 4517MPa，且不断向试件上部区域的 CFRP 条带传递，区域内的 CFRP 条带依次断裂，这与试验 CFRP 条带破坏现象完全一致。

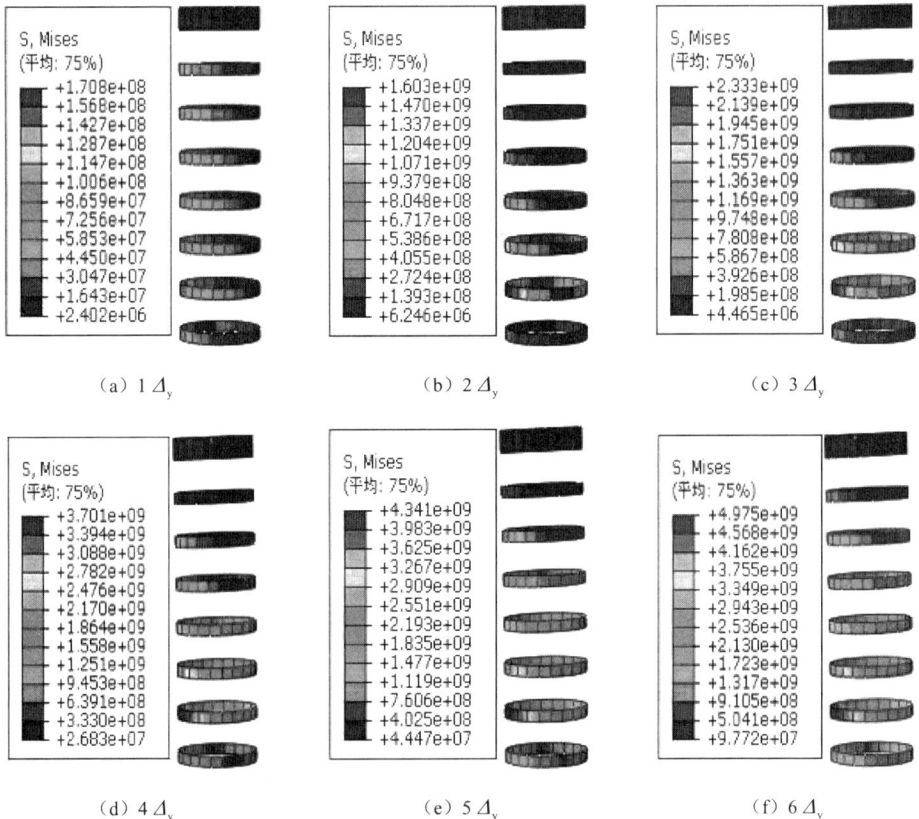

(a) $1\Delta_y$ (b) $2\Delta_y$ (c) $3\Delta_y$

(d) $4\Delta_y$ (e) $5\Delta_y$ (f) $6\Delta_y$

图 4-88 CFRP 条带 Mises 应力云图

3. 混凝土的塑性 PE 应变分析

图 4-89 为 PVC-FRP 管钢筋混凝土柱核心混凝土的 PE 应变云图。当 PVC-FRP 管钢筋混凝土柱的水平位移为 $1\Delta_y$ 时，核心混凝土最大 PE 应变值为 8.723×10^{-4}，

小于混凝土的极限应变 0.0033，这说明 PVC-FRP 管内核心混凝土还没被压碎。随着试件水平位移的增加，核心混凝土的 PE 应变值逐渐增大，并从试件最底部向上部区域不断扩展，混凝土横向变形开始加剧，核心混凝土开始受到 PVC-FRP 管约束作用，当水平位移达到 3Δ_y 时，核心混凝土的 PE 应变值最大为 0.0057，远超混凝土的极限应变。这说明 PVC-FRP 管内混凝土已经压碎。随后在水平加载过程中，混凝土逐渐退出工作。

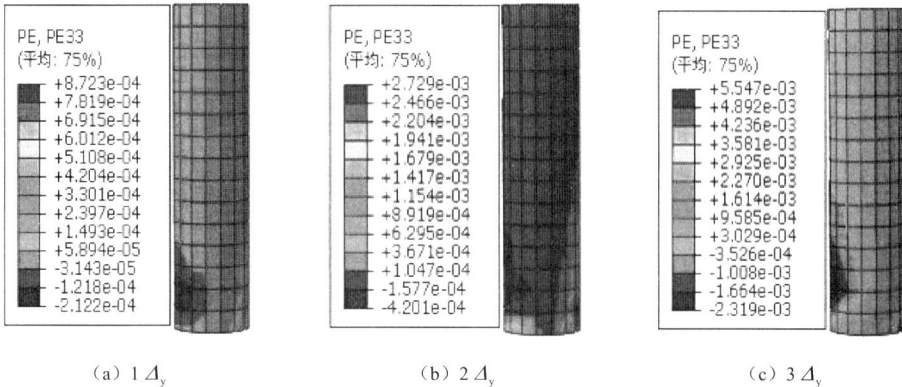

(a) 1Δ_y　　　　　　　　(b) 2Δ_y　　　　　　　　(c) 3Δ_y

图 4-89　核心混凝土的 PE 应变云图

4.6　本章小结

1）除轴压比为 0.4 的 CFRP 条带的环箍间距 20mm 与 CFRP 全包试件 PVC 管底部出现对称部位出现竖向裂缝外，其余试件的破坏形态均表现为纵向钢筋屈服，混凝土被压碎，PVC 管和纵向钢筋经历较大的塑性变形，弯曲程度不断增大，试件均发生弯曲破坏。

2）各试件的荷载-位移滞回曲线均比较圆滑、饱满，稳定性较好，表明试件消耗地震能量的能力强，抗震性能好。试件屈服前，滞回环面积较小，荷载-位移呈线性变化，试件刚度基本不退化，残余变形极小。随着水平位移的增大，滞回曲线弯曲，非弹性性质比较明显，达到试件的极限承载力时，承载力开始下降，刚度和强度不断退化，残余变形明显。在 CFRP 条带的环箍间距相同下，随着轴压比的提高，试件弹性阶段刚度和水平极限承载力显著增大，水平承载力下降较快，滞回曲线表现出的捏缩现象却得到一定缓解。在轴压比相同下，随着 CFRP 条带的环箍间距的减小，试件弹性阶段的刚度和水平极限承载力显著增大，CFRP 条带达到预期约束效果。

3）随着轴压比的提高，试件承载力和初始刚度增大，试件位移延性系数和极限弹塑性位移角均呈降低趋势，轴压比高的试件延性相对较差。随着水平位移的不断增大，刚度退化曲线趋于平缓，试件的等效黏滞系数 ξ_{eq} 显著增大。随着 CFRP 条带的环箍间距的增加，试件的承载力和初始刚度减小，试件的延性逐渐减小，与轴压比 0.2 的试件相比，CFRP 条带的环箍间距对轴压比 0.4 的试件的刚度退化影响较大。

4）在开始加载阶段，PVC 管、CFRP 条带和钢筋的应变较小，发展较缓慢，随着水平位移的增加，应变不断增长，轴压比大的试件钢筋应变较大。试件底部 PVC 管、CFRP 条带及钢筋应变最大，随着高度的增加，应变均呈减小趋势。在 CFRP 条带的环箍间距相同下，随着轴压比的提高，相同高度处试件的应变增大。在轴压比相同下，随着 CFRP 条带的环箍间距的减小，相同高度处试件应变增大。随着水平位移增加，试件 C20-n2 和试件 CM-n2 中的 CFRP 发挥很大约束作用，直至达到其极限拉应变，断裂破坏。

5）CFRP 条带的拉应变和箍筋应变比较分析表明，在开始加载阶段 CFRP 条带拉应变和箍筋应变发展都较为缓慢。试件屈服后，随着水平位移的增加，CFRP 条带的拉应变开始快速发展，大大超过箍筋应变的增长速度，在达到极限水平位移之前，CFRP 条带不断增加约束力。与轴压比低的试件相比，轴压比高的试件 CFRP 条带的拉应变和箍筋应变增长迅速，CFRP 的极限拉应变较大。与 CFRP 条带的环箍间距 60mm 的试件相比，CFRP 条带的环箍间距 20mm 和 CFRP 全包的试件的 CFRP 的极限拉应变较大，两者极限拉应变相当，CFRP 条带的极限拉应变与试件轴压比和 CFRP 条带的环箍间距有关。

6）采用 PVC-FRP 管混凝土应力-应变模型，对低周往复荷载作用下 PVC-FRP 管钢筋混凝土柱进行截面分析，采用纤维模型法，编制非线性分析程序，对低周往复荷载作用下 PVC-FRP 管钢筋混凝土柱进行受力全过程分析。利用柱构件截面力的极限平衡条件，提出低周往复荷载作用下 PVC-FRP 管钢筋混凝土柱的抗弯承载力、抗震设计基本参数及骨架曲线简化计算方法。

7）在试件骨架曲线研究基础上，给出低周往复荷载作用下 PVC-FRP 管钢筋混凝土柱加卸载规则。通过试验数据回归分析，提出试件卸载刚度计算公式，利用 MATLAB 编制计算程序，得出 PVC-FRP 管钢筋混凝土柱的滞回曲线计算值。建立 PVC-FRP 管钢筋混凝土柱恢复力模型，模型计算值与试验结果吻合较好。

8）借助有限元分析软件，通过建模、选取本构关系、确定单元类型、界面处理及网格划分等设置，建立 PVC-FRP 管钢筋混凝土柱有限元分析模型。有限元分析结果表明，随着核心混凝土强度的提高，试件的水平承载力逐渐增大，在达到极限承载力后，混凝土强度高的试件承载力下降速度快，骨架曲线下降段较陡，混凝土强度等级对刚度退化影响较小，试件刚度退化速率趋于相近。随着纵筋配筋率的提高，试件的水平承载力逐渐增大，在达到极限承载力后，试件承载力均下降，承载力下降段平行，试件强度退化速率趋于相近，刚度退化速率相当。随着 CFRP 条带层数的增加，试件水平承载力逐渐增大，在达到极限承载力后，随着 CFRP 条带层数的增加，试件骨架曲线下降段斜率逐渐减小，刚度退化缓慢。随着剪跨比的增加，试件弹性阶段刚度和水平承载力均逐渐降低，在达到极限承载力后，剪跨比大的试件，承载力下降速度慢，下降段平缓，试件刚度退化速率减慢，刚度退化速率相近。

第 5 章　PVC-FRP 管钢筋混凝土柱抗震抗剪性能研究

5.1　PVC-FRP 管钢筋混凝土柱抗震抗剪性能试验方案

5.1.1　试件设计

本章设计 2 根 PVC 管钢筋混凝土柱和 8 根 PVC-FRP 管钢筋混凝土柱的抗震性能试验，试件直径均为 200mm。试件呈工字形，底部基础起固定作用，柱区段长度分为 400mm 和 800mm 两种。柱身纵向钢筋采用 6 B12 的连续筋，纵筋配筋率为 2.16%；箍筋为 A6@150，体积配箍率为 0.49%，混凝土保护层厚度为 15mm，试件具体试验参数见表 5-1。针对柱潜在塑性铰区的破坏，在试件潜在塑性铰区配箍 A6@30；为防止柱根部与基础交界处提前破坏，在 PVC 管底部横向包裹 3 层 40mm 宽的 CFRP 条带，确保试验时此部位不发生破坏。柱的详细几何尺寸及配筋如图 5-1 所示。

表 5-1　试件主要参数（CFRP 层数为 2，体积配箍率为 0.49%）

试件编号	CFRP 条带的环箍间距/mm	剪跨比	轴压比	轴向承载力/kN
JCn1-1	—		0.2	180
JC20n1-1	20		0.2	385
JC20n2-1	20	1.5	0.4	770
JC60n1-1	60		0.2	253
JC60n2-1	60		0.4	506
JCn1-2	—		0.2	180
JC20n1-2	20		0.2	385
JC20n2-2	20	2.5	0.4	770
JC60n1-2	60		0.2	253
JC60n2-2	60		0.4	506

注：1. 剪跨比 $\lambda = M / VD = H / 2D$，其中 H 为柱区段长度；D 为柱直径；剪跨比按框架柱计算，计算时考虑了柱头 200mm 有效高度。

2. 体积配箍率计算 $\rho_v = \dfrac{4A_s}{sD'}$，其中 A_s 为箍筋截面积；s 为箍筋间距；D' 为箍筋中心线所在圆的直径。

3. 轴压比为 0.2 的试件即为低轴压比试件，试验轴压比为 0.4 的试件即为高轴压比试件；剪跨比为 1.5 的柱为短柱，剪跨比为 2.5 的柱为长柱。

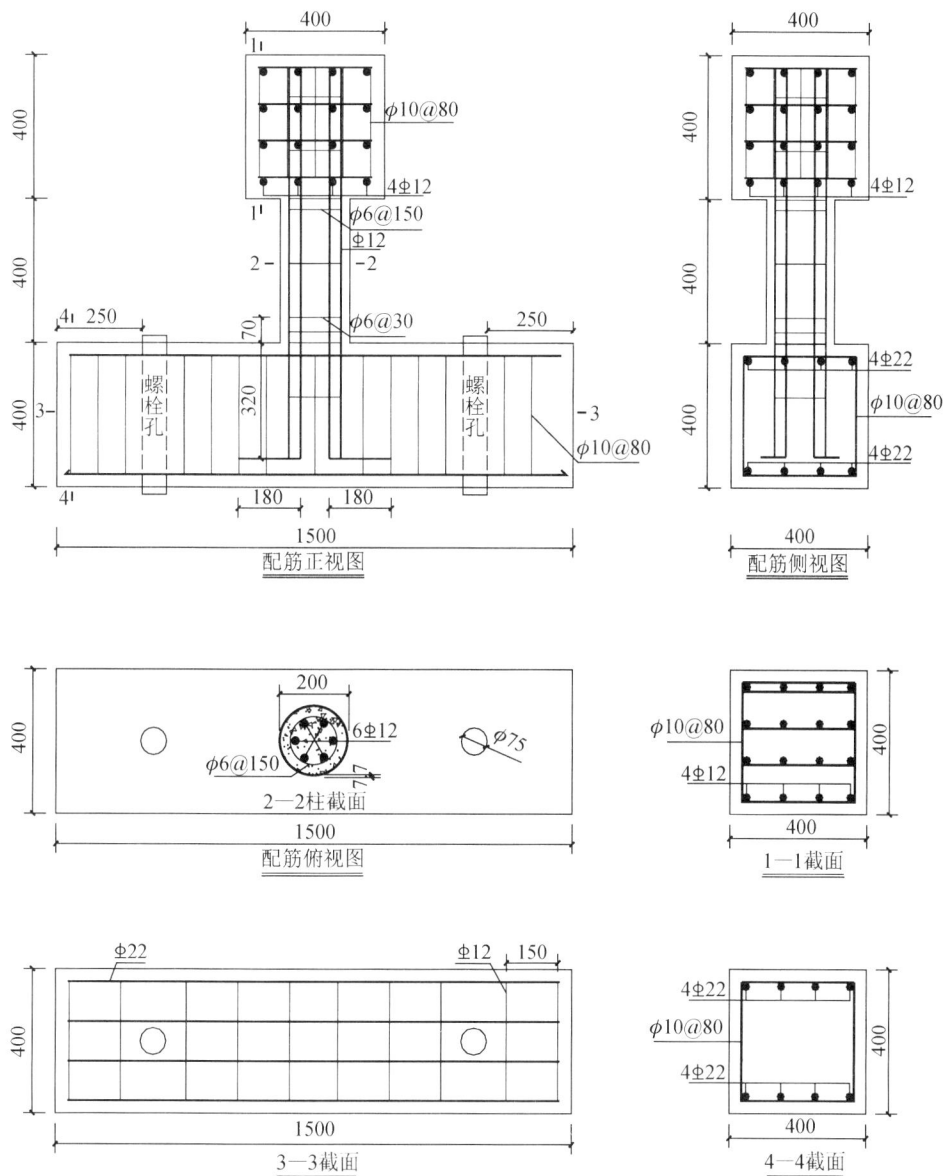

（a）柱区段长度为400mm的试件

图 5-1　试件几何尺寸与配筋示意图（单位：mm）

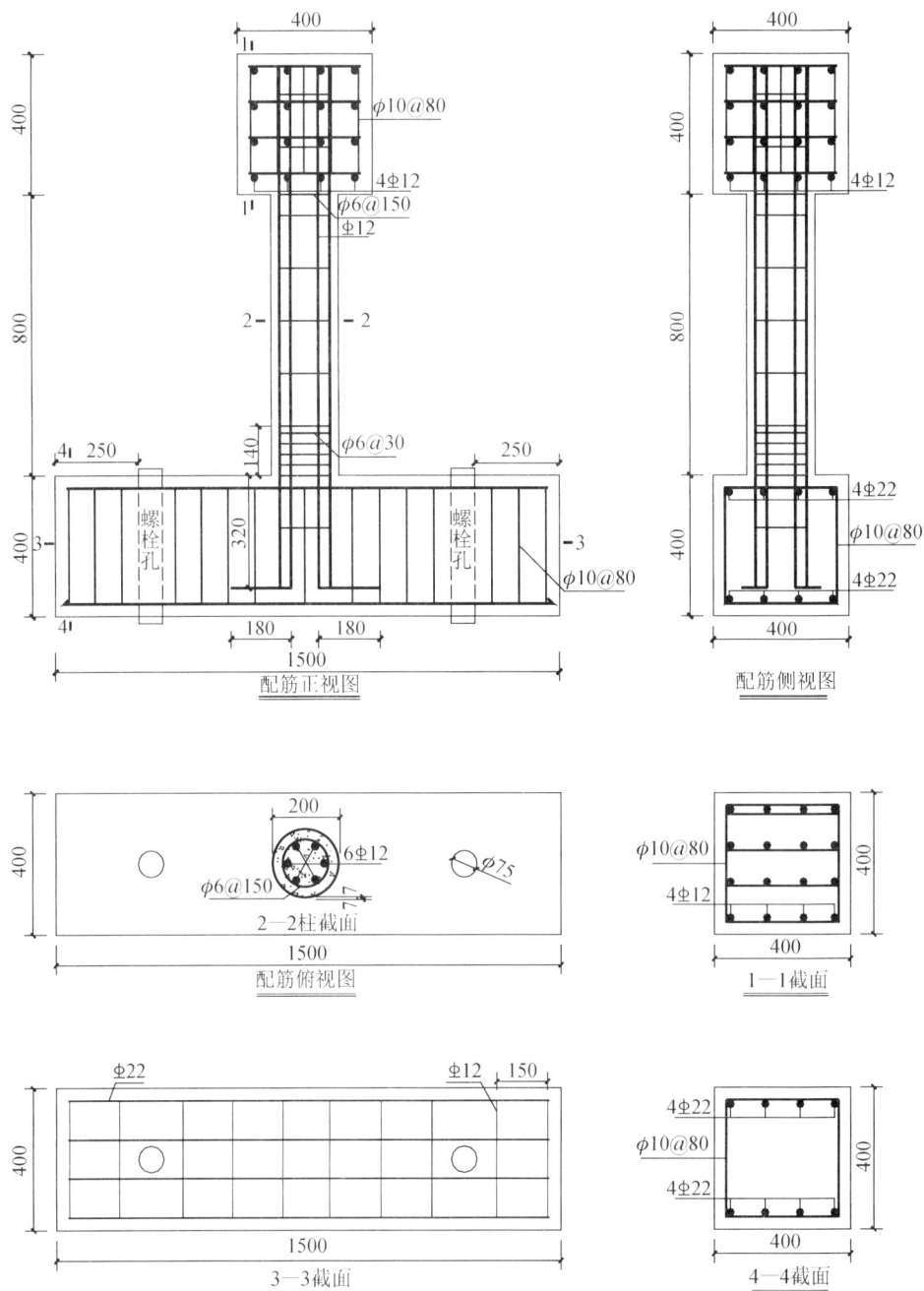

配筋正视图

配筋侧视图

配筋俯视图

2—2柱截面

1—1截面

3—3截面

4—4截面

（b）柱区段长度为800mm的试件

图 5-1（续）

5.1.2　试件制作

1. PVC-FRP 管制作

PVC-FRP 管是由 CFRP 直接缠绕在 PVC 管表面形成的，所选的 CFRP 条带的环箍间距分别为 20mm 和 60mm，条带宽度均为 20mm。整个缠绕过程均为手工完成，PVC-FRP 管的具体制作过程如下。

（1）PVC 管表面处理

用角磨机将 PVC 管两端打磨平整，如图 5-2 所示。然后用清水将 PVC 管表面清洗干净，待表面干燥后，再用丙酮溶液清洗，除去表面的灰尘和污渍，并保持表面充分干燥。

（2）定位和划线

用卷尺在 PVC 管表面确定设计 CFRP 条带的环箍间距缠绕的位置并划线。

（3）涂刷底胶

为提高 PVC 管表面和浸渍胶的黏结性，在 PVC 管表面涂刷底胶。将底胶和固化剂按质量比 3：1 称量好先后置于容器中，缓慢搅拌均匀。然后用毛刷将底胶均匀涂刷于 PVC 管表面划线的位置，如图 5-3 所示。待底胶完全固化后再开始下一道工序的施工。

图 5-2　PVC 管端口处理　　　　　　图 5-3　涂刷底胶后的 PVC 管

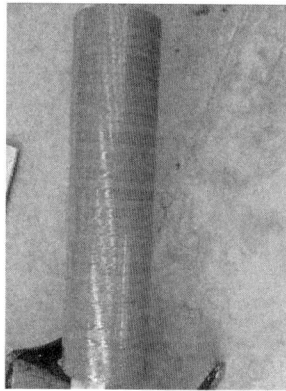

（4）粘贴碳纤维布

在粘贴前将碳纤维布按预定的长度裁好，纤维外层搭接长度为 100mm。将浸渍胶和固化剂按质量比 2：1 称量好后置于容器中，缓慢搅拌均匀。将 CFRP 条带放在浸渍胶中充分浸透，根据设计的环箍间距缠绕，将碳纤维布起始端摁紧在 PVC 管表面，将另一端拉紧，边缠绕边用刮板刮平，以保证 CFRP 和 PVC 管之间结合紧密，不允许有气泡，如图 5-4 所示。整个缠绕过程重复进行，直到碳纤维复合材料（CFRP）缠绕 2 层，搭接位置沿柱高交错布置。为防止试件的端部提前发生破坏，在每根管的两端缠绕 3 层 CFRP 布。CFRP 布包裹好后，在最外层 CFRP 的表面再均匀涂抹一层浸渍胶作为保护。

（5）养护

将制备好的 PVC-FRP 管放在室温下养护，直到面胶硬化。图 5-5 为制作完成的 PVC-FRP 管。

图 5-4　粘贴碳纤维布

图 5-5　制作完成的 PVC-FRP 管

2. 钢筋笼及模板制作

将螺纹钢筋和圆钢筋分别按纵筋和箍筋的下料长度切割，制作直径为 160mm 的圆形箍筋。按设计方案贴好钢筋应变片并焊接好导线，为防止浇筑振捣的过程对应变片造成损伤，最后用浸透环氧树脂的纱布包裹应变片作为保护。为固定纵筋的位置，先将两个箍筋绑扎在柱子两端，6 根纵筋等间隔均匀分布在箍筋内侧四周，柱子箍筋和纵筋均采用铁丝绑扎连接。为将钢筋笼固定在 PVC-FRP 管的中心，在柱子两端箍筋上垂直于环向方向焊接指定长度的细钢筋条顶住 PVC-FRP 管壁，使钢筋笼在浇筑振捣的过程中不会发生偏移。柱头和底部基础用木模板，并在基础上预留螺栓孔。柱模板为 PVC-FRP 管，然后将钢筋笼置于模板中，等待浇筑混凝土。整个工字形试件的钢筋骨架如图 5-6 所示。

（a）PVC 管钢筋混凝土短柱

（b）PVC 管钢筋混凝土长柱

图 5-6　工字形试件的钢筋骨架

（c）环箍间距 60mm 的 PVC-FRP 管钢筋混凝土短柱　　（d）环箍间距 60mm 的 PVC-FRP 管钢筋混凝土长柱

（e）环箍间距 20mm 的 PVC-FRP 管钢筋混凝土短柱　　（f）环箍间距 20mm 的 PVC-FRP 管钢筋混凝土长柱

图 5-6（续）

3. 混凝土浇筑与养护

全部试件都采用商品混凝土浇筑，先浇筑底部基础混凝土，边浇筑边振捣，直到混凝土灌满 PVC-FRP 管另一端管口，再浇筑柱头，用振捣棒振实。最后将混凝土表面抹平并用塑料布封罩，室外自然条件养护。试验开始之前，拆模并将混凝土表面打磨平整，以保证试件受力均匀。图 5-7 是试件混凝土的浇筑过程。

（a）浇筑基础混凝土　　　　　　　　　　（b）混凝土由基础端管口流向柱头

图 5-7　试件混凝土的浇筑过程

（c）混凝土灌满管口

（d）浇筑柱头混凝土

（e）抹平混凝土表面

（f）试件成型

图 5-7（续）

5.1.3 试验材料力学性能

PVC 管力学性能、CFRP 力学性能、混凝土力学性能和钢筋力学性能与第 4 章材料的力学性能相同。

5.1.4 试验加载方案和量测方案

1. 加载装置

全部试验是在安徽工业大学结构试验室进行的，试验加载装置简图和全貌图分别如图 5-8 和图 5-9 所示。所有试件均采用恒定轴力下的低周反复荷载作用。试验中的恒定轴压由安装在反力架平衡梁上的 200t 竖向千斤顶施加，为了保证竖向千斤顶能够在反力架平衡梁上自由平动，在竖向千斤顶与反力架平衡梁之间安装滑动小车。水平反复荷载由固定在反力墙上的 50t MTS 水平作动器施加，MTS 水平作动器的工作位移为 ±250 mm。

试件基础底座与预应力混凝土地面之间通过地锚螺栓固定。支座反力架四周通过水平拉杆拉紧，试件基础底座与支座反力架之间的空隙一端用千斤顶顶紧，一端用钢板塞实。试件安装好后，必须进行对中，尽量确保竖向千斤顶的中心与试件截面中心重合。

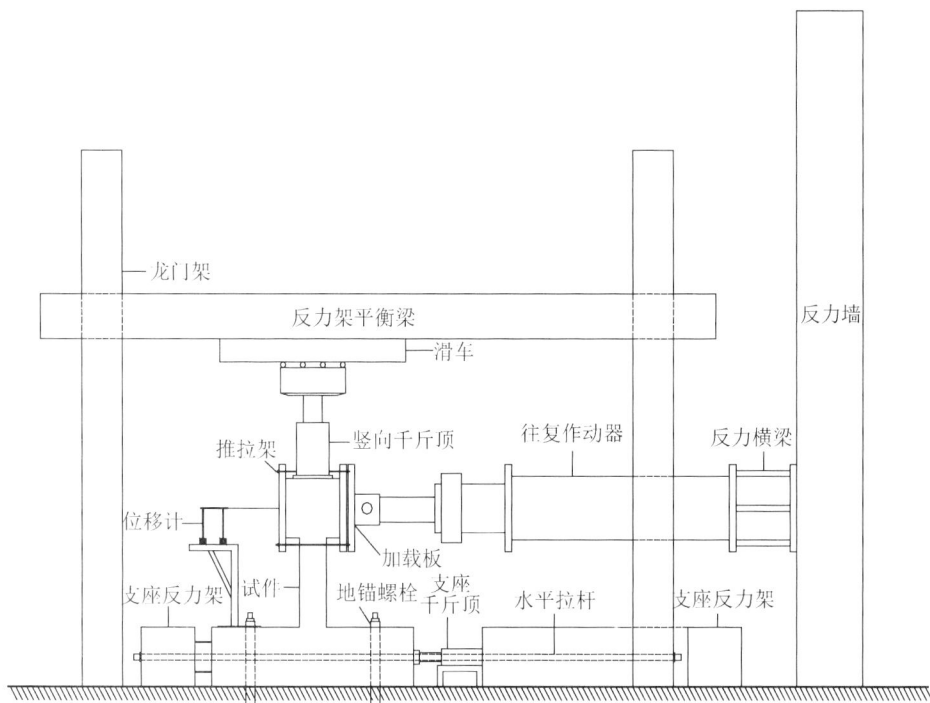

图 5-8　试验加载装置简图

图 5-9　试验加载装置全貌图

2. 加载制度

目前国内外普遍采用的拟静力试验加载制度包括力控制加载、位移控制加载和力-位移控制加载。试验时轴力一次性加载到预定值，并尽量在试验过程中保持恒定，持载 20min，然后开始施加水平低周反复荷载。水平加载采用力-位移混合控制，试件屈服前按力控制加载，每级荷载循环 1 次；试件屈服后按位移控制加载，每级位移控制值取为屈服位移的整数倍，循环 3 次，直至 CFRP 条带被拉断或水平承载力下降到极限承载力的 85%，可以认为试验结束。加载制度如图 5-10 所示。

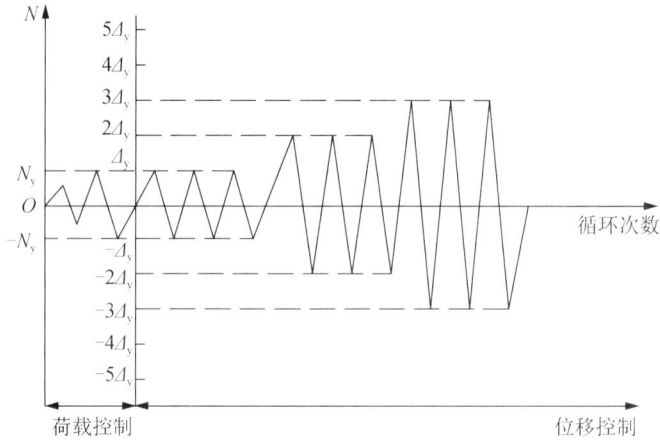

图 5-10　加载制度

5.1.5　试验量测方案

　　试验过程中主要量测内容包括：水平荷载、位移，以及钢筋、PVC 管、碳纤维布的应变等。试验中的轴力、位移和应变分别用荷载传感器、水平位移计和电阻应变片测得，并通过 TDS530 数据采集系统自动采集，如图 5-11 所示。

　　（1）位移测点布置

图 5-11　TDS530 数据采集系统

　　MTS 水平作动器的荷载与试件位移通过传感器由计算机自动采集，并实时控制加载过程，绘制 N-Δ 曲线。为与 MTS 采集的柱顶水平位移进行校核，在与柱顶水平承载力加载点同高的位置布置一个位移计。另外在柱区段中部加载方向两侧各布置一个位移计，用于计算转角。位移测点布置如图 5-12 所示。

　　（2）应变测点布置

　　本试验分别在加载方向两侧的纵筋及箍筋上粘贴应变片并进行采集，通过分析纵筋的应变初步判断试件的屈服程度，通过箍筋的应变来分析圆箍对混凝土的约束作用。在 PVC 管和 CFRP 条带表面，沿不同高度布置纵向应变片和环向应变片，通过这些应变片可以得到 CFRP 条带应变在柱不同高度处沿环向的分布情况，进而可以分析 CFRP 条带对试件的约束作用。钢筋、PVC 管和 CFRP 条带应变片的布置如图 5-13 和图 5-14 所示。

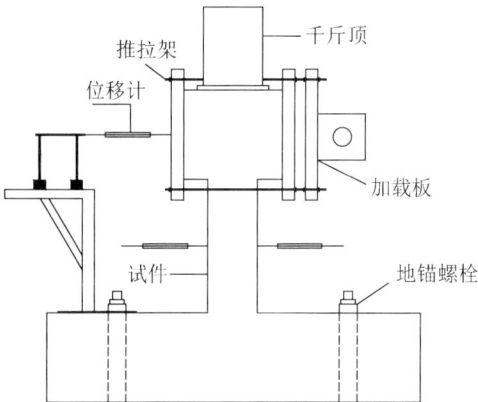

图 5-12　位移测点布置

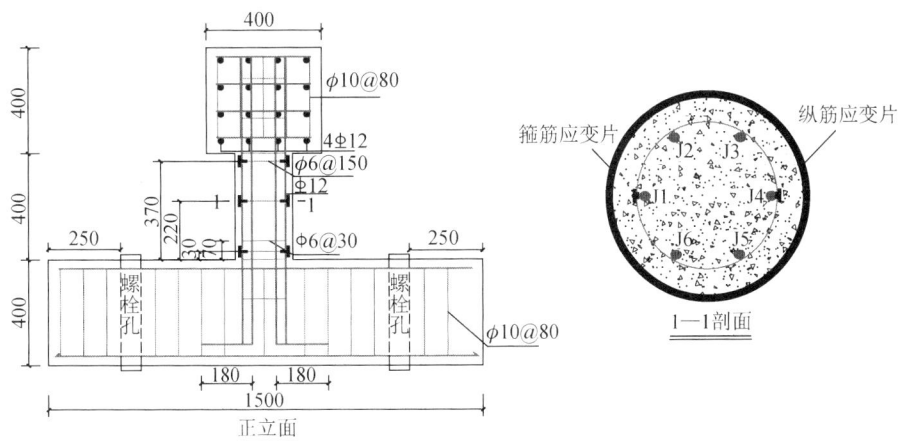

（a）钢筋应变片布置

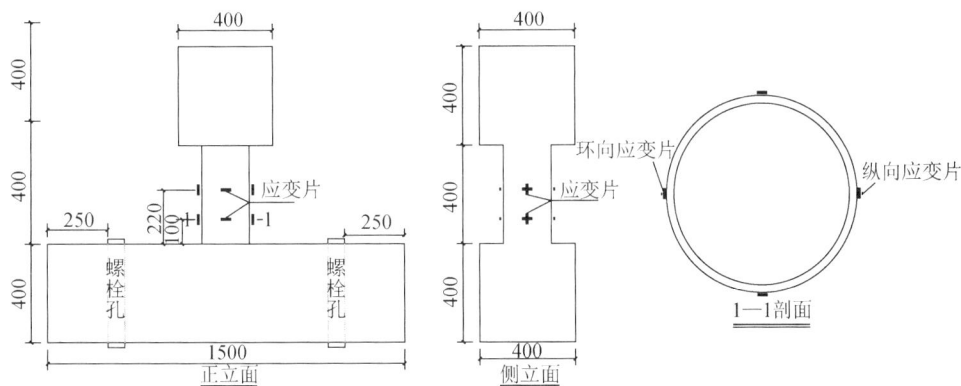

（b）PVC管应变片布置

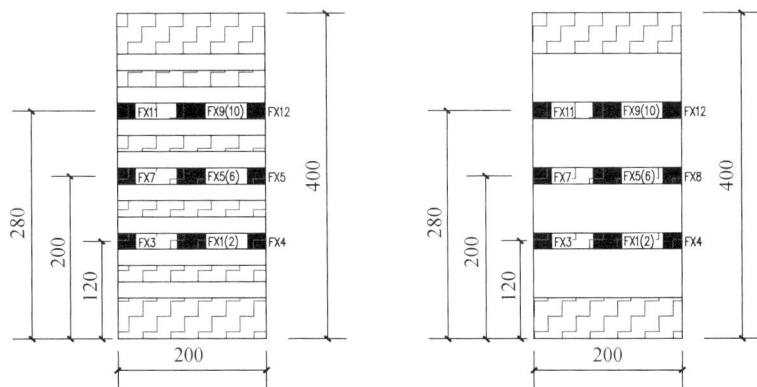

（c）CFRP条带应变片布置

图 5-13　PVC-FRP 管钢筋混凝土短柱应变片布置（单位：mm）

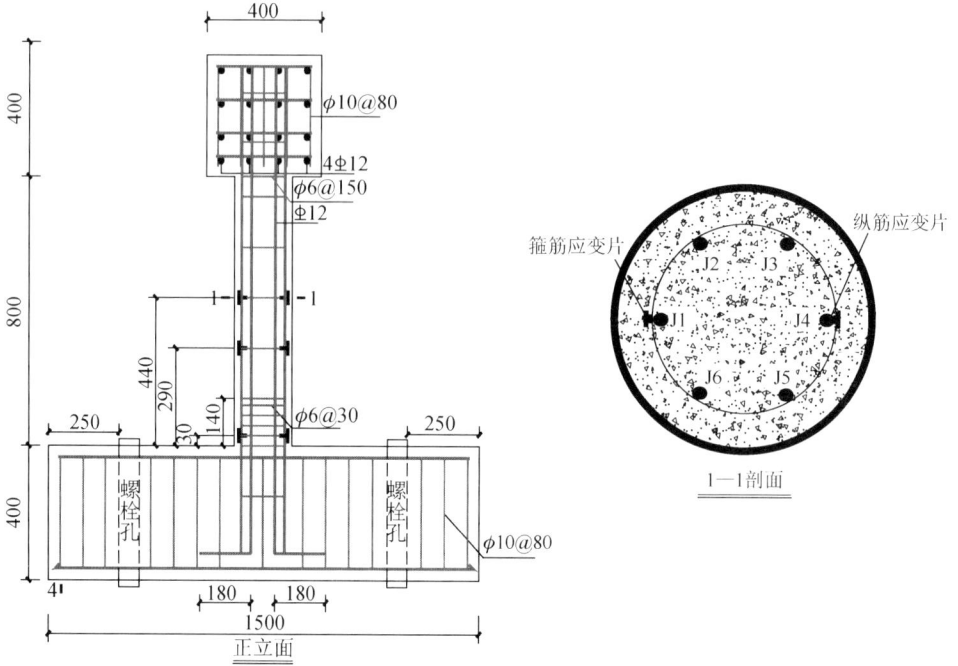

（a）钢筋应变片布置

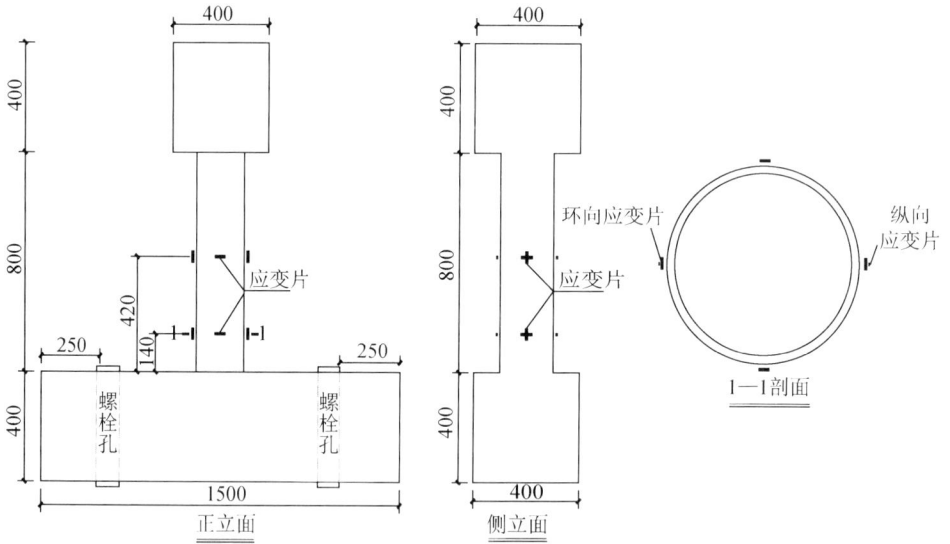

（b）PVC管应变片布置

图 5-14　PVC-FRP 管钢筋混凝土长柱应变片布置（单位：mm）

（c）CFRP条带应变片布置

图 5-14（续）

注：FX 表示 FRP 条带应变片，FX1（2）表示柱正背面相同位置粘贴应变片，正面编号为 1，
背面编号为 2；每一个条带上等间距粘贴 4 个应变片。

5.2　PVC-FRP 管钢筋混凝土柱抗震抗剪性能试验结果分析

本章对低周反复荷载作用下 PVC-FRP 管钢筋混凝土柱的抗震抗剪性能进行
试验研究，分析轴压比、剪跨比及 CFRP 条带的环箍间距对 PVC-FRP 管钢筋混凝
土柱的滞回性能、刚度退化、耗能能力、承载力、延性等抗震性能的影响规律，
揭示 PVC-FRP 管钢筋混凝土柱破坏特征和破坏机理。

5.2.1　PVC-FRP 管钢筋混凝土柱破坏形态

1. PVC 管钢筋混凝土柱破坏形态

PVC 管钢筋混凝土试件包括 JCn1-1 和 JCn1-2，试验轴压比均为 0.2。它们的
破坏过程和破坏形态基本相似。以试件 JCn1-2 为例，在加载初期试件表面没有发
生明显变化，卸载和加载过程中均无残余变形，试件处于弹性阶段。当荷载施加

至 21kN 时，能听到沉闷的混凝土开裂声，随着水平荷载的继续增加，断断续续听到混凝土与 PVC 管的摩擦声，PVC 管表面无明显变化；当水平荷载增大至+30kN 时，试件外侧纵筋应变陡增，此时试件屈服，试验改为位移控制，控制位移 Δ_{y_i} 取 5mm。此后，在反复荷载作用下，试件水平承载力增长缓慢，位移增长速度加快，PVC 管的纵向应变和环向应变、纵筋的纵向应变以及箍筋的环向应变增长速度加快。在 $2\Delta_{y_i}$ 时 PVC 管底部与基础顶面交界处开始分离，在循环加载过程中可听到混凝土压碎及混凝土挤压 PVC 管的声音，随着水平位移的不断增加，PVC 管底部与基础顶面交界处开口越来越大，如图 5-15 所示。

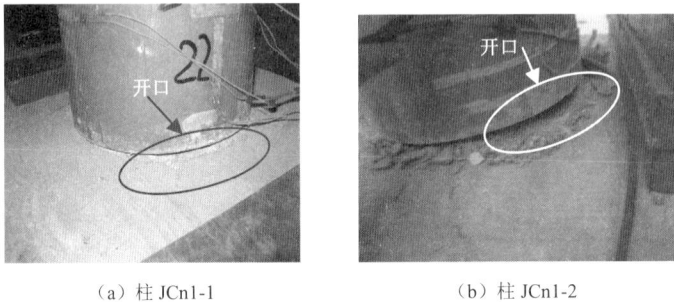

(a) 柱 JCn1-1　　　　　　　　(b) 柱 JCn1-2

图 5-15　PVC 管钢筋混凝土柱柱脚破坏形态

在试验进行到 $4\Delta_{y_i}$ 时，试件达到其极限承载力，之后随着水平位移的增加，其水平承载力开始下降，当水平位移达到 50mm 时，试件水平承载力降至极限承载力的 85%，试件发生破坏。此时，PVC 管底部与基础顶面交界处开口高度达到 22mm，在开口处有混凝土被压碎，PVC 管表面无显著变化，柱身保持完整。PVC 管纵向应变和环向应变还在持续增大，未达到其极限应变，PVC 管钢筋混凝土柱仍具有较好的承载力和延性。由此可以看出 PVC-FRP 管钢筋混凝土柱属于弯曲破坏，试件最终破坏形态如图 5-16 所示。弯曲破坏形态表现为纵筋受压屈曲，混凝土被压碎，从纵筋屈服到试件破坏，PVC 管和纵筋要经历较大的塑性变形，随之引起试件水平位移激增，有明显的破坏预兆。

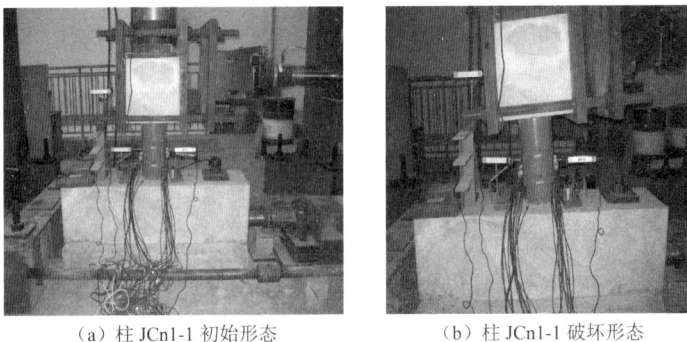

(a) 柱 JCn1-1 初始形态　　　　　(b) 柱 JCn1-1 破坏形态

图 5-16　PVC 管钢筋混凝土柱初始形态与破坏形态比较

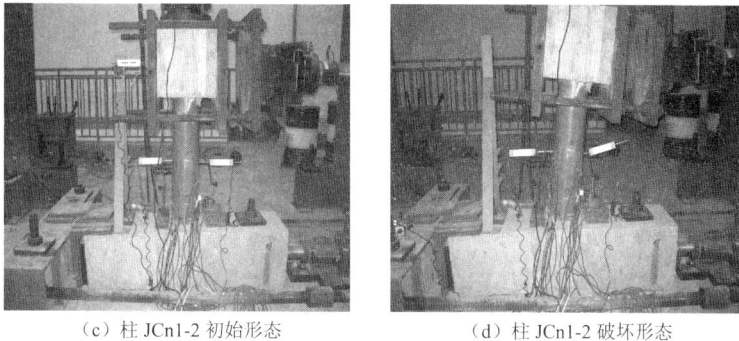

（c）柱 JCn1-2 初始形态　　　　　　（d）柱 JCn1-2 破坏形态

图 5-16（续）

2. 低轴压比下 PVC-FRP 管钢筋混凝土柱破坏形态

低轴压比下 PVC-FRP 管钢筋混凝土试件包括 JC60n1-1、JC20n1-1、JC60n1-2 和 JC20n1-2，试验轴压比均为 0.2，试件破坏过程及破坏形态相似。以 JC60n1-2 为例，在加载初期，试件表面没有发生明显变化，卸载和加载过程中均无残余变形，试件处于弹性阶段。当荷载施加至 22kN 时，能听到沉闷的混凝土开裂声。与 PVC 管钢筋混凝土柱相比，CFRP 条带约束量对试件内部混凝土的开裂荷载影响不大。随着水平荷载的继续增加，断断续续听到混凝土与 PVC 管的摩擦声，PVC 管表面无明显变化；当水平荷载增大至+34kN 时，在 N-Δ 曲线上水平荷载突然下降而位移急剧增长，出现明显的拐点，此时试件屈服，试验改为位移控制，控制位移 Δ_{y_i} 取 5mm。此后，在反复荷载作用下，试件水平承载力长缓慢，位移增长速度加快，PVC 管的纵向应变、纵筋的纵向应变、CFRP 条带环向应变及箍筋的环向应变增长速度开始加快。与 PVC 管钢筋混凝土柱相比，CFRP 条带的环箍间距对试件屈服承载力的影响不大。在 $2\Delta_{y_i}$ 时 PVC 管底部与基础顶面交界处开始分离，柱底四周有混凝土被压碎，如图 5-17 所示。

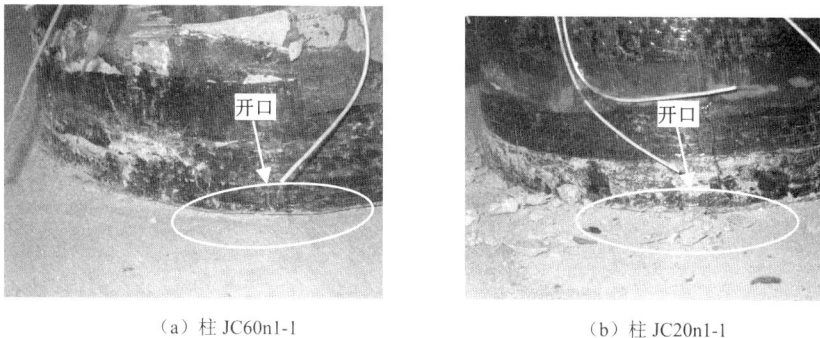

（a）柱 JC60n1-1　　　　　　　　（b）柱 JC20n1-1

图 5-17　低轴压比下 PVC-FRP 管钢筋混凝土柱柱脚破坏形态

（c）柱 JC60n1-2　　　　　　　　　　（d）柱 JC20n1-2

图 5-17（续）

在试验加载过程中可听到混凝土压碎及混凝土挤压 PVC 管的声音。在试验进行到 $4\Delta_{y_i}$ 时，试件达到其极限承载力。与 PVC 管钢筋混凝土柱相比，低轴压比的 PVC-FRP 管钢筋混凝土柱极限承载力明显增大。此后，随着水平位移的增加，其水平承载力开始下降，在试验进行到 $8\Delta_{y_i}$ 时，开口高度达到 7mm，随着水平位移的不断增加，PVC 管底部与基础顶面交界处开口越来越大。当水平位移施加到 55mm 时，试件水平承载力降至极限承载力的 85%，试件发生破坏。此时 PVC 管底部与基础顶面交界处开口最大，在开口处有混凝土被压碎，PVC 管表面无显著变化，PVC 管纵向应变和 CFRP 条带环向应变还在持续增大，未达到其极限应变。整个试验过程中柱身保持完整，均未发现 PVC 管鼓起、破裂及 CFRP 条带的断裂和剥落，具有较好的承载力和延性。由此可以看出，低轴压比下 PVC-FRP 管钢筋混凝土柱属于弯曲破坏，试件最终破坏形态如图 5-18 所示。弯曲破坏形态表现为纵筋受压屈曲，混凝土被压碎，从纵筋屈服到试件破坏，PVC-FRP 管和纵筋要经历较大的塑性变形，随之引起试件水平位移激增，有明显的破坏预兆。

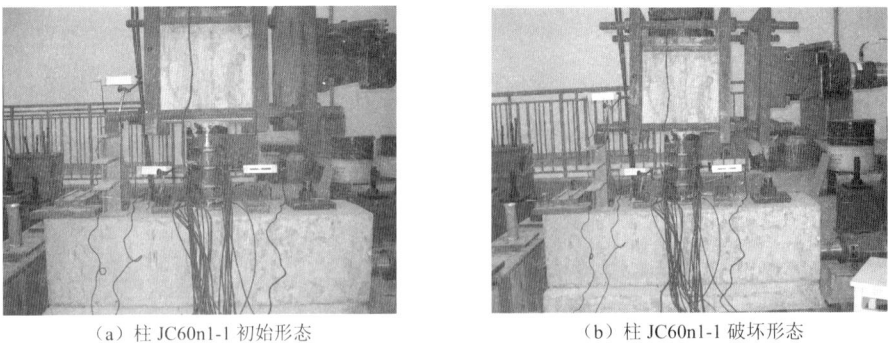

（a）柱 JC60n1-1 初始形态　　　　　　（b）柱 JC60n1-1 破坏形态

图 5-18　低轴压比下 PVC-FRP 管钢筋混凝土柱初始形态与破坏形态比较

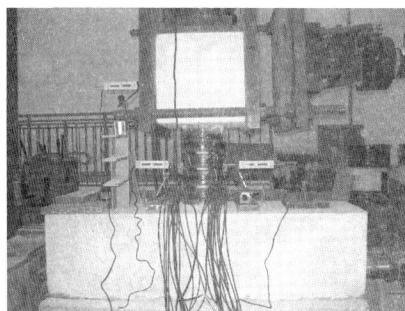

（c）柱 JC20n1-1 初始形态　　　　　　　　　　（d）柱 JC20n1-1 破坏形态

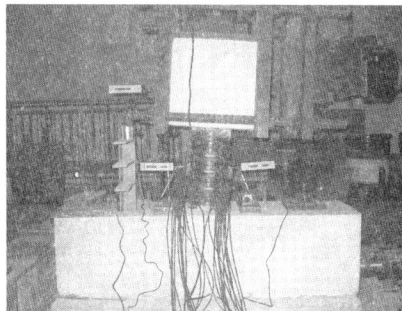

（e）柱 JC60n1-2 初始形态　　　　　　　　　　（f）柱 JC60n1-2 破坏形态

（g）柱 JC20n1-2 初始形态　　　　　　　　　　（h）柱 JC20n1-2 破坏形态

图 5-18（续）

3. 高轴压比下 PVC-FRP 管钢筋混凝土短柱破坏形态

高轴压比下 PVC-FRP 管混凝土短柱包括 JC60n2-1 和 JC20n2-1，试验轴压比均为 0.4。由于轴压比的提高，柱的破坏特征有较大的变化。

（1）试件 JC60n2-1 破坏形态

在加载初期，试件表面没有发生明显变化，卸载和加载过程中均无残余变形，试件处于弹性阶段，考虑试件的初始水平位移，当水平荷载卸载为零时，残留的不可恢复位移很小。与低轴压比 PVC-FRP 管钢筋混凝土柱相比，相同水平荷载下水平位移明显变小。随着水平荷载的继续增加，断断续续听到混凝土与 PVC 管的摩擦声，PVC 管表面无明显变化；当水平荷载施加至 +64kN 时，在 N-Δ 曲线上水平承载力突然下降而位移急剧增长，出现明显的拐点，此时试件屈服，试验改为位移控制，控制位移 Δ_{y_i} 取 1.5mm。此后，在反复荷载作用下，试件水平承载力增长缓慢，位移增长速度加快，但 PVC 管的纵向应变、纵筋的纵向应变、CFRP 条带环向应变及箍筋的环向应变增长速度开始加快。与低轴压比的 PVC-FRP 管钢筋混凝土短柱相比，轴压比对试件屈服承载力的影响较大。随着水平位移的增加，PVC 管底部与基础顶面交界混凝土被压碎，但始终没有出现开口，如图 5-19 所示。

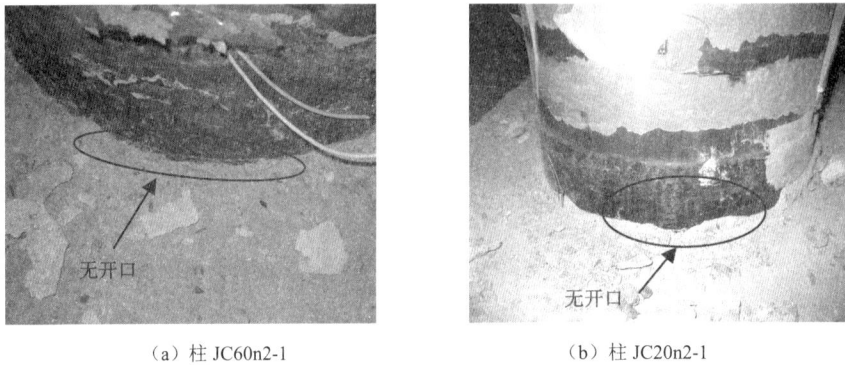

（a）柱 JC60n2-1　　　　　　　　　　　（b）柱 JC20n2-1

图 5-19　高轴压比下 PVC-FRP 管钢筋混凝土短柱柱脚破坏形态

在试验加载过程中可听到混凝土压碎及混凝土挤压 PVC 管的声音。在试验进行到 $4\Delta_{y_i}$ 时，试件达到其极限承载力。与低轴压比的 PVC-FRP 管钢筋混凝土短柱相比，高轴压比的 PVC-FRP 管钢筋混凝土短柱极限承载力明显增大。此后，随着水平位移的增加，其水平承载力开始下降，PVC 管的纵向应变和 CFRP 条带环向应变继续增大。在试验进行到 $13\Delta_{y_i}$ 时，第二根（自下往上数）CFRP 条带达到其极限拉应变，在柱子北侧（MTS 作动器从南往北施加推力）发生断裂，可以听到 CFRP 条带清脆的断裂声，其他条带完好。与此同时 PVC 管开裂，南侧和东侧均有明显鼓起，表面出现三条大的竖向主斜裂缝，其中柱子西侧是一条从柱底一直延伸到柱顶的斜裂缝，东侧有两条从柱底延伸到第四根条带的裂缝。由此可以看出，试件 JC60n2-1 属于弯剪破坏，试件最终破坏形态如图 5-20 所示。弯剪破坏形态表现为纵筋受压屈曲，PVC 管表面出现多条斜裂缝，CFRP 条带断裂，PVC-FRP 管和纵筋要经历较大的塑性变形，有明显的破坏预兆。

（a）柱 JC60n2-1 初始形态

（b）柱 JC60n2-1 北侧破坏形态

（c）柱 JC60n2-1 西侧破坏形态

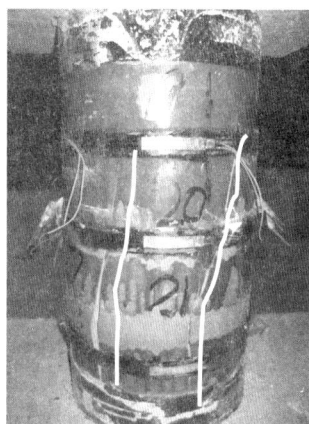

（d）柱 JC60n2-1 东侧破坏形态

图 5-20　柱 JC60n2-1 初始形态与破坏形态比较

（2）试件 JC20n2-1 破坏形态

在对试件施加轴力的过程中，柱头西侧有混凝土脱落。当施加到预定轴力并保持恒定时，部分纵筋已经屈服，此时水平荷载已经达到-17kN，试验直接改为位移控制，控制位移 Δ_y 取 0.5mm。在加载初期，试件表面没有发生明显变化，滞回曲线平稳发展，呈线性变化，PVC 管纵向应变和 CFRP 条带环向应变增长速度开始加快。随着水平位移的增加，PVC 管纵向应变和 CFRP 条带环向应变增长急剧增长，PVC 管底部与基础顶面交界处混凝土被压碎，但始终没有出现开口，如图 5-21（b）所示。在试验加载过程中断断续续听到混凝土压碎和混凝土挤压 PVC 管的声音。在试验进行到 8Δ_y 时，试件 JC20n2-1 突然爆裂，达到其极限承载力。与低轴压比的 PVC-FRP 管钢筋混凝土短柱相比，高轴压比的 PVC-FRP 管钢筋混凝土短柱极限承载力明显增大。试件在破坏前无明显预兆，PVC 管碎块、混凝土碎块及 CFRP 条带被炸飞，此时试件除柱顶 CFRP 条带完好无损外，柱底端 CFRP 条带崩断两束丝外，其他 CFRP 条带均被崩断，PVC 管完全炸裂，混凝土大面积破碎，西侧柱身混凝土上出现一条从柱底延伸到柱顶的斜裂缝，部分纵筋和箍筋都裸露出来，试件完全破坏，由此可以看出试件属于脆性剪切破坏，试件最终破坏形态如图 5-21 所示。脆性剪切破坏形态表现为纵筋受压屈曲，PVC-FRP 管及混凝土突然被压碎，试件水平位移很小，没有明显的破坏预兆。

（a）柱 JC20n2-1 初始形态　　　　　　　（b）柱 JC20n2-1 破坏形态

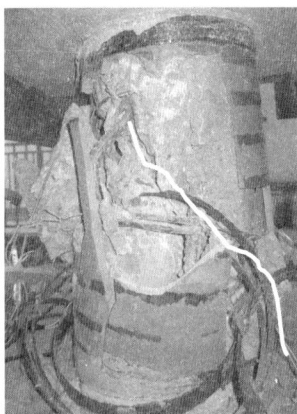

（c）柱 JC20n2-1 西侧破坏形态　　　　　（d）柱 JC20n2-1 东侧破坏形态

图 5-21　柱 JC20n2-1 初始形态与破坏形态比较

4. 高轴压比下 PVC-FRP 管钢筋混凝土长柱破坏形态

高轴压比下 PVC-FRP 管钢筋混凝土长柱包括 JC60n2-2 和 JC20n2-2，试验轴压比均为 0.4，其破坏形态十分相似，滞回曲线都很饱满，表现出较好的抗震性能。

（1）试件 JC60n2-2 破坏形态

在加载初期，试件表面没有发生明显变化，卸载和加载过程中均无残余变形，试件处于弹性阶段，考虑试件的初始水平位移，当水平荷载卸载为零时，残留的不可恢复位移很小。与低轴压比 PVC-FRP 管钢筋混凝土柱相比，相同水平荷载下水平位移明显变小。随着水平荷载的继续增加，断断续续地听到混凝土与 PVC 管的摩擦声，PVC 管表面无明显变化；当水平荷载施加至+58kN 时，在 N-Δ 曲线上水平承载力突然下降而位移急剧增长，出现明显的拐点，此时试件屈服，试验改为位移控制，控制位移 Δ_y 取 5mm。此后，在反复荷载作用下，试件水平承载力增长缓慢，位移增长速度加快，但 PVC 管的纵向应变、纵筋的纵向应变、CFRP

条带环向应变及箍筋的环向应变增长速度开始加快。与低轴压比的 PVC-FRP 管钢筋混凝土长柱相比较，轴压比对试件屈服承载力的影响较大。随着水平承载力位移的增加，PVC 管底部与基础顶面交界混凝土被压碎，断断续续可听到混凝土压碎及混凝土挤压 PVC 管的声音。在试验进行到 $3\Delta_{y_i}$ 时，试件达到其极限承载力。与低轴压比的 PVC-FRP 管钢筋混凝土长柱相比，高轴压比的 PVC-FRP 管钢筋混凝土长柱极限承载力明显增大。此后，随着水平位移的增加，其水平承载力开始下降，PVC 管的纵向应变和 CFRP 条带环向应变继续增大。在试验进行到 $9\Delta_{y_i}$ 时，试件水平承载力降至极限承载力的 85%，试件发生破坏。此时 CFRP 条带绷紧，其环向应变接近极限应变，但并未断裂，而 PVC 管西侧表面出现一条与水平方向成 60° 的斜裂缝，自柱底一直延伸到第四根（自下往上数）CFRP 条带；在 PVC 管东侧表面有一条自柱底往南延伸到第三根 CFRP 条带的斜裂缝，并与在第三与第四根 CFRP 条带之间出现一条斜裂缝相交于第三根 CFRP 条带。整个试验过程中，PVC 管裂缝的发展及 CFRP 条带的高程度绷紧主要发生在柱底塑性铰区域，柱承载力的下降也是一个比较缓慢的过程，试件属于弯剪破坏，试件最终破坏形态如图 5-22 所示。弯剪破坏形态表现为纵筋受压屈曲，PVC 管表面出现多条斜裂缝，PVC-FRP 管和纵筋要经历较大的塑性变形，有明显的破坏预兆。

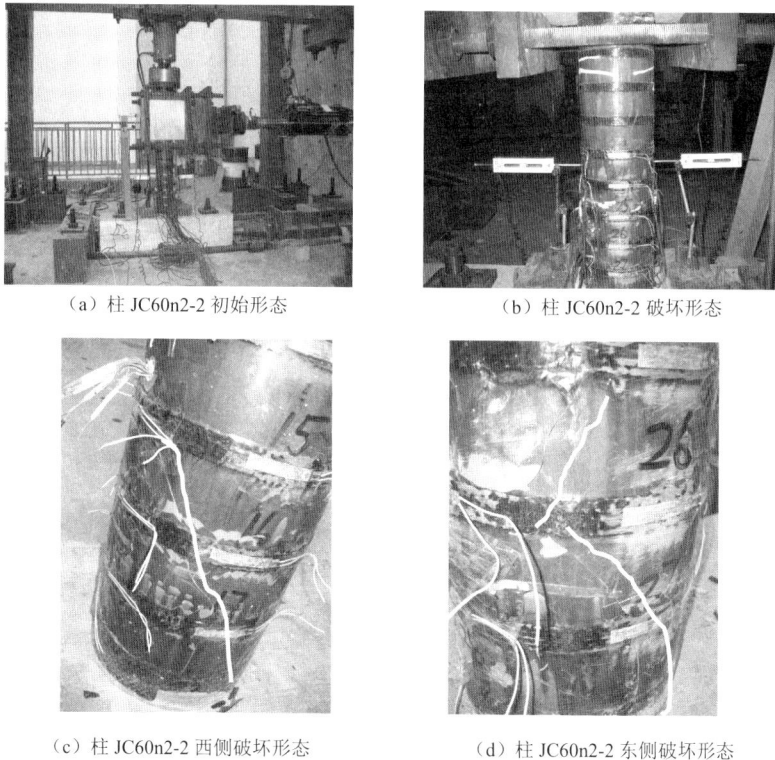

（a）柱 JC60n2-2 初始形态　　　　　　　　（b）柱 JC60n2-2 破坏形态

（c）柱 JC60n2-2 西侧破坏形态　　　　　　　（d）柱 JC60n2-2 东侧破坏形态

图 5-22　柱 JC60n2-2 初始形态与破坏形态比较

（2）试件 JC20n2-2 破坏形态

在加载初期，试件表面没有发生明显变化，卸载和加载过程中均无残余变形，试件处于弹性阶段，考虑试件的初始水平位移，当水平荷载卸载为零时，残留的不可恢复位移很小。与低轴压比 PVC-FRP 管钢筋混凝土柱相比，相同水平荷载下水平位移明显变小。随着水平荷载的继续增加，断断续续听到混凝土与 PVC 管的摩擦声，PVC 管表面无明显变化；当水平荷载施加至 +64kN 时，在 N-Δ 曲线上水平承载力突然下降而位移急剧增长，出现明显的拐点，此时试件屈服，试验改为位移控制，控制位移 Δ_{y_i} 取 5mm。此后，在反复荷载作用下，试件水平荷载增长缓慢，位移增长速度加快，但 PVC 管的纵向应变、纵筋的纵向应变、CFRP 条带环向应变及箍筋的环向应变增长速度开始加快。与低轴压比的 PVC-FRP 管钢筋混凝土长柱相比较，轴压比对试件屈服承载力的影响较大，与试件 JC60n2-2 相比，CFRP 条带的环箍间距对屈服承载力的影响较小。随着水平位移的增加，PVC 管底部与基础顶面交界混凝土被压碎，断断续续可听到混凝土压碎及混凝土挤压 PVC 管的声音。在试验进行到 3Δ_{y_i} 时，试件达到其极限承载力。与低轴压比的 PVC-FRP 管钢筋混凝土长柱相比，高轴压比的 PVC-FRP 管钢筋混凝土长柱极限承载力明显增大。此后，随着水平侧向位移的增加，其水平承载力开始下降，PVC 管的纵向应变和 CFRP 条带环向应变继续增大。在试验进行到 4Δ_{y_i} 时，试件发生破坏，试件东侧底部第二和第三根 CFRP 条带发生断裂，第四根条带崩断一束丝；在 PVC 管东侧表面出现一条自柱底一直延伸到第七根（自下往上数）CFRP 条带的竖向裂缝，在靠近柱底部发生破裂鼓起，破裂处露出 PVC 管内部混凝土，混凝土表面出现多条细裂缝，而在 PVC 管西侧表面无明显现象，由此可以看出，试件属于弯剪破坏，试件最终破坏形态如图 5-23 所示。弯剪破坏形态表现为纵筋受压屈曲，PVC 管表面出现多条斜裂缝，CFRP 条带断裂。从纵筋屈服到试件破坏，PVC-FRP 管和纵筋要经历较大的塑性变形，随之引起 PVC-FRP 管裂缝急剧开展，试件水平位移较大，有明显的破坏预兆。

（a）柱 JC20n2-2 初始形态　　　　　　　（b）柱 JC20n2-2 破坏形态

图 5-23　柱 JC20n2-2 初始形态与破坏形态比较

5.2.2   滞回曲线分析

低周反复荷载作用下构件荷载-位移滞回曲线是衡量其抗震性能的重要指标，它能够反映构件从弹性、弹塑性到塑性直至破坏全过程的恢复力特性，也是分析构件强度、刚度、能量耗散和延性的主要依据。构件滞回曲线面积反映其耗能能力的大小，滞回曲线越光滑饱满，表明构件抗震能力越强。

已有研究表明，构件滞回曲线的形状一般包括梭形、弓形、反 S 形和 Z 形。当构件发生弯曲破坏或者压弯破坏时，其滞回曲线一般呈梭形，梭形滞回曲线的形状非常饱满，构件具有很好的抗震性能；弓形滞回曲线一般出现在剪力较小或者剪跨比较大的弯剪构件中，能够反映一定的滑移影响，具有明显的捏缩效应；反 S 形滞回曲线一般出现在框架和剪力墙中，能够反映更多的滑移影响；Z 形滞回曲线通常出现在滑移较大的构件中，能够反映大量的滑移影响[87]。试验研究发现，构件滞回曲线形状并不是单一不变的，很多构件滞回曲线一开始呈梭形，随后逐渐发展为弓形，这与构件滑移量有着很大的关系。

1. PVC 管钢筋混凝土柱滞回曲线分析

PVC 管钢筋混凝土柱荷载-位移滞回曲线如图 5-24 所示。从图中可以看出，当水平荷载较小时，荷载-位移滞回曲线所包围的面积很小，试件的刚度基本不变，荷载和位移呈线性增加，此时试件处于弹性阶段。当水平荷载较大时，试件纵筋屈服，改为位移控制，随着水平位移的不断增加，水平荷载增长速度变缓，但一直处于增加状态，在达到峰值承载力后，随着水平位移的增加，试件水平荷载和刚度逐渐降低，但滞回曲线所包围面积不断增大，滞回曲线越来越饱满。当荷载回零时，试件位移回不到零点，试件有明显的残余变形。PVC 管钢筋混凝土柱在破坏前均经历较多次的循环，滞回曲线很饱满，具有很好的耗能能力，抗震性能较好。PVC 管钢筋混凝土柱荷载-位移滞回曲线均表现出不同程度的捏缩现象，这是由于 PVC 管与混凝土之间的黏结滑移造成的。与试件 JCn1-1 相比，随着剪跨比的增大，试件 JCn1-2 的水平承载力逐渐减小，相应的极限位移逐渐增大。

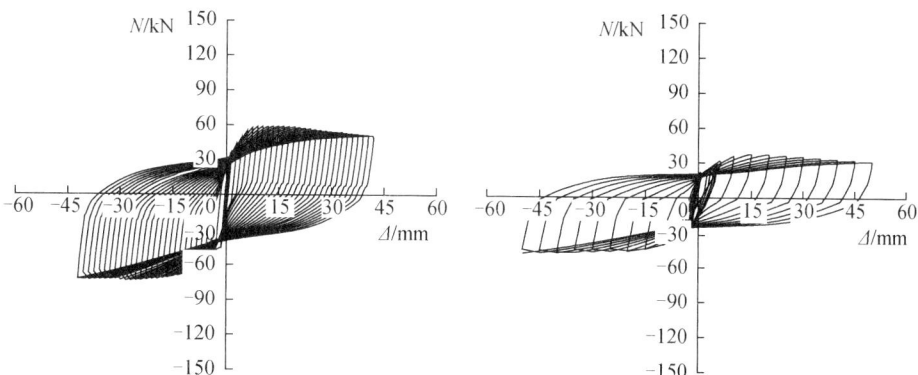

图 5-24   PVC 管钢筋混凝土柱荷载-位移滞回曲线

2. PVC-FRP 管钢筋混凝土柱滞回曲线分析

（1）PVC-FRP 管钢筋混凝土柱滞回曲线特征

PVC-FRP 管钢筋混凝土柱荷载-位移滞回曲线如图 5-25 所示。从图中可以看出，当水平荷载较小时，试件荷载-位移滞回曲线基所包围的面积很小，试件的刚度基本不变，荷载和位移呈线性增加，此时构件处于弹性工作阶段。当水平荷载较大时，试件纵筋屈服，改为位移控制，随着水平位移的不断增加，水平荷载增长速度变缓，但一直处于增加状态，在达到峰值承载力后，随着水平位移的增加，试件水平荷载和刚度逐渐降低，但滞回曲线所包围面积不断增大，滞回曲线越来越丰满。当荷载回零时，试件位移回不到零点，试件有明显的残余变形，具有很好的耗能能力，抗震性能较好。

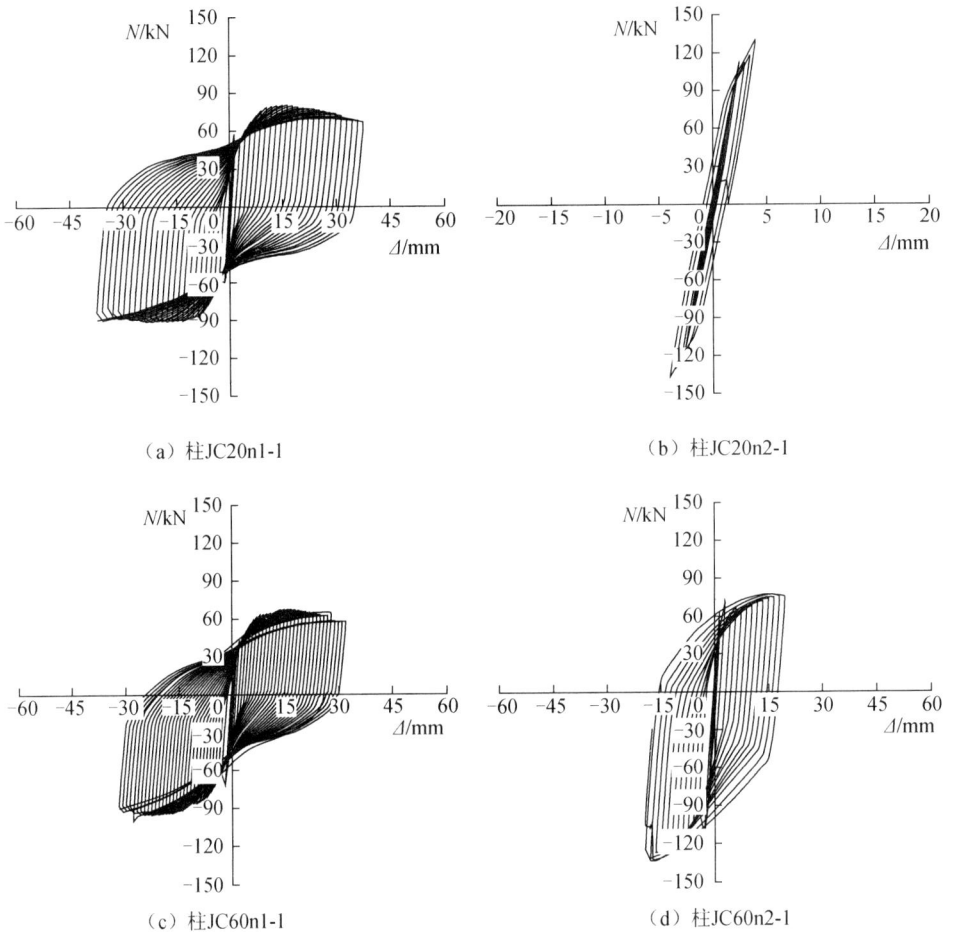

（a）柱JC20n1-1

（b）柱JC20n2-1

（c）柱JC60n1-1

（d）柱JC60n2-1

图 5-25   PVC-FRP 管钢筋混凝土柱荷载-位移滞回曲线

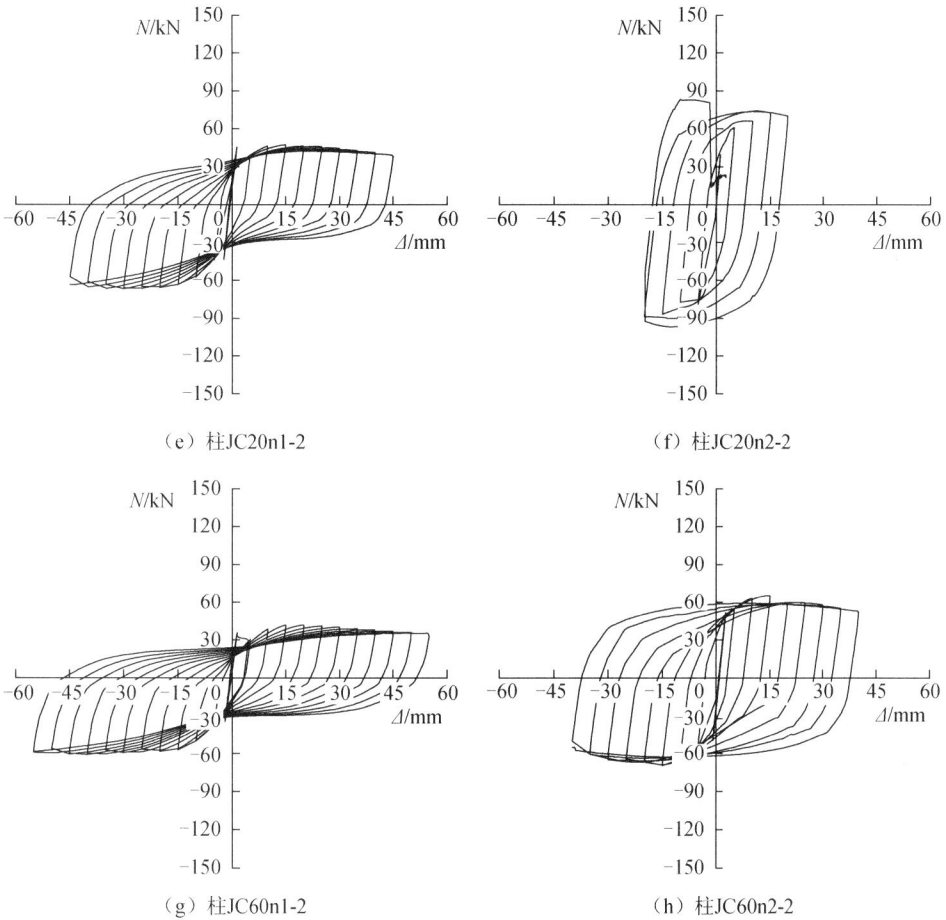

（e）柱 JC20n1-2　　　　　　　　　　　（f）柱 JC20n2-2

（g）柱 JC60n1-2　　　　　　　　　　　（h）柱 JC60n2-2

图 5-25（续）

（2）PVC-FRP 管钢筋混凝土柱滞回曲线影响因素分析

1）轴压比影响。低轴压比下试件的荷载-位移滞回曲线均很饱满，在经历较大位移后，试件承载力下降缓慢，表现出很好的耗能能力，延性较好。而高轴压比下的四个试件的滞回曲线形状由梭形转变为弓形，屈服承载力和峰值荷载明显增大，除试件 JC20n2-1 由于轴压较大，发生脆性破坏外，其他高轴压比下的试件滞回曲线的面积比较饱满，具有较好的耗能能力和延性。这说明在高轴压下 PVC-FRP 管能够发挥很好的约束作用，有效提高钢筋混凝土柱的抗震性能。低轴压比下各试件的荷载-位移滞回曲线表现出不同程度的捏缩现象，而高轴压比下的各试件均没有出现捏缩现象。这是由于低轴压下 PVC-FRP 管与混凝土之间存在一定的黏结滑移，而高轴压下的黏结滑移不明显。

2）剪跨比影响。从试件荷载-位移滞回曲线上可以看出，在低轴压比下，剪跨比小的试件和剪跨比大的试件均经历较多次的循环，滞回曲线很饱满，具有较好的抗震性能，但剪跨比大的试件水平承载力要明显低于剪跨比小的试件。在高轴压比下，与剪跨比小的试件相比，剪跨比大的试件，滞回曲线更加饱满，耗能能力更好，这是因为剪跨比越大，试件变形能力越好，吸收地震作用的能量越多，耗能能力越好。

3）CFRP 条带的环箍间距影响。从试件荷载-位移滞回曲线上可以看出，除试件 JC20n2-1 外，其余试件破坏前均经历较多次循环，延性较好。CFRP 条带的环箍间距越大，荷载-位移滞回曲线越饱满，抗震性能越好。在低轴压比下，与 PVC 管钢筋混凝土短柱相比，试件 JC60n1-1 和 JC20n1-1 轴向承载力上分别提高 1.3 倍和 1.9 倍，试件水平承载力分别提高 26.2%和 29.2%，而极限位移逐渐减小。在高轴压比下，不管长柱还是短柱，与 CFRP 条带的环箍间距为 60mm 的试件相比，CFRP 条带的环箍间距 20mm 的试件水平承载力显著提高，而随着 CFRP 条带的环箍间距的减小，试件极限位移逐渐增大。这是由于随着 CFRP 条带的环箍间距的减小，CFRP 条带约束作用逐渐增强，核心混凝土强度变大，延性变差。

5.2.3　刚度退化分析

刚度退化是试件进入非线性后，滞回曲线的滞回环越来越向水平位移轴倾斜，试件刚度逐渐减小的现象。低周反复荷载作用下试件刚度的退化将导致其抗震性能的退化，而试件刚度退化与混凝土的非线性变形、弯曲与剪切裂缝、钢筋的滑移、水平位移、反复加载次数等因素有关。因此，有必要对试件刚度退化进行研究。由于在加载过程中试件刚度不断变化，为反映位移和反复加载次数对试件刚度退化的影响，引入割线刚度概念，如图 5-26 所示。割线刚度为

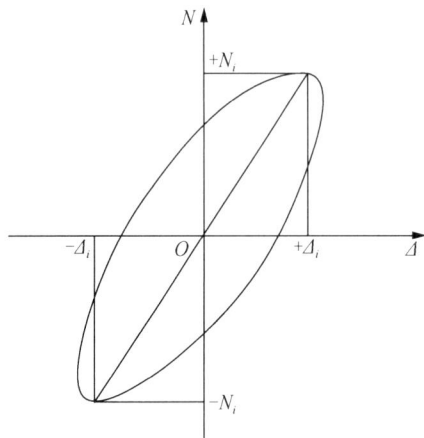

图 5-26　试件割线刚度

$$K_i = \frac{|+N_i| + |-N_i|}{|+\Delta_i| + |-\Delta_i|} \qquad (5-1)$$

式中，K_i 为第 i 次加载时的割线刚度，kN/mm；$\pm N_i$ 为第 i 次正、反向加载时峰值点对应的荷载值，kN；$\pm \Delta_i$ 为第 i 次正、反向加载时峰值点对应的位移值，mm。

1. 轴压比对刚度退化的影响

图 5-27 反映了试件在相同环箍间距和剪跨比的情况下，轴压比对试件刚度退化规律的影响。从图中可看出，轴压比越高，试件初始刚度越大，这是由于随着轴向承载力的增大，相同水平荷载作用下试件的水平位移减小，试件初始刚度增大。与短柱相比，随着轴压比的增大，长柱的初始刚度降低幅度明显减小。与 CFRP 条带的环箍间距 20mm 的短柱相比，随着轴压比的增大，CFRP 条带的环箍间距 60mm 的短柱初始刚度提高幅度变大。与 CFRP 条带的环箍间距 20mm 的长柱相比，随着轴压比的增大，CFRP 条带的环箍间距 60mm 的长柱初始刚度提高幅度变小。在加载初期试件刚度退化较快，试件屈服后，刚度退化逐渐延缓。对于 CFRP 条带的环箍间距 60mm 的试件，刚度退化趋势基本一致，但长柱刚度退化较短柱更加平缓，轴压比越低，刚度退化越平缓，刚度退化曲线延伸越长。对于 CFRP 条带的环箍间距 20mm 的试件随着轴压比的提高，刚度退化曲线短而陡峭，尤其是短柱较为明显，说明轴压比的提高对柱子抗震不利。

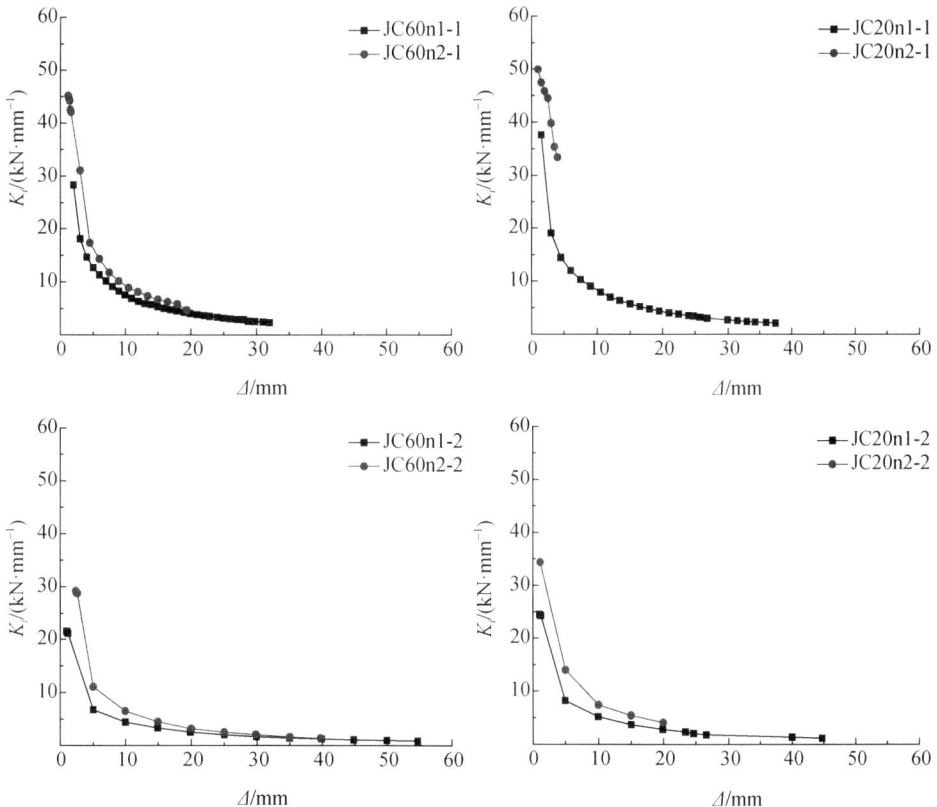

图 5-27　轴压比对刚度退化的影响

2. 剪跨比对刚度退化的影响

图 5-28 反映试件在相同轴压比和 CFRP 条带的环箍间距的情况下，剪跨比对试件刚度退化规律的影响。从图中可看出，剪跨比越大，试件初始刚度越小，这一规律在高轴压比下尤为明显。这是由于随着剪跨比的增大，相同水平荷载作用下试件的水平位移增大，试件初始刚度减小。在低轴压比下，随着剪跨比的增大，PVC 管钢筋混凝土柱的初始刚度大幅度降低。在低轴压比下，与 CFRP 条带的环箍间距为 60mm 的试件相比，随着剪跨比的增大，CFRP 条带的环箍间距为 20mm 试件初始刚度降低幅度变大。在高轴压比下，随着剪跨比的增大，试件的初始刚度大幅度降低。在加载初期试件刚度退化较快，试件屈服后，刚度退化逐渐延缓。PVC 管钢筋混凝土柱和低轴压比下 PVC-FRP 管钢筋混凝土柱在不同剪跨比下刚度退化趋势基本一致，但剪跨比小的试件在屈服点前刚度退化比剪跨比大的试件要快，试件屈服后，两者退化趋势基本相同。在高轴压比下，短柱刚度退化曲线远远短于长柱，其中 CFRP 条带的环箍间距为 20mm 的试件刚度退化曲线最短。

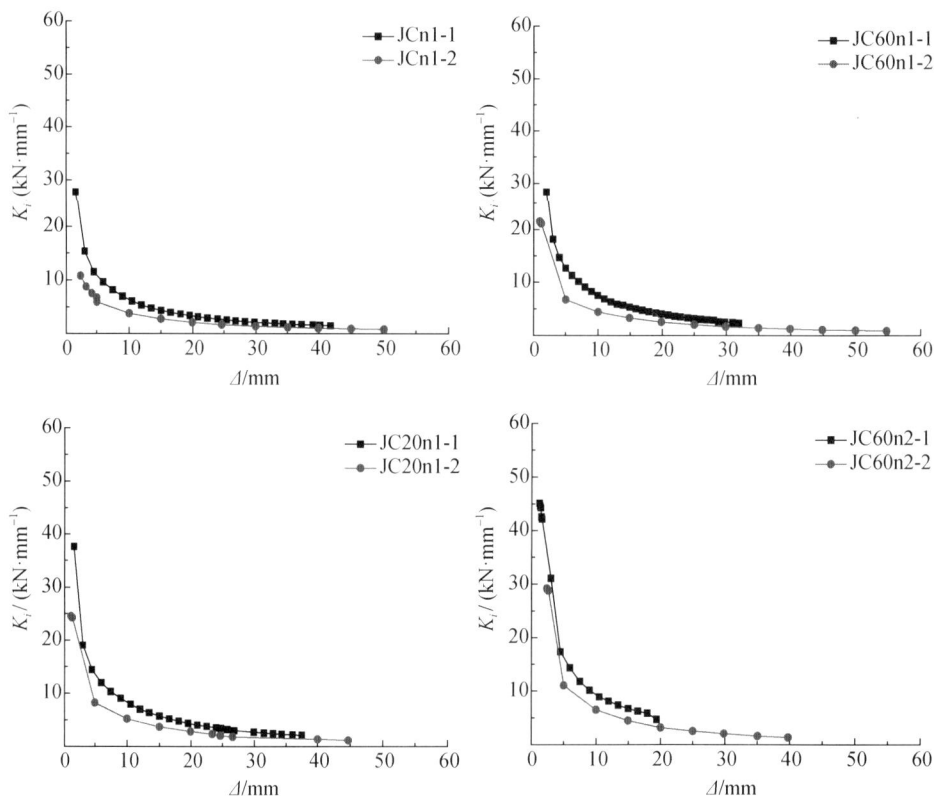

图 5-28　剪跨比对刚度退化的影响

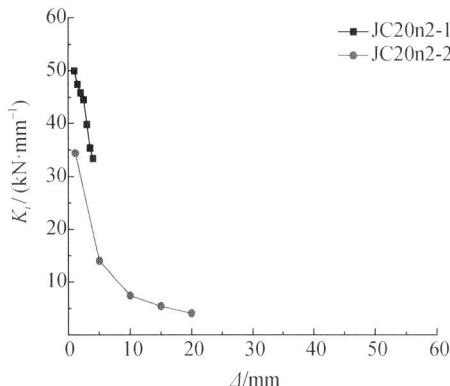

图 5-28（续）

3. CFRP 条带的环箍间距对刚度退化的影响

图 5-29 反映了试件在相同轴压比和剪跨比的情况下，CFRP 条带的环箍间距（20mm 和 60mm）对试件刚度退化的影响。从图中可看出，CFRP 条带的环箍间距越大，试件初始刚度越小。这是由于随着 CFRP 条带的环箍间距的增大，CFRP条带的约束作用减小，相同水平荷载作用下试件的水平位移增大，试件初始刚度减小。与 PVC 管钢筋混凝土柱相比，PVC-FRP 管钢筋混凝土柱初始刚度显著提高。在高轴压比下，随着 CFRP 条带的环箍间距的减小，试件初始刚度提高不大。在加载初期试件刚度退化较快，试件屈服后刚度退化逐渐延缓。在低轴压比下，试件刚度退化规律基本相同，随着水平位移的继续增加，刚度退化曲线基本重合，差别不是很大。在高轴压比下，试件刚度退化曲线短而陡峭，CFRP 条带的环箍间距越大，刚度退化越缓慢，退化曲线延伸更长，这是因为在高轴向承载力下，混凝土截面受压区面积增大，使得混凝土截面拉压循环区面积减小，CFRP 条带的环箍间距大的试件其约束效果更能得到充分发挥，有效延缓试件的刚度退化。

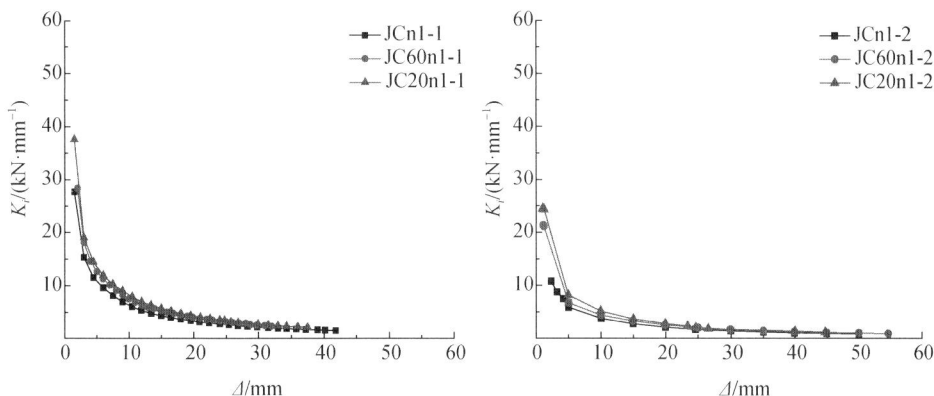

图 5-29　CFRP 条带的环箍间距对刚度退化的影响

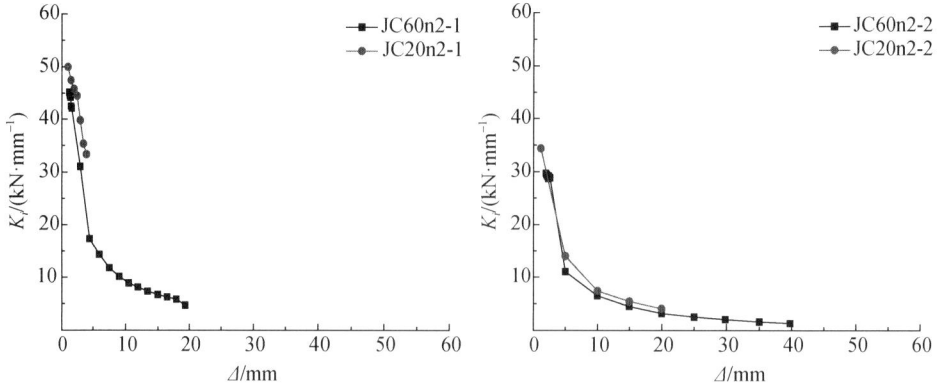

图 5-29（续）

5.2.4　能量耗散分析

　　构件吸收的能量通常用构件滞回环加载曲线与位移轴所包围的面积来表示，构件释放的能量则由卸载曲线与位移轴所包围的面积表示，构件耗散的能量由加载曲线与卸载曲线所包围的面积表示。这些能量通过材料的内摩阻力或局部损伤将能量转化为热能散失出去。因此，滞回曲线中滞回环的面积是判断构件耗能能力的重要指标。同等变形条件下，滞回环所包围的面积越大，构件耗能能力越强，对抗震越有利。

　　在地震作用下，构件都有一个能量吸收和耗散的过程，吸收能力大的构件在产生较大的变形时，仍然具有一定的承载能力而不会使构件过早发生破坏，这对抗震是十分有利的。因此构件在受力变形时耗能能力是研究构件抗震性能的重要指标，相对于位移延性系数，其不再只用试件的某几个状态衡量抗震性能，而是从试验全过程出发，从能量的角度对荷载-位移滞回曲线进行评价。评价能量耗散的指标很多，通常情况下采用能量耗散系数 E 和等效黏滞阻尼系数 h_e。E 和 h_e 越大，构件耗能能力越强。

　　图 5-30 表示构件完整的滞回环，图中 $ABCDE$ 所围成的面积为试件循环一周耗散的能量，三角形面积 OBF 和三角形面积 ODG 表示等效弹性体沿直线 OB 及 OD 在达到相同的位移 OF 或者 OG 时所吸收的能量。能量耗散系数 E 定义为滞回环面积 $ABCDE$ 与三角形面积 OBF 以及三角形面积 ODG 之和的比值。如图 5-30 所示的滞回环中，能量耗散系数 E 和等效黏滞阻尼系数 h_e 分别计算为

$$E = \frac{S_{ABCDEA}}{S_{OBF} + S_{ODG}} \tag{5-2}$$

$$h_{\mathrm{e}} = \frac{E}{2\pi} \qquad (5\text{-}3)$$

式中，S_{ABCDEA} 为一个滞回环所围成的面积；S_{OBF} 为三角形 OBF 的面积；S_{ODG} 为三角形 ODG 的面积。

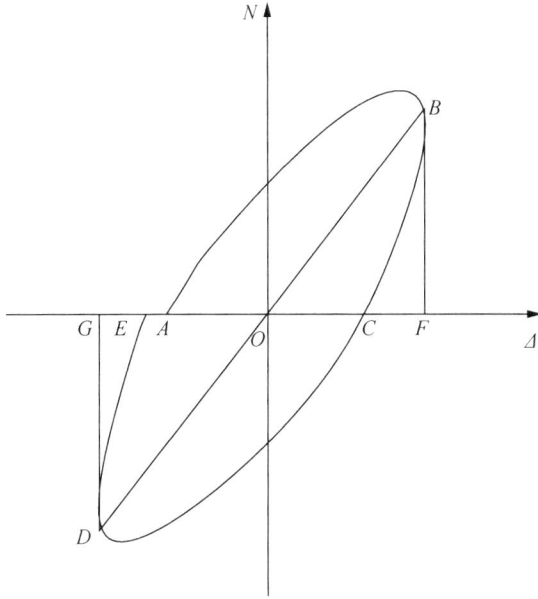

图 5-30　滞回环等效黏滞阻尼系数计算示意图

1. 轴压比对耗能能力的影响

图 5-31 反映轴压比对试件等效黏滞阻尼系数 h_{e} 的影响。在低轴压比下，随着水平位移的增加，试件等效黏滞阻尼系数 h_{e} 缓慢增大。除试件 JC20n2-1 发生脆性剪切破坏外，其余高轴压比试件等效黏滞阻尼系数 h_{e} 急剧增大。同一水平位移下，随着轴压比的增大，试件等效黏滞阻尼系数 h_{e} 大幅度提高，但随着水平位移的继续增加，与高轴压比试件相比，低轴压比试件 h_{e}-Δ 曲线延伸更远，呈更稳定的持续增长趋势。这是由于高轴压力下试件黏结滑移不明显，滞回曲线更加饱满，没有捏缩现象，但随着轴向轴承载力的逐渐增大，混凝土截面受压区面积逐渐增大，限制混凝土的开裂，在一定程度上降低试件整体侧向变形能力，极限位移减小，试件 h_{e}-Δ 曲线变短，持续增长趋势不稳定。与短柱相比，随着轴压比的增大，长柱等效黏滞阻尼系数 h_{e} 提高幅度变大。

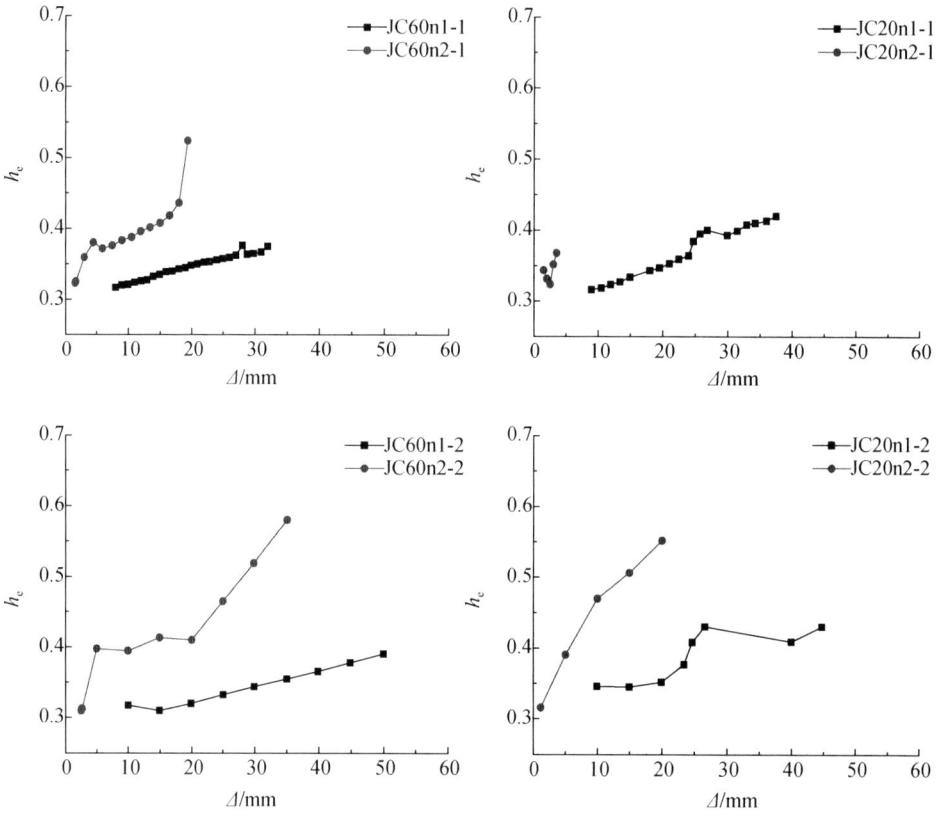

图 5-31　轴压比对试件等效黏滞阻尼系数的影响

2. 剪跨比对耗能能力的影响

图 5-32 反映剪跨比对试件等效黏滞阻尼系数 h_e 的影响。从图中可以看出，在低轴压比下，随着剪跨比的增大，PVC 管钢筋混凝土柱等效黏滞阻尼系数 h_e 变化不大，曲线基本重合。在低轴压比下，随着剪跨比的增大，CFRP 条带的环箍间距 60mm 的试件等效黏滞阻尼系数 h_e 逐渐减小，但长柱 h_e-Δ 曲线延伸更远，呈更稳定的持续增长趋势。在低轴压比下，随着剪跨比的增大，CFRP 条带的环箍间距 20mm 的试件等效黏滞阻尼系数 h_e 逐渐增大。在加载初期，随着剪跨比的增大，高轴压比试件等效黏滞阻尼系数 h_e 相差不大，随着水平位移的继续增加，与短柱相比，长柱等效黏滞阻尼系数 h_e 持续增长趋势更稳定。

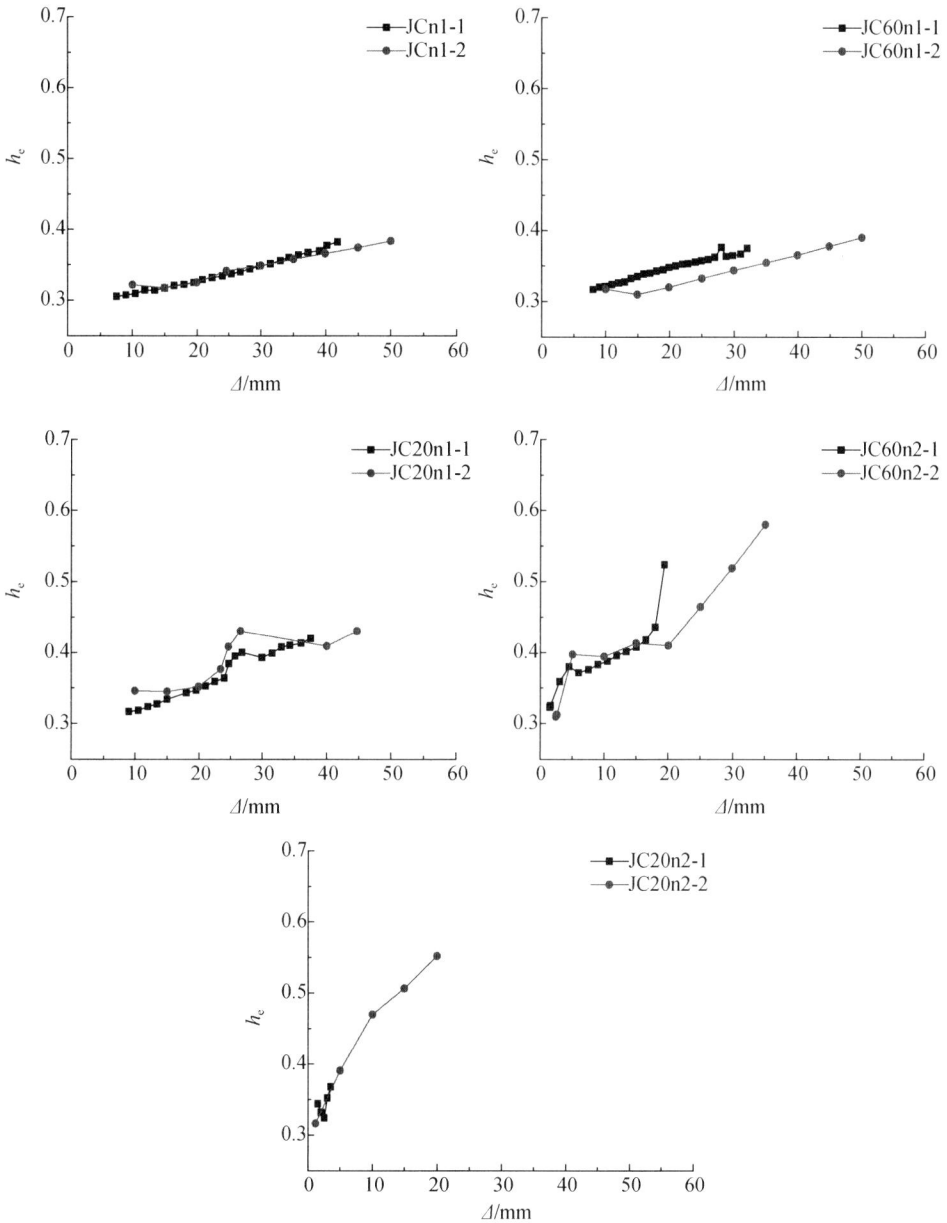

图 5-32　剪跨比对试件等效黏滞阻尼系数的影响

3. CFRP 条带的环箍间距对耗能能力的影响

图 5-33 反映 CFRP 条带的环箍间距对试件等效黏滞阻尼系数 h_e 的影响。从图中可以看出，在加载初期无论是长柱还是短柱，试件等效黏滞阻尼系数 h_e 相差不

大，曲线有较大的重合。之后，随着 CFRP 条带的环箍间距的减小，试件等效黏滞阻尼系数 h_e 逐渐增大。这是由于随着 CFRP 条带的环箍间距的减小，CFRP 约束作用逐渐增强，延缓混凝土开裂和纵向受力钢筋屈服，提高试件的延性和耗能能力。在加载初期，高轴压比下试件等效黏滞阻尼系数 h_e 相差不大，曲线有较多重合。之后，随着 CFRP 条带的环箍间距增大，试件等效黏滞阻尼系数 h_e 表呈更稳定的持续增长趋势。与高轴压比下 CFRP 条带的环箍间距为 20mm 长柱相比，高轴压比下 CFRP 条带的环箍间距为 60mm 长柱等效黏滞阻尼系数大幅度减小。与高轴压比下 CFRP 条带的环箍间距为 20mm 短柱相比，高轴压比下 CFRP 条带的环箍间距为 60mm 短柱等效黏滞阻尼系数大幅度提高。这是由于高轴压比下 CFRP 条带的环箍间距为 20mm 短柱发生脆性剪切破坏，导致试件延性和耗能能力大幅度降低。

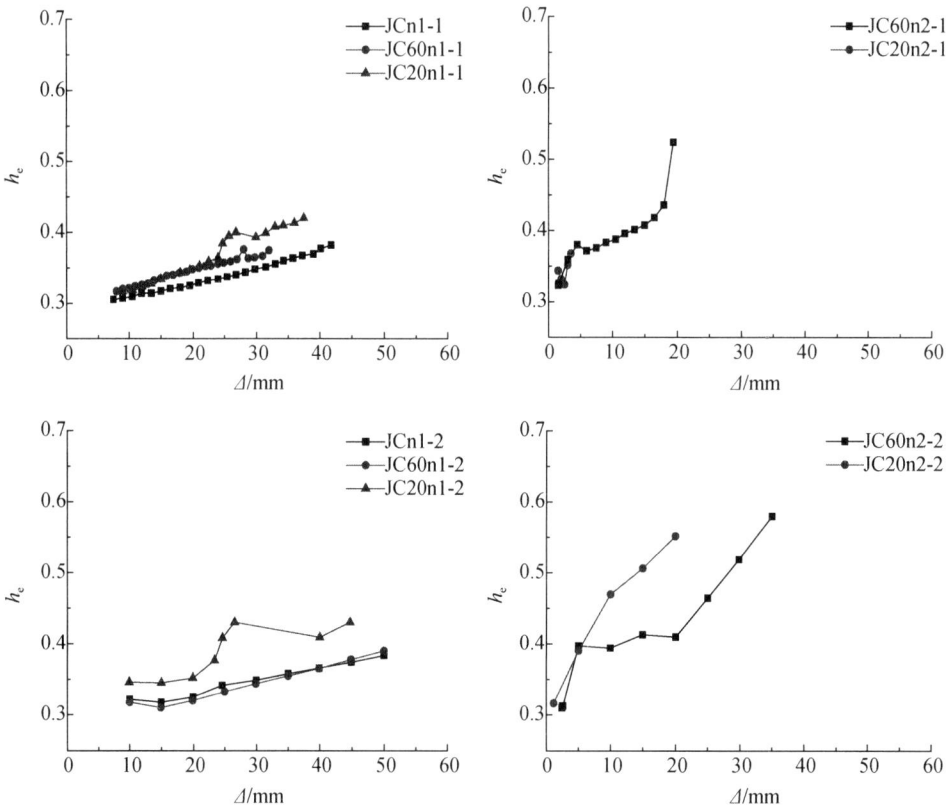

图 5-33　CFRP 条带的环箍间距对试件等效黏滞阻尼系数的影响

5.2.5　骨架曲线分析

在低周反复加载试验中，骨架曲线是指荷载-位移滞回曲线上的所有峰值点连接起来而形成的包络曲线。骨架曲线的形状与单调加载曲线基本相似，但其极限承载力要略低一些。骨架曲线主要反映每次循环过程中荷载-位移滞回曲线达到最大峰值点的轨迹。同时，骨架曲线还反映试件屈服承载力、屈服位移、极限承载力和极限位移等特征点，以及试件刚度、强度和延性等力学特征，这些都是衡量试件抗震性能的主要指标。

1. 轴压比对骨架曲线的影响

图 5-34 反映轴压比对试件骨架曲线的影响。从图中可以看出，在加载初期骨架曲线基本呈直线，试件处于弹性阶段，随着轴压比的增大，弹性阶段的斜率即初始刚度逐渐增大，试件屈服承载力逐渐增大。试件屈服后，骨架曲线斜率降低，随着轴压比的增大，其降低速度逐渐加快。当试件达到峰值承载力后，水平位移继续增大，水平荷载缓慢降低，随着轴压比的增大，峰值承载力逐渐增大，极限位移逐渐减小。在低轴压比下，试件在达到峰值承载力后有明显的延性平台，平台较平缓、延伸远，说明试件在发生较大变形时，仍能维持较高的承载力，试件延性好。在高轴压比下，骨架曲线很陡峭，尤其是短柱，还没进入明显的下降段，试件就已经破坏。与 CFRP 条带的环箍间距为 60mm 的短柱相比，随着轴压比的增大，CFRP 条带的环箍间距 20mm 的短柱的承载力提高幅度变大，极限位移提高幅度变大。与 CFRP 条带的环箍间距为 60mm 的长柱相比，随着轴压比的增大，CFRP 条带的环箍间距为 20mm 的长柱承载力提高幅度相差不大，但极限位移提高幅度变大。

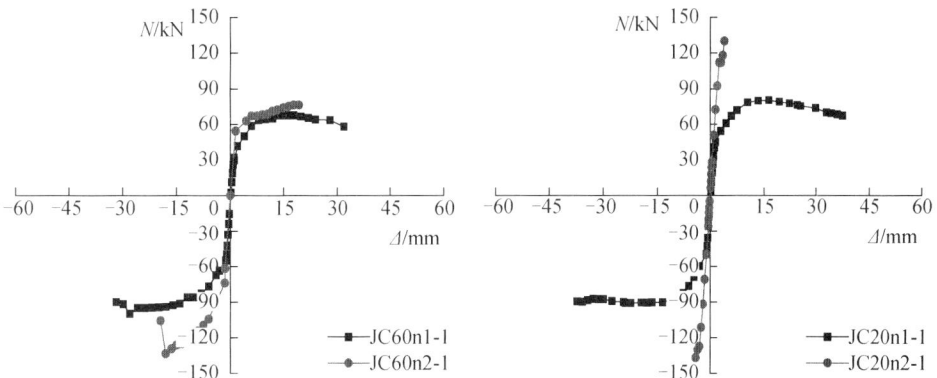

图 5-34　轴压比对试件骨架曲线的影响

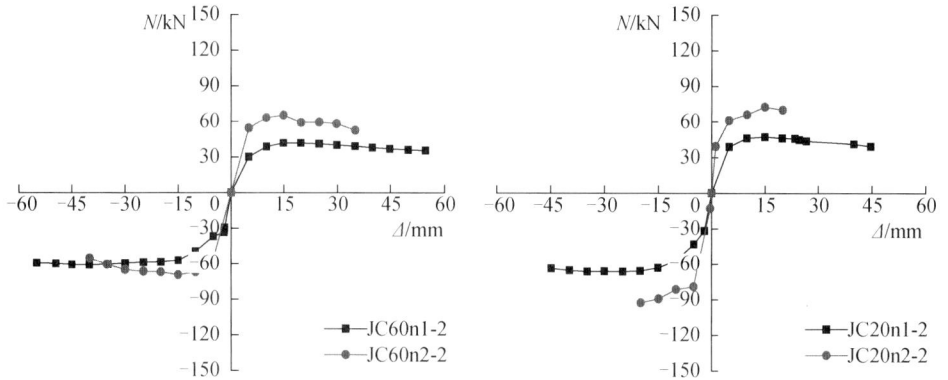

图 5-34（续）

2. 剪跨比对骨架曲线的影响

图 5-35 反映剪跨比对试件骨架曲线的影响。从图中可以看出，在加载初期，骨架曲线基本呈直线，试件处于弹性阶段，随着剪跨比的增大，弹性阶段的斜率即初始刚度逐渐增大，试件屈服承载力逐渐增大。试件屈服后，骨架曲线斜率降低，随着剪跨比的增大，其降低速度逐渐减缓。当试件达到峰值荷承载力后，水平位移继续增大，水平荷载缓慢降低，随着剪跨比的增大，骨架曲线下降段斜率降低速度逐渐减缓，试件峰值承载力逐渐增大，极限位移逐渐减小。剪跨比越大，试件达到峰值承载力后的延性平台越平缓，延伸更远。剪跨比越小，骨架曲线越陡峭，高轴压比下的短柱尤为明显。低轴压比下，与 PVC 管钢筋柱相比，随着剪跨比的增大，CFRP 条带的环箍间距 60mm 试件承载力提高幅度变大，极限位移提高幅度变大；CFRP 条带的环箍间距 20mm 的试件承载力提高幅度变大，但极限位移提高幅度相差不大。高轴压比下，与 CFRP 条带的环箍间距 60mm 试件相比，随着剪跨比的增大，CFRP 条带的环箍间距 20mm 的试件承载力提高幅度变大，极限位移提高幅度变小。

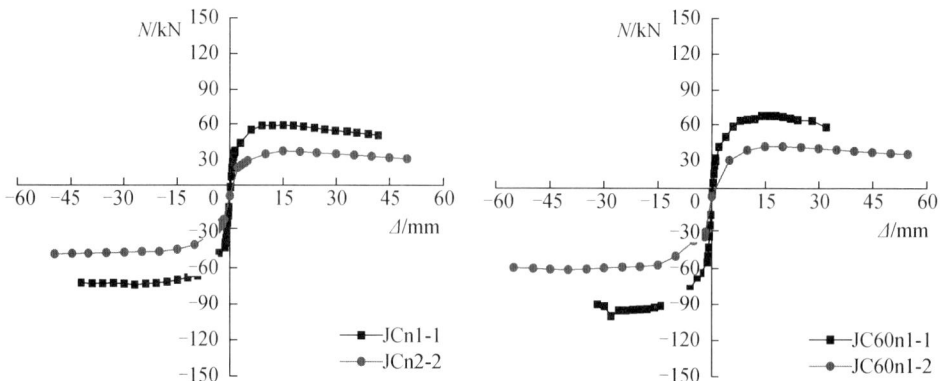

图 5-35　剪跨比对试件骨架曲线的影响

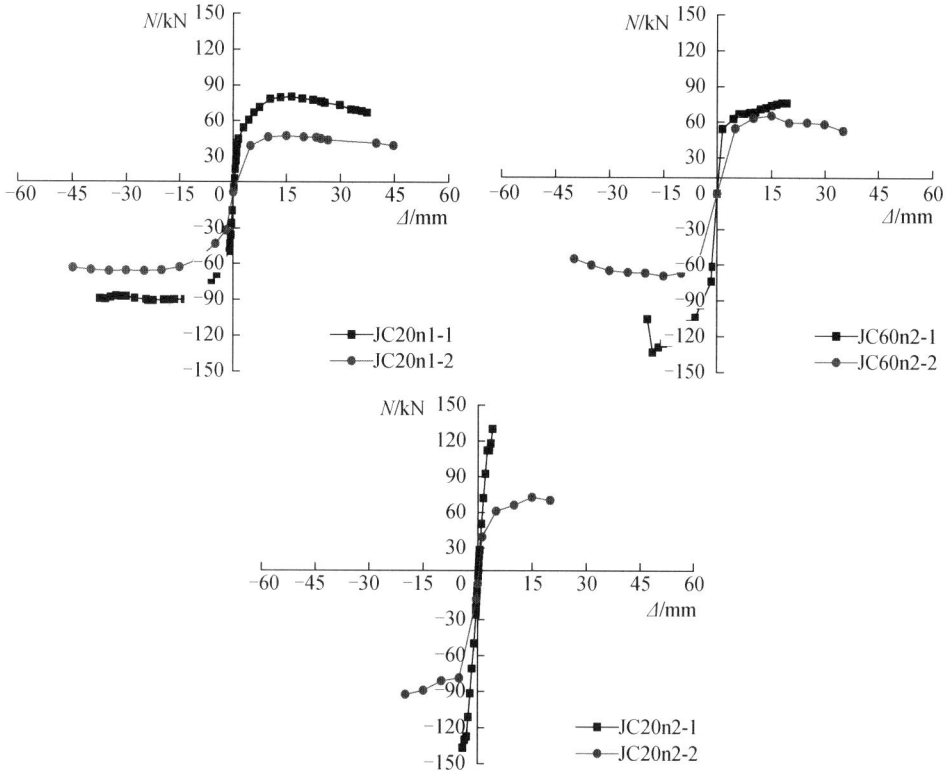

图 5-35（续）

3. CFRP 条带的环箍间距对骨架曲线的影响

图 5-36 反映 CFRP 条带的环箍间距对骨架曲线的影响。从图中可以看出，在加载初期，骨架曲线基本呈直线，试件处于弹性阶段，随着 CFRP 条带的环箍间距的增大，弹性阶段的斜率即初始刚度相差不大，曲线弹性阶段基本重合，试件屈服承载力逐渐减小。试件屈服后，骨架曲线斜率降低，随着 CFRP 条带的环箍间距的增大，其降低速度逐渐减缓。当试件达到峰值承载力后，水平位移继续增大，水平荷载缓慢降低，随着 CFRP 条带的环箍间距的增大，低轴压比下骨架曲线下降段斜率相差不大，高轴压比下骨架曲线下降段斜率逐渐增大。随着 CFRP 条带的环箍间距的增大，试件峰值承载力逐渐降低，低轴压比下试件极限位移相差不大，高轴压比下试件极限位移逐渐减小。低轴压比下，随着 CFRP 条带的环箍间距的增大，试件达到峰值承载力后的延性平台都很平缓，相差不大。高轴压比下，CFRP 条带的环箍间距越小，骨架曲线越陡峭。与低轴压比下长柱相比，随着 CFRP 条带的环箍间距的增大，低轴压比短柱承载力降低幅度变大，极限位移提高幅度相差不大。与高轴压比下长柱相比，随着 CFRP 条带的环箍间距的增大，高轴压比短柱承载力降低幅度变大，极限位移相差不大。

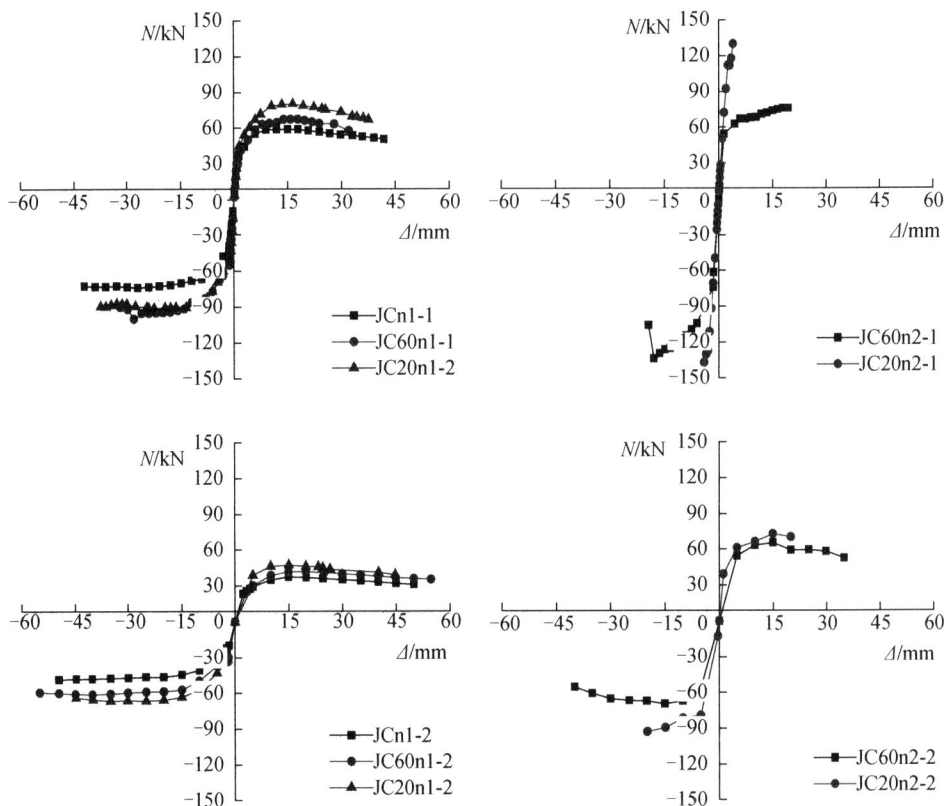

图 5-36 CFRP 条带的环箍间距对骨架曲线的影响

5.2.6 延性分析

在结构抗震性能中，结构或构件的延性是衡量其抗震性能的重要指标。延性是指结构或构件在承载力没有显著降低的情况下承受变形的能力。对于压弯构件通常采用延性系数和弹塑性位移角来比较和衡量结构或构件的延性。定义延性系数为保持结构或构件基本承载能力不明显降低的情况下，极限变形与屈服变形之比，即

$$\beta = \frac{D_u}{D_y} \tag{5-4}$$

延性系数一般包括位移延性系数和曲率延性系数，位移延性系数表示整个构件的延性，而曲率延性系数则表示某一截面的延性。由于位移延性系数表达更直观方便，本章采用位移延性系数，即

$$\mu_\Delta = \frac{\Delta_u}{\Delta_y} \tag{5-5}$$

式中，μ_Δ 为位移延性系数；Δ_u 为试件水平承载力下降至极限承载力的 85%时的水平极限位移；Δ_y 为试件的屈服位移。

对于 Δ_u 的取值，目前还没有统一的规定，常用的取法有以下三种。

1）荷载-位移滞回曲线包络线上不低于屈服承载力所对应的最大位移。

2）荷载-位移滞回曲线上极限承载力对应的位移。

3）荷载-位移滞回曲线上荷载下降到 85%峰值承载力时试件的位移。

对于没有屈服点的试件，屈服位移 Δ_y 一般采用通用屈服弯矩法和能量等值法求得。通用屈服弯矩法，又称几何作图法，如图 5-37 所示，首先过极限承载力点 E 作荷载轴垂线，交于 F 点，然后过原点做骨架曲线的切线与直线 EF 交于 A 点，再过 A 点作位移轴垂线与骨架曲线交于 C 点，连接 OC 并延伸与直线 EF 交于 B 点，最后过 B 点作位移轴垂线与骨架曲线交于 D 点，D 点所对应的位移即为屈服位移。能量等值法是过极限承载力点 D 作荷载轴的垂线，再过原点作直线 OB 与骨架曲线交于 C 点，与直线 DE 交于 B 点，若 $S_{OAC}=S_{BCD}$，则过 B 点作位移轴的垂线与骨架曲线交于 F 点，F 点所对应的位移即为屈服位移，如图 5-38 所示。本章极限位移 Δ_u 采用第三种定义，即荷载下降到峰值承载力的 85%时试件的对应的位移，屈服位移的则按照通用屈服弯矩法来确定。

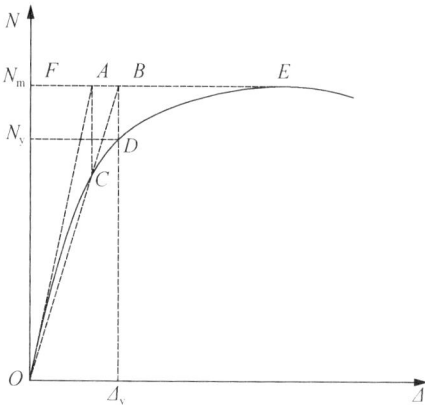

图 5-37　通用屈服弯矩法　　　　　　图 5-38　能量等值法

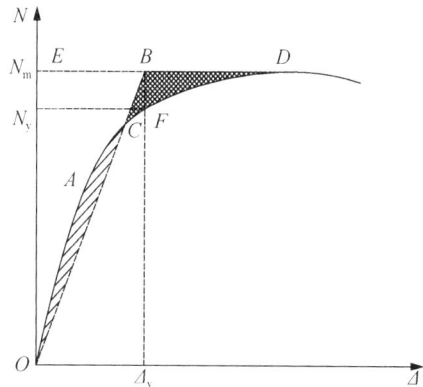

PVC-FRP 管钢筋混凝土柱的位移延性系数见表 5-2。考虑到混凝土是一种非均质材料，构件浇注时某些人为因素，施加轴向荷载时产生的偏心、试验用仪器误差等的影响，柱正、反方向的力学性能很难完全相同。因此，柱水平正、反方向的位移有所不同。表 5-2 中将正、反方向位移实测值分别列出，取平均值进行计算。

表 5-2　试件位移延性系数及极限弹塑性位移角

试件编号	屈服位移 Δ_y /mm			峰值位移 Δ_m /mm			极限位移 Δ_u /mm			位移延性系数 μ_Δ	极限弹塑性位移角 θ /%
	正向	反向	平均值	正向	反向	平均值	正向	反向	平均值		
JCn1-1	3.00	−3.75	3.37	13.46	−26.89	20.18	41.79	−42.04	41.92	12.42	10.48
JC20n1-1	3.53	−2.98	3.25	16.50	−22.36	19.43	37.48	−37.25	37.36	11.48	9.34
JC20n2-1	2.53	−3.24	2.89	4.00	−4.01	4.00	4.00	−4.01	4.00	1.39	1.00
JC60n1-1	3.69	−3.00	3.34	16.91	−28.03	22.47	32.00	−31.80	31.90	9.54	7.98
JC60n2-1	2.31	−3.84	3.08	15.48	−17.99	16.73	19.38	−19.42	19.40	6.31	4.85
JCn1-2	5.08	−6.31	5.69	14.96	−49.69	32.32	49.99	−49.69	49.84	8.75	6.23
JC20n1-2	6.27	−5.80	6.03	15.00	−34.78	24.89	44.71	−44.80	44.76	7.42	5.59
JC20n2-2	6.15	−5.68	5.92	11.37	−12.18	11.78	20.00	−19.87	19.93	3.37	2.49
JC60n1-2	7.51	−6.01	6.76	14.93	−39.96	27.44	54.74	−55.05	54.90	8.12	6.86
JC60n2-2	6.12	−7.10	6.61	14.95	−15.03	14.99	39.75	−39.82	39.79	6.02	4.97

本章采用极限弹塑性位移角来表征柱延性，极限弹塑性位移角 θ 定义为

$$\theta = \frac{\Delta_u}{H} \tag{5-6}$$

式中，Δ_u 为试件水平承载力下降至极限承载力的 85%时的水平极限位移；H 为柱高。

按式（5-6）得到极限弹塑性位移角，见表 5-2。

图 5-39 表示轴压比对试件位移延性系数的影响。从图中可看出，随着轴压比的增大，PVC-FRP 管钢筋混凝土柱的位移延性系数逐渐降低。图 5-40 反映剪跨比对试件位移延性的影响。从图中可看出，随着剪跨比的增大，PVC 管钢筋混凝土柱及低轴压比下的试件位移延性系数逐渐降低，高轴压下 CFRP 条带的环箍间距 20mm 的试件与 CFRP 条带的环箍间距 60mm 的试件位移延性系数变化规律不一致。这是由于高轴压下 CFRP 条带约束量的增大，CFRP 约束效果得到充分发挥，有效限制随着混凝土裂缝的开展，提高试件的变形能力。

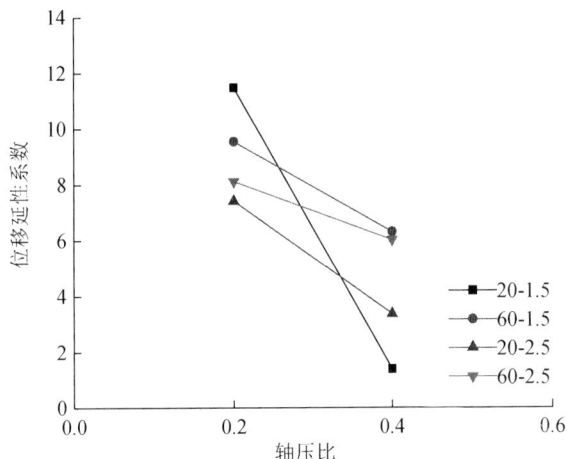

图 5-39　轴压比对试件位移延性系数的影响

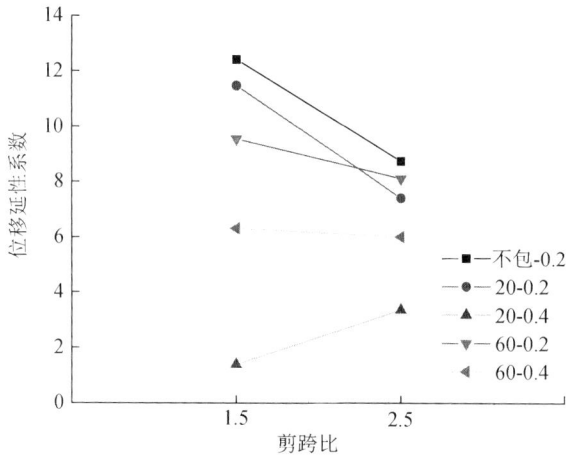

图 5-40　剪跨比对试件位移延性系数的影响

图 5-41 反映 CFRP 条带的环箍间距对试件位移延性的影响。从图中可看出，随着 CFRP 条带的环箍间距的增大，低轴压比下的长柱和高轴压比下的试件位移延性系数均逐渐增大，但低轴压比下的短柱位移延性系数的变化规律出现反常，这可能是由于试件制作和轴向承载力加载过程中的误差造成的。试件极限弹塑性位移角随着轴压比、剪跨比和 CFRP 条带的环箍间距的变化规律与位移延性系数的变化规律一致。

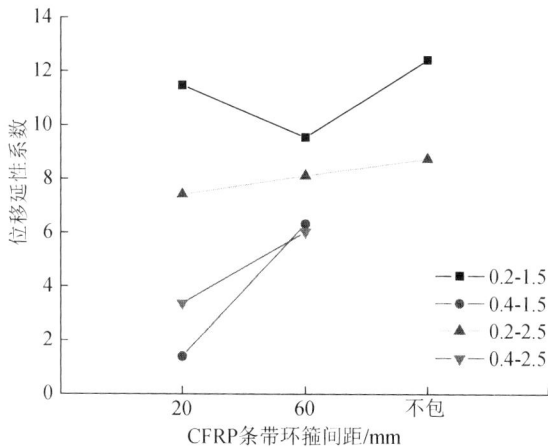

图 5-41　CFRP 条带的环箍间距对试件位移延性系数的影响

5.2.7　承载力分析

表 5-3 为各试件承载力试验结果。为消除加载时正、反向荷载的差异，各试件的屈服承载力、峰值承载力和极限承载力均取正、反向承载力绝对值的平均值进行计算。图 5-42 表示轴压比对试件极限承载力的影响。从图中可看出，随着轴压比的增大，试件极限承载力逐渐增大，高轴压比下试件极限承载力有较大增长，

与试件 JC60n1-1、JC20n1-1 相比，试件 JC60n2-1、JC20n2-1 极限承载力分别提高 30.0%和70.7%；与试件 JC60n1-2、JC20n1-2 相比，试件 JC60n2-2、JC20n2-2 极限承载力分别提高 14.5%和58.4%。

表5-3 各试件承载力试验结果

试件编号	屈服承载力 N_y /kN			峰值承载力 N_m /kN			极限承载力 N_u /kN			N_y / N_m
	正向	反向	平均值	正向	反向	平均值	正向	反向	平均值	
JCn1-1	44.37	−48.98	46.67	59.01	−73.76	66.39	50.78	−72.36	61.57	0.70
JC20n1-1	55.14	−59.90	57.52	80.44	−91.09	85.77	67.03	−89.43	78.23	0.67
JC20n2-1	103.93	−125.19	114.56	130.11	−136.89	133.50	130.11	−136.89	133.50	0.86
JC60n1-1	47.90	−63.63	55.77	67.68	−99.92	83.80	57.79	−90.07	73.93	0.67
JC60n2-1	61.36	−88.39	74.88	76.19	−133.51	104.85	76.11	−105.75	90.93	0.71
JCn1-2	29.53	−33.14	31.33	37.56	−48.36	42.96	31.12	−48.36	39.74	0.73
JC20n1-2	41.27	−45.22	43.25	47.41	−66.45	56.93	39.24	−63.63	51.44	0.76
JC20n2-2	65.57	−77.63	71.60	72.85	−92.68	82.77	70.28	−92.68	81.48	0.88
JC60n1-2	33.87	−39.59	36.73	41.85	−60.98	51.42	35.36	−59.29	47.33	0.71
JC60n2-2	57.10	−59.99	58.54	65.41	−69.42	67.41	53.03	−55.32	54.18	0.87

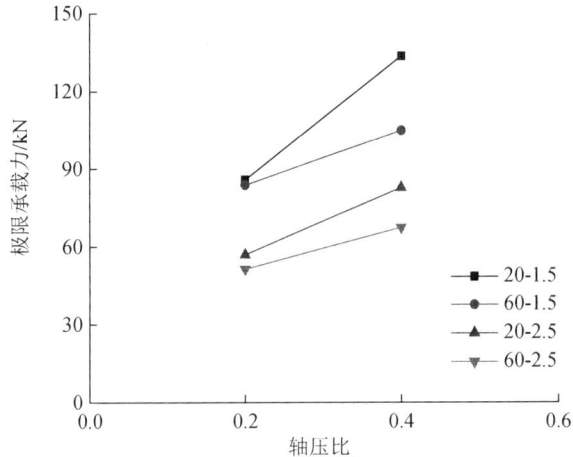

图 5-42 轴压比对试件极限承载力的影响

图 5-43 反映剪跨比对试件极限承载力的影响，从图中可看出，随着剪跨比的增大，试件极限承载力呈急剧下降趋势，与试件 JCn1-1、JC60n1-1、JC20n1-1、JC60n2-1、JC20n2-1 相比，试件 JCn1-2、JC60n1-2、JC20n1-2、JC60n2-2 和 JC20n2-2 极限承载力分别下降 54.5%、63.0%、50.7%、55.5%和61.3%。

图 5-44 表示 CFRP 条带的环箍间距对试件极限承载力的影响，从图中可看出，随着 CFRP 条带的环箍间距的增大，试件极限承载力逐渐降低，与高轴压下试件相比，低轴压下试件极限承载力下降速度更加平缓。CFRP 条带的约束作用使得 PVC 管钢筋混凝土柱的承载力有较大提高，与试件 JCn1-1 相比，试件 JC60n1-1、JC20n1-1 极限承载力分别提高 26.2%和29.2%；与试件 JCn1-2 相比，试件 JC60n1-2、JC20n1-2 极限承载力分别提高 19.7%和32.5%。与试件 JC20n2-1、JC20n2-2 相比，试件 JC60n2-1、JC60n2-2 极限承载力分别降低 27.3%和22.8%。

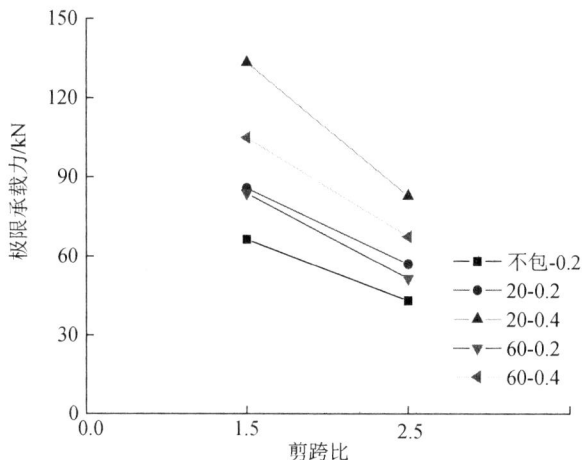

图 5-43　剪跨比对试件极限承载力的影响

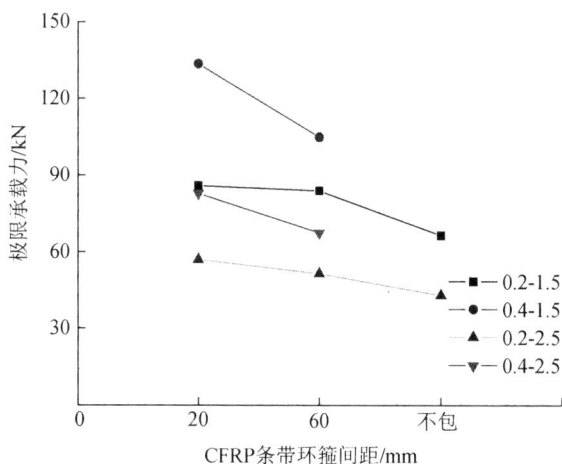

图 5-44　CFRP 条带的环箍间距对试件极限承载力的影响

5.2.8　应变分析

为分析 PVC-FRP 管钢筋混凝土柱在水平荷载作用下 PVC-FRP 管与混凝土的组合作用，分别在纵筋、箍筋、PVC 管和 FRP 上布置应变片，研究纵筋、箍筋、PVC 管和 CFRP 条带在试验过程中的受力情况，为建立 PVC-FRP 管钢筋混凝土柱合理的力学模型奠定基础。

1. 钢筋、PVC 管和 CFRP 条带沿柱高方向应变分析

（1）纵筋沿柱高方向纵向应变分析

图 5-45 为各试件纵筋沿柱高方向纵向应变-水平位移曲线。从图中可以看出，在加载初期，纵筋的应变随着水平位移的增大几乎呈线性增大，在加载后期，由于钢筋屈服和水平荷载的降低，纵筋应变出现不均匀发展情况，越靠近柱底的纵

筋应变发展越快，越远离柱底的纵筋应变发展越慢。与低轴压比试件相比，高轴压比试件纵筋纵向应变发展更快，相应的极限应变更大。随着剪跨比的增大，各试件纵筋纵向应变逐渐减小。随着 CFRP 条带的环箍间距的减小，CFRP 条带约束效应逐渐增强，纵筋屈服延迟，极限应变减小。

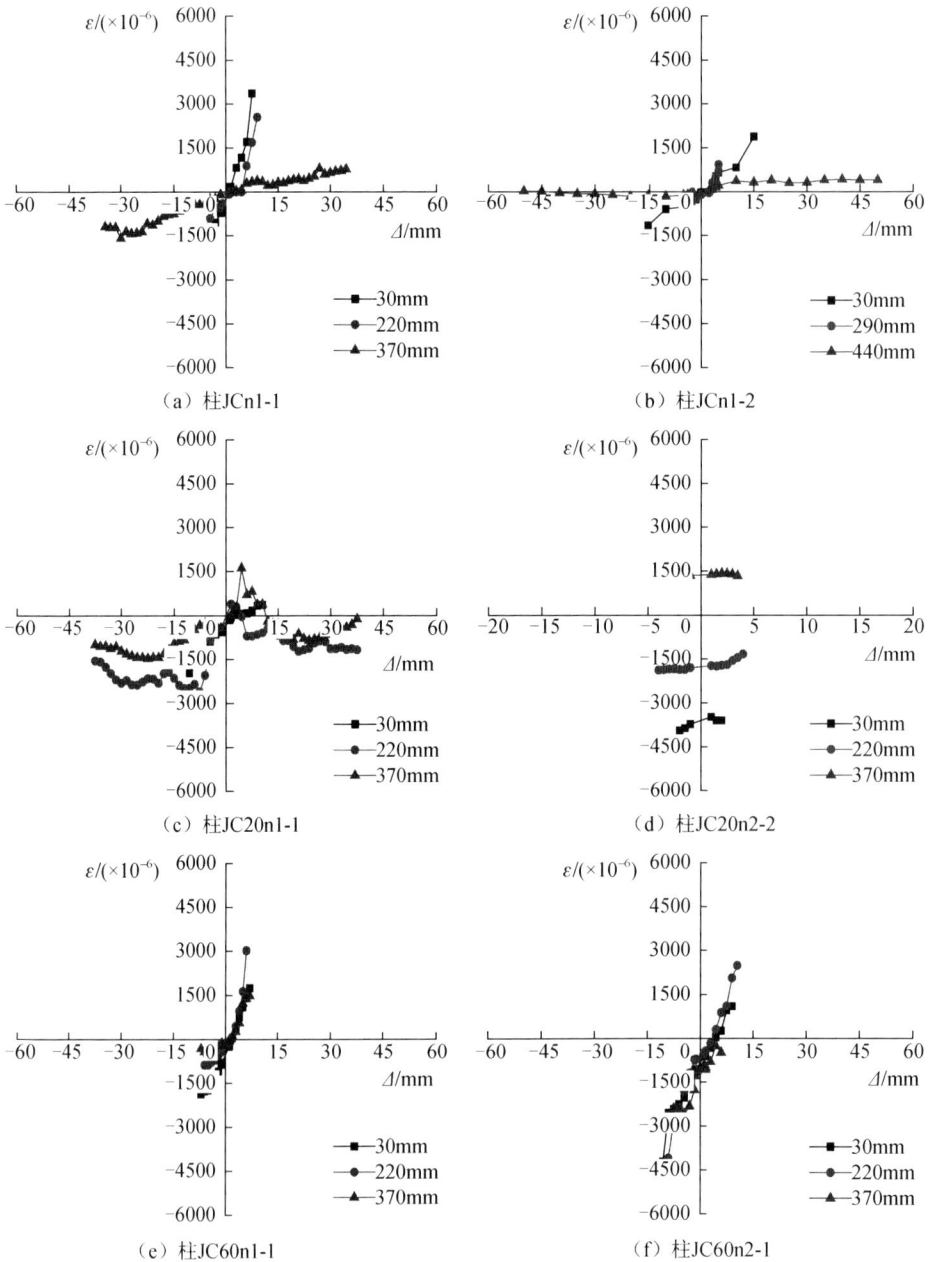

（a）柱JCn1-1

（b）柱JCn1-2

（c）柱JC20n1-1

（d）柱JC20n2-2

（e）柱JC60n1-1

（f）柱JC60n2-1

图 5-45　纵筋沿柱高方向纵向应变-水平位移曲线

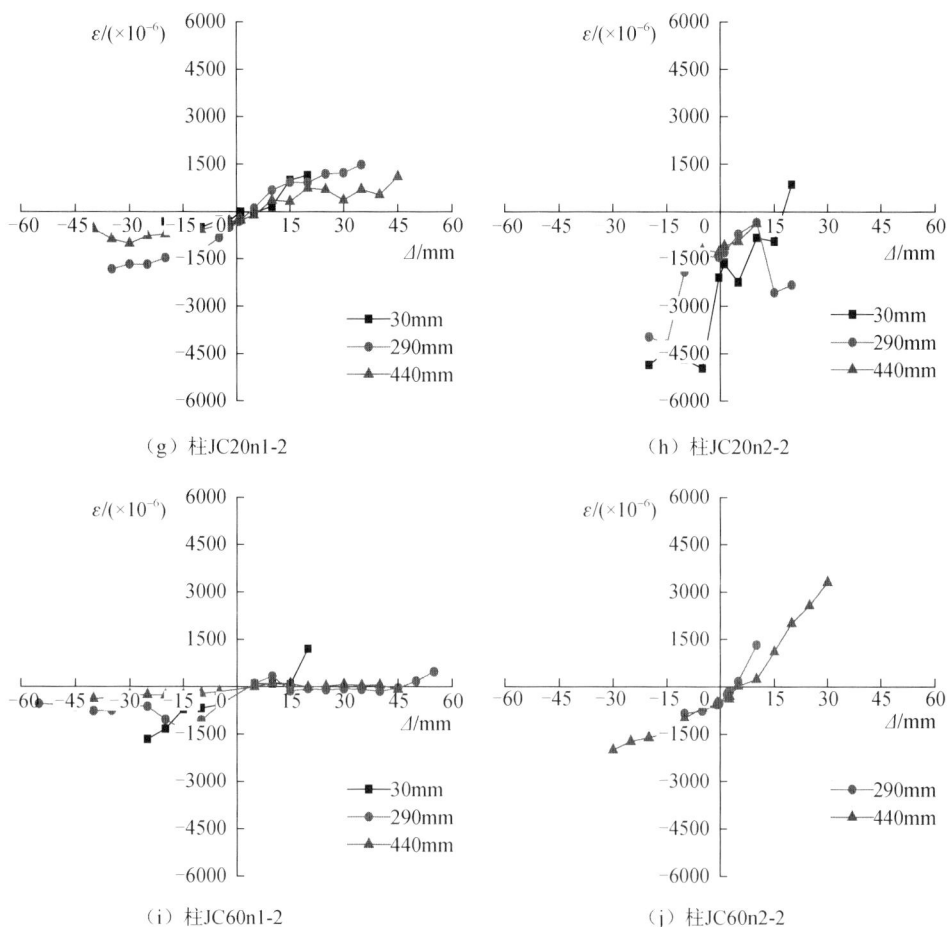

（g）柱JC20n1-2　　　　　　　　　　　（h）柱JC20n2-2

（i）柱JC60n1-2　　　　　　　　　　　（j）柱JC60n2-2

图 5-45（续）

（2）箍筋沿柱高方向环向应变分析

图 5-46 为各试件箍筋沿柱高方向环向应变-水平位移曲线。从图中可以看出越靠近柱底，箍筋应变发展越迅速，相应的极限应变越大。反之，箍筋应变发展越缓慢，相应的极限应变越小。在加载初期，箍筋应变很小且发展缓慢，随着水平位移的增加，箍筋应变逐渐增大，直到箍筋屈服，箍筋应变基本不变。这说明随着水平位移的增加，箍筋逐渐发挥其约束作用。对于低轴压比试件，箍筋几乎都没有屈服，这说明在低轴压比下箍筋的约束作用未能得到充分发挥，而高轴压下，靠近柱底的箍筋已经屈服，箍筋能较好地发挥其约束作用。随着剪跨比的增大，箍筋应变逐渐减小，这说明剪跨比较小的试件能更好地发挥箍筋的约束作用。随着 CFRP 条带的环箍间距的增大，箍筋应变逐渐减小。

（a）柱JCn1-1

（b）柱JCn1-2

（c）柱JC20n1-1

（d）柱JC20n2-1

（e）柱JC60n1-1

（f）柱JC60n2-1

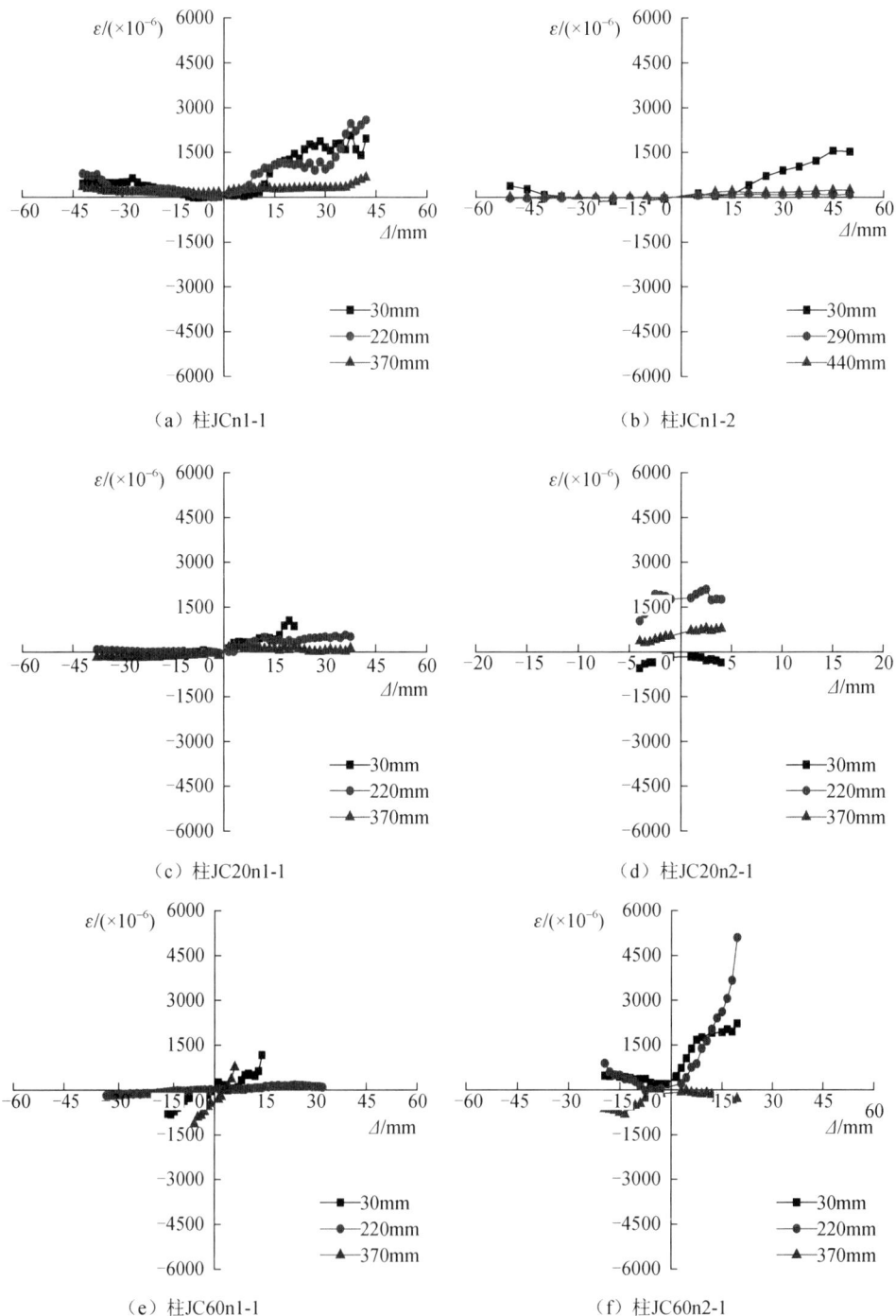

图 5-46　箍筋沿柱高方向环向应变-水平位移曲线

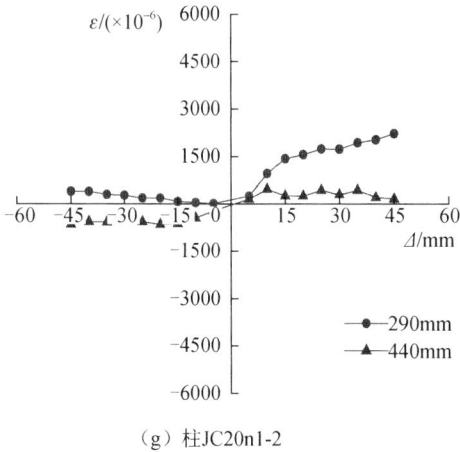

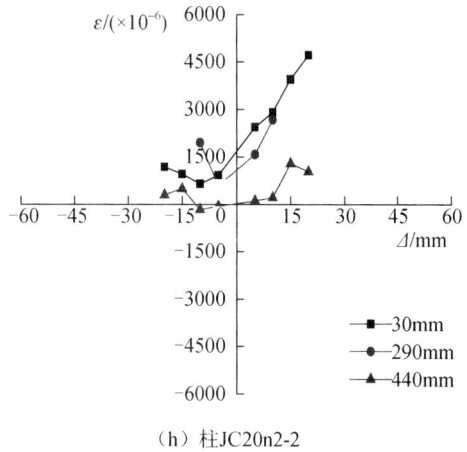

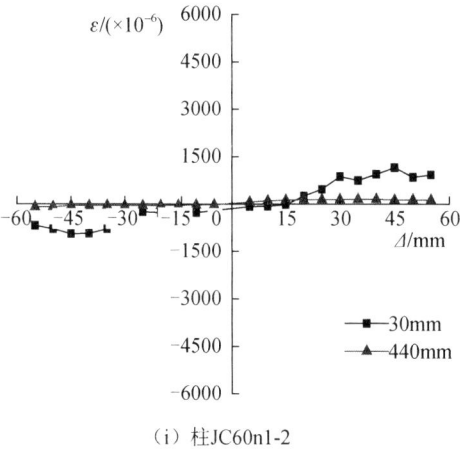

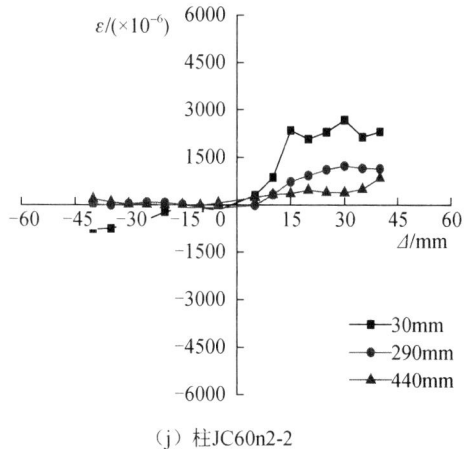

（g）柱JC20n1-2　　　　　　　　（h）柱JC20n2-2

（i）柱JC60n1-2　　　　　　　　（j）柱JC60n2-2

图 5-46（续）

（3）PVC 管沿柱高方向纵向应变分析

图 5-47 为各试件 PVC 管沿柱高方向纵向应变-水平位移曲线。从图中可以看出，靠近 PVC 管底部的纵向应变比远离 PVC 管底部的纵向应变大。在加载初期，PVC 管纵向应变发展缓慢，随着水平位移的增加，PVC 管纵向应变基本呈线性增大。随着轴压比的增大，PVC 管纵向应变逐渐增大；而随着剪跨比的增大，PVC 管纵向应变逐渐减小；随着 CFRP 条带的环箍间距的增大，PVC 管纵向应变逐渐减小，说明 CFRP 条带的约束作用可以延缓 PVC 管纵向应变的发展。

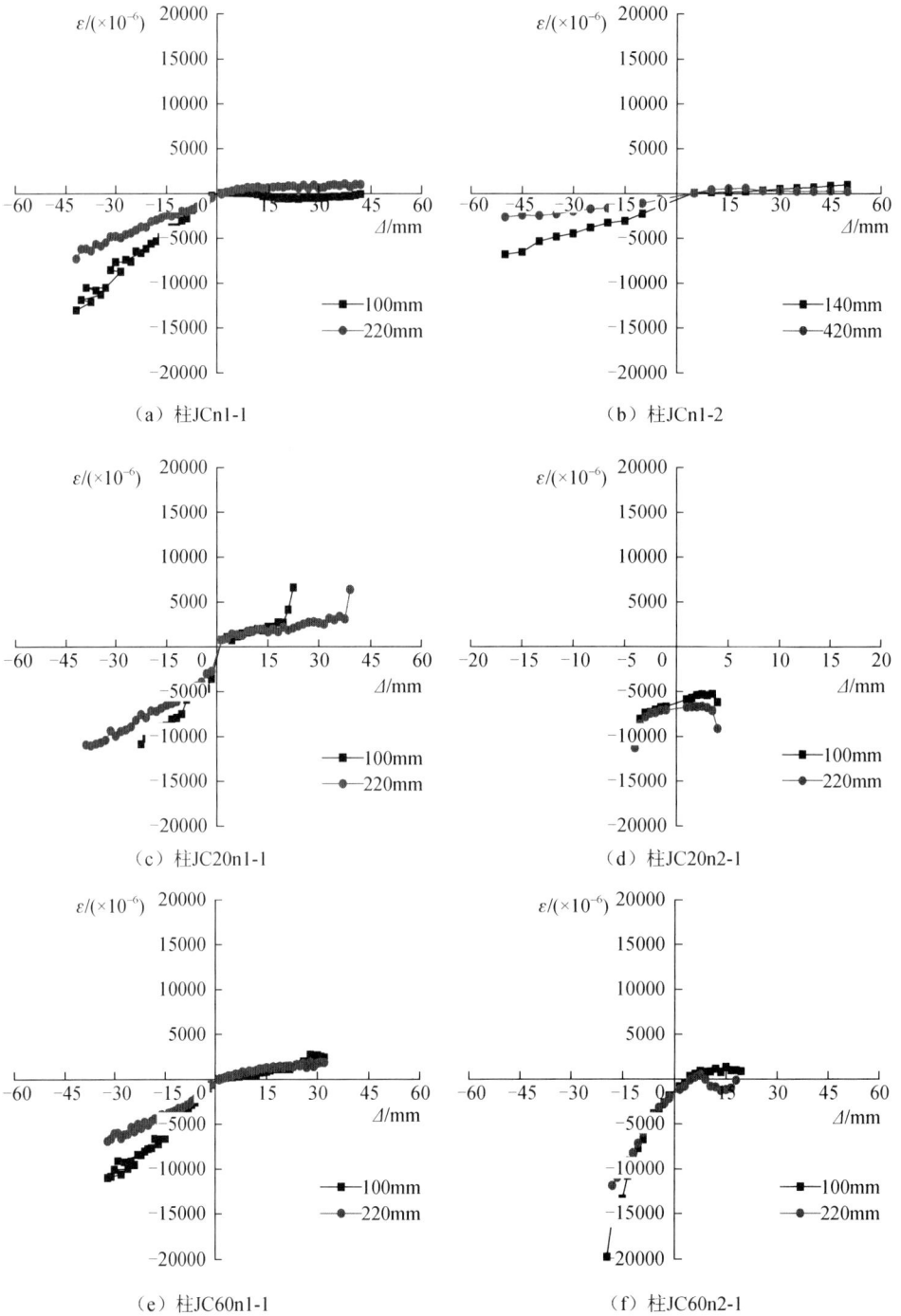

（a）柱 JCn1-1

（b）柱 JCn1-2

（c）柱 JC20n1-1

（d）柱 JC20n2-1

（e）柱 JC60n1-1

（f）柱 JC60n2-1

图 5-47　PVC 管沿柱高方向纵向应变-水平位移曲线

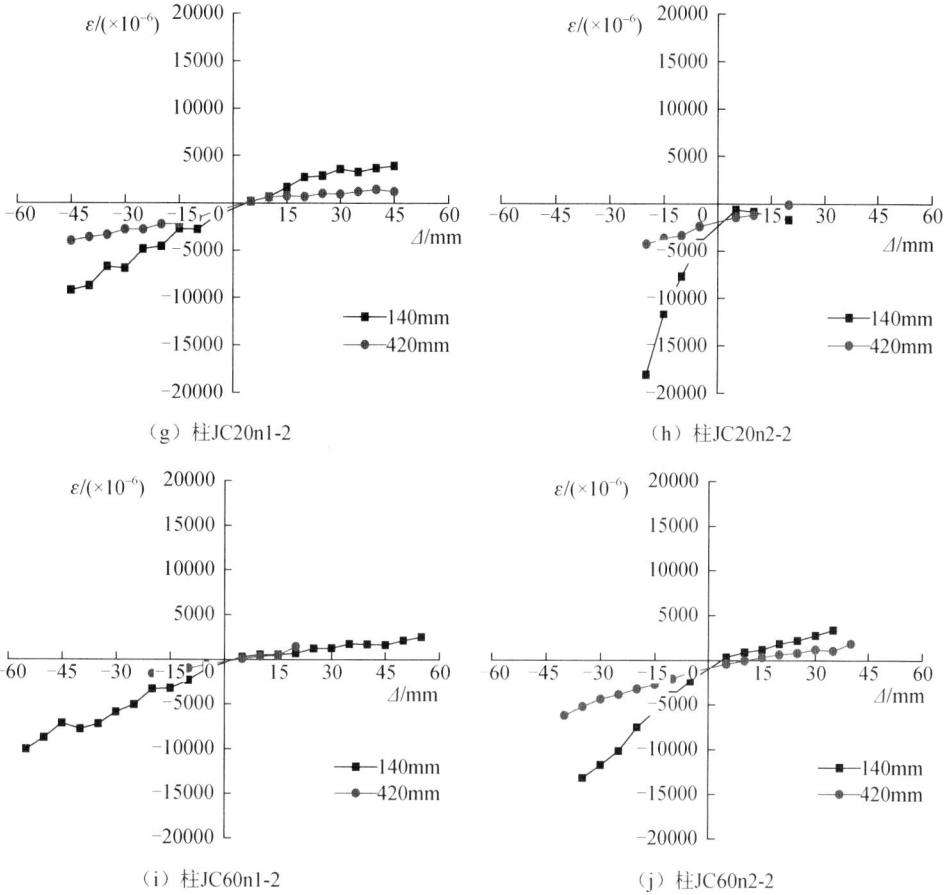

（g）柱JC20n1-2

（h）柱JC20n2-2

（i）柱JC60n1-2

（j）柱JC60n2-2

图 5-47（续）

（4）PVC 管、CFRP 条带沿柱高方向环向应变分析

图 5-48 为 PVC 管钢筋混凝土柱 PVC 管沿柱高方向环向应变-水平位移曲线。从图中可以看出，靠近 PVC 管底部的环向应变比远离 PVC 管底部的环向应变大。在加载初期，PVC 管环向应变发展缓慢，随着水平位移的增加，PVC 管环向应变基本呈线性增大。随着剪跨比的增大，PVC 管环向应变逐渐减小。

图 5-49 为各试件 CFRP 条带沿柱高方向环向应变与水平位移的关系曲线。从图中可以看出，随着水平位移的增加，CFRP 条带环向拉应变逐渐增大，CFRP 条带逐渐发挥其约束作用。由于 CFRP 是线弹性材料，CFRP 条带环向拉应变基本呈线性增大。随着轴压比的增大，CFRP 条带环向拉应变逐渐增大，低轴压比下 CFRP 条带环向拉应变均未达到其极限拉应变，其约束作用仅部分得到发挥，而高轴压比下，CFRP 条带环向拉应变都接近其极限拉应变，其约束作用得到充分发挥。随着剪跨比的增大，CFRP 条带环向应变逐渐减小。低轴压比下 CFRP 条

带的环箍间距对 CFRP 条带环向拉应变影响不大；高轴压比下，随着 CFRP 条带的环箍间距的增大，CFRP 条带环向拉应变逐渐减小。

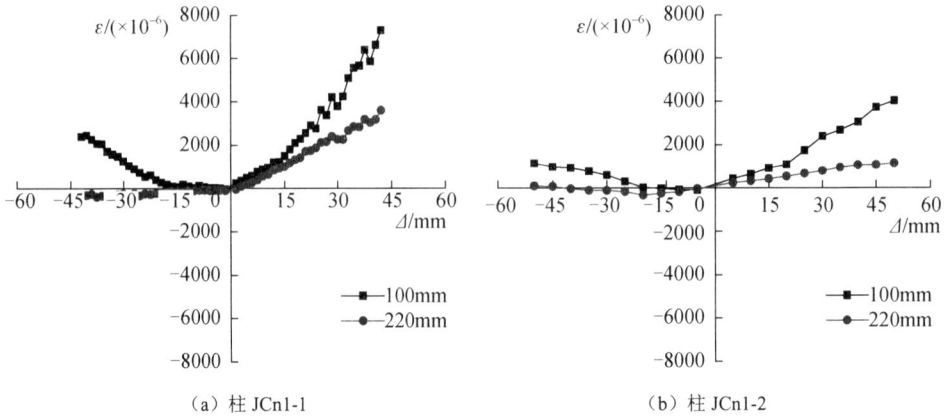

（a）柱 JCn1-1　　　　　　　　　（b）柱 JCn1-2

图 5-48　PVC 管沿柱高方向环向应变-位移曲线

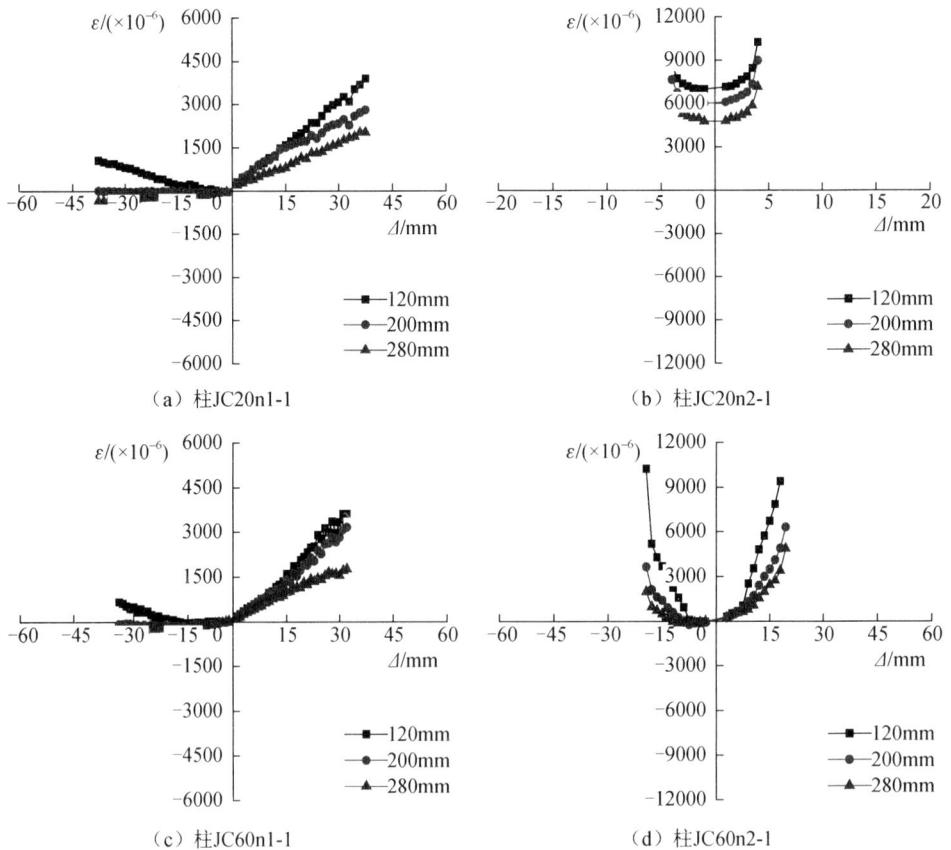

（a）柱JC20n1-1　　　　　　　　（b）柱JC20n2-1

（c）柱JC60n1-1　　　　　　　　（d）柱JC60n2-1

图 5-49　CFRP 条带沿柱高方向环向应变-位移曲线

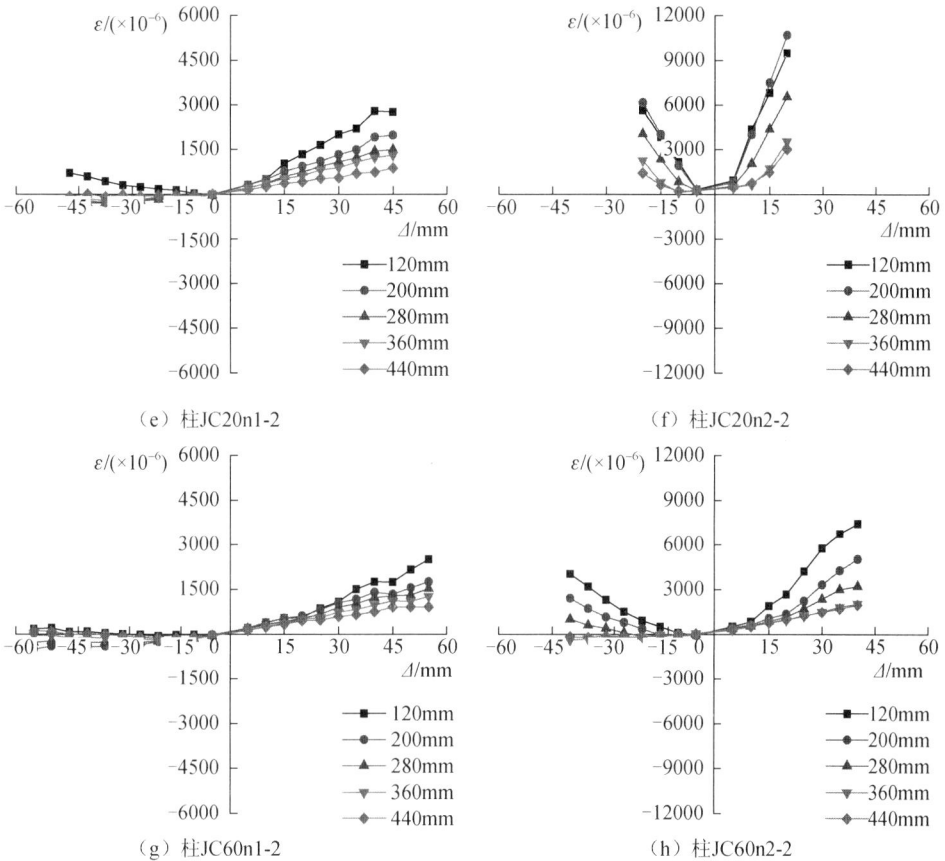

（e）柱JC20n1-2　　　　　　　　（f）柱JC20n2-2

（g）柱JC60n1-2　　　　　　　　（h）柱JC60n2-2

图 5-49（续）

2. CFRP 条带和箍筋环向应变对比分析

在 PVC-FRP 管钢筋混凝土柱中，由于 PVC-FRP 管和箍筋的约束作用限制核心混凝土的横向膨胀，使得 PVC-FRP 管钢筋混凝土柱的变形能力得到显著改善。PVC-FRP 管和箍筋对核心混凝土的约束作用可以通过各自的拉应变来反映。图 5-50 为同一截面高度处箍筋和 CFRP 条带环向应变与水平位移关系曲线。从图中可以看出，在加载初期，低轴压比短柱 CFRP 条带和箍筋的应变发展都较为缓慢，两者差别不大，曲线重合度较高，试件屈服后，随着水平位移的增加，CFRP 条带应变增长速度远远超过箍筋。在试验全过程中，随着水平位移的增加，低轴压比下长柱箍筋和 CFRP 条带的应变缓慢增加，而且 CFRP 条带随位移增长的应变曲线没有跟箍筋明显地区分开。直到试验结束时，试件 JC60n1-2 中 CFRP 条带的最大应变值才达到 913×10^{-6}，CFRP 条带应变没有充分发挥。高轴压比下的短柱 CFRP 条带和箍筋应变增长迅速，而长柱的 CFRP 条带和箍筋应变增长缓慢。以试件 JC20n2-1 与试件 JC60n2-1、试件 JC20n2-2 与试件 JC60n2-2 为例可以看出，环箍间距 60mm 的试件较环箍间距 20mm 的试件 CFRP 条带极限应变要大，说明 CFRP 条带极限拉应变与 CFRP 条带约束量有关。

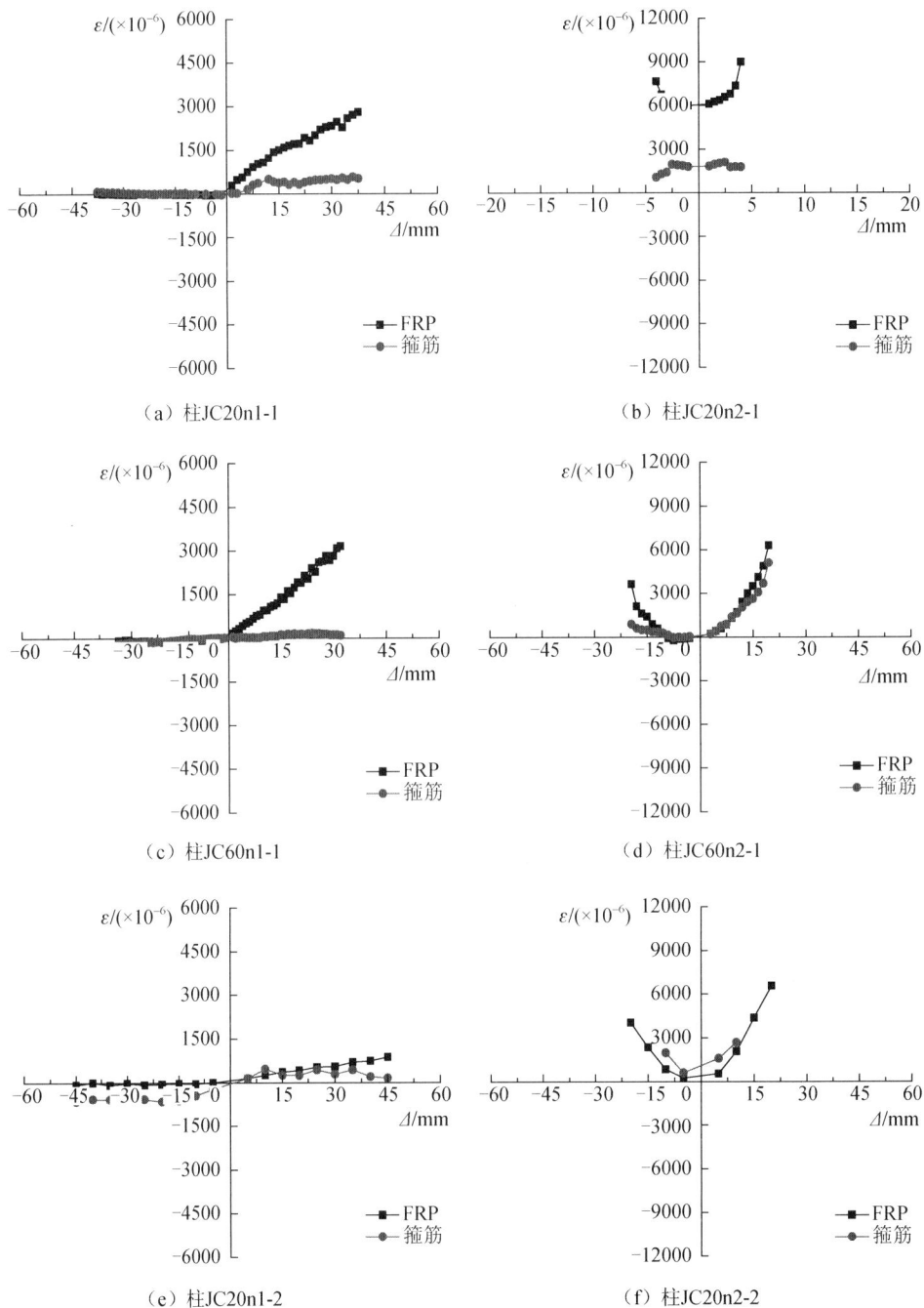

（a）柱 JC20n1-1

（b）柱 JC20n2-1

（c）柱 JC60n1-1

（d）柱 JC60n2-1

（e）柱 JC20n1-2

（f）柱 JC20n2-2

图 5-50　同一截面高度处箍筋和 CFRP 条带环向应变与水平位移关系曲线

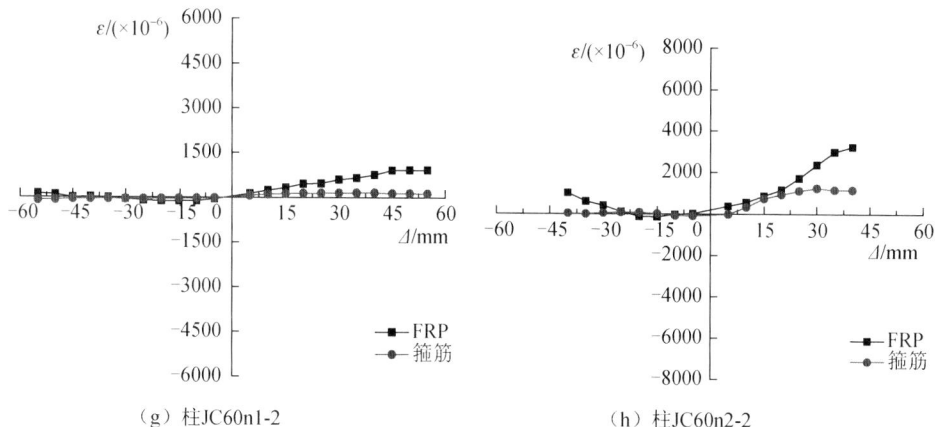

（g）柱JC60n1-2　　　　　　　　（h）柱JC60n2-2

图 5-50（续）

5.3　PVC-FRP 管钢筋混凝土柱斜截面承载力理论分析

5.3.1　PVC-FRP 管钢筋混凝土柱材料本构关系

1. 钢材本构关系

目前，国内外对低周反复荷载作用下钢筋本构关系进行一系列研究，并取得较多的研究成果。图 5-51 为考虑钢材的强化作用和反复荷载作用下的 Bausinger 效应而建立的钢材本构模型，该模型具有明显的屈服平台，能够较好地反映约束压弯构件中钢筋本构关系的滞回特性[118,119]。已有研究表明[89]，钢材在低周反复荷载作用下的骨架曲线与单调加载的纵向应力-应变曲线基本相一致。因此，为便于分析，本章采用如图 5-52 所示的钢材应力-应变模型，其强化段弹性模量 $E_{s,h} = 0.01E_s$[120]。其表达式为

$$\sigma_s = \begin{cases} E_s\varepsilon_s & (\varepsilon_s \leqslant \varepsilon_y) \\ f_y & (\varepsilon_y \leqslant \varepsilon_s \leqslant \varepsilon_{s,h}) \\ \varepsilon_y f_y + E_{s,h}(\varepsilon_s - \varepsilon_{s,h}) & (\varepsilon_s \geqslant \varepsilon_{s,h}) \end{cases} \tag{5-7}$$

式中，ε_s 为钢筋的应变；ε_y 为钢筋的屈服应变；σ_s 为钢筋的应力；f_y 为钢筋的屈服应力；E_s 钢筋的弹性模量；$E_{s,h}$ 为钢筋的强化弹性模量；$\varepsilon_{s,h}$ 为钢筋的强化应变。

2. 混凝土本构关系

国内外学者对反复荷载作用下混凝土的本构关系进行大量的试验研究，发现混凝土的骨架曲线与单轴加载时的混凝土应力-应变曲线基本接近。因此，反复荷载作用下混凝土材料的应力-应变曲线可近似用单轴加载的混凝土的应力-应变曲线来代替。在 PVC-FRP 管钢筋混凝土柱中，由于 PVC-FRP 管对核心混凝土的约

束作用，在一定程度上限制核心混凝土的变形，从而提高核心混凝土的抗压强度。本章采用第 2.2.2 节提出的 PVC-FRP 管钢筋混凝土应力-应变模型。

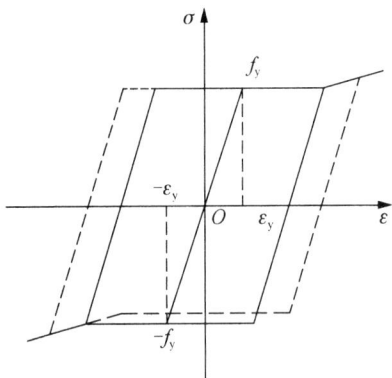

图 5-51　低周反复荷载作用下钢材的本构模型　　　图 5-52　钢材应力-应变模型

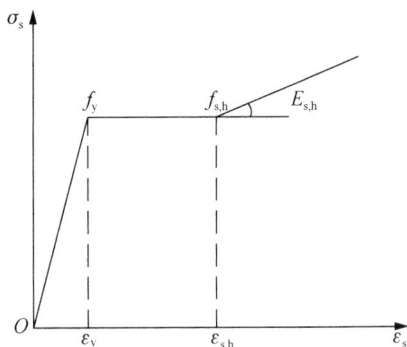

3. PVC 管本构关系

PVC 管的应力-应变曲线，采用式（2-37）计算。

4. CFRP 本构关系

本章 CFRP 本构关系采用理想线弹性模型，采用式（2-36）计算。

5.3.2　PVC-FRP 管钢筋混凝土柱抗剪机理

1. 已有抗剪理论

钢筋混凝土构件发生剪切破坏的影响因素比较多，破坏形态复杂而多样，给研究带来困难。为此，国内外学者对钢筋混凝土构件发生剪切破坏机理开展大量研究，提出一系列钢筋混凝土构件剪切破坏机理分析方法，主要有：桁架理论法、统计分析法、齿模型法、断裂力学方法和有限元方法等[121]。桁架理论法包括经典 45°桁架模型、改进的桁架模型、桁架-拱理论、压力场理论、修正压力场理论等，主要是对钢筋混凝土构件剪切破坏机理进行分析，从而得到钢筋混凝土构件在剪力作用下的全过程性能。本章主要对桁架模型和桁架-拱模型进行详细介绍[122]。

（1）桁架模型

20 世纪初，Ritter 和 Mörsch 为设计钢筋混凝土梁的腹筋最早提出经典 45°桁架模型。该模型有以下基本假定：①假设桁架各杆铰接；②斜裂缝的倾角为 45°；③受压区混凝土为桁架上弦，受拉纵筋为下弦，箍筋和弯起钢筋则作为受拉腹杆，斜裂缝间受压混凝土作为受压斜腹杆；④钢筋和混凝土均为各向同性材料，混凝土只受压不受拉。如图 5-53（a）所示，该模型是在材料最大拉应力准则的基础上，通过力学平衡条件而建立的。由于该模型不满足变形协调条件，并且没有考虑腹杆相对刚度对箍筋计算的影响，因此，Leonhardt 通过改变受压对角杆的倾角和考虑腹杆刚度影响对其进行修正，如图 5-53（b）所示。

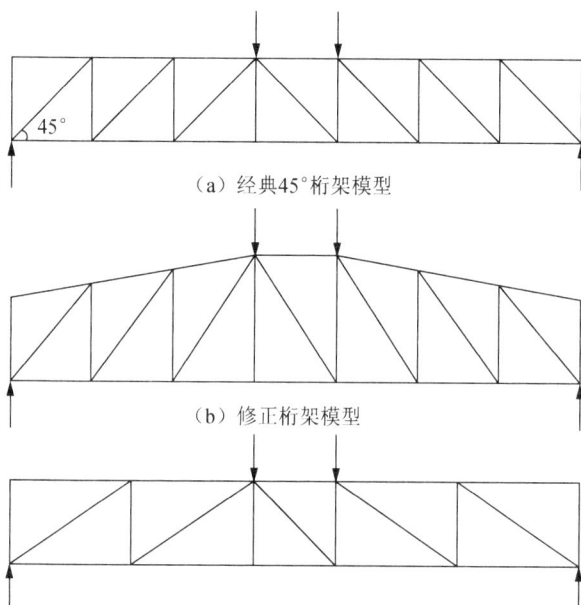

（a）经典45°桁架模型

（b）修正桁架模型

图 5-53　简单桁架模型

对桁架模型进行计算时，必须先确定腹筋的受力。取一斜截面平行于混凝土受压腹杆，计算如图 5-54 所示（T 为下弦纵筋总拉力，C 为受压区混凝土总压力）[123]，在节点 A 处由静力平衡条件可得

$$V_s = T_s \sin\beta = \frac{f_{yv}A_{sv}}{s} h_z \sin\beta(\cot\alpha + \cot\beta) \tag{5-8}$$

式中，T_s 为腹筋总拉力；α 为斜裂缝倾角；β 为箍筋与构件轴线的夹角；s 为箍筋间距；h_z 为上下弦间距；f_{yv} 为箍筋屈服强度；A_{sv} 为箍筋截面面积。

同理，可求得混凝土腹杆总压力 C_d 为

$$C_d = \sigma_{cd}bh_z \frac{\sin(\alpha+\beta)}{\sin\beta} = \sigma_{cd}bh_z \sin\alpha(\cot\alpha + \cot\beta) \tag{5-9}$$

$$V_s = C_d \sin\alpha = \sigma_{cd}bh_z \sin^2\alpha(\cot\alpha + \cot\beta) \tag{5-10}$$

式中，σ_{cd} 为混凝土腹杆的平均压应力。

所以，混凝土腹杆的平均压应力的计算公式和强度验算式为

$$\sigma_{cd} = \frac{V_s}{bh_z} \frac{1}{\sin^2\alpha(\cot\alpha + \cot\beta)} \leqslant f_{cd} \tag{5-11}$$

式中，f_{cd} 为混凝土抗压强度折减值，按式（5-12）计算[124,125]，其他符号意义同前。

$$f_{cd} = 0.6\left(1 - \frac{f_c}{250}\right)f_c \tag{5-12}$$

式中，f_c 为混凝土轴心抗压强度。

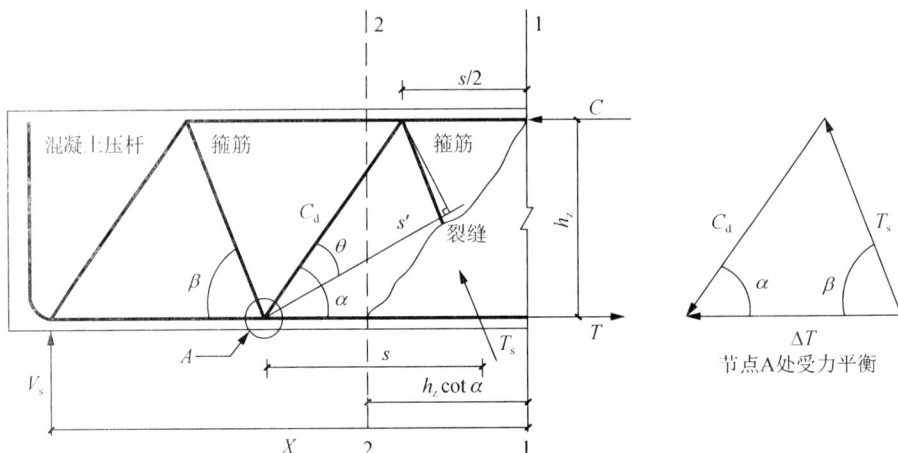

图 5-54　桁架模型中各杆件的内力

上述桁架模型还存在一些不足：①假设上弦混凝土只受压力，不受剪力；②下弦纵筋只受拉力，不受横向（销栓）力；③未考虑沿斜裂缝的混凝土骨料咬合作用。在拟静力试验过程中，柱构件不仅受轴向承载力作用，还受剪力与弯矩的作用。因此，柱构件的纵向应力分布变化较大，对其破坏模式和极限承载力有很大影响。

（2）桁架-拱模型

桁架-拱模型是日本学者加藤勉在钢筋混凝土框架短柱剪切破坏机理的研究基础上，建立的一种抗剪承载力计算模型。桁架-拱计算模型包括桁架作用和拱作用，其计算原理是：①桁架作用，即外荷载是通过混凝土受压和钢筋受拉传递到支座或者其他部件上，是间接传递；②拱作用是直接传递，即在外荷载作用下，混凝土直接受压并传递到支座或者其他部件上。在轴向承载力、剪力和弯矩作用下，柱构件的内力桁架机构和拱机构分别承担，而柱构件抗剪承载力则是将两部分的抗力叠加起来。

为计算方便，以及考虑混凝土的软化作用，对桁架-拱模型做出如下基本假定[126]。

1）假定桁架机构由腹筋，部分纵筋及受压区混凝土构成，以腹部钢筋屈服或者腹部混凝土压坏为破坏准则，其腹筋的抗剪承载力为

$$V_t = \rho_{sv}f_{yv}bh\cot\phi \tag{5-13}$$

2）假定拱机构由余下纵筋和混凝土构成，其混凝土的抗剪承载力

$$V_a = b(h/2)(1-\beta)\nu f_c \tan\theta \tag{5-14}$$

3）假定混凝土只受压不受拉，其压应力不大于有效强度 νf_c，ν 为混凝土强度软化系数，采用文献[127]建议的软化系数，即

$$\nu = 0.7 - \frac{f_c}{200} \tag{5-15}$$

所以柱构件的抗剪承载力为

$$V_u = V_t + V_a = \rho_{sv} f_{yv} bh \cot\phi + b(h/2)(1-\beta)\nu f_c \tan\theta \tag{5-16}$$

式中，f_c 为混凝土抗压强度；b 为构件截面宽度；h 为构件截面高度；ρ_{sv} 为构件配箍率；ϕ 为桁架机构中混凝土斜压腹杆的倾角，按式（5-17）计算；θ 为拱模型中混凝土压杆的倾角，按式（5-18）计算；其他符号意义同前，其中 β 按式（5-19）计算。

$$\cot\phi = \min\left\{2.0, \sqrt{\frac{\nu f_c}{\rho_{sv} f_{yv}} - 1}\right\} \tag{5-17}$$

$$\tan\theta = \sqrt{\left(\frac{L}{h}\right)^2 + 1} - \frac{L}{h} \tag{5-18}$$

$$\beta = [(1 + \cot^2\phi)\rho_{sv} f_{yv}] / (\nu f_c) \tag{5-19}$$

式中，L 为构件计算跨度。

上述桁架-拱模型在计算抗剪承载力的过程中，虽然未考虑桁架机构与拱机构的变形协调条件，仅仅将两者简单叠加在一起，但是该模型能够较好地反映混凝土的抗剪贡献和轴向承载力的作用效应，基本符合构件的受力性能，被广泛应用于梁柱构件抗剪承载力计算[127]。

2. PVC-FRP 管钢筋混凝土柱的抗剪机理分析

在低周反复荷载作用下 PVC-FRP 管钢筋混凝土柱抗剪作用主要包括以下几个方面。

1）PVC-FRP 管本身的抗剪作用。

2）PVC-FRP 管通过桁架机构提供的抗剪作用。

3）箍筋桁架机构的抗剪作用。

4）混凝土本身的抗剪作用。

5）轴向承载力对抗剪承载力的影响。

PVC-FRP 管的抗剪作用与箍筋相似，主要通过桁架机构进行传递。PVC-FRP 管对试件的抗剪作用体现在以下几个方面。

1）PVC-FRP 管材料性能决定其本身具有一定的抗剪能力。

2）PVC-FRP 管限制混凝土裂缝开展，提高沿斜裂缝混凝土骨料的咬合作用和纵筋的销栓作用。

3）PVC-FRP 管约束使混凝土裂缝处的斜向内力传递到拱机构上，提高了桁

架机构与拱机构的整体抗剪性能。

4）与 FRP 约束钢筋混凝土柱相比，PVC-FRP 管可以有效防止 FRP 约束试件中直接粘贴在混凝土表面 CFRP 剥离现象，大大提高 CFRP 条带的抗剪作用。

由于 PVC-FRP 管约束作用，PVC-FRP 管钢筋混凝土柱的抗剪机理比普通钢筋混凝土柱更加复杂。在加载初期，试件剪力主要由核心混凝土来承担，PVC-FRP 管和箍筋的作用不明显。随着外荷载的逐渐增大，核心混凝土开始出现斜裂缝，此时 PVC-FRP 管和箍筋的应变逐渐增大，对核心混凝土形成有效约束。随着裂缝的进一步开展，斜裂缝处的混凝土形成斜压腹杆，PVC-FRP 管形成腹拉杆，剪压区混凝土和下弦纵筋则分别充当上弦压杆和下弦拉杆，从而构成完整的桁架机构，一部分剪力通过桁架机构传递到柱底，其余剪力则通过拱机构传递到柱底。

确定试件抗剪承载力关键是确定试件达到极限承载力时 CFRP 条带的极限拉应变。反复荷载作用下 CFRP 条带的拉应变一直处于增加状态，随着轴压比的增大，CFRP 条带的极限拉应变逐渐增大；随着剪跨比的增大，CFRP 条带的极限拉应变逐渐减小；随着 CFRP 条带的环箍间距的减小，CFRP 条带的极限拉应变逐渐增大。5.3.3 节将利用桁架-拱模型对 PVC-FRP 管钢筋混凝土柱进行受剪理论分析，建立 PVC-FRP 管钢筋混凝土柱抗剪承载力计算模型。

5.3.3　PVC-FRP 管钢筋混凝土柱抗剪承载力计算模型

1. 基本假定

基于 PVC-FRP 管钢筋混凝土柱的抗剪机理理论分析，提出以下基本假定。

1）混凝土在荷载作用下只受压不受拉，将混凝土看作受压的斜腹杆或者上弦杆。

2）腹筋、纵筋和 PVC-FRP 管均看作受拉杆，承受其轴向或者环向拉力。

3）PVC-FRP 管钢筋混凝土柱的抗剪承载力主要由箍筋、PVC-FRP 管和混凝土斜压杆来承担。

4）当试件达到承载力极限状态时，受压区混凝土被压碎，箍筋达到其屈服强度。

5）不考虑沿斜裂缝的混凝土骨料咬合作用，以及纵筋的销栓作用。

6）PVC 管与 CFRP 条带黏结完好。

2. PVC-FRP 管钢筋混凝土柱抗剪承载力理论模型

本节认为 PVC 管、CFRP 条带的作用均与箍筋作用相似，PVC-FRP 管钢筋混凝土柱抗剪承载力由桁架机构和拱机构承载力叠加组成。

（1）桁架机构

PVC-FRP 管钢筋混凝土柱受剪桁架机构计算简图如图 5-55 所示。假定外包 PVC 管的抗剪机理同箍筋一样，将外包 PVC 管看成面积为 A_p，间距为 1 的箍筋。由此可得到桁架机构的配箍率 ρ_{sv}、CFRP 条带的折算配箍率 ρ_f，以及 PVC 管的折算配箍率 ρ_p，分别按式（5-20）～式（5-22）计算。

$$\rho_{sv} = \frac{A_{sv}}{bs} \tag{5-20}$$

$$\rho_f = \zeta \frac{2n_f w_f t_f}{b(s_f + w_f)} \tag{5-21}$$

式中，n_f 为粘贴 CFRP 条带层数；w_f 为 CFRP 条带的宽度；t_f 为单层 CFRP 条带厚度；ζ 为折减系数，单层取 1.0，双层取 0.7[123]。

$$\rho_p = \frac{A_p}{b} \tag{5-22}$$

式中，A_p 为 PVC 管截面面积。

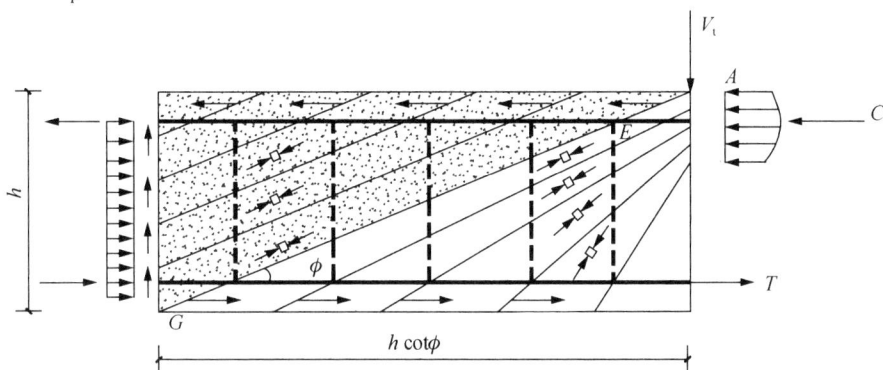

图 5-55　桁架机构计算简图

由于箍筋、PVC 管和 CFRP 条带侧向刚度较小，有必要对斜裂缝区桁架斜压杆混凝土受压高度进行折减。由此可得混凝土斜压杆的有效面积 A_e 为

$$A_e = \eta bh \tag{5-23}$$

式中，η 为桁架截面有效约束折减系数，取 $\eta = (1 - b/4h)$[128]。

取图 5-55 桁架机构计算简图中直线 AEG 下方隔离体进行受力分析，如图 5-56 所示，根据静力平衡条件可得

$$V_t = \sum \left(A_{sv}\sigma_{sv} + A_f\sigma_f + A_p\sigma_p \right) \tag{5-24}$$

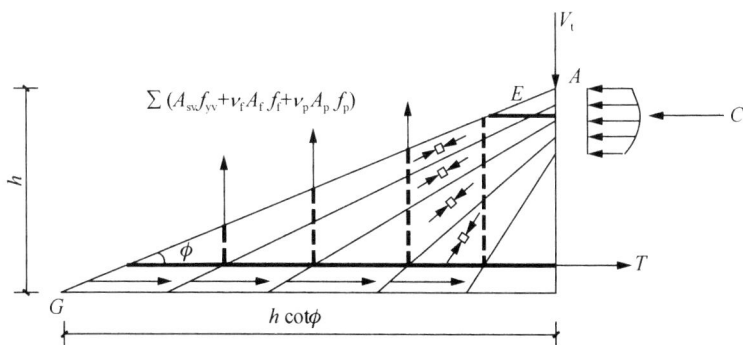

图 5-56　桁架机构右侧隔离体受力平衡

　　根据第 5.3.3 节基本假定 4），当试件达到极限承载力时，箍筋屈服，即 $\sigma_{sv} = f_{yv}$；CFRP 条带未达到其极限抗拉强度，故其应力为 $\sigma_f = v_f f_f$，v_f 是试件达到极限承载力时 CFRP 条带的应力与其极限抗拉强度 f_f 的比值，称为 CFRP 条带受剪系数；PVC 管应力取 $\sigma_p = v_p f_p$，v_p 是试件达到极限承载力时 PVC 管的应力与其极限抗拉强度 f_p 的比值，称为 PVC 管受剪系数。根据第 5.3.3 节基本假定 6），基于变形协调条件，可得

$$v_p = \frac{E_p f_f}{E_f f_p} v_f \tag{5-25}$$

　　将式（5-20）～式（5-22）代入式（5-24），可得

$$V_t = \sum \left(A_{sv} f_{yv} + v_f A_f f_f + v_p A_p f_p \right) = \left(\rho_{sv} f_{yv} + v_f \rho_f f_f + v_p \rho_p f_p \right) bh \cot \phi \tag{5-26}$$

　　取图 5-55 中直线 AEG 的左侧隔离体进行受力分析，如图 5-57 所示，根据图中混凝土斜向压应力、箍筋、PVC 管、CFRP 的拉力和纵筋拉力的平衡条件，可得

$$\left[\sum \left(A_{sv} f_{yv} + v_f A_f f_f + v_p A_p f_p \right) \right]^2 \left(1 + \cot^2 \phi \right) = \left(\eta \sigma_c bh \cos \phi \right)^2 \tag{5-27}$$

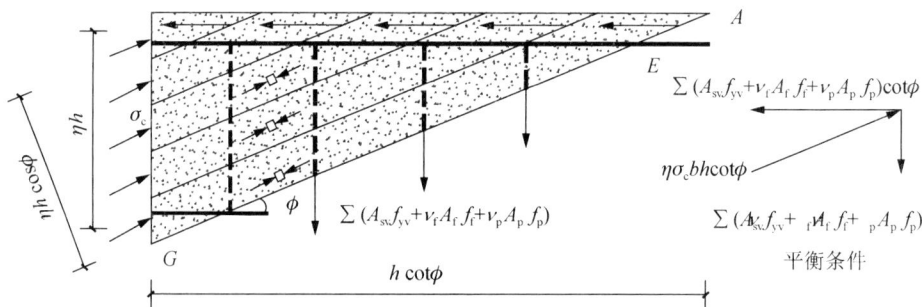

图 5-57　桁架机构左侧隔离体压应力平衡

　　将式（5-26）代入式（5-27），并利用三角函数关系 $\sin^2 \phi = \dfrac{1}{1 + \cot^2 \phi}$，考虑 $\sigma_c \leqslant v f_c$，可得

$$\cot \phi \leqslant \sqrt{\frac{\eta v f_c}{\rho_{sv} f_{yv} + v_f \rho_f f_f + v_p \rho_p f_p} - 1} \tag{5-28}$$

　　PVC 管配箍特征值 λ_p，CFRP 条带配箍特征值 λ_f 和箍筋的配箍特征值 λ_{sv} 分别为

$$\lambda_p = \rho_p \frac{f_p}{f_t} \tag{5-29}$$

式中，f_p 为 PVC 管抗拉强度，由于 PVC 管为各向同性材料，其抗拉强度与抗压强度相等；f_t 为混凝土抗拉强度。

$$\lambda_{\mathrm{f}} = \rho_{\mathrm{f}} \frac{f_{\mathrm{f}}}{f_{\mathrm{t}}} \tag{5-30}$$

式中，f_{f} 为 CFRP 条带抗拉强度。

$$\lambda_{\mathrm{sv}} = \rho_{\mathrm{sv}} \frac{f_{\mathrm{yv}}}{f_{\mathrm{t}}} \tag{5-31}$$

将式（5-29）～式（5-31）代入式（5-28），并近似取 $f_{\mathrm{c}} = 10 f_{\mathrm{t}}$，可得

$$\cot\phi \leqslant \sqrt{\frac{10\eta\nu}{\lambda_{\mathrm{sv}} + \nu_{\mathrm{f}}\lambda_{\mathrm{f}} + \nu_{\mathrm{p}}\lambda_{\mathrm{p}}} - 1} \tag{5-32}$$

试验研究表明，桁架机构混凝土斜压腹杆的倾角 ϕ 取值有一定的范围[129]。当 ϕ 较小时，$\cot\phi$ 相应变大，此时混凝土斜裂缝区域横截面的压应力变大，应力不易传递。因此，本节取 2 为其上限，故 $\cot\phi$ 取值为

$$\cot\phi = \min\left(\sqrt{\frac{10\eta\nu}{\lambda_{\mathrm{sv}} + \nu_{\mathrm{f}}\lambda_{\mathrm{f}} + \nu_{\mathrm{p}}\lambda_{\mathrm{p}}} - 1}, \, 2\right) \tag{5-33}$$

将式（5-29）～式（5-31）代入式（5-26），可得桁架机构承担的抗剪承载力为

$$V_{\mathrm{t}} = \left(\lambda_{\mathrm{sv}} + \nu_{\mathrm{f}}\lambda_{\mathrm{f}} + \nu_{\mathrm{p}}\lambda_{\mathrm{p}}\right) f_{\mathrm{t}} bh \cot\phi \tag{5-34}$$

将式（5-33）代入式（5-34），可得

$$V_{\mathrm{t}} = \min \begin{cases} 2\left(\lambda_{\mathrm{sv}} + \nu_{\mathrm{f}}\lambda_{\mathrm{f}} + \nu_{\mathrm{p}}\lambda_{\mathrm{p}}\right) f_{\mathrm{t}} bh \\ \left(\lambda_{\mathrm{sv}} + \nu_{\mathrm{f}}\lambda_{\mathrm{f}} + \nu_{\mathrm{p}}\lambda_{\mathrm{p}}\right) f_{\mathrm{t}} bh \sqrt{\dfrac{10\eta\nu}{\lambda_{\mathrm{sv}} + \nu_{\mathrm{f}}\lambda_{\mathrm{f}} + \nu_{\mathrm{p}}\lambda_{\mathrm{p}}} - 1} \end{cases} \tag{5-35}$$

式（5-35）用图 5-58 表示，即为图中的实线 OA 和 $OABC$（绕 D 点的圆弧）。当配箍率超过 D 点后，在箍筋屈服前试件已经破坏，此时为试件的抗剪承载力的上限，其表达式为

$$V_{\mathrm{t}}' = \frac{5\nu\eta f_{\mathrm{t}} bh}{2} \tag{5-36}$$

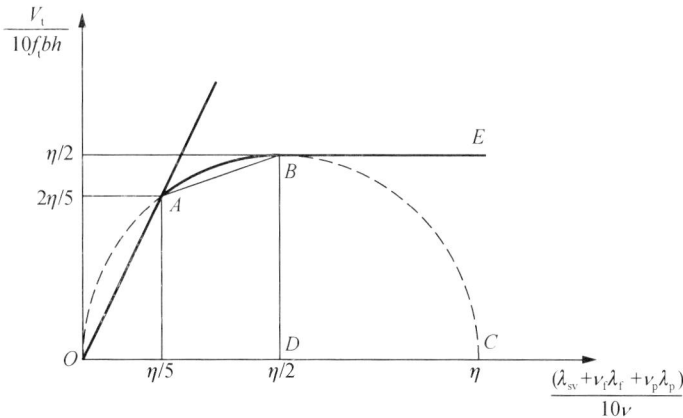

图 5-58 桁架模型承担的抗剪承载力

为分析方便,近似用直线代替曲线 AB,可得

$$V_t' = \frac{10\nu\eta f_t + \left(\lambda_{sv} + \nu_f\lambda_f + \nu_p\lambda_p\right)f_t}{3}bh \qquad (5\text{-}37)$$

根据式(5-30),可得桁架机构产生的混凝土斜向压应力为

$$\sigma_c = \frac{\rho_{sv}f_{yv} + \nu_f\rho_f f_f + \nu_p\rho_p f_p}{\eta}\left(1 + \cot^2\phi\right) \qquad (5\text{-}38)$$

(2)拱机构

桁架机构达到极限承载力后,混凝土还有一部分富余强度即拱机构强度 σ_a,拱机构作用并非是在桁架机构达到极限承载力后才起作用,而是在试件受力过程中一直存在拱机构作用。

实际拱机构剪力传递机制如图 5-59 所示,中央鼓起部分为拱压应力扩散影响区域。由于桁架机构中混凝土斜压腹杆与拱机构的角度有所不同,拱机构中受压混凝土面积近似取 $bh/2$,可得拱机构承担的抗剪承载力为

$$V_s = b(h/2)(1-\beta)\nu f_c\tan\theta \qquad (5\text{-}39)$$

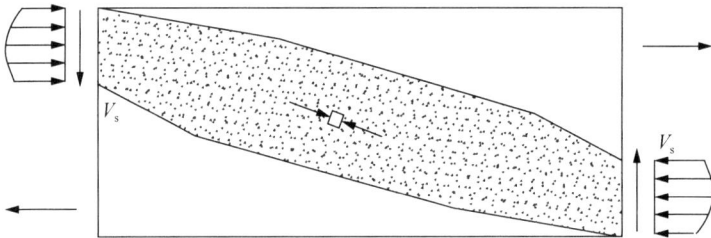

图 5-59 实际拱机构剪力传递机制

为简化计算,对实际拱模型进行简化,计算简图如图 5-60 所示。其简化后拱机构承担的抗剪承载力为

$$V_a = \sigma_a\frac{bh}{2}\tan\theta \qquad (5\text{-}40)$$

式中,σ_a 为混凝土富余强度,即拱的强度。

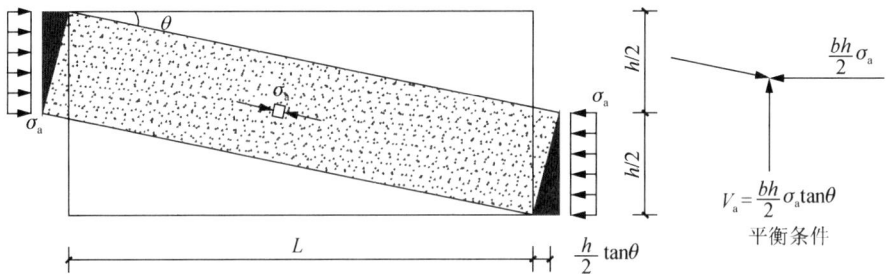

图 5-60 拱机构简化模型计算简图

已有研究表明[128,130]，拱机构作用随着剪跨比 λ 的增大而减小，而桁架机构作用则随着剪跨比 λ 的增大而增大。为此本章做出以下基本假定。

1）当轴向承载力为 0 时，对于 $\lambda < 0.5$ 的构件，不考虑桁架机构的作用，只考虑拱机构的作用；对于 $\lambda > 3$ 的构件，则刚好相反，只考虑桁架机构的作用。

2）当轴向承载力不为 0 时，假定全部轴向承载力由拱机构传递。

在上述基本假定的基础上，当轴向承载力为 0 时，拱机构受力按以下方法计算：

当 $\lambda < 0.5$ 时，主要由拱机构传递剪力，拱机构中混凝土压应力因达到其软化强度 νf_c 而破坏，即

$$\sigma_{a0} = \nu f_c \tag{5-41}$$

当 $\lambda > 3$ 时，主要由桁架机构传递剪力，拱机构中混凝土压应力为

$$\sigma_{a0} = 0 \tag{5-42}$$

当 $0.5 \leqslant \lambda \leqslant 3$ 时，拱机构中混凝土压应力 σ_{a0} 按式（5-41）和式（5-42）进行线性插值求得

$$\sigma_{a0} = (1.2 - 0.4\lambda)\nu f_c \tag{5-43}$$

当轴向承载力不为 0 时，轴向承载力全部由拱机构传递。取如图 5-61 所示的拱机构进行分析，可得轴向承载力在拱机构中产生轴向压应力为

$$\sigma_{aN} = \frac{N}{bh/2} = 2nf_c \tag{5-44}$$

式中，n 为轴压比，$n = N / f_c bh$。

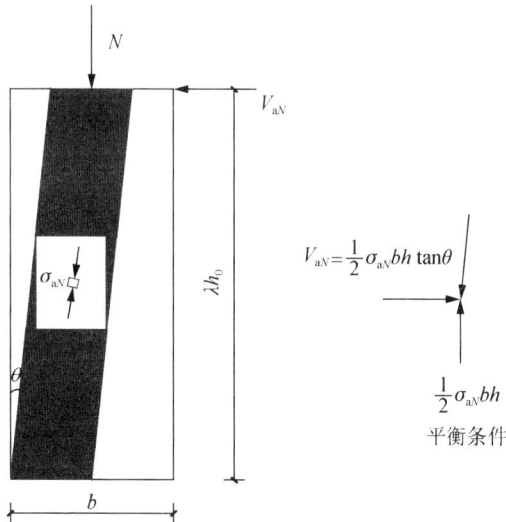

$$V_{aN} = \frac{1}{2}\sigma_{aN}bh\tan\theta$$

$$\frac{1}{2}\sigma_{aN}bh$$

平衡条件

图 5-61 轴力作用下拱机构受力简图

由式（5-43）和式（5-44）可得在一般情况下拱机构混凝土压应力为

$$\sigma_a = \sigma_{a0} + \sigma_{aN} = (1.2 - 0.4\lambda)\nu f_c + 2nf_c \tag{5-45}$$

将式（5-45）代入式（5-40），可得

$$V_a = \frac{bh}{2}\left[(1.2-0.4\lambda)\nu f_c + 2nf_c'\right]\tan\theta \qquad (5\text{-}46)$$

根据图 5-60 中的几何关系，可得

$$\tan\theta = \frac{h/2}{L+(h/2)\tan\theta} \qquad (5\text{-}47)$$

根据 $\tan\theta$ 与剪跨比 λ 的几何关系，式（5-47）可简化为

$$\tan\theta = \sqrt{(1.8\lambda)^2+1}-1.8\lambda \qquad (5\text{-}48)$$

为计算简便，$\tan\theta$ 可近似取为

$$\tan\theta = \frac{1}{4\lambda} \qquad (5\text{-}49)$$

式（5-48）与式（5-49）的对比如图 5-62 所示。从图中可以看出，当 $\lambda \geqslant 1$ 时，式（5-49）比式（5-48）偏于安全。将式（5-49）代入式（5-46），可得

$$V_a = \frac{bh}{8\lambda}\left[(1.2-0.4\lambda)\nu f_c + 2nf_c'\right] \qquad (5\text{-}50)$$

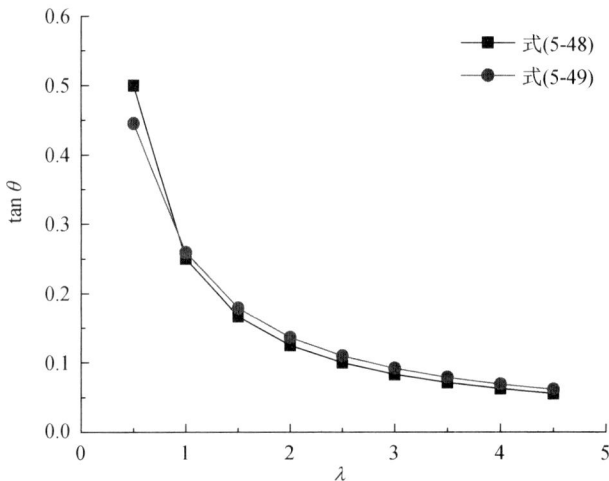

图 5-62　$\tan\theta$-λ 关系图

当试件达到承载力极限状态时，桁架机构与拱机构中混凝土压应力之和应等于混凝土软化抗压强度 νf_c。由于混凝土实际压应力是不断变化的，与理论模型并不完全吻合，引入有效系数 μ 对拱机构作用进行折减，得到试件桁架-拱模型的剪切破坏准则为

$$\sigma_c + \mu\sigma_a = \nu f_c \qquad (5\text{-}51)$$

因为在试验数据统计回归分析过程中已经考虑混凝土的软化作用，不需要再考虑混凝土的软化作用，式（5-51）可简化为

$$\sigma_{\mathrm{c}} + \mu\sigma_{\mathrm{a}} = f_{\mathrm{c}} \tag{5-52}$$

考虑到圆形截面的特殊性，需对 b、h_0 作一些调整和定义。由于最大剪应力总是分布在截面中部，更重要的是在圆形截面开裂后，截面中间混凝土所承担的抗剪承载力特别是骨料咬合力非常大，所以本章在圆形截面抗剪计算中，截面宽度 b 取直径 D。有效高度 h_0 是指截面上受拉钢筋合力点到受压边缘的距离，在矩形截面中取 $h_0 = h - a_{\mathrm{s}}$。在圆形截面中，由于受拉钢筋不是分布在一个水平面上，所以受拉钢筋合力点也就难以确定。在纵向钢筋沿圆截面周边均匀布置时，有效高度 $\overline{h}_0$ 取受压区对应的另一半圆中所有钢筋的重心到受压区边缘的距离[131]，其表达式为

$$\overline{h}_0 = r + \frac{2r_{\mathrm{s}}}{\pi} \tag{5-53}$$

式中，r 为圆形截面半径，$r = D/2$；r_{s} 为纵向钢筋所在圆周的半径。

对于圆形截面，用 $D\overline{h}_0$ 可近似地代替圆截面面积，$D\overline{h}_0 \approx \dfrac{\pi D^2}{4}$。PVC-FRP 管钢筋混凝土柱抗剪承载力由桁架机构和拱机构承担的抗剪承载力组成，其抗剪承载力理论公式为

$$V_{\mathrm{u}} = V_{\mathrm{t}} + V_{\mathrm{a}} = \left(\lambda_{\mathrm{sv}} + \nu_{\mathrm{f}}\lambda_{\mathrm{f}} + \nu_{\mathrm{p}}\lambda_{\mathrm{p}}\right) f_{\mathrm{t}} D\overline{h}_0 \cot\phi + \frac{1}{8\lambda}\left[\left(1.2\text{-}0.4\lambda\right)\nu f_{\mathrm{c}} + 2nf_{\mathrm{c}}\right]D\overline{h}_0 \tag{5-54}$$

式中，$\cot\phi$ 由式（5-33）确定；由式（5-25）及对本次试验数据进行回归分析，可得

$$\mu = 0.58 + 0.19\lambda - 1.37n \tag{5-55}$$

$$\nu_{\mathrm{f}} = \nu_{\mathrm{p}} = -1.686 + 0.0128\lambda - 0.0926n + \frac{4.912}{\sqrt{\lambda_{\mathrm{f}} + \lambda_{\mathrm{p}}}} \tag{5-56}$$

式（5-55）和式（5-56）的相关系数分别为 0.964 和 0.997。详细计算结果见表 5-8。

5.3.4　PVC-FRP 管钢筋混凝土柱抗剪承载力简化设计公式

由于上述 PVC-FRP 管抗剪承载力计算模型没有考虑反复荷载作用且该模型计算烦琐，不便应用于工程实践。在试验研究的基础上，本节引入位移延性系数对抗剪承载力的影响系数，再结合桁架-拱模型的理论推导，提出 PVC-FRP 管钢筋混凝土柱抗剪承载力的实用设计公式，为 PVC-FRP 管钢筋混凝土柱抗剪设计提供依据。

1. 低周反复荷载作用影响

本节试验研究表明，在低周反复荷载作用下，随着位移幅值的增大和循环次数的增加，交叉斜裂缝不断形成与开展，从而减小混凝土剪压区面积和骨料间的

咬合作用，降低混凝土抗剪作用。因此，低周反复荷载作用的影响实质上就是考虑延性对试件抗剪强度的影响，即如何对试件进行延性设计，这也是目前国内外学者重点关注的问题之一。

目前，大多采用经验公式来确定混凝土柱构件抗剪强度与延性的关系。Karabinis 等[132]在塑性理论的基础上，通过计算机模拟对试件延性与抗剪强度关系进行分析。Ichinose[133]提出采用截面曲率方法计算混凝土的有效强度，但该方法没有考虑构件尺寸的影响，所以有待进一步验证。本章采用相对指标——位移延性系数来定义构件延性，当 $\mu_\Delta \geqslant 2$ 且经历 3 次以上反复循环加载而抗剪强度没有明显降低（荷载退化小于 15%）时，即定义为延性构件。因此，本节基于混凝土柱抗震设计，采用 Priestly 等[134]提出的抗剪强度与延性的关系，其表达式为

$$V_c = 0.8\delta\xi\gamma\sqrt{f_c'}A_g \tag{5-57}$$

式中，f_c' 为混凝土圆柱体抗压强度；δ 为考虑剪跨比对试件抗剪承载力的影响系数；ρ_s 为钢筋的轴向配筋率；γ 为反映柱混凝土抗剪承载力随位移延性系数变化规律系数；ξ 为考虑纵筋配筋率对混凝土抗剪承载力的影响系数。其表达式分别为[135]

$$1 \leqslant \delta = \left(3 - \frac{M}{Vh}\right) \leqslant 1.5 \tag{5-58}$$

$$\xi = \left(0.5 + 20\rho_s\right) \leqslant 1 \tag{5-59}$$

式（5-57）考虑位移延性系数变化对混凝土抗剪承载力的影响，随着位移延性系数的增大，混凝土会不断开裂，从而降低混凝土的咬合作用，进而对抗剪承载力的贡献将逐步减小。

由于 PVC-FRP 管约束混凝土的约束效应强，能够有效减缓混凝土抗剪承载力的降低。γ 随延性系数的增大而减小，但其减小幅度比钢筋混凝土柱小。γ 与位移延性系数 μ_Δ 的关系如图 5-63 所示。

在图 5-63 中，"原始"表示文献[133]中 γ 值计算曲线，"修订后"表示在文献[133]基础上修正后的 γ 值计算曲线，其表达式为

$$\gamma = \begin{cases} 0.29 & (0 \leqslant \mu_\Delta < 2.0) \\ 0.29 - 0.04(\mu_\Delta - 2) & (2.0 \leqslant \mu_\Delta < 8.0) \\ 0.05 & (\mu_\Delta \geqslant 8.0) \end{cases} \tag{5-60}$$

从图 5-63 可以看出，初始阶段因为混凝土对抗剪承载力的贡献较大，所以位移延性系数达到 8 时钢筋混凝土柱的抗剪承载力明显小于混凝土的初始抗剪承载力。随着位移延性系数的增大，混凝土部分对抗剪承载力的贡献明显减小。

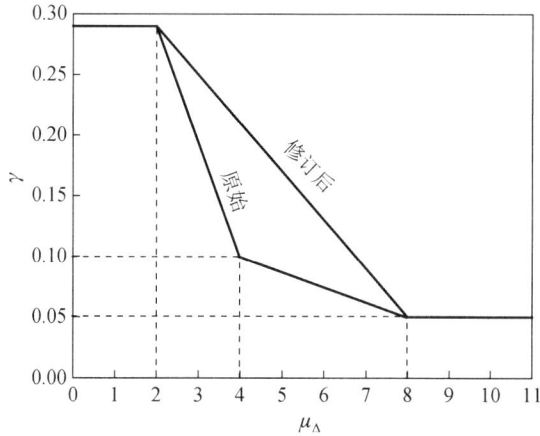

图 5-63　γ-μ_Δ 关系曲线

2. PVC-FRP 管钢筋混凝土柱抗剪承载力设计公式

参考《混凝土结构加固设计规范》（GB 50367—2013）[136]，PVC-FRP 管钢筋混凝土柱的抗剪承载力由钢筋混凝土柱、CFRP 条带和 PVC 管共同组成，其表达式为

$$V_u = V_{rc} + V_f + V_p \tag{5-61}$$

式（5-61）中 V_{rc} 项参照《混凝土结构设计规范（2015 年版）》（GB 50010—2010）[118]给出钢筋混凝土柱的抗剪承载力计算公式计算，即

$$V_{rc} = \frac{1.75}{\lambda + 1} \gamma f_t' b h_0 + f_{yv} \frac{A_{sv}}{s} h_0 + 0.07N \tag{5-62}$$

考虑 PVC-FRP 管约束作用对提高混凝土强度的影响，式中 f_t' 按式（5-63）、式（5-64）计算[120]

$$f_t' = 0.28 f_{cu}'^{\frac{2}{3}} \tag{5-63}$$

$$f_{cu}' = \frac{1}{0.79} f_{ccR}' \tag{5-64}$$

式中，f_t' 为约束混凝土的抗拉强度；f_{cu}' 为约束混凝土立方体的抗压强度；f_{ccR}' 为 PVC-FRP 管混凝土柱的极限抗压强度。

按照上述桁架-拱理论分析，式（5-61）中 V_f 及 V_p 可分别取为

$$V_f = \rho_f E_f \overline{\varepsilon}_f b h_0 \cot\theta = v_f' \rho_f E_f \varepsilon_{fu} b h_0 \tag{5-65}$$

$$V_p = \rho_p E_p \overline{\varepsilon}_p b h_0 \cot\theta = v_p' \rho_p E_p \varepsilon_{pu} b h_0 \tag{5-66}$$

式中，v_f'、v_p' 分别为 CFRP 条带与 PVC 管的强度发挥系数。

由本次试验可知，部分 PVC-FRP 管钢筋混凝土柱达到其极限承载力时 CFRP 条带未达到其极限抗拉强度，而 PVC 管也未达到其极限抗拉强度。因此，在计算 PVC-FRP 管钢筋混凝土柱的极限承载力时，需考虑 CFRP 条带和 PVC 管的强度发挥系数。由式（5-65）、式（5-66）可得 CFRP 条带和 PVC 管的强度发挥系数为

$$v_{\mathrm{f}}' = \overline{\varepsilon}_{\mathrm{f}} \cot \frac{\theta}{\varepsilon_{\mathrm{fu}}} \tag{5-67}$$

$$v_{\mathrm{p}}' = \overline{\varepsilon}_{\mathrm{p}} \cot \frac{\theta}{\varepsilon_{\mathrm{pu}}} \tag{5-68}$$

由于 PVC 管与 CFRP 条带黏结完好，根据变形协调条件，本节假定 $\overline{\varepsilon}_{\mathrm{p}} = \overline{\varepsilon}_{\mathrm{f}}$，可得

$$v_{\mathrm{f}}' \approx v_{\mathrm{p}}' \tag{5-69}$$

式中，$\overline{\varepsilon}_{\mathrm{f}}$、$\overline{\varepsilon}_{\mathrm{p}}$ 分别为试件临界斜裂缝区的 CFRP 条带和 PVC 管的平均应变；$\varepsilon_{\mathrm{fu}}$、$\varepsilon_{\mathrm{pu}}$ 分别为 CFRP 条带和 PVC 管的极限拉应变。由 CFRP 条带和 PVC 管的强度发挥系数的表达式可知，v_{f}'、v_{p}' 分别取决于达到极限承载力时穿过临界斜裂缝的 CFRP 条带和 PVC 管的平均应变和斜裂缝倾角 θ。试验结果表明，剪跨比 λ、轴压比 n、CFRP 条带配箍特征值 λ_{f} 及 PVC 管配箍特征值 λ_{p} 对 $\overline{\varepsilon}_{\mathrm{f}}$、$\overline{\varepsilon}_{\mathrm{p}}$ 及 θ 都有影响。本节对试验数据进行统计回归分析，得到 CFRP 条带和 PVC 管的强度发挥系数表达式为

$$v_{\mathrm{f}}' = v_{\mathrm{p}}' = 0.724 - 0.174\lambda + 0.01n - 0.15\sqrt{\lambda_{\mathrm{p}} + \lambda_{\mathrm{f}}} \tag{5-70}$$

综上分析可得，PVC-FRP 管钢筋混凝土柱抗剪承载力 V_{u} 设计公式为

$$V_{\mathrm{u}} = \frac{1.75}{\lambda+1} \gamma f_{\mathrm{t}}' D\overline{h}_0 + f_{\mathrm{yv}} \frac{A_{\mathrm{sv}}}{s} \overline{h}_0 + 0.07N$$
$$+ (\rho_{\mathrm{f}} f_{\mathrm{f}} + \rho_{\mathrm{p}} f_{\mathrm{p}})(0.724 - 0.174\lambda + 0.01n - 0.15\sqrt{\lambda_{\mathrm{p}} + \lambda_{\mathrm{f}}}) D\overline{h}_0 \tag{5-71}$$

表 5-4 中 $V_{\mathrm{u}}^{\mathrm{s}}$、$V_{\mathrm{u}}^{\mathrm{c}}$、$V_{\mathrm{u}}^{\mathrm{e}}$ 分别表示抗剪承载力设计值、理论值和试验值。由表 5-4 可得设计值与试验值比值 $V_{\mathrm{u}}^{\mathrm{s}} / V_{\mathrm{u}}^{\mathrm{e}}$ 的平均值为 0.993，均方差为 0.05，变异系数为 0.05，理论值与试验值比值 $V_{\mathrm{u}}^{\mathrm{c}} / V_{\mathrm{u}}^{\mathrm{e}}$ 的平均值为 0.981，均方差为 0.169，变异系数为 0.172。计算结果与试验结果吻合较好，可用于工程实践设计。

表 5-4　PVC-FRP 管钢筋混凝土柱抗剪承载力试计值、理论值和试验值的比较

试件编号	λ	n	λ_{f}	λ_{p}	$V_{\mathrm{u}}^{\mathrm{s}} / \mathrm{kN}$	$V_{\mathrm{u}}^{\mathrm{c}} / \mathrm{kN}$	$V_{\mathrm{u}}^{\mathrm{e}} / \mathrm{kN}$	$V_{\mathrm{u}}^{\mathrm{s}} / V_{\mathrm{u}}^{\mathrm{e}}$	$V_{\mathrm{u}}^{\mathrm{c}} / V_{\mathrm{u}}^{\mathrm{e}}$
JCn1-1	1.5	0.20	0.00	1.62	67.00	77.85	66.39	1.01	1.17
JC20n1-1	1.5	0.20	1.48	1.62	93.12	95.54	85.77	1.09	1.15
JC20n2-1	1.5	0.40	1.48	1.62	135.46	130.60	133.50	1.01	0.98
JC60n1-1	1.5	0.20	0.74	1.62	79.07	60.90	83.80	0.94	0.73
JC60n2-1	1.5	0.40	0.74	1.62	99.52	100.96	104.85	0.95	0.96
JCn1-2	2.5	0.20	0.00	1.62	45.51	45.62	42.96	1.06	1.06
JC20n1-2	2.5	0.20	1.48	1.62	53.52	65.72	56.93	0.94	1.15
JC20n2-2	2.5	0.40	1.48	1.62	82.57	89.61	82.77	1.00	1.08
JC60n1-2	2.5	0.20	0.74	1.62	47.39	35.61	51.42	0.92	0.70
JC60n2-2	2.5	0.40	0.74	1.62	68.11	55.62	67.41	1.01	0.83

5.4　PVC-FRP 管钢筋混凝土柱恢复力模型研究

5.4.1　恢复力模型研究现状

在地震作用下，为了对结构或构件进行弹塑性地震反应分析，须确定结构或构件的恢复力模型。恢复力是指结构或构件去除外部作用后恢复原来形状的能力，而恢复力模型是指结构或构件所受外部作用与其引起的位移之间的函数关系的数学模型[137]。恢复力模型一般包括骨架曲线和滞回规则两个部分。骨架曲线主要是确定关键参数，且能反映试件开裂、屈服、破坏等主要特征；滞回规则一般要确定正反向加、卸载过程的滞回路径及试件刚度退化、强度退化等特征。总之，只有合理地建立结构的恢复力模型，才能较好地反映结构或构件的主要力学特征，如强度、刚度、耗能能力、延性等。

恢复力模型可以分为三个层次：材料的恢复力模型、构件的恢复力模型和结构的恢复力模型。材料的恢复力模型主要用于描述材料在反复荷载作用下的应力-应变关系，它是构件恢复力模型计算的基础；构件的恢复力模型是指建立在单个构件的基础上，用于描述构件截面的 $M\text{-}\varphi$ 滞回关系或构件的 $N\text{-}\Delta$ 滞回关系的数学模型，如钢筋混凝土柱恢复力模型；结构的恢复力模型是指当弹塑性地震反映分析采用层模型时，根据各个构件弯曲、轴向的剪切刚度和承载力得到各层的等效剪切刚度和抗剪承载力，然后采用静力弹塑性方法建立层恢复力模型，如钢筋混凝土框架恢复力模型。本章主要研究构件的恢复力模型，其必须具备以下两个条件[138]：①具有一定的精度，能体现实际结构或构件的滞回性能，并能在可接受的限度内再现试验结果；②简便实用，不会因模型本身的复杂性而导致结构动力非线性分析不能有效进行。

目前，学者们对普通钢筋混凝土柱恢复力模型进行大量研究，得到的恢复力模型主要分为两类：曲线型恢复力模型和折线型恢复力模型。其中，曲线型恢复力模型刚度变化连续，比较符合工程实际，但刚度计算较为烦琐。因此，工程中多采用直观简单的折线型恢复力模型，包括双线型、三线型、四线型、退化双线型、退化三线型、定点指向型和滑移型等[139]，如 Clough 模型、Takeda 模型、Saiidi 模型、Mander 模型[140]。对约束混凝土柱恢复力模型研究主要是建立在素混凝土柱基础上的。韩林海[141]通过数值分析方法，建立圆形、矩形钢管混凝土的三线型恢复力模型；Shao 等[142]基于材料应力-应变滞回曲线，探讨 FRP 约束圆形截面混凝土的滞回规律。关宏波[137]对 GFRP 套管钢筋混凝土柱进行试验研究，通过试验数据回归，提出滞回曲线刚度退化的经验公式，并在此基础上给出相应的滞回规则，建立 GFRP 套管钢筋混凝土柱恢复力模型。

目前建立恢复力模型的方法主要有三种，分别是试验拟合法、理论计算法和系统识别法[117]。试验拟合法是在拟静力试验基础上，通过选择合理的数学模型，定量研究骨架曲线及不同变形条件下的滞回环，将骨架曲线和滞回环结合在一起形成恢复力曲线，并通过各滞回环之间的相互比较得到反复加载时的刚度退化规律。理论计算法是在材料恢复力模型基础上，根据截面轴力和弯矩平衡条件，通过计算简化得到构件的恢复力模型。这种方法计算结果准确，适用于任何受力构件，但计算工作量大。系统识别法是在观察到系统的输入和输出数据的基础上，对系统确定一个数学模型后，通过计算机自动优选合适的参数计算，使该模型的计算结果与实测相符，尽可能精确地反映系统的特性。上述的三种方法中，试验拟合法简便实用，其确定的恢复力模型能够较为准确地反映结构的滞回特征和骨架曲线。因此，5.4.2 节采用试验拟合法对 PVC-FRP 管钢筋混凝土柱的恢复力模型进行研究。

5.4.2　PVC-FRP 管钢筋混凝土柱恢复力模型

PVC-FRP 管钢筋混凝土柱恢复力模型由骨架曲线和滞回规则两个部分组成，要确定恢复力模型，必须先确定骨架曲线，然后根据适当的滞回规则进行加卸载。本节试验研究表明，PVC-FRP 管钢筋混凝土柱的恢复力特性在骨架曲线形式和滞回曲线刚度退化规律方面都与 PVC 管钢筋混凝土柱相似。因此，本节先对 PVC 管钢筋混凝土柱骨架曲线特征点进行计算，在此基础上提出 PVC-FRP 管钢筋混凝土柱骨架曲线特征点计算方法。

1. PVC 管钢筋混凝土柱荷载-位移骨架曲线关键参数计算

（1）屈服承载力和屈服位移计算

1）材料本构关系。

① 钢筋应力-应变关系。

钢筋应力-应变模型采用式（3-36）计算。

② 混凝土应力-应变关系。

本节采用的混凝土应力-应变曲线，上升段采用二次标准抛物线，下降段采用水平直线（图 5-64），其表达式为

$$\sigma_{\mathrm{c}} = \begin{cases} f_{\mathrm{co}}\left[2\dfrac{\varepsilon_{\mathrm{c}}}{\varepsilon_0} - \left(\dfrac{\varepsilon_{\mathrm{c}}}{\varepsilon_0}\right)^2 \right] & (\varepsilon_{\mathrm{c}} \leqslant \varepsilon_0) \\[2ex] f_{\mathrm{co}} & (\varepsilon_0 \leqslant \varepsilon_{\mathrm{c}} \leqslant \varepsilon_{\mathrm{cu}}) \end{cases} \tag{5-72}$$

式中，ε_0 为混凝土达到峰值强度时的应变；$\varepsilon_{\mathrm{cu}}$ 为混凝土的极限应变；f_{co} 为 PVC 管钢筋混凝土柱的极限抗压强度，可计算为

$$f_{\mathrm{co}} = k_{\mathrm{b}} f_{\mathrm{c}} \left(1 + \kappa \xi_{\mathrm{p}} \right) \tag{5-73}$$

式中，ξ_p 为 PVC 管对混凝土的约束系数，$\xi_p = \dfrac{A_p f_p}{A_c f_c}$；$\kappa$ 为 PVC 管约束效应的折减系数，对文献[92]中试验数据进行回归分析可得 $\kappa = 0.3$。

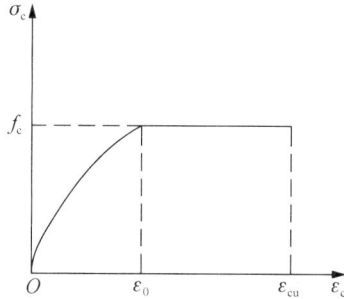

图 5-64　混凝土应力-应变曲线

③ PVC 管应力-应变关系。

PVC 管应力-应变关系采用式（2-37）。

2）基本假定。为方便计算 PVC 管钢筋混凝土柱屈服承载力，做出如下基本假定。

① 在荷载作用下，混凝土、钢筋和 PVC 管截面变形满足平截面假定。

② 混凝土开裂后不考虑受拉混凝土的作用。

③ 假设 PVC 管与混凝土之间、混凝土与钢筋之间黏结良好，无相对滑移。

3）屈服承载力计算。PVC 管混凝土柱沿周边均匀配置纵向钢筋，当纵向钢筋的根数不少于 6 根时，可将纵向钢筋均匀化计算，即将纵向钢筋等效为面积为 A_s，半径为 r_s 的钢环，PVC 管的截面积为 A_p，半径为 r_p。

圆形截面受压区面积为弓形（图 5-65），理论上其等效矩形应力图的面积将低于截面宽度不变的矩形截面情况。为简化计算，取圆形截面等效矩形应力图的面积与矩形截面相同，$f_{cm} = 1.1 f_{co}$；设圆形截面的半径为 r；构件的截面积为 $A(A = \pi r^2)$，弓形混凝土受压区面积为 A_{cc}，其对应的圆心角为 $2\pi\alpha$，故弓形混凝土受压区面积 A_{cc} 为

$$A_{cc} = r^2 \left(\pi\alpha - \sin \pi\alpha \cos \pi\alpha \right) = \alpha \left(1 - \frac{\sin 2\pi\alpha}{2\pi\alpha} \right) A \tag{5-74}$$

受压区混凝土的压力合力 C 及其对其截面中心的力矩 M_c 为

$$C = f_{cm}\alpha \left(1 - \frac{\sin 2\pi\alpha}{2\pi\alpha} \right) A \tag{5-75}$$

$$M_c = \frac{2}{3} f_{cm} Ar \frac{\sin^3 \pi\alpha}{\pi} \tag{5-76}$$

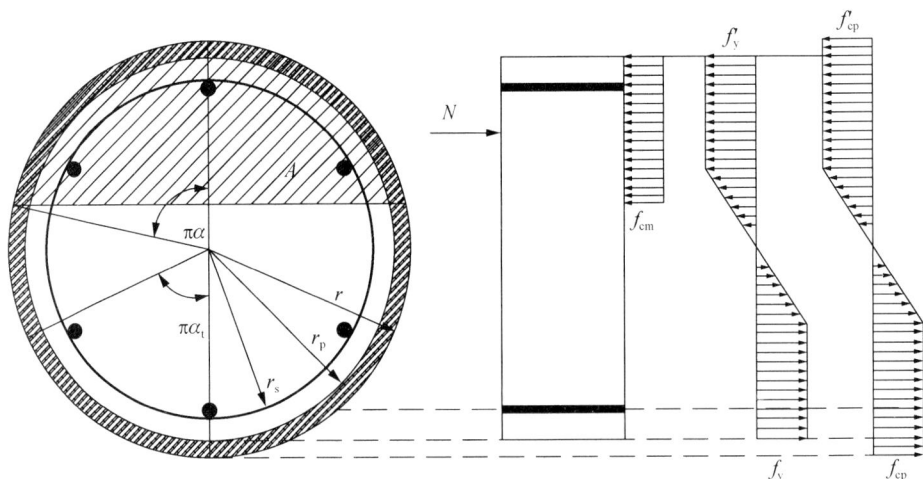

图 5-65　PVC 管钢筋混凝土柱截面应力分布

　　钢环和 PVC 管的应力一般有矩形分布的塑性区及三角形分布的弹性区。为简化计算，当钢筋屈服时，将受压区及受拉区钢环的梯形应力分布简化成强度分别为 f'_y 及 f_y 的等效矩形应力分布，受压区和受拉区钢环的面积分别为 αA_s 及 $\alpha_t A_s$（A_s 为钢筋的截面面积）。此时，受拉区和受压区 PVC 管可以简化成强度分别为 f'_{cp} 及 f_{cp} 的等效矩形应力分布，受压区和受拉区 PVC 管的面积分别为 αA_p 及 $\alpha_t A_p$（A_p 为 PVC 管的截面面积）。设 $f'_y = f_y$、$f'_{cp} = f_{cp}$，则 PVC 管钢筋混凝土柱正截面承载力为

$$N = f_{cm}\alpha A\left(1 - \frac{\sin 2\pi\alpha}{2\pi\alpha}\right) + (\alpha - \alpha_t)f_y A_s + (\alpha - \alpha_t)f_{cp}A_p \tag{5-77}$$

$$M_y = \frac{2}{3}f_{cm}Ar\frac{\sin^3\pi\alpha}{\pi} + f_y A_s r_s\frac{\sin\pi\alpha + \sin\pi\alpha_t}{\pi} + f_{cp}A_p r_p\frac{\sin\pi\alpha + \sin\pi\alpha_t}{\pi} \tag{5-78}$$

　　根据文献[143]的理论研究并结合试验实际情况，可知 PVC 管混凝土柱中 PVC 管分担的轴向承载力与 PVC 管和混凝土弹性模量之比、混凝土的泊松比 υ_c 及 PVC 管的泊松比 υ_p 有关。由于 $\upsilon_p > \upsilon_c(0.44 > 0.2)$，PVC 管混凝土柱中出现负紧箍力，且 $E_p \ll E_c\left(E_p/E_c \approx 0.1\right)$，在钢筋屈服时，PVC 钢筋混凝土柱中轴向承载力基本由核心钢筋混凝土承担，PVC 管承担的轴向承载力很小。式中 f_{cp} 计算较为麻烦，为计算方便，将式（5-77）、式（5-78）简化为

$$N = f_{cm}\alpha A\left(1 - \frac{\sin 2\pi\alpha}{2\pi\alpha}\right) + (\alpha - \alpha_t)f_y A_s \tag{5-79}$$

$$M_y = \frac{2}{3}f_{cm}Ar\frac{\sin^3\pi\alpha}{\pi} + f_y A_s r_s\frac{\sin\pi\alpha + \sin\pi\alpha_t}{\pi} \tag{5-80}$$

式中，根据受拉区和受压区面积之间的关系，α_t 可表示为

$$\alpha_t = \begin{cases} 1.25 - 2\alpha & (\alpha \leqslant 0.625) \\ 0 & (\alpha > 0.625) \end{cases} \tag{5-81}$$

式（5-79）是关于 α 的超越方程，手算很难求出，本节对其进行简化计算，当 $\alpha > 0.3$ 时，近似取

$$\alpha \left(1 - \frac{\sin 2\pi\alpha}{2\pi\alpha}\right) = 1 - 2(\alpha - 1)^2 \tag{5-82}$$

在实际范围内，函数 $y_1 = \alpha \left(1 - \dfrac{\sin 2\pi\alpha}{2\pi\alpha}\right)$ 与函数 $y_2 = 1 - 2(\alpha - 1)^2$ 之间的对比如图 5-66 所示。从图上可以看出，两者吻合较好。

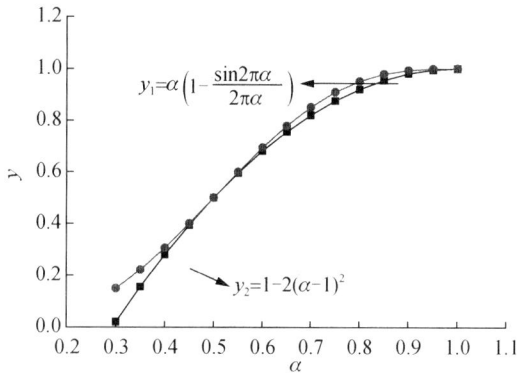

图 5-66　函数 y_1 和 y_2 图像对比

将式（5-81）、式（5-82）代入式（5-79）可得关于 α 的二次方程。

当 $\alpha \leqslant 0.625$ 时

$$2f_{cm}A\alpha^2 - \left(4f_{cm}A + 3f_yA_s\right)\alpha + \left(f_{cm}A + 1.25f_yA_s + N\right) = 0 \tag{5-83}$$

当 $\alpha > 0.625$ 时

$$2f_{cm}A\alpha^2 - \left(4f_{cm}A + f_yA_s\right)\alpha + \left(f_{cm}A + N\right) = 0 \tag{5-84}$$

由式（5-83）、式（5-84）可求得 α 值，进而代入式（5-80）即可得到屈服弯矩 M_y。

假定 PVC 管钢筋混凝土柱屈服时的曲率为直线分布，则由结构力学原理可得 PVC 管钢筋混凝土柱屈服位移 Δ_y 为

$$\Delta_y = \frac{\varphi_y H^2}{3} \tag{5-85}$$

式中，H 为 PVC-FRP 管钢筋混凝土柱的高度。

为了确定屈服位移，需要确定屈服曲率 φ_y。根据 Kowalsky 对大量构件的研究成果[144]，φ_y 可以表示为

$$\varphi_y = \frac{k\varepsilon_y}{r} \tag{5-86}$$

式中，k 为常数，Kowalsky 根据试验结果建议 $k = 1.225$。

由于 PVC 管的约束作用，PVC 管钢筋混凝土柱发生弯曲破坏，屈服推迟，屈服曲率有所增大。本书引入 PVC 管含管特征值 λ_p，表示 PVC 管含管量 ρ_p 与 PVC 管、混凝土强度比值 $\alpha_p = f_p / f_c$ 的乘积，其表达式为

$$\lambda_p = \rho_p \frac{f_p}{f_c} \tag{5-87}$$

PVC 管含管量 ρ_p 是指 PVC 管截面积与试件截面积的比值

$$\rho_p = A_p / A \tag{5-88}$$

根据试验数据回归，可得 PVC 管钢筋混凝土柱的屈服曲率为

$$\varphi_y = \frac{\left(1 + \lambda_p\right)\varepsilon_y}{r} \tag{5-89}$$

根据力的平衡条件，可得 PVC 管钢筋混凝土柱屈服承载力 N_y 为

$$N_y = \frac{M_y - N\varDelta_y}{H} \tag{5-90}$$

（2）峰值承载力和峰值位移计算

文献[145]对大量钢筋混凝土压弯试件的试验结果进行统计分析，得到其峰值承载力 N_m 和屈服承载力 N_y 之间的关系为

$$N_m = \left(1.24 - 0.075\rho_s\alpha_f - 0.5n\right)N_y \tag{5-91}$$

式中，α_f 为纵筋屈服强度与混凝土强度之比，即 $\alpha_f = f_y / f_c$。

根据试验数据，对式（5-91）进行修正和系数回归，得到 PVC 管钢筋混凝土柱峰值承载力 N_m 与屈服承载力 N_y 之间的关系为

$$N_m = \left(1.24 - 0.075\rho_s\alpha_f - 0.5n + \xi_p\right)N_y \tag{5-92}$$

式中，ξ_p 为 PVC 管对混凝土的约束系数。

PVC 管钢筋混凝土柱峰值位移 $\varDelta_m$ 可表示为

$$\varDelta_m = \mu_m\varDelta_y \tag{5-93}$$

式中，μ_m 为对应于构件峰值承载力的延性系数，其表达式为[145]

$$\mu_m = \frac{\sqrt{1 + 6\alpha_w\lambda_w}}{0.045 + 1.75n} \tag{5-94}$$

式中，$\lambda_w = \rho_w\alpha_f$；$\rho_w$ 为体积配箍率；α_w 是与箍筋形式有关的系数，对于普通、螺旋和复合箍形式 α_w 分别为 1.0、2.05 和 3.0。

根据试验数据，引入含管特征值 λ_p 对式（5-94）进行修正和系数回归，可得

$$\mu_m = \frac{\sqrt{1 + 12\left(\alpha_w\lambda_w + \lambda_p\right)}}{0.045 + 1.75n} \tag{5-95}$$

（3）极限承载力和极限位移计算

当试件丧失承载力或者试件的极限承载力下降为 85%的峰值承载力时，认为试件发生破坏。此时，PVC 管钢筋混凝土柱极限承载力 N_u 为

$$N_u = 0.85 N_m \tag{5-96}$$

PVC 管钢筋混凝土柱的极限位移 Δ_u 为

$$\Delta_u = \mu_u \Delta_y \tag{5-97}$$

文献[145]根据试验结果，得到钢筋混凝土柱的峰值承载力下降 10%时的延性系数为

$$\mu_u' = \frac{\sqrt{1 + 30\alpha_w \lambda_w}}{0.045 + 1.75n} \tag{5-98}$$

根据试验数据，引入含管特征值 λ_p 对式（5-98）进行修正和系数回归，得到 PVC 管钢筋混凝土柱的 μ_u' 公式为

$$\mu_u' = \frac{\sqrt{1 + 60\left(\alpha_w \lambda_w + \lambda_p\right)}}{0.045 + 1.75n} \tag{5-99}$$

通过几何换算，可得

$$\mu_u = 1.5\mu_u' - \mu_m \tag{5-100}$$

2. PVC-FRP 管钢筋混凝土柱荷载-位移骨架曲线计算

在 PVC 管钢筋混凝土柱骨架曲线计算方法基础上，考虑轴压比 n、剪跨比 λ 和 CFRP 条带的环箍间距的影响，采用统计分析软件 SAS（Statistical Analysis System）对试验数据进行多元线性回归分析，得到 PVC-FRP 管钢筋混凝土柱骨架曲线的特征点计算公式。其表达式分别为

$$N_{fy} = N_y \left(3.1660n - 0.4498\lambda + 0.4750\xi_{ef} + 1.0295\right) \tag{5-101}$$

式中，N_{fy} 为 PVC-FRP 管钢筋混凝土柱的屈服承载力。

$$\Delta_{fy} = \Delta_y \left(-0.1164n + 0.9284\lambda - 0.0708\xi_{ef} - 0.3465\right) \tag{5-102}$$

式中，Δ_{fy} 为 PVC-FRP 管钢筋混凝土柱的屈服位移。

$$N_{fm} = N_m \left(1.9558n - 0.4821\lambda + 0.3370\xi_{ef} + 1.3466\right) \tag{5-103}$$

式中，N_{fm} 为 PVC-FRP 管钢筋混凝土柱的峰值承载力。

$$\Delta_{fm} = \Delta_m \left(-2.7867n + 0.2862\lambda - 0.3816\xi_{ef} + 1.3521\right) \tag{5-104}$$

式中，Δ_{fm} 为 PVC-FRP 管钢筋混凝土柱的峰值位移。

$$N_{fu} = 0.85 N_{fm} \tag{5-105}$$

式中，N_{fu} 为 PVC-FRP 管钢筋混凝土柱的极限承载力。

$$\Delta_{fu} = \Delta_u \left(-2.3828n + 0.3524\lambda - 0.3114\xi_{ef} + 0.9149\right) \tag{5-106}$$

式中，Δ_{fu} 为 PVC-FRP 管钢筋混凝土柱的极限位移。

式（5-101）～式（5-106）的相关系数分别为 0.914、0.970、0.955、0.907、0.955 和 0.912。表 5-5 中试验值取正、反方向加载时的平均值。按表 5-5 中数据绘出各试件计算骨架曲线，并与试验骨架曲线进行比较，如图 5-67 所示。由表 5-5 和图 5-67 可以看出，计算骨架曲线与试验骨架曲线吻合较好。

表 5-5　试件骨架曲线特征点计算结果与试验结果比较

试件编号	屈服承载力/kN		屈服位移/mm		峰值承载力/kN		峰值位移/mm		极限承载力/kN		极限位移/mm	
	N_y^c	N_y^t	Δ_y^c	Δ_y^t	N_m^c	N_m^t	Δ_m^c	Δ_m^t	N_u^c	N_u^t	Δ_u^c	Δ_u^t
JCn1-1	47.42	46.67	3.31	3.37	72.74	66.39	20.45	20.18	61.83	61.57	40.95	41.92
JC20n1-1	66.74	57.52	3.12	3.25	82.27	85.77	19.25	19.43	69.93	78.23	29.78	37.36
JC20n2-1	97.13	114.56	3.04	2.89	120.31	133.50	4.78	4.00	120.31	133.50	4.78	4.00
JC60n1-1	53.86	55.77	3.25	3.34	65.92	83.80	20.05	22.47	56.03	73.93	31.23	31.90
JC60n2-1	84.26	74.88	3.17	3.08	93.96	104.85	15.58	16.73	79.86	90.93	17.04	19.40
JCn1-2	25.83	31.33	6.32	5.69	38.18	42.96	39.00	32.32	32.45	39.74	50.87	49.84
JC20n1-2	45.15	43.25	6.13	6.03	57.71	56.93	37.81	24.89	49.05	51.44	44.70	44.76
JC20n2-2	75.54	71.60	6.05	5.92	95.75	82.77	17.34	11.78	81.39	81.48	24.52	19.93
JC60n1-2	32.27	36.73	6.26	6.76	51.35	51.42	38.61	27.44	43.65	47.33	52.15	54.90
JC60n2-2	62.67	58.54	6.18	6.61	69.40	67.41	18.14	14.99	58.99	54.18	31.97	39.79

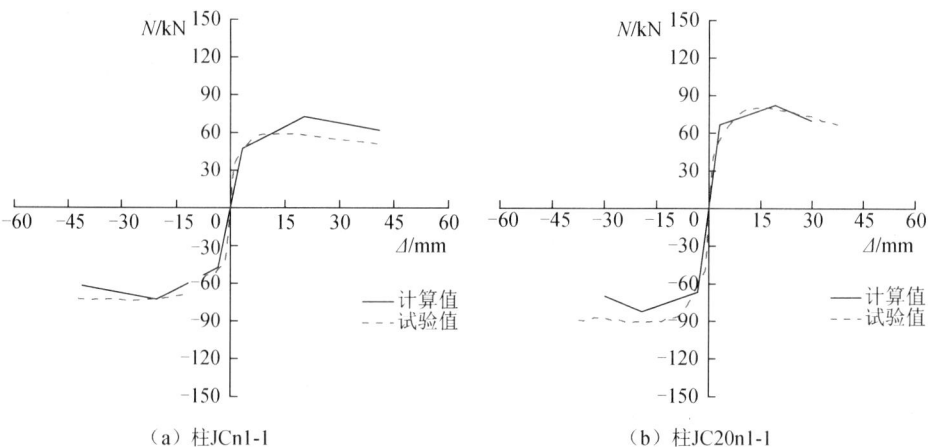

（a）柱 JCn1-1　　　　　　　　　　（b）柱 JC20n1-1

图 5-67　计算骨架曲线与试验骨架曲线比较

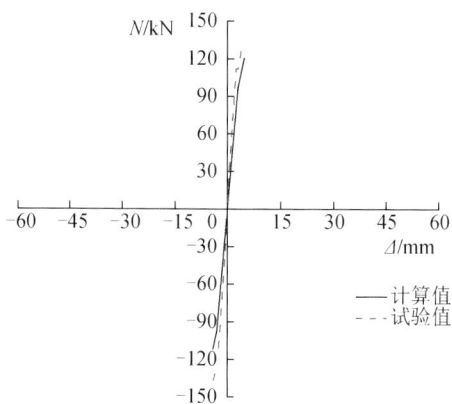

（c）柱JC20n2-1

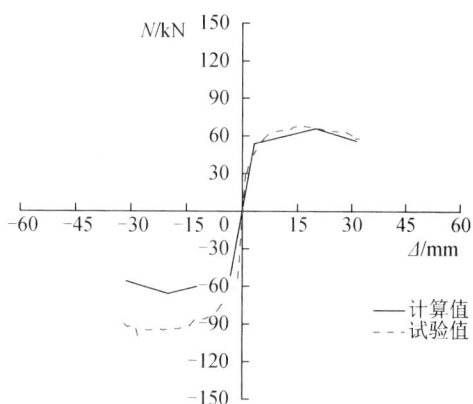

（d）柱JC60n1-1

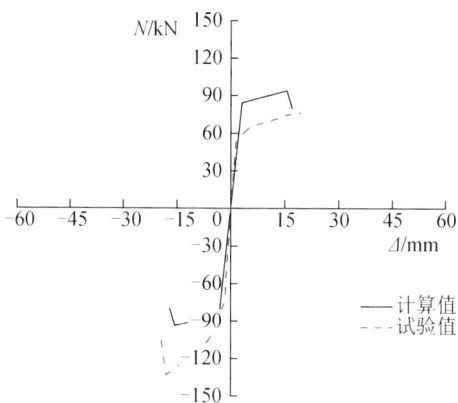

（e）柱JC60n2-1

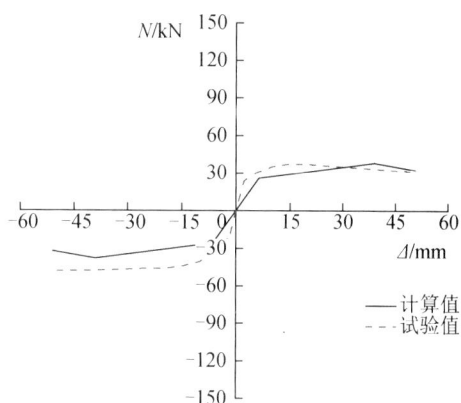

（f）柱JCn1-2

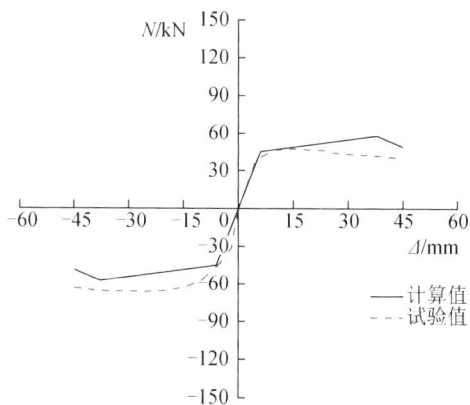

（g）柱JC20n1-2

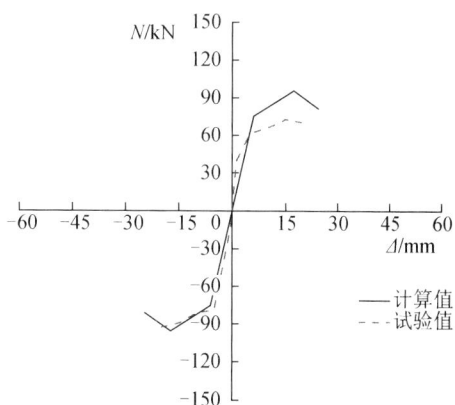

（h）柱JC20n2-2

图 5-67（续）

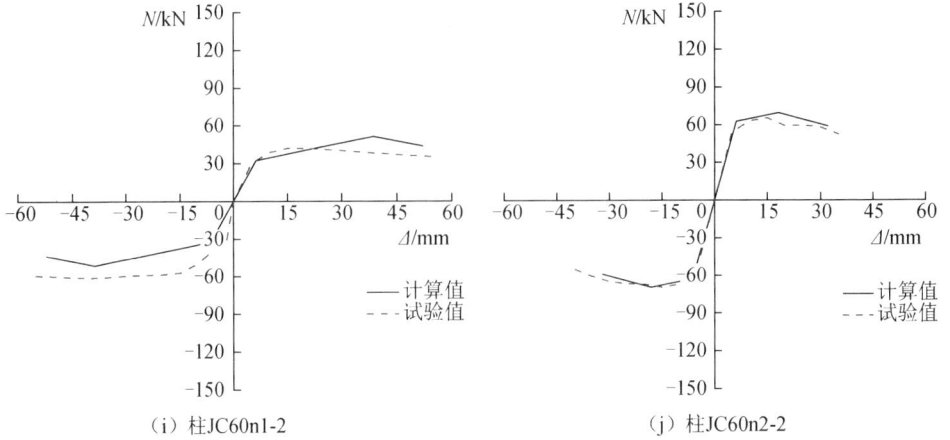

（i）柱JC60n1-2　　　　　　　　　　　　　　（j）柱JC60n2-2

图 5-67（续）

3. PVC-FRP 管钢筋混凝土柱弯矩-曲率骨架曲线计算

在 PVC-FRP 管钢筋混凝土柱本构模型基础上，本节采用纤维模型法，编制非线性分析程序，对低周反复荷载作用下 PVC-FRP 管钢筋混凝土柱进行受力全过程分析，得出 PVC-FRP 管钢筋混凝土柱弯矩-曲率计算骨架曲线。

（1）基本假定

在对 PVC-FRP 管钢筋混凝土柱进行截面全过程分析时，做出以下基本假定。

1）在荷载作用下，混凝土、钢筋和 CFRP 条带截面变形满足平截面假定。

2）混凝土的应力-应变关系，采用式（5-72）计算。

3）钢筋的应力-应变模型，采用式（3-36）计算。

4）CFRP 应力-应变关系，采用式（2-36）计算。

5）混凝土开裂后不考虑受拉混凝土的作用。

6）假设 CFRP 条带与 PVC 管之间、PVC 管与混凝土之间、混凝土与钢筋之间黏结良好，无相对滑移。

7）截面上的轴力保持为常数，在试验中轴力基本保持不变的，满足工程实际情况。

（2）试件截面分析

将截面上的混凝土分为若干个条带单元，每根钢筋也作为单独的单元处理。试件截面应力、应变分布如图 5-68 所示。图 5-68 中 dx 为截面划分的条带宽度；x 为截面任意点距中心轴的距离；c 为中性轴到受压边缘的距离；ε_c' 为约束混凝土的压应变；ε_{cc}' 为无筋 PVC-FRP 管混凝土柱的极限应变；ε_{si}、ε_{si}' 分别为钢筋的拉、压应变；ε_0 为中心轴处的应变；φ 为截面曲率；$b(x)$ 为所取条带单元处的带宽，为 x 的函数；$f_c'(\varepsilon_c)$ 为约束混凝土的压应力；f_{si}、f_{si}' 为钢筋的拉、压应力；f_{cc}' 为无筋 PVC-FRP 管混凝土柱的极限抗压强度；A_{si}、A'_{si} 为拉、压钢筋的面积；N、M 分别为截面的轴力和弯矩。

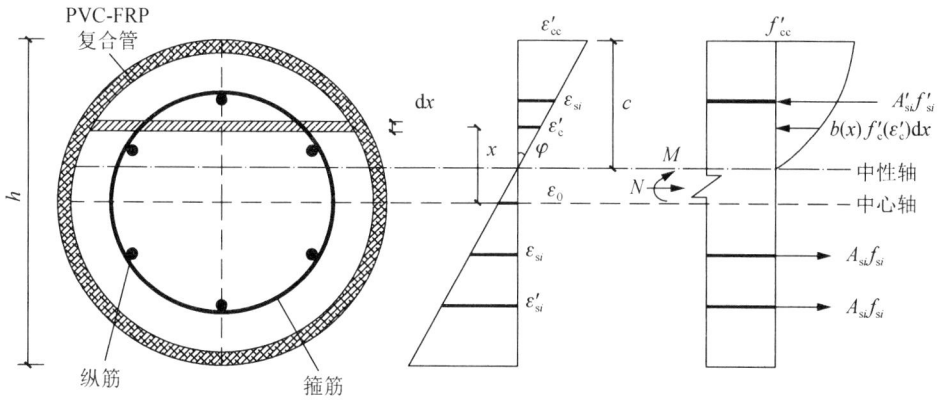

图 5-68　试件截面应力、应变分布图

由荷载产生的应变为

$$\varepsilon = \varepsilon_0 + \varphi \cdot x \tag{5-107}$$

试件截面的极限曲率为

$$\varphi_u = \frac{\varepsilon'_{cc}}{c} \tag{5-108}$$

根据平面假定，钢筋的应力为

$$f_{si}(\varepsilon_{si}) = f_{si}(\varepsilon_0 + \varphi \cdot x) \quad (i = 1, 2, 3, \cdots n) \tag{5-109}$$

根据平面假定，混凝土的压应力为

$$f'_c(\varepsilon'_c) = f'_c(\varepsilon_0 + \varphi \cdot x) \tag{5-110}$$

根据试件截面轴力和弯矩（对中心轴取矩）的平衡条件，可得

$$N_z = \int_{h/2-c}^{h/2} b(x) f'_c(\varepsilon'_c) \mathrm{d}x + \sum_{i=1}^{n} A_{si} \sigma_{si}(\varepsilon_{si}) \tag{5-111}$$

$$M = \int_{h/2-c}^{h/2} b(x) f'_c(\varepsilon'_c) x \mathrm{d}x + \sum_{i=1}^{n} A_{si} \sigma_{si}(\varepsilon_{si}) d_{si} \tag{5-112}$$

式中，$\sigma_{si}(\varepsilon_{si})$ 为截面内第 i 根钢筋应力；A_{si} 为截面内第 i 根钢筋的面积；d_{si} 为截面内第 i 根钢筋到中性轴的距离。

已有研究表明，对于以钢筋先屈服为特征的偏心受压构件，钢筋屈服后形成塑性铰，但塑性铰并不限于最大弯矩截面，而是分布在最大弯矩截面附近一定范围内。在塑性铰区，构件曲率一致，而上部柱的曲率为线性分布，如图 5-69 所示。按照结构力学原理可得试件顶点位移与塑性铰区域曲率 φ 的关系

$$\Delta = \begin{cases} \dfrac{\varphi H^2}{3} & (\varphi \leqslant \varphi_{\mathrm{y}}) \\ \dfrac{\varphi H^2}{3} - (\varphi - \varphi_{\mathrm{y}})l_{\mathrm{p}}(H - 0.5l_{\mathrm{p}}) & (\varphi > \varphi_{\mathrm{y}}) \end{cases} \tag{5-113}$$

式中，l_{p} 为试件的塑性铰区域高度。

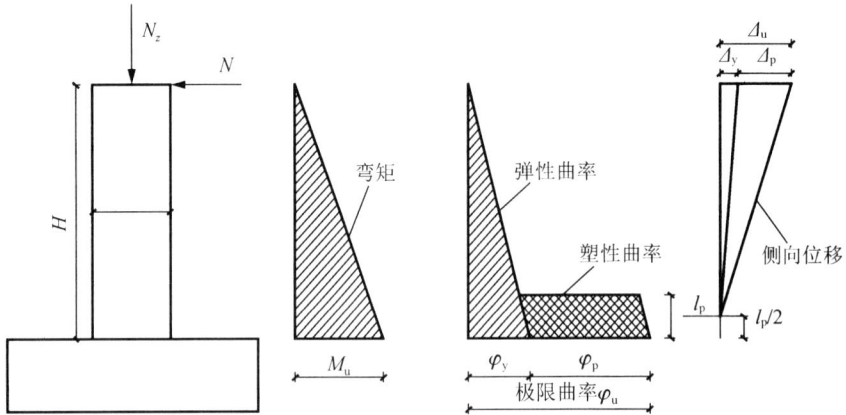

图 5-69　柱曲率分布特征

对于柱塑性铰区长度，许多学者在试验研究的基础上提出了不同的经验公式，计算结果差异较大。本节采用 Priestley 和 Seible 提出的计算柱的塑性铰区长度经验公式[138]

$$l_{\mathrm{p}} = 0.08H + 0.022d_{\mathrm{b}}f_{\mathrm{y}} \tag{5-114}$$

式中，d_{b} 为纵筋直径。

（3）弯矩-曲率计算

按照以上理论，采用 MATLAB 进行编程计算，计算步骤如下。

1）根据极限曲率划分曲率的步长。

2）给出初始曲率（一般取 0）。

3）输入截面中心轴的应变 ε_0。

4）划分条带，并计算各条带的应变和应力值。

5）计算截面轴力 N_z。

6）比较计算轴力 N_z 与给定轴心压力 N_{p} 的大小，如果不满足则回到第二步，重新输入中心轴的应变，如满足，此时的中心轴应变为所求，向下进行。

7）计算截面弯矩。

8）按步长输入新的曲率，即 $\varphi_{i+1} = \varphi_i + \Delta\varphi$。

9）绘制弯矩-曲率骨架曲线。

按以上步骤编制 MATLAB 计算程序，其计算流程框图如图 5-70 所示。

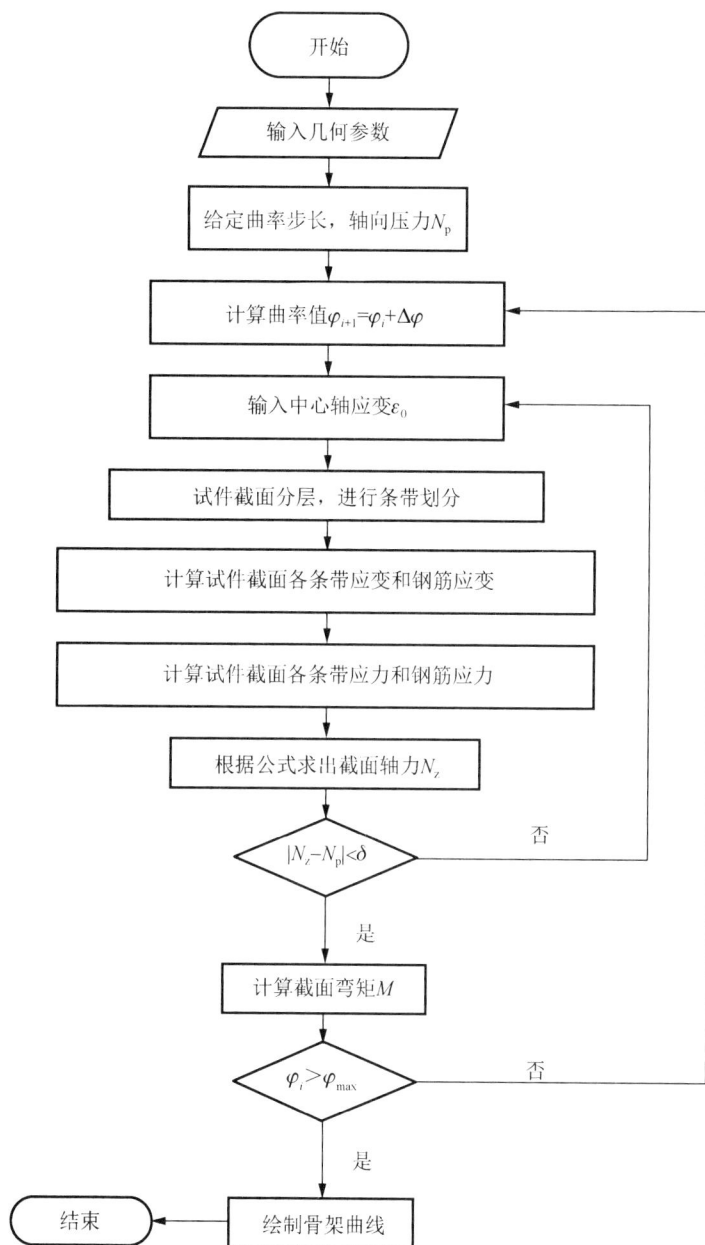

图 5-70　程序计算流程图

（4）弯矩-曲率骨架曲线验证

图 5-71 为弯矩-曲率计算骨架曲线与试验骨架曲线的比较，从图中可以看出弯矩-曲率计算骨架曲线与试验骨架曲线吻合较好。

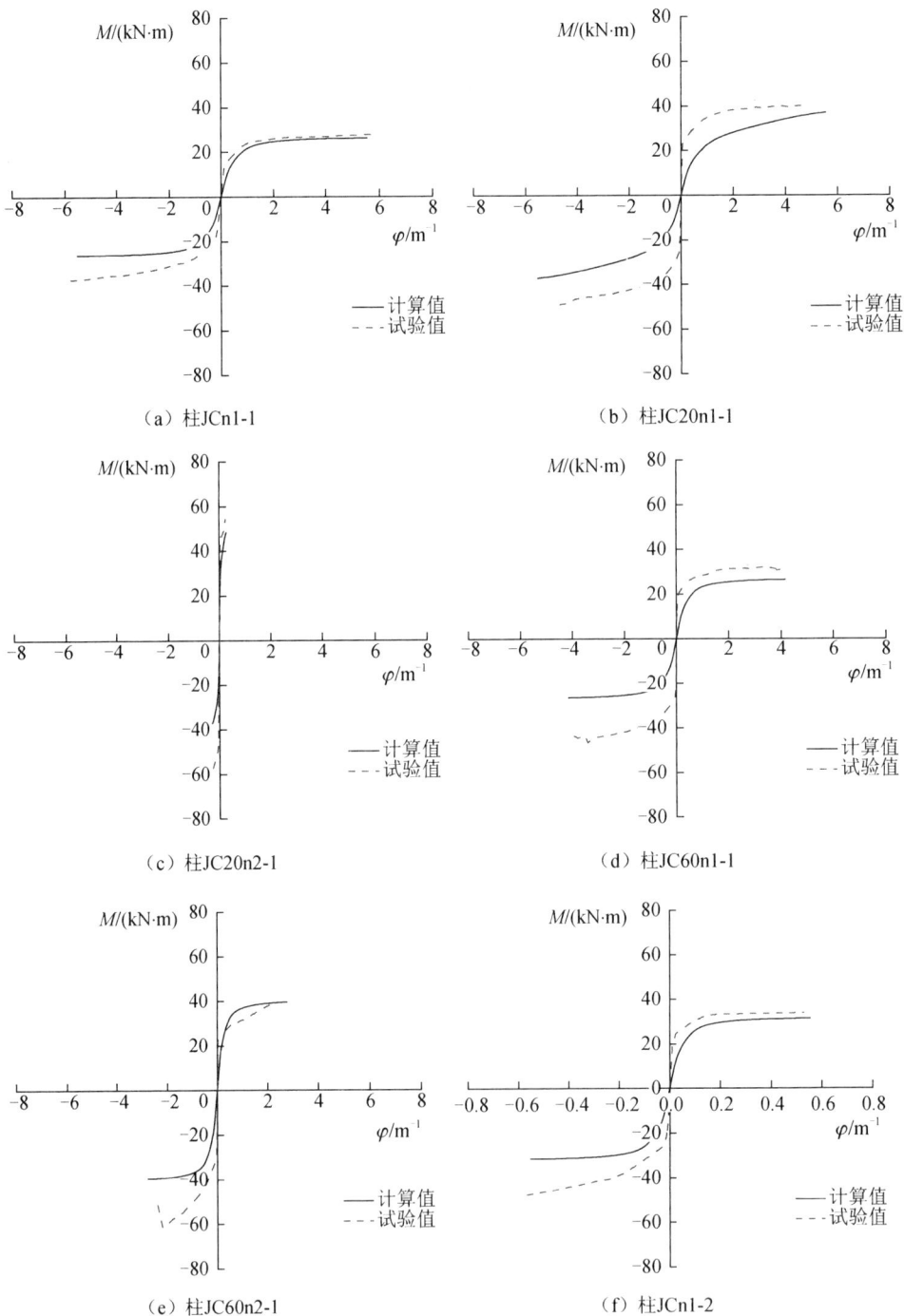

（a）柱JCn1-1

（b）柱JC20n1-1

（c）柱JC20n2-1

（d）柱JC60n1-1

（e）柱JC60n2-1

（f）柱JCn1-2

图 5-71　弯矩-曲率计算骨架曲线与试验骨架曲线对比

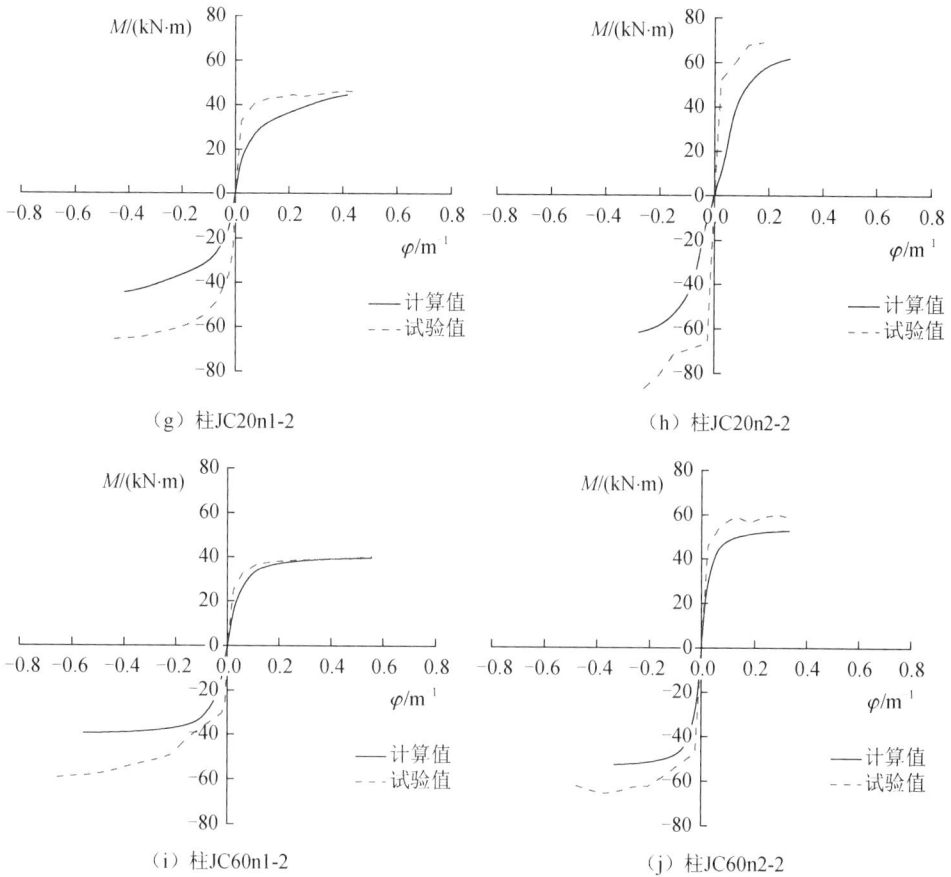

（g）柱JC20n1-2　　　　　　　　　　（h）柱JC20n2-2

（i）柱JC60n1-2　　　　　　　　　　（j）柱JC60n2-2

图 5-71（续）

4. 滞回规则

本节已经给出试件骨架曲线计算方法，但对于恢复力模型来说，仅有骨架曲线是远远不够的，还需要与之适应的滞回规则。滞回规则就是试件恢复力模型的加卸载规则。试验研究表明，随着试件位移幅值的增加，其卸载刚度逐渐退化，且不同位移幅值下的退化率与轴压比、剪跨比、CFRP 条带的环箍间距和加卸载次数等因素有关。为方便统计回归分析和实际工程的需要，考虑轴压比、剪跨比、CFRP 条带的环箍间距对试件卸载刚度的影响，对试验数据进行统计回归分析，进而得到试件卸载刚度计算公式。

卸载刚度取为每个滞回环的峰值点与零荷载点连线的斜率，如图 5-72 所示。对正反两方向卸载刚度取平均值，不同位移幅值下 PVC-FRP 管钢筋混凝土柱的卸载刚度见表 5-6，表中数据均为正反方向加载时的平均值。

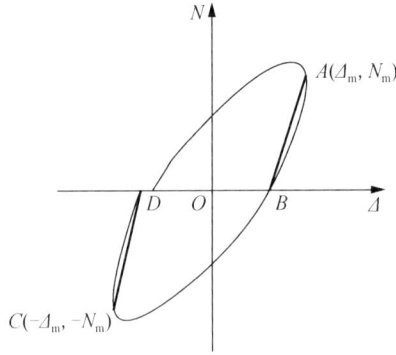

图 5-72　试件卸载刚度

表 5-6　不同位移幅值下各试件的卸载刚度

试件编号	试件卸载刚度变化规律											
JCn1-1	Δ / Δ_y	1.78	2.23	2.68	3.12	3.54	4.00	4.44	4.89	5.32	5.77	6.20	6.64
	K_d / K_e	1.36	1.15	1.04	1.02	0.99	0.95	0.95	0.94	0.95	0.97	0.99	1.00
	Δ / Δ_y	7.10	7.55	7.97	8.41	8.85	9.32	9.76	10.18	10.63	11.06	11.54	11.93
	K_d / K_e	0.98	0.99	1.00	1.00	1.01	0.99	1.00	1.00	1.03	1.04	1.02	1.08
JC20n1-1	Δ / Δ_y	1.39	1.85	2.31	2.77	3.23	3.70	4.14	4.60	5.06	5.52	5.98	—
	K_d / K_e	2.07	1.81	1.61	1.45	1.36	1.33	1.36	1.35	1.37	1.35	1.36	—
JC20n2-1	Δ / Δ_y	0.52	0.70	0.87	1.04	1.21	1.39	—	—	—	—	—	—
	K_d / K_e	1.33	1.28	1.24	1.21	1.19	1.19	—	—	—	—	—	—
JC60n1-1	Δ / Δ_y	0.89	1.79	2.69	3.58	4.49	5.38	6.28	7.16	8.62	9.55	—	—
	K_d / K_e	2.29	1.64	1.32	1.22	1.23	1.24	1.25	1.20	1.16	1.18	—	—
JC60n2-1	Δ / Δ_y	1.46	1.94	2.44	2.92	3.40	3.88	4.36	4.85	5.33	5.83	6.30	—
	K_d / K_e	1.79	1.60	1.47	1.43	1.39	1.44	1.43	1.39	1.44	1.45	1.39	—
JCn1-2	Δ / Δ_y	0.88	1.76	2.64	3.51	5.26	6.13	7.02	7.88	8.76	—	—	—
	K_d / K_e	2.26	1.85	1.69	1.68	1.69	1.61	1.58	1.54	1.45	—	—	—
JC20n1-2	Δ / Δ_y	0.83	1.66	2.49	3.31	4.53	5.09	6.61	7.42	—	—	—	—
	K_d / K_e	3.02	2.37	2.01	1.97	1.90	1.27	1.99	2.28	—	—	—	—
JC20n2-2	Δ / Δ_y	0.85	1.68	2.52	3.37	—	—	—	—	—	—	—	—
	K_d / K_e	2.72	2.66	2.48	2.41	—	—	—	—	—	—	—	—
JC60n1-2	Δ / Δ_y	0.74	1.48	2.21	2.95	3.69	1.43	5.16	5.91	6.64	7.37	8.12	—
	K_d / K_e	3.06	2.19	1.92	1.92	1.84	1.83	1.74	1.74	1.70	1.64	1.66	—
JC60n2-2	Δ / Δ_y	0.76	1.51	2.27	3.03	3.77	4.53	5.30	6.02	—	—	—	—
	K_d / K_e	3.15	2.73	2.50	2.29	2.42	2.54	2.32	2.76	—	—	—	—

对每一个试件，屈服点前的加卸载刚度取为恒值 K_e（弹性刚度），屈服点后的卸载刚度 K_d 为

$$K_d = aK_e \left(\frac{\Delta_i}{\Delta_y} \right)^b \tag{5-115}$$

式中，K_d 为恢复力模型中的卸载刚度；K_e 为恢复力模型中的弹性刚度；Δ_i 为恢复力模型中的卸载点位移幅值；a、b 为通过试验数据回归得到的参数，其表达式分别为

$$a = -0.345n + 0.806\lambda + 0.097\xi_{ef} + 0.625 \tag{5-116}$$

$$b = 0.599n + 0.076\lambda + 0.056\xi_{ef} - 0.553 \tag{5-117}$$

在确定 PVC-FRP 管钢筋混凝土柱不同位移幅值的卸载刚度后，基于 Clough 退化三线型恢复力模型，考虑轴压比、剪跨比及 PVC-FRP 管约束对卸载刚度的影响，本章提出 PVC-FRP 管钢筋混凝土柱恢复力模型的滞回规则（图 5-73）。滞回规则具体规定有如下 3 个方面。

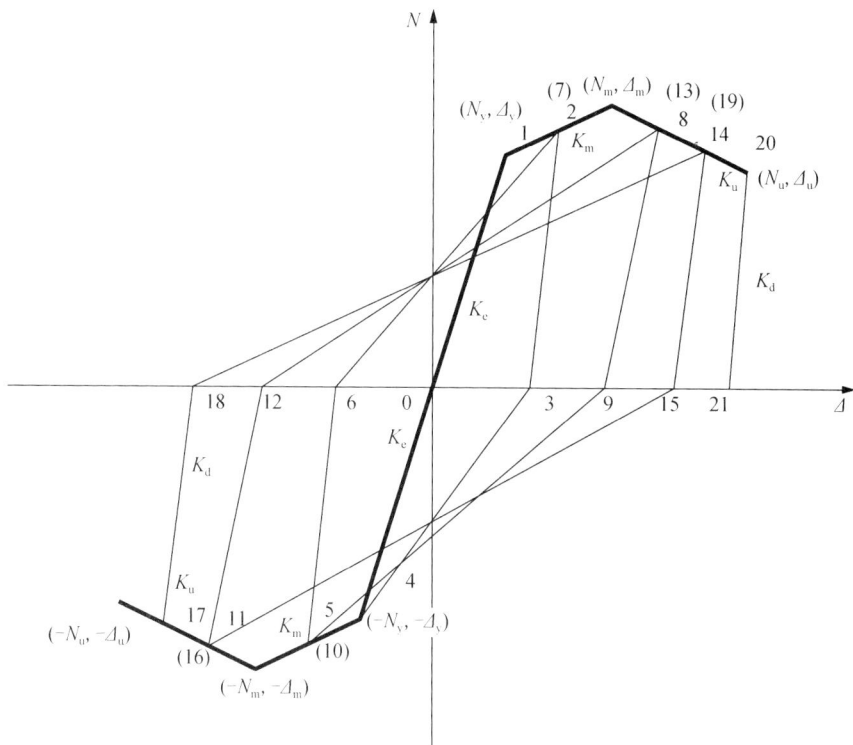

图 5-73　滞回规则

1）试件在屈服之前，正、反方向加载与卸载都是沿着骨架曲线按弹性刚度 K_e 加卸载（ $0 \rightarrow 1$ ）。

2）试件在屈服之后，加载路径继续沿着骨架曲线行进（ $1 \rightarrow 2$ ），并按式（5-45）～式（5-47）确定卸载刚度从位移幅值点卸载（ $2 \rightarrow 3$ ）。

3）反向加载和再加载路径：当反向加载首次超过试件屈服承载力时，反向加载路径是从正向卸载线与位移轴的交点指向反向骨架曲线上的屈服点（3→4）；然后沿反向骨架曲线行进到位移幅值点卸载，反向卸载刚度与本循环正向卸载刚度相同（4→5、5→6）；再加载路径则是从反向卸载线与位移轴的交点指向上一级循环卸载点（6→7），然后沿正向骨架曲线行进至位移幅值点卸载（7→8），如此往复行进，即恢复力模型的行进路线为 1→2→…→21。

图 5-73 中 K_e、K_m、K_u 分别为弹性刚度、强化段斜率、强度退化段斜率，具体表达式分别为

$$K_e = \frac{N_y}{\varDelta_y} \tag{5-118}$$

$$K_m = \frac{N_m - N_y}{\varDelta_m - \varDelta_y} \tag{5-119}$$

$$K_u = \frac{N_u - N_m}{\varDelta_u - \varDelta_m} \tag{5-120}$$

5. 恢复力模型验证

图 5-74 为 PVC-FRP 管钢筋混凝土柱恢复力计算结果与试验结果的比较。从图中可以看出，计算模型与试验模型吻合较好。但无论是骨架曲线还是滞回曲线，各试件计算结果与试验结果都存在一定的误差。误差产生的原因可能有以下几个方面。

1）在试验过程中由于试件材料的离散性，加工的偏差和加载过程中的偏离，不可能完全对称，而理论计算得到的恢复力模型是轴对称的，这就造成了试验结果与计算结果的偏差。

2）为便于工程应用，恢复力模型采用折线型，并且加卸载刚度按直线计算，这样不可避免地得不到实际试验过程中试件各指标的连续变化情况，造成了计算与试验的误差。

3）水平作动器的摩擦力，以及竖向千斤顶的移动与加载架之间的摩擦力会增加水平承载力的试验值与计算值的误差，柱顶截面在发生水平位移时不可避免地发生翘曲，与柱顶的千斤顶发生挤压作用，影响水平承载力的大小，尤其是在高轴心压力下这种影响会被放大。

4）试验数据拟合时均采用正反方向数据的平均值进行多元线性回归，由于试件较少，试验数据也相对较少，试验拟合难免存在误差。

5）所选恢复力模型为退化三线型模型，试件在低轴心压力作用下吻合得较好，而高轴心压力作用对试件滞回曲线的形状有较大影响，造成两者差异较大，尤其是短柱。本章并未对高轴心压力作用下的试件进行充分的试验研究，所以高轴心压力作用下试件的恢复力模型还有待进一步研究。

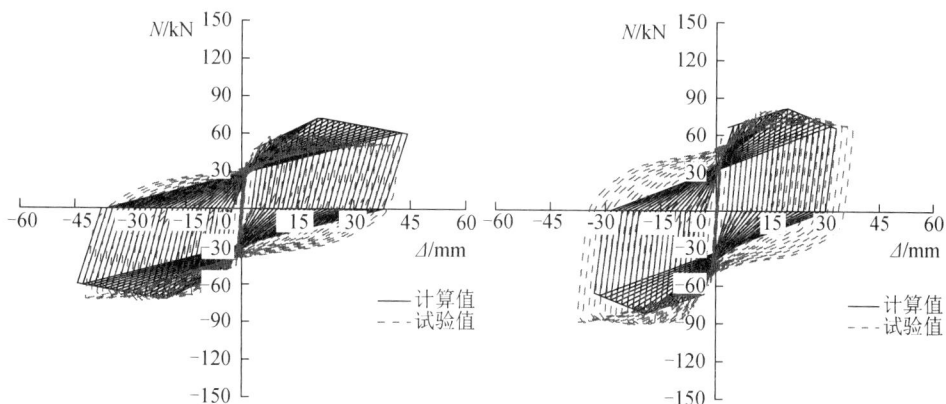

（a）柱JCn1-1　　　　　　　　　　（b）柱JC20n1-1

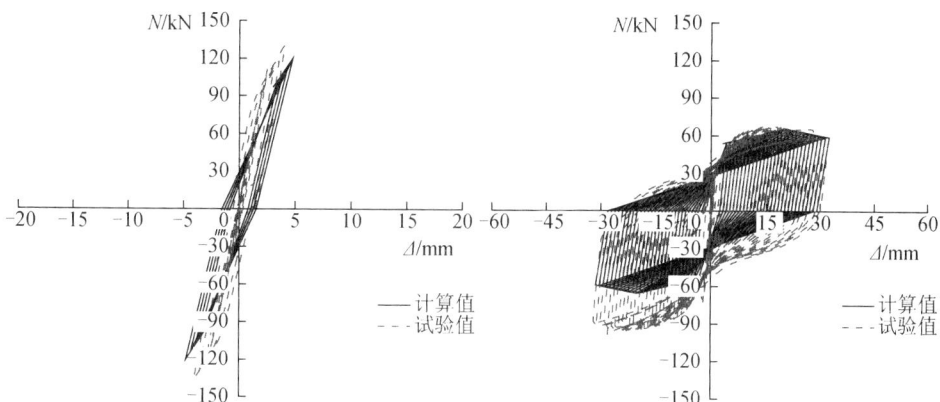

（c）柱JC20n2-1　　　　　　　　　　（d）柱JC60n1-1

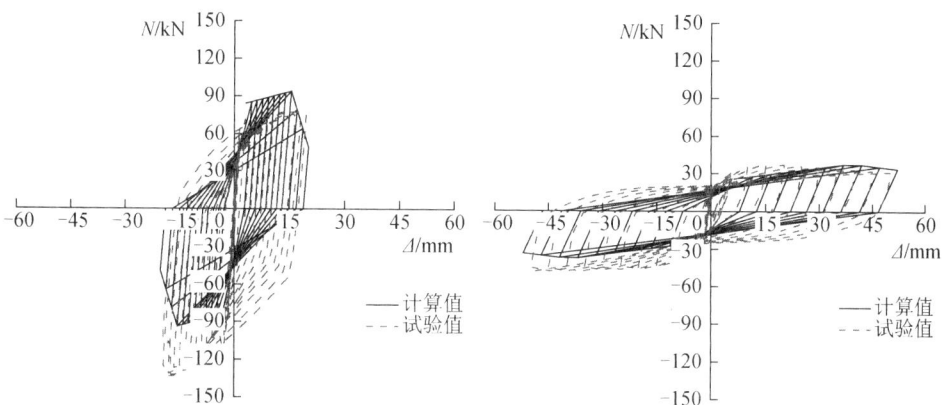

（e）柱JC60n2-1　　　　　　　　　　（f）柱JCn1-2

图 5-74　计算滞回曲线与试验滞回曲线的比较

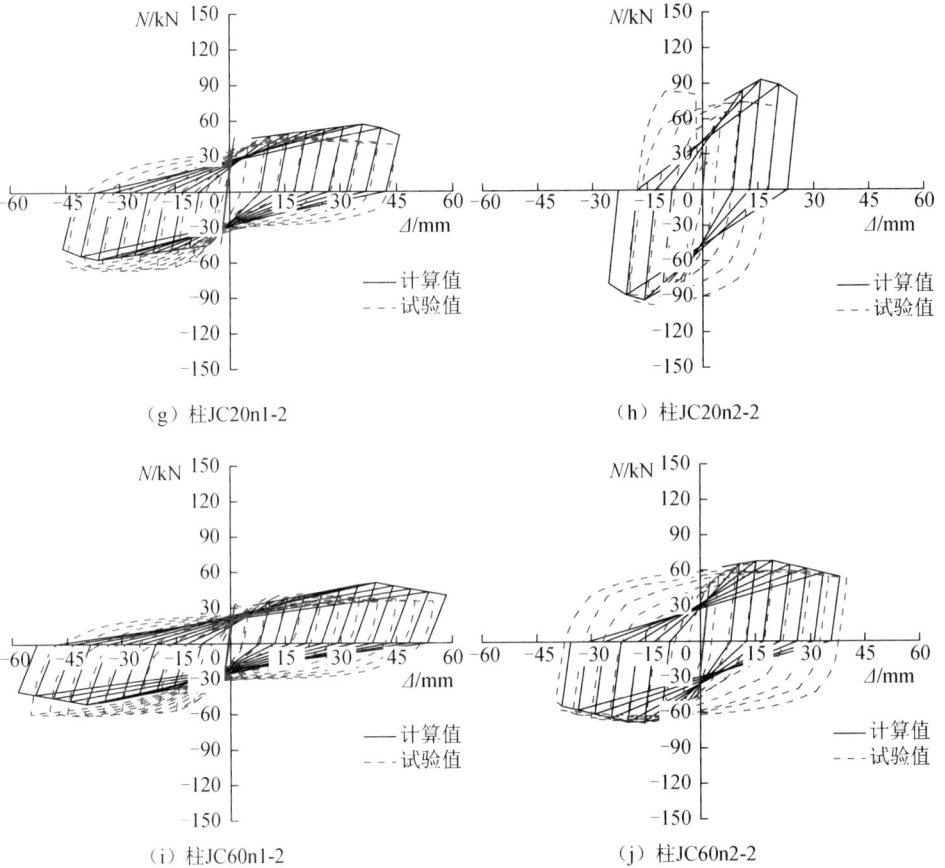

（g）柱JC20n1-2

（h）柱JC20n2-2

（i）柱JC60n1-2

（j）柱JC60n2-2

图 5-74（续）

5.5 PVC-FRP 管钢筋混凝土柱抗震抗剪性能有限元分析

5.5.1 材料本构关系

1. 钢筋本构关系

钢筋本构模型采用式（3-36）。在有限元分析中，弹性阶段的加卸载刚度采用钢筋的初始弹性模量，即 $E_s = 2.1 \times 10^5 \text{MPa}$，强化段弹性模量取 $0.01 E_s$，即 2100MPa，泊松比取 0.3。

2. 混凝土本构关系

混凝土本构模型表达式见第 2.2.2 节。在对 PVC-FRP 管钢筋混凝土柱进行有限元分析的过程中，需要考虑反复荷载作用对混凝土刚度退化的影响，即考虑核心混凝土的损伤。ABAQUS 中提供的混凝土塑性损伤模型如图 5-75 所示, 图中 σ_t、σ_c 分别为受拉混凝土的拉应力、受压混凝土的压应力, ε_t、ε_c 分别为受拉混凝土的拉应变、受压混凝土的压应变, d_t、d_c 分别为混凝土受拉、受压损伤参数, E_0 为无损伤混凝土初始弹性刚度, σ_{tm}、σ_{cm} 分别为混凝土的峰值拉应力和峰值压应力, σ_{t0}、ε_{tn} 分别为受拉混凝土从骨架曲线开始卸载时的应力和应变, σ_{c0}、ε_{cn} 分别为受压混凝土从骨架曲线开始卸载时的应力和应变, ε_{tz}、ε_{cz} 分别为受拉、受压混凝土卸载至零应力点时的残余应变。

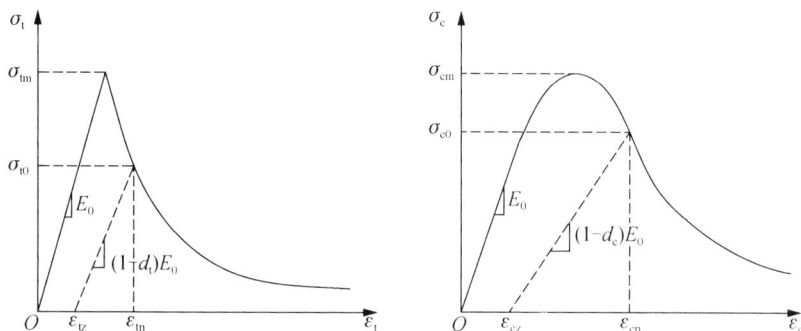

图 5-75　ABAQUS 中损伤模型受拉和受压的卸载刚度退化

用损伤参数 d_t 和 d_c 分别反映混凝土受拉、受压时损伤引起的刚度退化, 即

$$E_t = \left(1 - d_t\right) E_0 \tag{5-121}$$

$$E_c = \left(1 - d_c\right) E_0 \tag{5-122}$$

式中, E_t、E_c 分别为受拉、受压损伤后的弹性刚度。

3. PVC 管本构关系

PVC 管本构关系采用式 (2-37)。

4. CFRP 本构关系

CFRP 本构关系采用式 (2-36)。

5.5.2　PVC-FRP 管钢筋混凝土有限元分析模型

1. 单元选取与网格划分

本节钢筋采用 T3DZ 单元 (两节点线性积分格式的三维桁架单元), 并通过 Embedded 方式将桁架单元嵌入核心混凝土体单元中, 该单元可以模拟钢筋应力及变形情况; 核心混凝土采用 C3D8R 单元 (八节点六面体线性减缩积分三维实体单元), 该单元可以模拟较大的网格, 进行大应变分析, 能缓解由于完全积分单元导致的单元刚硬问题; PVC 管采用 C3D8H 单元 (八节点线性六面体单元, 杂交,常压力）；CFRP 采用 M3D4R 单元（四节点减缩积分格式的膜单元）。

　　为保证有限元模型的计算精度和收敛效果，本节采用结构化网格划分。本模型通过布置种子来控制各个单元的网格密度，选择最佳的种子布置方式来提高网格质量。模型中柱头单元 1480 个，柱基础 3800 个；长柱 PVC 管单元 1880 个，核心混凝土单元 4240 个；短柱 PVC 管单元 940 个，核心混凝土单元 2120 个；宽度 20mm 的 CFRP 条带单元 31 个，宽度 40mm 的 CFRP 条带单元 62 个。具体的有限元模型和网格划分如图 5-76 所示。

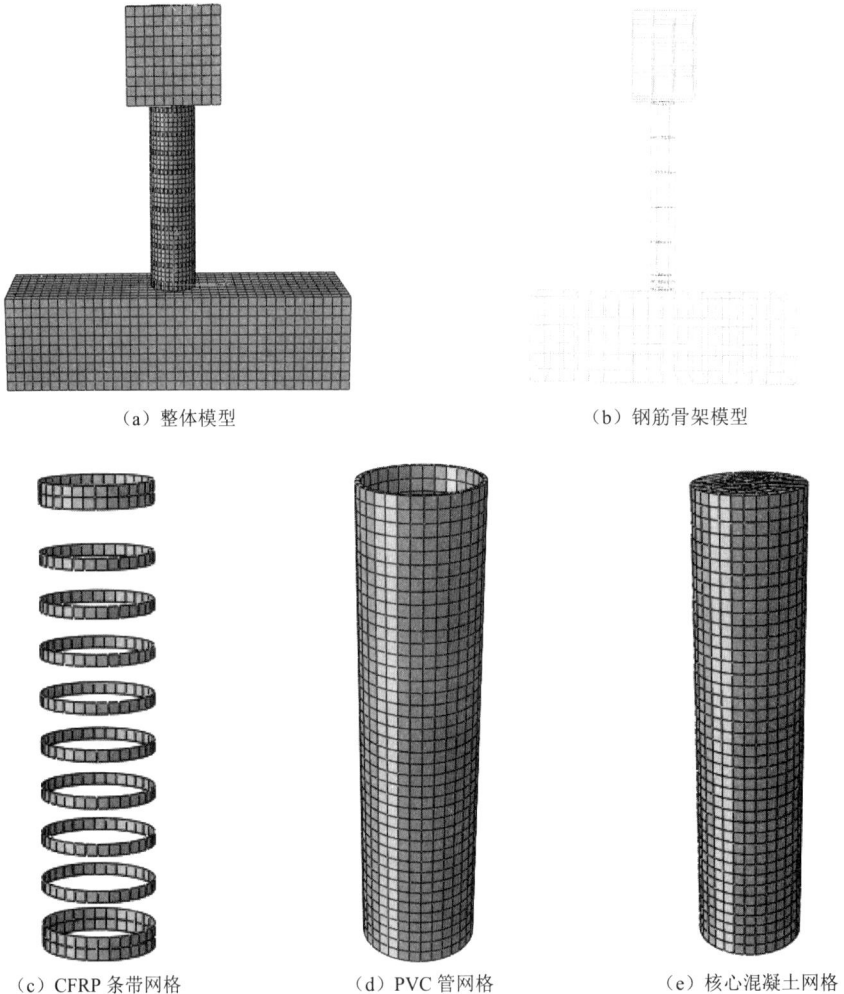

（a）整体模型　　　　　　　　　　　　　　　（b）钢筋骨架模型

（c）CFRP 条带网格　　　　　（d）PVC 管网格　　　　　（e）核心混凝土网格

图 5-76　有限元模型及网格划分

2. 界面接触与边界条件

在本节有限元分析模型中，假定钢筋与混凝土之间、混凝土与 PVC 管之间、PVC 管与 CFRP 条带之间黏结良好，均无相对滑移。因此，可以采用 TIE 接触来定义 PVC-FRP 管钢筋混凝土柱各组成部分之间的相互作用。PVC 管、核心混凝土分别与柱头底面及基础上表面采用 TIE 约束。

在 ABAQUS 中，低周反复荷载作用下 PVC-FRP 管钢筋混凝土柱的边界条件设定为：柱底端采用完全固定约束，柱顶端采用 Z 方向约束，以保证柱只能产生轴向位移和 X 方向自由转动。

3. 加载方式

荷载施加包括柱顶部轴向荷载和加载板处的反复荷载施加两种。因此，在 ABAQUS 中需要设置两个荷载步，首先在柱顶施加轴向荷载，作为一个荷载步；然后根据循环次数设定的分析步进行水平反复加载。为方便计算收敛，加载方式采用位移加载。

4. 分析步设置

模拟 PVC-FRP 钢筋混凝土柱滞回曲线的低周往复荷载试验中，需要设定多个分析步，分为初始分析步和后续分析步两类，初始分析步是 ABAQUS 默认的，用来调节结构受力的初始状态，后续分析步要根据循环次数设定，每一次循环过程作为一个独立的分析步分析，且均采用通用分析类型。

5. 非线性方程组求解过程

本章采用增量迭代法求解，选择自动增量步长。为使计算能够收敛，将初始增量步设置成较小值 0.0005。选用牛顿法进行迭代计算，并将最大接触迭代次数设为 30 次，计算能够很快地收敛。

5.5.3　有限元模型验证

图 5-77 为各试件 ABAQUS 计算滞回曲线与试验滞回曲线的比较。从图中可以看出，有限元计算结果与试验结果基本吻合。

（a）柱JCn1-1

（b）柱JCn1-2

（c）柱JC20n1-1

（d）柱JC20n1-2

（e）柱JC20n2-1

（f）柱JC20n2-2

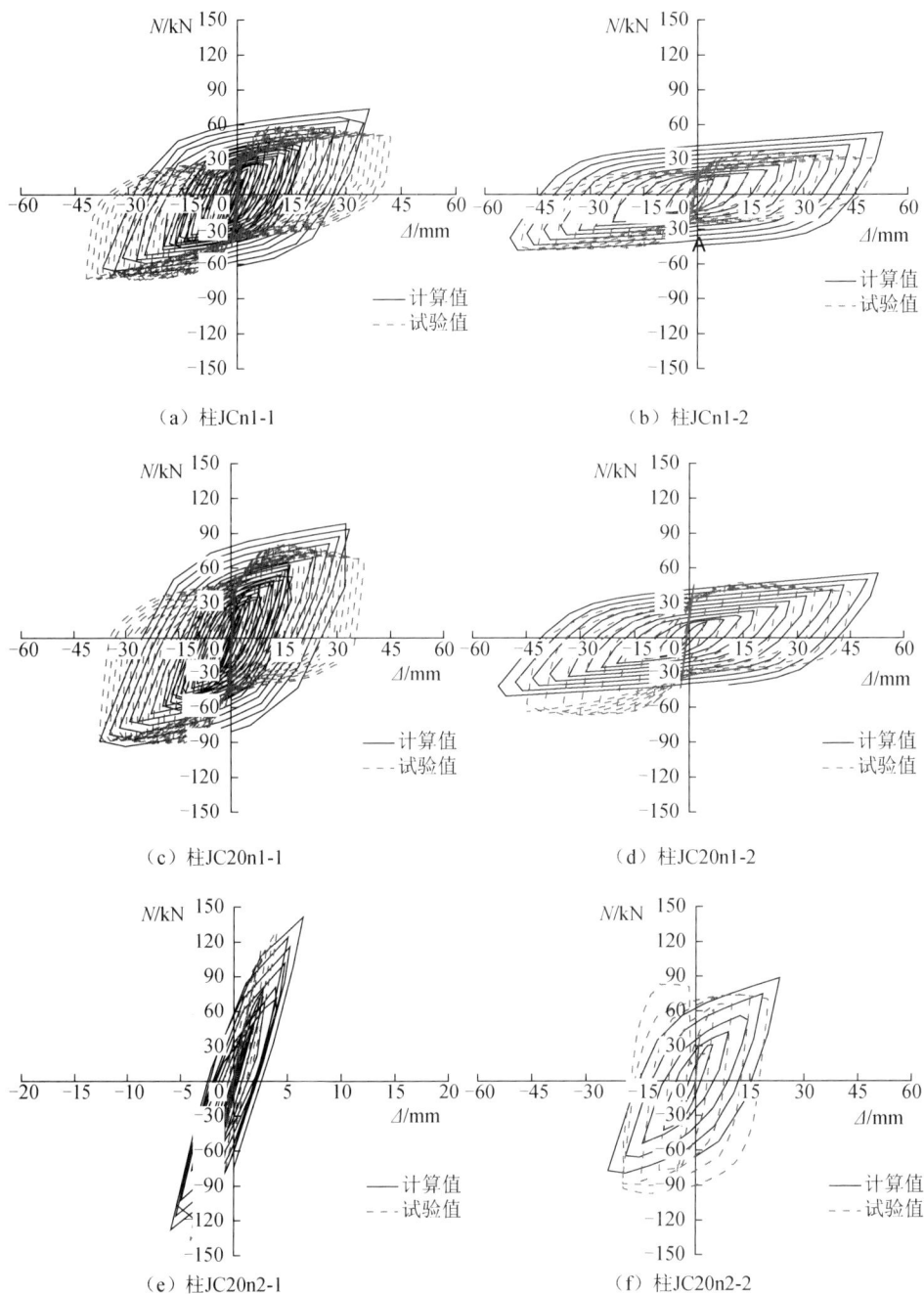

图 5-77　计算滞回曲线与试验滞回曲线的比较

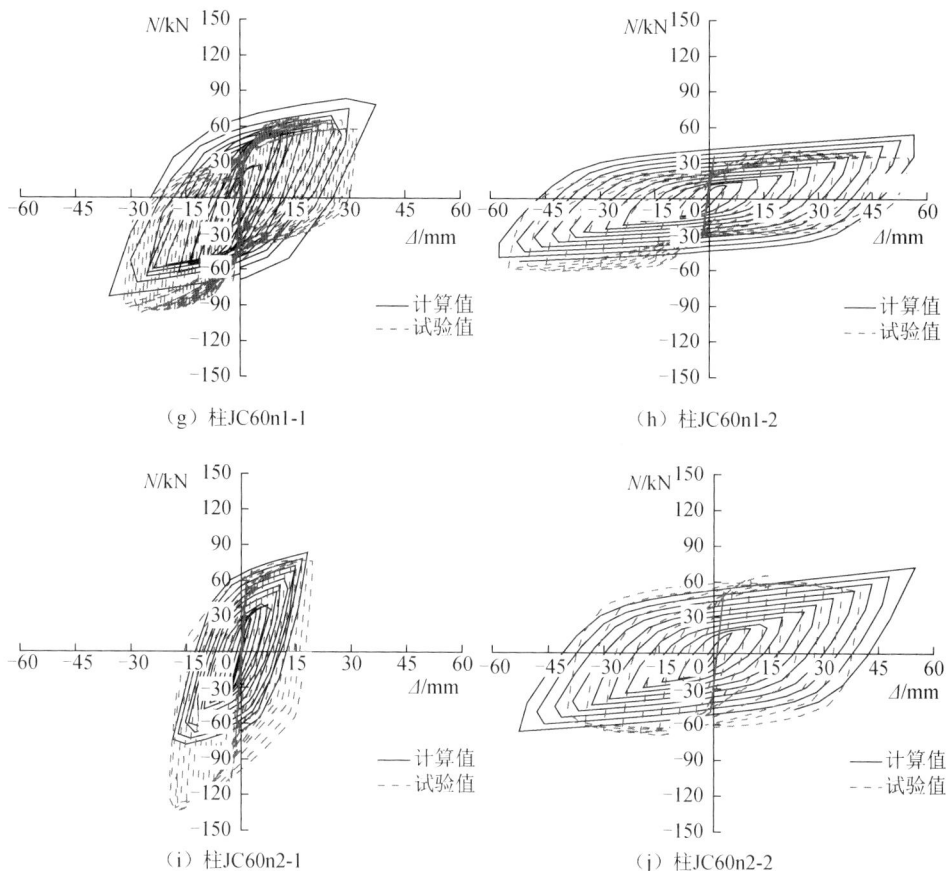

（g）柱JC60n1-1

（h）柱JC60n1-2

（i）柱JC60n2-1

（j）柱JC60n2-2

图 5-77（续）

5.5.4　受力机理分析

本节以 CFRP 条带的环箍间距为 20mm，轴压比为 0.4 的 PVC-FRP 管钢筋混凝土长柱为研究对象，对 PVC-FRP 管钢筋混凝土柱的受力机理进行分析。

1. CFRP 条带的 Mises 应力分析

图 5-78 为 PVC-FRP 管钢筋混凝土柱 CFRP 条带受力过程中的应力云图，从图中可以看出，当 PVC-FRP 管钢筋混凝土柱水平位移为 $1\Delta_y$ 时，CFRP 条带 Mises 应力值达到 582MPa，这是由于轴向承载力较大，CFRP 条带逐渐发挥其约束作用。随着水平位移的继续增加，CFRP 条带 Mises 应力值急剧增大，在 $2\Delta_y$ 时，其 Mises 应力值达到 1661MPa，其最大应力主要集中在距柱底部 80～240mm 的区域内。

当水平位移达到 $5\Delta_y$ 时，柱底上部最大应力区域内的 CFRP 条带 Mises 应力值达到最大值 5254MPa，超过 CFRP 条带极限抗拉强度 4517MPa，且不断向试件上部的 CFRP 条带传递，区域的 CFRP 条带发生断裂。在试验过程中该试件的 CFRP 条带破坏过程基本一致。

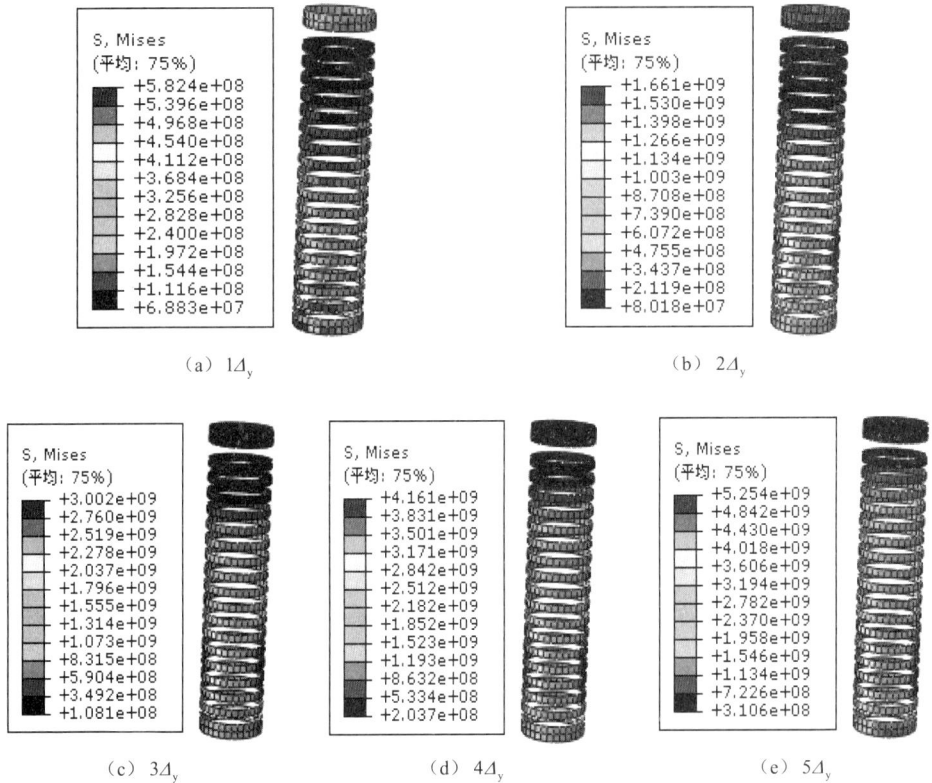

（a）$1\Delta_y$

（b）$2\Delta_y$

（c）$3\Delta_y$

（d）$4\Delta_y$

（e）$5\Delta_y$

图 5-78　CFRP 条带的 Mises 应力云图

2. PVC 管的 Mises 应力分析

图 5-79 为 PVC-FRP 管钢筋混凝土柱的 PVC 管在受力过程中的 Mises 应力云图。从图中可以看出，当 PVC-FRP 管钢筋混凝土柱水平位移为 $1\Delta_y$ 时，PVC 管最大应力主要集中在 PVC 管底部。随着水平位移的逐渐增大，试件底部一侧 PVC 管 Mises 应力逐渐增大，其最大应力从 PVC 管底部不断向管上部区域扩展，试件破坏加速。当试件水平位移为 $5\Delta_y$ 时，PVC 管的 Mises 应力达到 61.46MPa，超过 PVC 管极限抗压强度 50MPa，PVC 管退出工作，承载力下降，试件顶部向一侧倾斜角度变大，这与试验过程中 PVC 管受力特征相吻合。

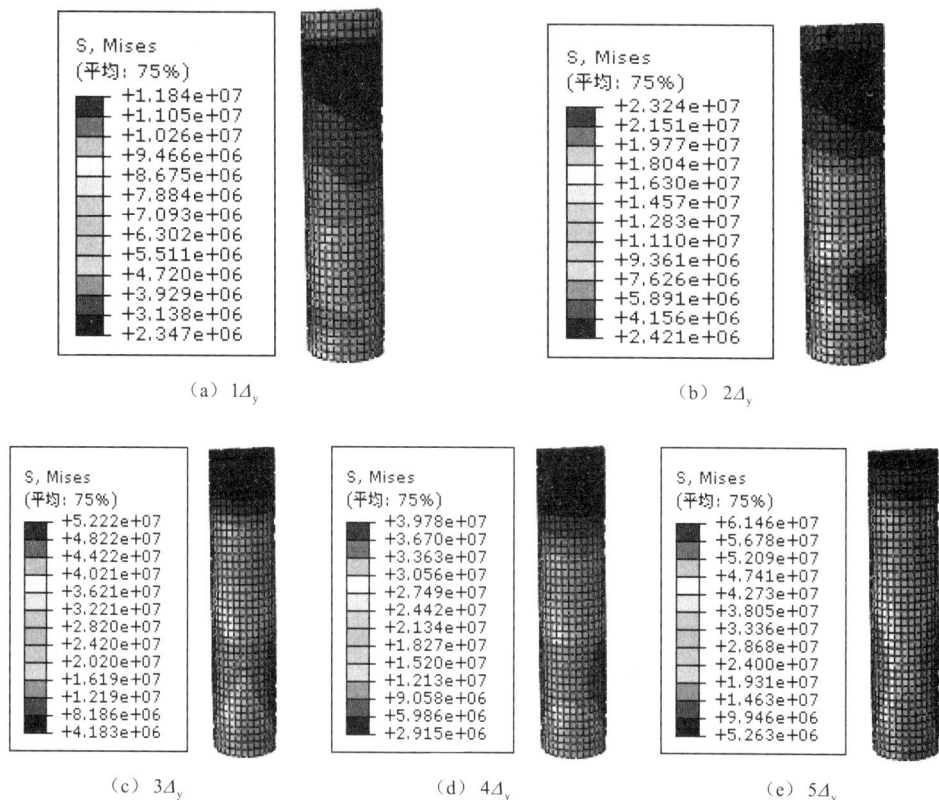

（a）$1\Delta_y$　　　　　　　　　　（b）$2\Delta_y$

（c）$3\Delta_y$　　　　　（d）$4\Delta_y$　　　　　（e）$5\Delta_y$

图 5-79　PVC 管的 Mises 应力云图

3. 混凝土的塑性（PE）应变分析

图 5-80 为 PVC-FRP 管钢筋混凝土柱核心混凝土在受力过程中的 PE 应变云图。从图中可以看出，当试件水平位移为 $1\Delta_y$ 时，核心混凝土最大 PE 应变值为 8.055×10^{-4}，远远小于混凝土的极限应变 0.0033。这表明 PVC 管内核心混凝土还没被压碎。随着水平位移的增加，核心混凝土 PE 应变值从最底部向上部不断扩展增大，混凝土横向膨胀，PVC-FRP 管开始发挥其约束作用，当水平位移达到 $3\Delta_y$ 时，核心混凝土最大 PE 应变值为 5.561×10^{-3}，超过混凝土的极限应变，这表明 PVC 管内核心混凝土已经被压碎，在随后的试件加载过程中，混凝土逐渐退出工作。

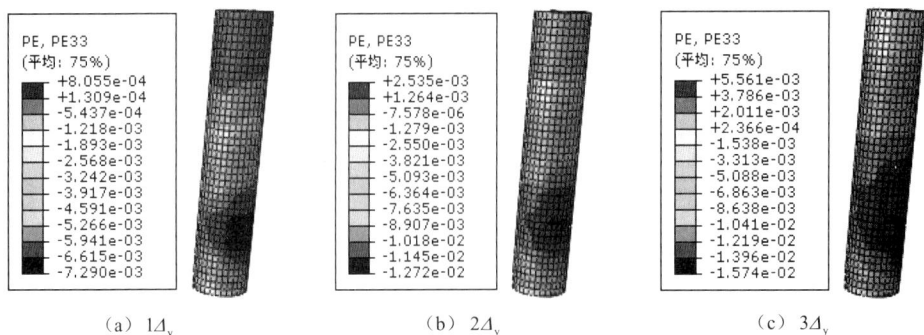

（a）$1\Delta_y$ （b）$2\Delta_y$ （c）$3\Delta_y$

图 5-80 核心混凝土 PE 应变云图

5.6 本章小结

1）试件的破坏形态可以分为三类：低轴压比下的 PVC 管钢筋混凝土柱和 PVC-FRP 管钢筋混凝土柱均发生弯曲破坏，其破坏形态表现为纵筋受压屈曲，混凝土被压碎，从纵筋屈服到试件破坏，PVC-FRP 管和纵筋要经历较大的塑性变形，随之引起试件水平位移激增，有明显的破坏预兆。高轴压比的 PVC-FRP 管钢筋混凝土长柱和 CFRP 条带的环箍间距为 60mm 的 PVC-FRP 管钢筋混凝土短柱均发生弯剪破坏，其破坏形态表现为纵筋受压屈曲，PVC 管表面出现多条斜裂缝，CFRP 条带断裂，PVC-FRP 管和纵筋要经历较大的塑性变形，有明显的破坏预兆。高轴压比的 CFRP 条带的环箍间距为 20mm 的 PVC-FRP 管钢筋混凝土短柱发生脆性剪切破坏，其破坏形态表现为纵筋受压屈曲，PVC-FRP 管和混凝土突然被压碎，试件水平位移很小，没有明显的破坏预兆。

2）试验研究表明，低轴压比下各试件的荷载-位移滞回曲线均比较圆滑、饱满，稳定性较好，具有较好的耗能能力和抗震性能。由于试件 JC20n2-1 轴向承载力较大，导致荷载-位移滞回曲线很陡峭，经历的循环次数较少，试件发生脆性破坏，抗震性能较差。其余高轴压比的试件荷载-位移滞回曲线均比较饱满，试件具有较好的抗震性能。随着轴压比的减小，试件刚度退化逐渐减缓，刚度退化曲线延伸变长。随着轴压比的增大，试件的刚度退化曲线短而陡峭，对柱子的抗震不利；试件的等效黏滞阻尼系数逐渐增大，位移延性系数和极限弹塑性位移角逐渐降低，极限承载力逐渐增大。

3）试验研究表明，钢筋、PVC 管和 CFRP 条带的应变在柱底最大，越远离柱底应变越小。随着轴压比的增大，钢筋、PVC 管和 CFRP 条带的极限应变逐渐增大；随着剪跨比的增大，钢筋、PVC 管及 CFRP 条带极限应变逐渐减小；随着 CFRP 条带的环箍间距的减小，纵筋屈服延迟，极限应变减小，但箍筋、PVC 管和 CFRP 条带的极限应变逐渐增大。

4）CFRP 和箍筋的应变对比分析表明，在加载初期低轴压比下的短柱 CFRP 条带和箍筋的应变发展缓慢，变形基本一致。试件屈服后，随着水平位移的增加，CFRP 条带的应变增长速度远远超过箍筋。在试验全过程中，随着水平位移的增加，低轴压比的长柱 CFRP 条带和箍筋的应变缓慢增加，CFRP 条带和箍筋的变形基本一致，高轴压比的短柱 CFRP 条带和箍筋的应变增长迅速，高轴压比的长柱 CFRP 条带和箍筋的应变增长缓慢。

5）在材料应力-应变关系基础上，利用桁架-拱模型理论从传力机制方面较好地揭示低周反复荷载作用下 PVC-FRP 管钢筋混凝土柱的抗剪机理，考虑轴压比、剪跨比、CFRP 条带的环箍间距对 PVC 管和 CFRP 条带的应变影响，分别引入 PVC 管受剪系数和 CFRP 条带受剪系数来反映 PVC-FRP 管对钢筋混凝土柱的抗剪承载力的贡献，在此基础上建立 PVC-FRP 管钢筋混凝土柱的抗剪承载力计算模型。考虑低周反复荷载作用对抗剪承载力的影响，引入位移延性系数对现行 FRP 约束钢筋混凝土柱的抗剪承载力设计公式进行修正，提出低周反复荷载作用下 PVC-FRP 管钢筋混凝土柱的抗剪承载力简化设计公式。

6）基于材料的本构关系，根据截面轴力和弯矩平衡条件，推导 PVC 管钢筋混凝土柱的屈服弯矩计算公式，提出 PVC 管钢筋混凝土柱骨架曲线特征点的计算方法。在此基础上，考虑轴压比、剪跨比、CFRP 条带的环箍间距对骨架曲线特征值的影响，对试验数据拟合，提出 PVC-FRP 管钢筋混凝土柱的骨架曲线特征点的计算公式。计算骨架曲线与试验骨架曲线吻合较好。

7）在 PVC-FRP 管钢筋混凝土柱本构模型基础上，采用纤维模型法对低周反复荷载作用下 PVC-FRP 管钢筋混凝土柱进行受力全过程分析，得出 PVC-FRP 管钢筋混凝土柱的弯矩-曲率计算骨架曲线，计算结果与试验结果吻合较好。

8）在 Clough 退化三线型恢复力模型滞回规则基础上，对试验数据进行回归分析，给出卸载刚度计算公式，提出 PVC-FRP 管钢筋混凝土柱的滞回规则，结合计算骨架曲线，建立 PVC-FRP 管钢筋混凝土柱的荷载-位移恢复力模型，恢复力模型计算结果与试验结果吻合较好。

9）利用有限元分析软件，通过建模、选取合理的本构模型、确定单元类型、界面接触处理和边界条件等设置，建立 PVC-FRP 管钢筋混凝土柱有限元分析模型。有限元分析结果表明，试件在破坏之前，随着水平位移的增加，PVC 管应力不断增大，最大应力主要集中在 PVC 管底部区域，受拉侧应力集中现象尤为明显，这与试验过程中 PVC 管受力特征相吻合。CFRP 条带的拉应力呈线性增长，距柱底部 80～240mm 区域内应力最大，当达到其极限抗拉强度时发生断裂，这与 CFRP 条带破坏过程基本一致。在轴向承载力和水平承载力作用下，混凝土横向不断膨胀，混凝土 PE 应变逐渐增大，当达到其极限应变时，混凝土被压碎，退出工作。

第6章 PVC-FRP管混凝土柱耐久性试验研究

6.1 CFRP 耐久性试验研究

6.1.1 碱环境下 CFRP 耐久性试验

本章试验采用的是工程中常用的碳纤维片材。试件的制作和加载与第 3 章 CFRP 拉伸试验相同。为模拟实际工程情况，试验所有的试件均预涂环氧树脂，每组分 5 个试件，试验结果取平均值。

碱化试验目的是检验在碱含量较高的地区 CFRP 耐久性。试验碱环境采用饱和氢氧化钠碱溶液，pH 值为 14。经过饱和的氢氧化钠溶液浸泡 100d 后，试件表面覆盖一层氢氧化钠白色的粉状物，经过强碱溶液浸泡后 CFRP 的应力-应变曲线基本呈线性关系。试验结果见表 6-1。

表 6-1 碱环境下 CFRP 的力学性能试验结果

试件编号	极限抗拉强度/MPa		弹性模量/（10^5MPa）		极限应变	
	实测值	平均值	实测值	平均值	实测值	平均值
J-1	3521		2.34		0.0150	
J-2	3595		2.26		0.0159	
J-3	3426	3536	2.21	2.27	0.0155	0.0156
J-4	3651		2.3		0.0159	
J-5	3487		2.26		0.0154	

图 6-1 为碱化前后 CFRP 的极限抗拉强度、弹性模量、极限应变的对比情况。从图中可以看出，CFRP 经过碱化后，极限抗拉强度稍有降低，弹性模量和极限应变基本保持不变。

任慧韬[146]做了未涂和预涂环氧树脂的 FRP 在强碱溶液中的试验。结果表明，强碱环境对 GFRP 的力学性能影响较大，浸泡在强碱溶液 30d 后，两种 GFRP 的极限抗拉强度仅剩原来的 1/4 和 1/6，而环氧树脂能有效地减少碱溶液对 GFRP 的侵蚀作用，经过环氧树脂浸渍的两种 GFRP 在强碱溶液中浸泡 30d 后，强度达到原来的 1/2 和 3/4。强碱环境对 CFRP 的力学性能也有不利的影响，浸泡在强碱溶液中 30d 后，CFRP 的极限抗拉强度下降了 1/3，同样环氧树脂能够有效降低碱溶液对 CFRP 的侵蚀作用，经过环氧树脂浸渍的 CFRP 在强碱溶液中浸泡 30d 后，力学性能基本保持不变。

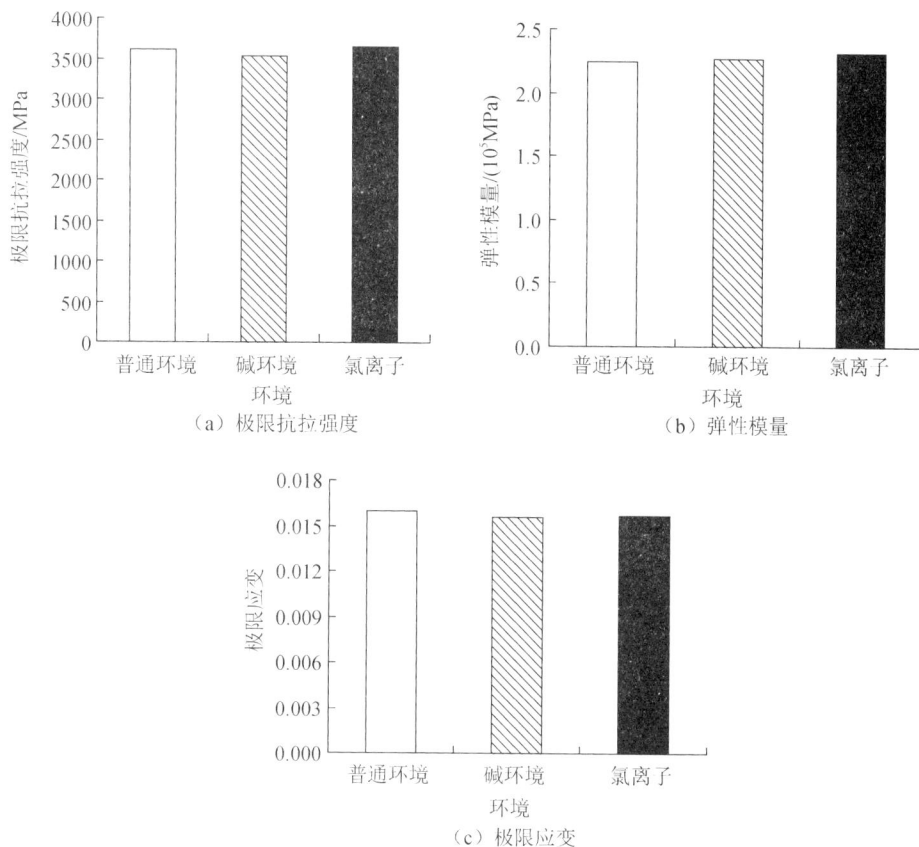

（a）极限抗拉强度

（b）弹性模量

（c）极限应变

图 6-1　不同环境对 CFRP 力学性能的影响

6.1.2　氯离子环境下 CFRP 耐久性试验

氯离子环境下 CFRP 耐久性试验的目的是检验海水环境 CFRP 的耐久性。试验的氯离子溶液为模拟人工海水的 5%NaCl 溶液。将已经预涂环氧树脂的碳纤维片材放入氯离子溶液中，试验在常温下进行。经过 5% NaCl 溶液浸泡 100d 后，试件外观与浸泡前没有明显的变化，经过氯离子溶液浸泡后 CFRP 的应力-应变曲线基本呈线性关系。试验结果见表 6-2。

表 6-2　氯离子环境下 CFRP 的力学性能试验结果

试件编号	极限抗拉强度/MPa		弹性模量/（10⁵MPa）		极限应变	
	实测值	平均值	实测值	平均值	实测值	平均值
C-1	3769		2.43		0.0155	
C-2	3542		2.2		0.0154	
C-3	3819	3642	2.37	2.318	0.0161	0.0157
C-4	3413		2.11		0.0154	
C-5	3564		2.28		0.0161	

从图 6-1 中可以看出，CFRP 经过氯离子溶液侵蚀后，CFRP 的极限抗拉强度稍有增加，弹性模量和极限应变基本保持不变。这说明氯离子环境对 CFRP 的力学性能几乎没有影响。由此可见，CFRP 具有很好的耐久性能。

6.2　PVC-FRP 管混凝土柱耐久性试验

本节 PVC-FRP 管混凝土柱耐久性试验包括 2 组（共 12 个试件，其中一组是氯离子环境，另外一组是碱环境），两组试件的养护条件与 CFRP 耐久性试验相同。试件尺寸、环箍间距、加载设备、加载制度、测量仪器布置与轴心受压 PVC-FRP 管混凝土柱试验相同。表 6-3 为氯离子与碱环境下 PVC-FRP 管混凝土柱浸泡 100d 的试验参数。

表 6-3　氯离子与碱环境下 PVC-FRP 管混凝土柱（浸泡 100d）耐久性试验参数

环境	对比试件	环箍间距/mm	纤维体积含量
氯离子环境	PVC	—	—
	Cs20	20	0.34
	Cs30	30	0.26
	Cs40	40	0.24
	Cs50	50	0.21
	Cs60	60	0.18
碱环境	PVC	—	—
	Cs20	20	0.34
	Cs30	30	0.26
	Cs40	40	0.24
	Cs50	50	0.21
	Cs60	60	0.18

6.3　试验结果分析

6.3.1　试件破坏形态

图 6-2 和图 6-3 分别为氯离子环境和碱环境下 PVC-FRP 管混凝土柱的破坏形态。从图中可以看出，在轴向承载力作用下，PVC 管混凝土柱的极限承载力、变形，以及破坏形态与普通环境下 PVC 管混凝土柱的基本相同；对于 PVC-FRP 管混凝土柱，试件破坏时，中部多条 CFRP 条带被拉断，部分 PVC 管被压裂。

（a）PVC　　　　　　　　　（b）Cs20　　　　　　　　　（c）Cs30

（d）Cs40　　　　　　　　　（e）Cs50　　　　　　　　　（f）Cs60

图 6-2　氯离子环境下 PVC-FRP 管混凝土柱破坏形态

（a）PVC　　　　　　　　　（b）Cs20　　　　　　　　　（c）Cs30

图 6-3　碱环境下 PVC-FRP 管混凝土柱的破坏形态

(d) Cs40　　　　　　　　　　(e) Cs50　　　　　　　　　　(f) Cs60

图 6-3（续）

在加载初期，腐蚀环境下 PVC-FRP 管混凝土柱的荷载和变形与普通环境下 PVC-FRP 管混凝土柱的基本相同。当轴向承载力超过非约束混凝土柱的极限抗压强度后，混凝土柱的横向变形增加，CFRP 的环向应变开始逐渐增大，在达到 PVC-FRP 管混凝土柱的极限承载力的 90% 时，可以听到部分碳纤维条带清脆的断裂声。从第一条碳纤维条带断裂到构件丧失承载力，腐蚀环境下构件的破坏过程与普通环境下相比较短。

从腐蚀环境下破坏的 PVC-FRP 管混凝土柱的核心混凝土的表面可以看出，核心混凝土表面并没有被侵蚀的现象，这说明 PVC 管对混凝土柱具有保护作用，能防止其受恶劣环境的侵蚀。

6.3.2　氯离子环境下 PVC-FRP 管混凝土柱试验结果分析

氯离子环境下 PVC-FRP 管混凝土柱的试验结果见表 6-4。为了更好地阐述氯离子环境对 PVC-FRP 管混凝土柱力学性能的影响，将氯离子环境与普通环境下 PVC-FRP 管混凝土柱的极限承载力、轴向极限应变和环向极限应变进行比较（图 6-4～图 6-7）。

表 6-4　氯离子环境下 PVC-FRP 管混凝土柱试验结果

试件编号	ρ_{com} /%	N_{ac} /kN	ε'_{ccc} /($\times 10^{2}$)	ε_{1c} /($\times 10^{-2}$)	N_{ac} / N_a	$\varepsilon'_{ccc} / \varepsilon'_{cc}$	$\varepsilon_{1c} / \varepsilon_1$
PVC		1020.0	2.58	1.64	1.025	0.860	0.828
Cs20	0.340	1615.8	1.70	1.13	0.905	0.988	0.958
Cs30	0.264	1574.6	1.64	1.11	1.044	1.031	0.888
Cs40	0.238	1447.5	1.47	1.26	1.043	1.000	1.024
Cs50	0.211	1342.5	1.29	1.16	1.052	0.956	0.983
Cs60	0.185	1268.1	1.25	1.17	0.980	0.969	1.017

注：ρ_{com} 为 FRP 材料的体积含量；N_a、ε'_{cc}、ε_1 普通环境下 PVC-FRP 管混凝土柱的极限承载力、轴向极限应变、环向极限应变；N_{ac}、ε'_{ccc}、ε_{1c} 为氯离子环境下 PVC-FRP 管混凝土极限承载力、轴向极限应变、环向极限应变。

从试验结果可以得出以下结论。

1）PVC 管混凝土柱在经过氯离子溶液侵蚀后，构件的极限承载力与普通环境下相比基本没有变化。这说明 PVC 管对混凝土柱具有保护作用，可使混凝土免受恶劣环境的侵蚀。

2）图 6-4 为氯离子与普通环境下 PVC-FRP 管混凝土柱的极限承载力的比较。从图中可以看出，除了环箍间距为 20mm 的试件外，其他环箍间距试件的极限承载力与普通环境下相比稍有提高，提高幅度在 2.5%～4.8%。

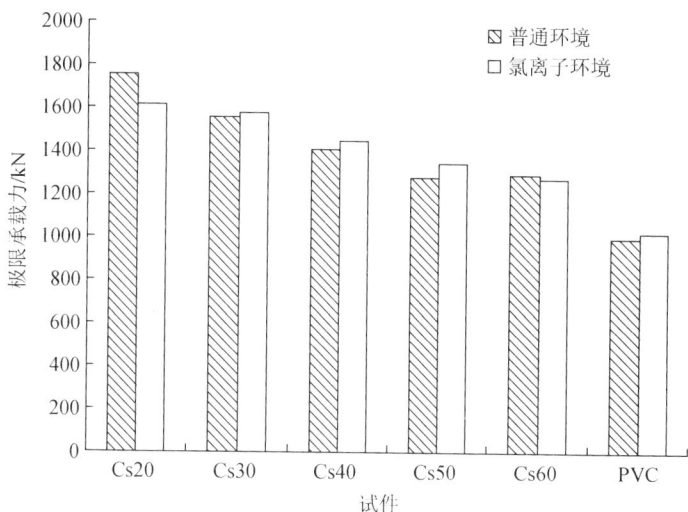

图 6-4　氯离子和普通环境下试件的极限承载力比较

3）图 6-5 为氯离子与普通环境下 PVC-FRP 管混凝土柱的轴向极限应变比较。从图中可以看出，除了环箍间距为 30mm 试件以外，其他环箍间距试件的轴向极限应变与普通环境下相比有一定程度的降低，降低的幅度在 1%～5%。这说明经过 100d 氯离子环境的侵蚀，极限承载力基本没有变化，而构件的延性有一定程度的降低。

4）图 6-6 为氯离子与普通环境下 PVC-FRP 管混凝土柱的环向极限应变的比较。从图中可以看出，氯离子环境对环箍间距较小（20mm 和 30mm）的 PVC-FRP 管混凝土柱的环向极限应变的影响较大，与普通环境下试件相比，环向极限应变降低的幅度分别为 8% 和 11%；对环箍间距较大的试件，与普通环境下相比，试件的环向极限应变基本保持不变。

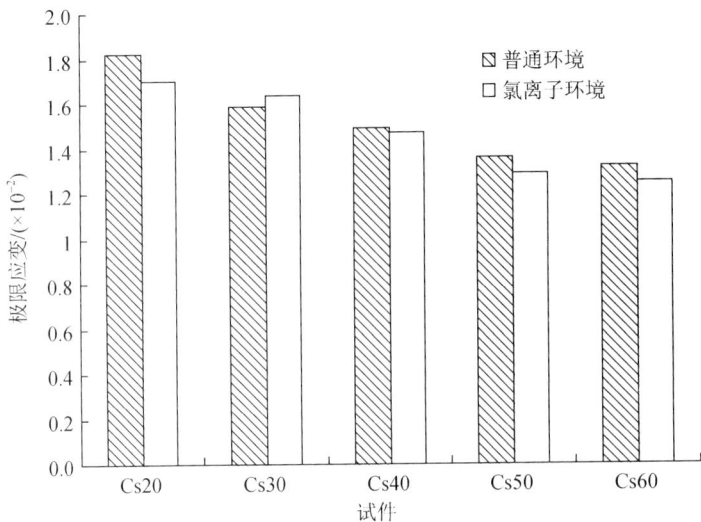

图 6-5　氯离子和普通环境下试件的轴向极限应变比较

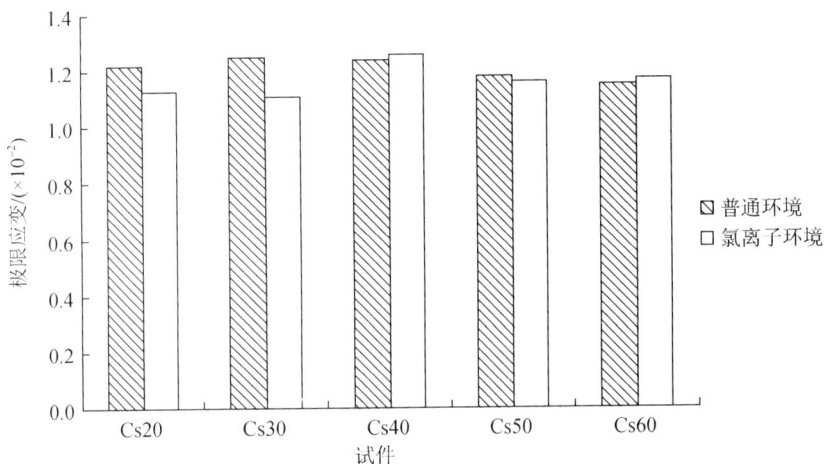

图 6-6　氯离子和普通环境下试件的环向极限应变比较

5）图 6-7 为氯离子和普通环境下 PVC-FRP 管混凝土柱的应力-应变曲线比较（试件编号中 A 表示普通环境；AD 表示碱性环境；数字表示环箍间距）。从图中可以看出，对于环箍间距较小（20mm、30mm 和 40mm）的试件，氯离子和普通环境下的应力-应变曲线基本相同，呈现出双线形的特点。开始加载阶段，其应力-应变曲线与素混凝土柱相似；在试件的抗压强度超过 f'_{co} 之后，应力-应变曲线呈现出强化段趋势，强化段的斜率与普通环境下基本相同。对于环箍间距较大（50mm 和 60mm）的试件，氯离子环境对试件的应力-应变曲线有一定影响，与普通环境下相比，氯离子环境下试件的应力-应变曲线转折点所对应的应力较大，强化段的斜率较小。

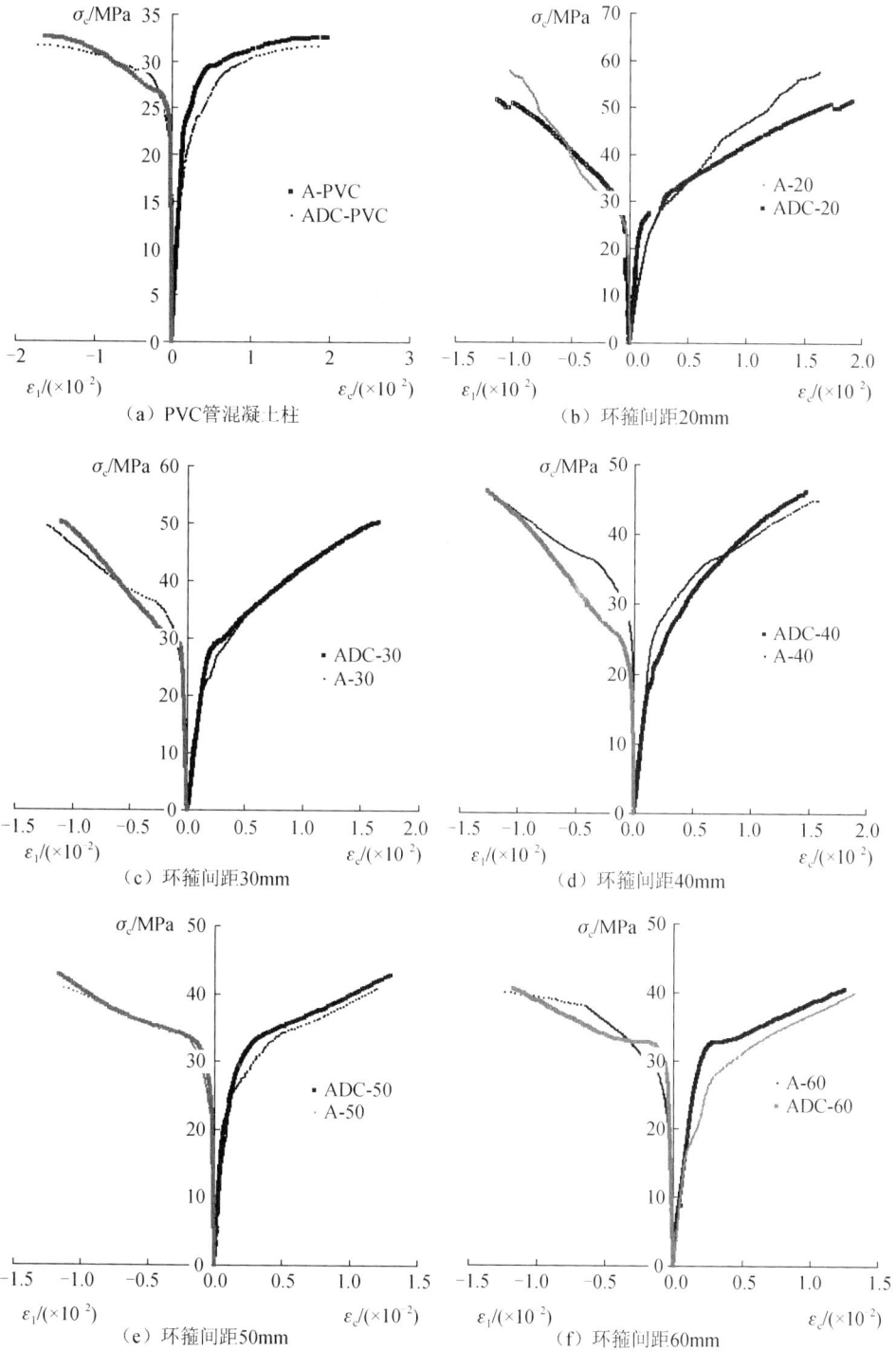

σ_c/MPa 35

■ A-PVC
· ADC-PVC

ε_l/(×10⁻²)　　　ε_c/(×10⁻²)

（a）PVC 管混凝土柱

σ_c/MPa 70

· A-20
■ ADC-20

ε_l/(×10⁻²)　　　ε_c/(×10⁻²)

（b）环箍间距20mm

σ_c/MPa 60

■ ADC-30
· A-30

ε_l/(×10⁻²)　　　ε_c/(×10⁻²)

（c）环箍间距30mm

σ_c/MPa 50

■ ADC-40
· A-40

ε_l/(×10⁻²)　　　ε_c/(×10⁻²)

（d）环箍间距40mm

σ_c/MPa 50

■ ADC-50
· A-50

ε_l/(×10⁻²)　　　ε_c/(×10⁻²)

（e）环箍间距50mm

σ_c/MPa 50

· A-60
■ ADC-60

ε_l/(×10⁻²)　　　ε_c/(×10⁻²)

（f）环箍间距60mm

图 6-7　氯离子和普通环境下试件应力-应变曲线比较

6.3.3　碱环境下 PVC-FRP 管混凝土柱试验结果分析

碱环境下 PVC-FRP 管混凝土柱的试验结果见表 6-5。为了更好地阐述碱环境对 PVC-FRP 管混凝土柱力学性能的影响，将碱环境与普通环境下 PVC-FRP 管混凝土柱的极限承载力、轴向极限应变和环向极限应变进行比较（图 6-8～图 6-11）。

表 6-5　碱环境和普通环境下 PVC-FRP 管混凝土柱力学性能比较

试件编号	ρ_{com} /%	N_{aj} /kN	ε_{cc}^{rj} /（×10⁻²）	ε_{1j} /（×10⁻²）	N_{aj} / N_a	ε_{ccj}' / ε_{cc}'	ε_{1j} / ε_1
PVC	—	930.0	2.96	1.87	0.935	0.987	0.944
Cs20	0.340	1602.0	1.65	1.14	0.898	0.959	0.966
Cs30	0.264	1524.4	1.55	1.11	1.011	0.975	0.888
Cs40	0.238	1287.5	1.37	1.1	0.928	0.932	0.894
Cs50	0.211	1275.0	1.38	1.13	0.999	1.022	0.958
Cs60	0.185	1151.0	1.23	1.15	0.889	0.953	1.000

注：N_{aj}、ε_{ccj}'、ε_{1j} 为碱性环境下 PVC-FRP 管混凝土柱的承载力、轴向极限应变、环向极限应变。

从试验结果可以得出以下结论。

1）PVC 管混凝土柱在经过碱溶液侵蚀后，极限承载力与普通环境下相比基本没有变化。这说明 PVC 管对混凝土柱具有保护作用，可使混凝土免受恶劣环境的侵蚀。

2）图 6-8 为碱环境和普通环境下 PVC-FRP 管混凝土柱的极限承载力的比较。从图中可以看出，与普通环境下相比，碱环境下试件的极限承载力有所降低，降低幅度在 1%～10%。

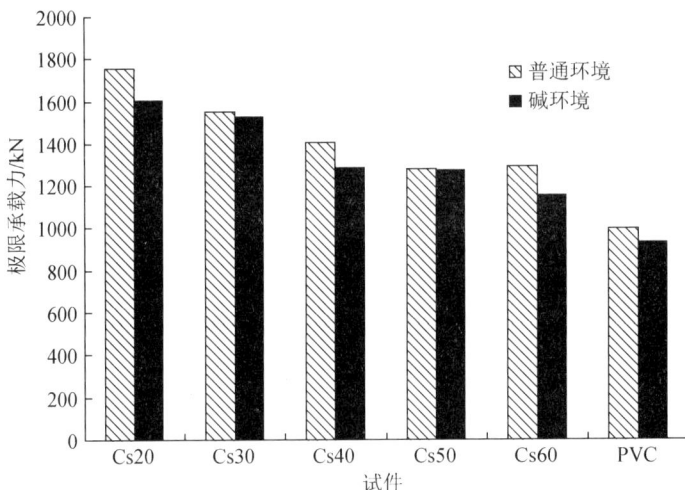

图 6-8　碱环境和普通环境下试件极限承载力比较

3）图 6-9 为碱环境和普通环境下 PVC-FRP 管混凝土柱的轴向极限应变的比较。从图中可以看出，与普通环境下相比，碱环境下试件的轴向极限应变有一定程度的降低，降低的幅度在 2%～10%。这说明经过 100d 碱溶液的侵蚀，试件的延性有所降低。

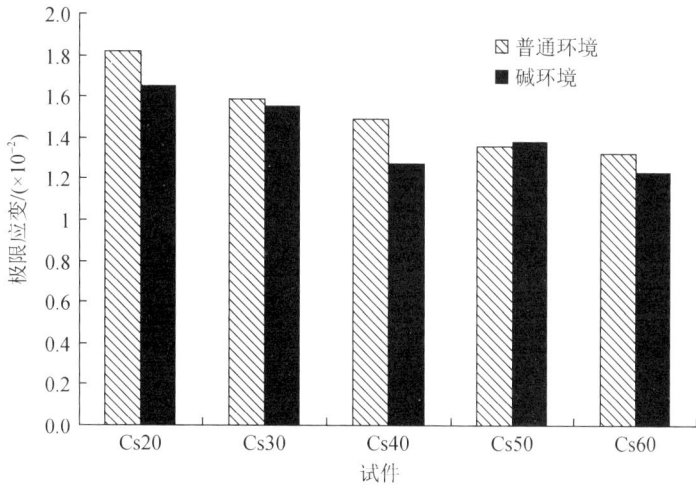

图 6-9　碱环境和普通环境下试件的轴向极限应变比较

4）图 6-10 为碱环境和普通环境下 PVC-FRP 管混凝土柱的环向极限应变的比较。从图中可以看出，与普通环境下相比，碱环境下试件的环向极限应变有一定程度的降低，降低幅度在 0～11%。降低的主要原因是 PVC-FRP 管长期浸泡在强碱溶液中，碱溶液对 CFRP 的内部结构有一定程度的损伤，在承受荷载时，引起了 CFRP 的应力集中，使 CFRP 的极限应变没有得到充分利用。

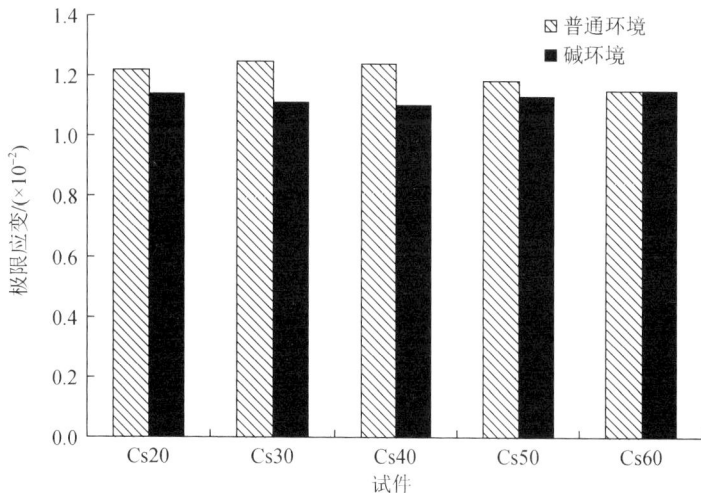

图 6-10　碱环境和普通环境下试件的环向极限应变比较

5）碱环境和普通环境下 PVC-FRP 管混凝土柱的应力-应变曲线比较如图 6-11 所示（试件符号中 ADJ 表示碱性环境；A 表示普通环境；数字表示环箍间距）。从图中可以看出，在开始加载阶段，碱环境与普通环境下试件的应力-应变曲线基本相似；在试件的抗压强度超过 f'_{co} 之后，碱环境下试件的应力-应变曲线呈现出强化段趋势，强化段的斜率略小于普通环境下强化段的斜率。

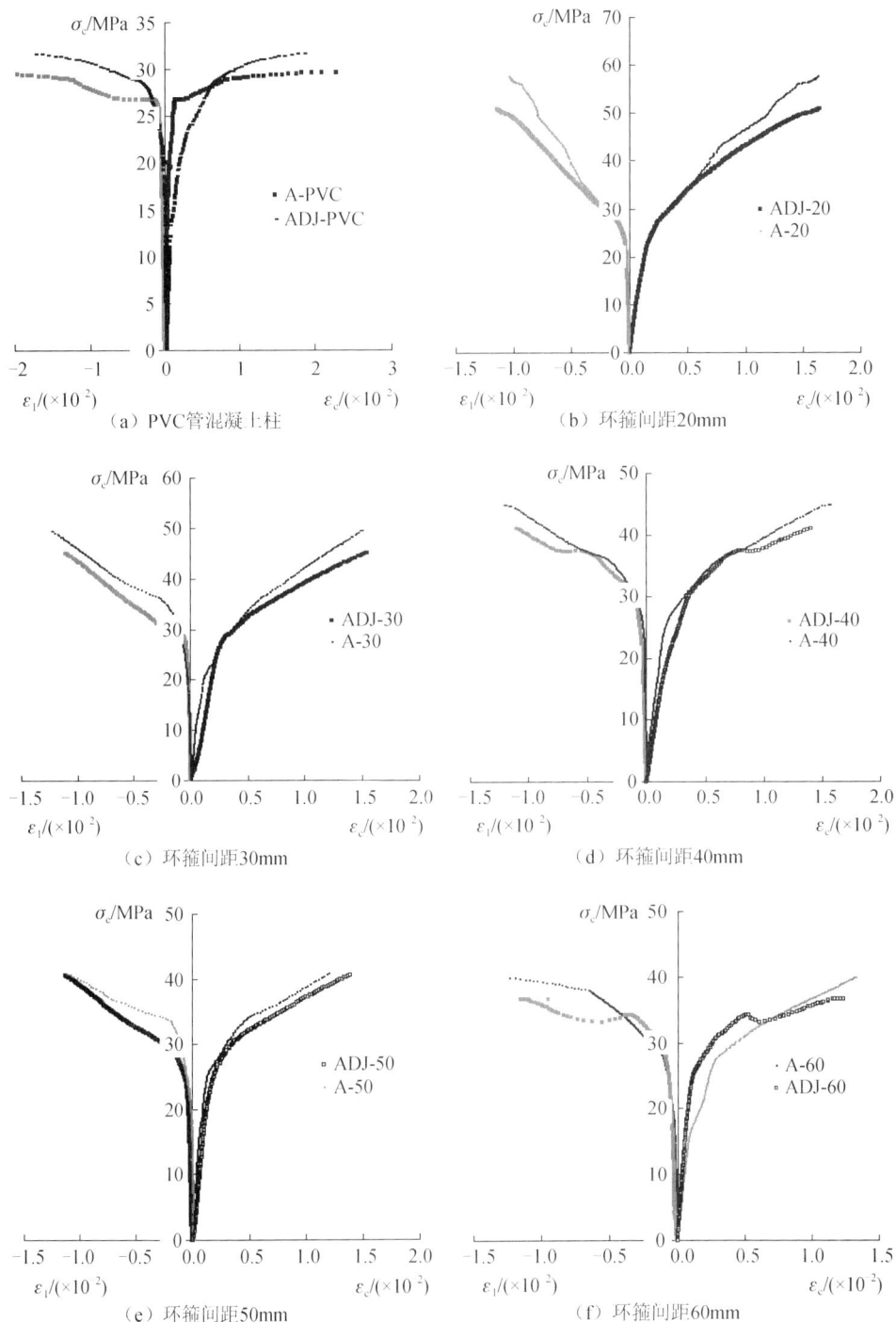

（a）PVC管混凝土柱

（b）环箍间距20mm

（c）环箍间距30mm

（d）环箍间距40mm

（e）环箍间距50mm

（f）环箍间距60mm

图 6-11　碱环境和普通环境下试件应力-应变曲线比较

6.4　本章小结

1）CFRP 在碱溶液和氯离子溶液中的耐久性试验结果表明，CFRP 的应力-应变曲线基本呈线性变化，CFRP 的极限抗拉强度、弹性模量和极限应变基本保持不变，说明 CFRP 具有良好的耐久性能。

2）在氯离子和碱环境作用下，PVC 管混凝土柱的极限承载力没有降低。PVC 管对内部的核心混凝土具有很好的保护作用，使其免受恶劣环境的侵蚀。

3）与普通环境下相比，氯离子环境下 PVC-FRP 管混凝土柱的极限承载力没有降低，反而稍有增加；轴向极限应变和环箍间距较小的环向极限应变有一定程度降低；环箍间距较大的环向极限应变基本保持不变。

4）与普通环境下相比，碱环境下 PVC-FRP 管混凝土柱的极限承载力有一定程度降低，降低幅度在 1%～10%；轴向极限应变和环向极限应变也有一定程度降低，降低幅度在 2%～11%。

5）氯离子环境和碱环境对 PVC-FRP 管混凝土柱的应力-应变曲线基本上没有影响，构件的应力-应变曲线与普通环境下 PVC-FRP 管混凝土柱的相似，呈现出双线形的特点。

参 考 文 献

[1] 韩林海. 钢管混凝土结构[M]. 北京：科学出版社，2000.

[2] 钟善桐. 钢管混凝土统一理论[J]. 哈尔滨建筑工程学院学报，1994，27（6）：21-27.

[3] SHANMUGAM N E，LAKSHMI B. State of the art report on steel-concrete composite columns[J]. Journal of Constructional Steel Research，2001，57（10）：1041-1080.

[4] ELREMAILY A，AZIZINAMINI A. Behavior and strength of circular concrete-filled tube columns[J]. Journal of Constructional Steel Research，2002，58（12）：1567-1591.

[5] SHAMS M，SAADEGHVAZIRI M A. State of the art of concrete-filled steel tubular columns[J]. ACI Structural Journal，1997，94（5）：558-571.

[6] 韩林海，刘威. 长期荷载作用对圆钢管混凝土压弯构件力学性能影响的研究[J]. 土木工程学报，2002，35（2）：8-19.

[7] 韩林海，陶忠，刘威，等. 长期荷载作用对方钢管混凝土柱承载力的影响[J]. 中国公路学报，2001，14（3）：57-66.

[8] AMIT H V，JAMES M R，RICHARD S. Seismic behavior and modeling of high strength composite concrete-filled steel tube beam-columns[J]. Journal of Constructional Steel Research，2002，58（7）：725-758.

[9] HAJJAR J F，MOLODAN A，SCHILER P H. A distributed plasticity model for cyclic analysis of concrete-filled tube beam-columns and composite frames[J]. Engineering Structures，1998，426（20）：398-412.

[10] 杨有福，韩林海，范喜哲. 钢管混凝土动力研究性能现状[J]. 哈尔滨建筑大学学报，2000，33（5）：40-46.

[11] 韩林海，徐蕾. 带保护层方钢管混凝土柱耐火极限的试验研究[J]. 土木工程学报，2000，33（6）：69-75.

[12] HAN L H. Fire performance of concrete filled steel tubular beam-columns[J]. Journal of Constructional Steel Research，2001，57（6）：14-29.

[13] 钟善桐. 钢管混凝土中钢管与混凝土的共同工作[J]. 哈尔滨建筑大学学报，2001，34（1）：6-10.

[14] 姜绍飞，韩林海，乔景川. 钢管混凝土中钢与混凝土黏结问题初探[J]. 哈尔滨建筑大学学报，2000，33（2）：24-28.

[15] UY B. Strength of short concrete filled high strength steel box columns[J]. Journal of Constructional Steel Research，2001，57（2）：113-134.

[16] 谭克锋，蒲心诚，蔡绍怀. 钢管超高强混凝土的性能与极限承载力的研究[J]. 建筑结构学报，1999，20（1）：10-15.

[17] 王湛，甄永辉. 钢管高强混凝土压弯构件滞回性能的研究[J]. 地震工程与工程振动，2000，20（4）：51-55.

[18] 容柏生，陈宗弼，陈星，等. 高层建筑钢管混凝土柱节点设计及构造设计研究[J]. 建筑结构，1999（10）：36-40.

[19] 蔡健，黄泰赟，苏恒强. 新型钢管混凝土中柱劲性环梁式节点的设计方法初探[J]. 土木工程学报，2002，35（1）：6-10.

[20] ACI Commitee 440. State-of-the-art-report on fiber reinforced plastic for concrete structures[J]. American Concrete Institute，Detroit，Michigan，1996.

[21] CHAMNERS R E. Plastics Composites for 21st Century Construction[M]. New York：American Society of Civil Engineering，1993.

[22] MUFTI A A，ERKI M A，JAEGER L G. Advanced composite materials in bridges and structures in Japan[D]. Tokyo：the Canadian Society for Civil Engineering，1992.

[23] ERKI M A. New materials in construction[J]. Progress in Structural Engineering and Materials，2008，1（2）：123-125.

[24] KARBHARI V M，GAO Y. Composite jacketed concrete under uniaxial compression-verification of simple design equation[J]. Journal of Materials in Civil Engineering，1997，9（4）：185-192.

[25] GARCEZ M，LEILA M. Structural performance of RC beams post strengthened with carbon，aramid，and glass FRP

systems[J]. Journal of Composites for Construction, 2008, 12（2）: 522-530.

[26] SAYED A M, WANG X, WU Z S. Finite element modeling of the shear capacity of RC beams strengthened with FRP sheets by considering different failure modes[J]. Construction and Building Materials, 2014, 59（2）: 169-179.

[27] WEE T, YIN H. Suitability of optimized truss model to predict the FRP contribution to shear resistance for externally bonded FRP strengthened RC beams without internal stirrups[J]. Composites Part B: Engineering, 2015, 80（3）: 358-398.

[28] XIAO Y, WU H. Compressive behavior of concrete confined by carbon fiber composite jackets[J]. Journal of Materials in Civil Engineering, 2000, 12（2）: 139-146.

[29] BARRIS C, TORRES L, COMAS J, et al. Cracking and deflections in GFRP RC beams: an experimental study[J]. Composites Part B Engineering, 2013, 55: 580-590.

[30] MIRMIRAN A, SHAHAWY M. Behavior of concrete columns confined by fiber composites[J]. Journal of Structural Engineering, 1997, 123（5）: 583-590.

[31] MIRMIRAN A, SHAHAWY M, SAMAAN M, et al. Effect of column parameters on FRP-confined concrete[J]. Journal of Composites for Construction, 1998, 2（4）: 175-185.

[32] SAMAAN M, MIRMIRAN A, SHAHAWY M. Model of concrete confined by fiber composite[J]. Journal of Structural Engineering, 1998, 124（9）: 1025-1031.

[33] SHITINDI R V. Behaviors of concrete cylinders confined with FRP Spirals[D]. Kyoto-fu: Kyoto University, 1999.

[34] SAAFI M. Development and Behavior of a New Hybrid Column in Infrastructure Systems[D]. Alabama: Thesis of the University of Alabama in Huntsville, 2001.

[35] KUTSUMATA H, KOBATALE Y, TAKEDA T. A study on the strengthening with carbon fiber for earthquake-resistance capacity of existing reinforced concrete columns[C]//Proc. of the Seminar on Repair and Retrofit of Structure, National Science Foundation, Arlington, Va., UJNR, 1987, 18: 1-23.

[36] MUFTI A A, ERKI M A, JAEGER L C. Advanced composite materials in bridges and structures in Japan[M]. Montreal: Canadian Society of Civil Engineering, 1992.

[37] KASEI M. Carbon fiber reinforced earthquake-resistant retrofitting[M]. Tokyo: Mitsubishi Kasei Corp, 1993.

[38] PRIESTLEY M J N, SEIBLE F, FYFE E. Column seismic retrofit using fiberglass/epoxy jackets[M]. California: Advanced Composite Materials in Bridges and Structures, 1992.

[39] XIAO Y, MA R. Seismic retrofit of RC circular columns using prefabricated composite jacketing[J]. Journal of Structural Engineering, 1997, 123（10）: 1357-1364.

[40] XIAO Y, WU H, MARTIN G R. Prefabricated composite jacketing of RC columns for enhanced shear strength[J]. Journal of Structural Engineering, 1999, 125（3）: 255-264.

[41] MA R, XIAO Y, LI K N. Full-scale testing of a parking structure column retrofitted with carbon fiber reinforced composites[J]. Construction and Building Materials, 2000, 14（2）: 63-71.

[42] LI Y F, SUNG Y Y. Seismic repair and rehabilitation of a shear-critical hollow bridge columns under earthquake-type loading[J]. Journal of Bridge Engineering, 2005, 10（5）: 520-529.

[43] HAROUN M A, ELSANADEDY H M. Behavior of cyclically loaded squat reinforced concrete bridge columns upgraded with advanced composite-material jackets[J]. Journal of Structural Engineering, 2005, 10（6）: 741-748.

[44] MO Y L, NIEN I C. Seismic performance of hollow high-strength concrete bridge columns[J]. Journal of Bridge Engineering, 2002, 7（6）: 338-349.

[45] CHENG C T, YANG J C, et al. Seismic performance of repaired hollow-bridge piers[J]. Construction and Building Materials, 2003, 17（5）: 339-351.

[46] MO Y L, YEH Y K, HSIEH D M. Seismic retrofit of hollow rectangular bridge columns[J]. Journal of Composites for Construction, 2004, 8（1）: 43-51.

[47] CHENG C T, MO Y L, YEH Y K. Evaluation of as-built, retrofitted, and repaired shear-critical hollow bridge columns under earthquake-type loading[J]. Journal of Bridge Engineering, 2005, 10（5）: 520-529.

[48] 赵树红, 李全旺, 叶列平. 碳纤维布加固钢筋混凝土柱受剪性能试验研究[J]. 工业建筑, 2000, 30（2）: 12-15.

[49] 张轲, 岳清瑞, 叶列平. 碳纤维布加固混凝土柱滞回耗能分析及目标延性系数的确定[C]//首届全国土木工程用纤维增强复合材料（FRP）应用技术学术交流会论文集. 北京: 2000: 227-232.

[50] 张轲, 岳清瑞, 赵树红. 碳纤维布加固混凝土改善延性的试验研究[J]. 工业建筑, 2000, 30（2）: 16-19.

[51] 赵彤, 谢剑. 碳纤维布补强加固混凝土结构新技术[M]. 天津: 天津大学出版社, 2001.

[52] 吴刚, 吕志涛. CFRP 布加固 RC 柱抗震性能的试验研究[C]//第二届全国土木工程用纤维增强复合材料（FRP）应用技术学术交流会论文集. 昆明: 2002: 137-143.

[53] 吴刚, 吕志涛, 蒋剑彪. 碳纤维布加固 RC 柱抗震性能的试验研究[J]. 建筑结构, 2002, 32（10）: 42-45.

[54] 许成祥, 李忠献, 蔡卫东. 碳纤维布加固钢筋混凝土短柱的受剪承载力计算[J]. 江汉石油学院学报, 2002（1）: 88-91.

[55] 潘景龙, 王陈远, 等. 纤维包裹钢筋混凝土短柱抗震性能试验研究[C]//纤维布加固鸿泰结构研究报告. 哈尔滨: 哈尔滨工业大学, 2002.

[56] 周晓洁, 陈培奇. 碳纤维布加固钢筋混凝土短柱抗剪承载力与延性的影响因素分析[J]. 天津城市建设学院学报, 2006, 12（3）: 199-202.

[57] 顾冬生, 吴刚, 吴智深, 等. FRP 约束 RC 圆柱抗震性能参数研究及受剪承载力计算[J]. 工程抗震与加固改造, 2007, 29（6）: 67-72.

[58] 王苏岩, 韩克双, 曲秀华. CFRP 加固高强混凝土柱改善延性的试验研究[J]. 世界地震工程, 2005, 21（3）: 7-10.

[59] 杜修力, 张建伟, 邓宗才. 预应力 FRP 加固混凝土结构技术研究与运用[J]. 工程力学, 2007（2）: 62-74.

[60] 卢亦焱, 刘兰, 张华, 等. 外包角钢与碳纤维布复合加固钢筋混凝土柱抗剪承载力计算方法[J]. 工程力学, 2008, 25（5）: 157-162.

[61] 卢亦焱, 张华, 张号军, 等. 外包角钢与碳纤维布复合加固钢筋混凝土柱抗剪性能试验研究[J]. 土木工程学报, 2007, 40（10）: 1-7.

[62] NANNI A, NORRIS M S. FRP jacketed concrete under flexure and combined flexure-compression[J]. Construction and Building Materials, 1995, 9（5）: 273-281.

[63] SHAO Y, MIRMIRAN A. Experimental investigation of cyclic behavior of concrete-filled FRP tubes[J]. Journal of Composites for Construction, 2005, 9（3）: 263-273.

[64] ZHU Z, AHMAD I, MIRMIRAN A. Seismic performance of concrete-filled FRP tube columns for bridge substructure[J]. Journal of Bridge Engineering, 2006, 11（3）: 359-370.

[65] OZBAKKALOGLU T, SAATCIOGLU M. Seismic behavior of high-strength concrete columns confined by fiber-reinforced polymer tubes[J]. Journal of Composites for Construction, 2006, 10（6）: 538-549.

[66] SHI Y, ZOHREVAND P, MIRMIRAN A. Assessment of cyclic behavior of hybrid FRP-concrete columns[J]. Journal of Bridge Engineering, 2013, 18（6）: 553-563.

[67] 卓卫东, 范立础. GFRP 管-混凝土组合桥墩的概念及其抗震性能[J]. 福州大学学报, 2005, 33（1）: 73-79.

[68] 杨刻亚, 杨春梅, 吴庆文. GFRP 管混凝土圆形管柱抗震性能试验研究[J]. 长春工程学院学报, 2008, 9（2）: 5-20.

[69] 王清湘, 赵鹏展, 关宏波. GFRP 管混凝土柱抗震性能试验研究[J]. 工业建筑, 2010, 40（4）: 70-74.

[70] 肖建庄, 黄一杰. GFRP 管约束再生混凝土柱抗震性能与损伤评价[J]. 土木工程学报, 2012, 40（11）: 112-120.

[71] XIAO Y, HE W, CHOI K. Confined concrete-filled tubular columns[J]. Journal of Structural Engineering, 2005, 131（3）: 488-497.

[72] HU Y. Behavior and modeling of FRP-confined hollow and concrete-filled steel tubular columns[D]. Hong Kong: The Hong Kong Polytechnic University, 2011.

[73] 庄金平. FRP 加固火灾后钢管混凝土柱滞回性能研究[D]. 福州: 福州大学, 2003.

[74] 闫昕. 纤维混凝土智能组合柱研究[D]. 哈尔滨: 哈尔滨工业大学, 2010.

[75] 车媛，王庆利，邵永波，等. 圆 CFRP-钢管混凝土压弯构件滞回性能试验研究[J]. 土木工程学报，2011，44（7）：46-54.

[76] 朱春阳. GFRP-钢管混凝土构件抗震性能研究[D]. 大连：大连海事大学，2011.

[77] KURT C E. Concrete filled structural plastic columns[J]. Proceedings of the American Society of Civil Engineers，1978，104：55-63.

[78] 王俊颜，杨全兵. 聚氯乙烯塑料管力学性能的试验研究[J]. 同济大学学报，2009，37（7）：929-933.

[79] 杨洋. 不同材料约束混凝土轴压短柱的试验研究[D]. 广州：广东工业大学，2008.

[80] 韩雯. 约束微膨胀混凝土承载力性能试验研究[D]. 兰州：兰州理工大学，2009.

[81] TOUTANJI H A，SAAFI M. Behavior of concrete columns confined with new hybrid tubes[C]//The US/Japan Conference in the Advanced Composite Materials，Japan，2000.

[82] TOUTANJI H A，SAAFI M. Behavior of concrete columns encased in PVC-FRP composite tubes[C]//3rd Annual Conference on Advanced Composite Materials in Bridges and Structures，Ottawa，Canada，2000.

[83] TOUTANJI H A，SAAFI M. Experimental and theoretical analysis of axially loaded concrete confined by a new hybrid tube[C]//2rd International Symposium of Cement and Concrete Technology in the 2000s，Istanbul，Turkey，2000.

[84] PGI PVC Geomembrane Institute，Case Study of PVC Geomembrane Durability[R]. Technical Bulletin，University of Illinois at Urbana-ChaMPaign，1998.

[85] RANNEY T A，PARKER L V，Susceptibility of ABS，FEP，FRE，FRP，PTFE，and PVC well casing to Degradation by Chemical[R]. Special Report 95-1，US Army Corps of Engineerings，1995.

[86] 朱海棠，方高干，孙丽萍. 纤维增强聚合物（FRP）耐久性能研究进展[J]. 玻璃钢/复合材料，2009，3：78-82.

[87] 钟善桐. 钢管混凝土结构[M]. 哈尔滨：黑龙江科学技术出版社，1994.

[88] ROCHETTE P，LABOSSIÈRE P. Axial testing of rectangular columns models confined with composites[J]. Journal of Composites for Construction，2000，4（3）：129-136.

[89] DIAS DA SILVA V，SANTOS J M C. Strengthening of axially loaded concrete cylinders by surface composites[C]//Composites in Constructions，Proceedings of the International Conference Lisse. The Netherlands：A. A. Balkema Publishers，2001：257-262.

[90] SAAFI M，TOUTANJI H，LI Z. Behavior of concrete columns confined with fiber reinforced polymer tubes[J]. ACI Material Journal，1999，96（4）：500-509.

[91] NANNI A，BRADFORD N M. FRP jacketed concrete under uniaxial compression[J]. Construction and Building Materials，1995，19（2）：115-124.

[92] 于峰. PVC-FRP 管混凝土柱力学性能的试验研究与理论分析[D]. 西安：西安建筑科技大学，2007.

[93] 刘威，韩林海. ABAQUS 分析钢管混凝土轴压性能的若干问题研究[J]. 哈尔滨工业大学学报，2005，37（增刊）：157-160.

[94] 过镇海. 混凝土的强度和本构关系-原理和应用[M]. 北京：中国建筑工业出版社，2004.

[95] 中华人民共和国建筑工程部. 钢筋混凝土结构设计规范：BJG：21—66[S]. 北京：技术标准出版社，1966.

[96] 国家基本建设委员会建筑科学研究院. 钢筋混凝土结构设计规范（试行）：TJ 10—74[S]. 北京：中国建筑工业出版社，1974.

[97] 中华人民共和国原城乡建设环境保护部. 混凝土结构设计规范：GBJ 10—89[S]. 北京：中国建筑工业出版社，1989.

[98] 中华人民共和国住房和城乡建设部，中华人民共和国国家质量监督检验检疫总局. 混凝土结构设计规范（2015年版）：GB 50010—2010[S]. 北京：中国建筑工业出版社，2015.

[99] ASCCS Seminar Report. Concrete Filled Steel Tubes-A comparison of International Codes and Practices[R]. Innsbruck，Sep，1997.

[100] KNOWLES R B，PARK R. Axial load design for concrete filled steel tubes[J]. Journal of Structural Division，1969，95（12）：2565-2587.

[101] 汤关祚，招炳泉，竺惠仙，等. 钢管混凝土基本力学性能的研究[J]. 建筑结构学报，1992，1：13-31.

[102] 蔡绍怀，邱小坛. 钢管混凝土偏压柱的性能和强度计算[J]. 建筑结构学报，1985，6（4）：32-42.

[103] Architectural Institute of Japan（AIJ）. Recommendation for Design and Construction of Concrete Filled Steel Tubular Structures[S]. Tokeyo：Architectural Institute of Japan，1997.

[104] UY B. Concrete filled fabricated steel box columns for multistory buildings：behavior and design[J]. Progress in Structural Engineering and Materials，1998，1（2）：150-158.

[105] 中华人民共和国住房和城乡建设部. 建筑结构可靠度设计统一标准：GB 50068—2018[S]. 北京：中国建筑工业出版社，2018.

[106] 蔡绍怀. 现代钢管混凝土结构[M]. 北京：人民交通出版社，2003.

[107] 余流，王铁成. 碳纤维增强钢筋混凝土框架的界线轴压比和延性分析[J]. 天津大学学报，2003，36（2）：205-209.

[108] 吴刚. FRP 加固钢筋混凝土结构的试验研究与理论分析[D]. 南京：东南大学，2002.

[109] 何放龙，李冰. 钢筋混凝土异形柱轴压比限值研究[J]. 建筑技术开发，2005，32（3）：26-29.

[110] 陈瑞生，袁super，单玉川，等. 钢骨混凝土柱轴压比限值的研究[J]. 浙江工业大学学报，2004，32（1）：16-19.

[111] 苏毅，程文襄. 配置工字、十字形钢骨的钢骨混凝土柱轴压比限值[J]. 工业建筑，2006，36（2）：85-87.

[112] 王忠文. 轴压 PVC-FRP 管混凝土短柱力学性能[D]. 西安：西安建筑科技大学，2007.

[113] 蔡绍怀. 现代钢管混凝土结构（修订版）[M]. 北京：人民交通出版社，2007.

[114] PRIESTLEY M J N，SEIBLE F，CALVI M. Seismic design and retrofit of bridges[M]. New York：Wiley-Interscience，1996.

[115] 钱稼茹，罗文斌. 建筑结构基于位移的抗震设计[J]. 建筑结构学报，2001，31（4）：3-6.

[116] 秦家长，罗奇峰. 应用 ATC-40 能力谱方法评估结构目标位移[J]. 地震工程与工程振动，2006，26（6）：64-70.

[117] 吴波，李艺华. 直接基于位移可靠度的抗震设计方法中目标位移代表值的确定[J]. 地震工程与工程振动，2002，22（6）：44-51.

[118] 中华人民共和国住房和城乡建设部. 混凝土结构设计规范：GB 50010—2010[S]. 北京：中国建筑工业出版社，2010.

[119] 赵国藩. 高等钢筋混凝土结构学[M]. 北京：机械工业出版社，2005.

[120] 张华. 碳纤维布和角钢复合加固钢筋混凝土柱的抗剪性能研究[D]. 武汉：武汉大学，2005.

[121] 魏巍巍. 基于修正压力场理论的钢筋混凝土结构受剪承载力及变形研究[D]. 大连：大连理工大学，2011.

[122] 东南大学，同济大学，天津大学. 混凝土结构设计原理[M]. 4 版. 北京：中国建筑工业出版社，2008.

[123] 顾向阳. 碳纤维加固混凝土柱在低周水平反复荷载作用下抗剪性能研究[D]. 呼和浩特：内蒙古工业大学，2007.

[124] 周志祥. 高等钢筋混凝土结构[M]. 北京：人民交通出版社，2002.

[125] 过镇海，时旭东. 钢筋混凝土原理和分析[M]. 北京：清华大学出版社，2003.

[126] 王海东. 钢筋混凝土约束梁斜向贴 CFRP 抗剪加固试验研究及理论分析[D]. 长沙：湖南大学，2001.

[127] 管品武，王建强，刘立新. 反复荷载下混凝土框架柱塑性铰区基于延性的抗剪承载力机理分析[J]. 世界地震工程，2005，21（3）：75-81.

[128] 赵树红，叶列平. 基于桁架-拱模型理论对碳纤维布加固混凝土柱受剪承载力的分析[J]. 工程力学，2001，18（6）：134-140.

[129] 董春敏，周淼. 矩形截面框架柱斜向受剪承载力计算模型[J]. 工程力学，2013，30（1）：242-247.

[130] 叶列平，赵树红，李全旺，等. 碳纤维布加固混凝土柱的斜截面受剪承载力计算[J]. 建筑结构学报，2000，21（2）：59-67.

[131] 吕志涛，石平府，周燕勤，等. 圆形、环形截面钢筋混凝土构件抗剪承载力的试验研究[J]. 建筑结构学报，1995，16（3）：13-20.

[132] KARABINIS A I，KIOUSIS P D. Strength and ductility rectangular concrete columns：a plasticity approach[J]. Journal of Structural Engineering，1996，122：267-274.

[133] ICHINOSE T. A shear design equation for ductility R/C members[J]. Earthquake Engineering and Structural

Dynamics，1992，21（2）：197-213.

[134] PRIESTLY M J N，VERMA R，XIAO Y. Seismic shear strength of reinforced concrete columns[J]. Journal of Structural Engineering，1994，120（8）：2310-2329.

[135] 甘丹. 钢管约束混凝土短柱的静力性能和抗震性能研究[D]. 兰州：兰州大学，2012.

[136] 四川省建设厅. 混凝土结构加固设计规范：GB 50367—2013[S]. 北京：中国建筑工业出版社，2006.

[137] 关宏波. GFRP 套管钢筋混凝土组合结构的研究[D]. 大连：大连理工大学，2011.

[138] 李建辉. 混杂 FRP 及其加固腐蚀混凝土柱抗震性能试验与理论研究[D]. 北京：北京工业大学，2010.

[139] 邓继明，蒋建群，毛根海. 基于弹塑性动力分析的结构非线性响应及抗震设计[J]. 工业建筑，2004，34（10）：1-5.

[140] 郭子雄，杨勇. 恢复力模型研究现状及存在问题[J]. 世界地震工程，2004，20（4）：47-51.

[141] 韩林海. 钢管混凝土结构：理论与实践[M]. 北京：科学出版社，2004.

[142] SHAO Y T，AVAL S，MIRMIRAN A. Fiber-element model for cyclic analysis of concrete-filled fiber reinforced polymer tubes[J]. Journal of Structural Engineering，2005，131（2）：292-303.

[143] 康希良，于军华，郭存伟，等. 钢管混凝土柱轴压力分配的研究[C]//第 17 届全国结构工程学术会议论文集（第 I 册），武汉，2008：343-349.

[144] KOWALSKY M J. Deformation limit states for circular reinforced concrete bridge columns[J]. Journal of Structural Engineering，2000，126（8）：869-878.

[145] 欧进萍，何政，吴斌，等. 钢筋混凝土结构基于地震损伤性能的设计[J]. 地震工程与工程振动，1999，19（1）：21-30.

[146] 任慧韬. 纤维增强复合材料加固混凝土结构基本力学性能和长期受力性能研究[D]. 大连：大连理工大学，2003.